建设"双一流"高水平大学系列教材

环境地质学

（第二版）

朱大奎　王　颖　编著

南京大学出版社

图书在版编目(CIP)数据

环境地质学 / 朱大奎，王颖编著. — 2版. — 南京：
南京大学出版社，2020.5(2022.1重印)
　ISBN 978 - 7 - 305 - 23206 - 0

　Ⅰ. ①环… 　Ⅱ. ①朱… ②王… 　Ⅲ. ①环境地质学
Ⅳ. ①X141

中国版本图书馆 CIP 数据核字(2020)第 063621 号

出版发行　南京大学出版社
社　　址　南京市汉口路 22 号　　　邮编　210093
出 版 人　金鑫荣

书　　名　环境地质学
编　　著　朱大奎　王　颖
责任编辑　刘　飞　　　　　　编辑热线 025 - 83592146
助理编辑　秦艺帆

照　　排　南京开卷文化传媒有限公司
印　　刷　广东虎彩云印刷有限公司
开　　本　787×1 092　1/16　印张 20.75　字数 500 千
版　　次　2020 年 5 月第 2 版　2022 年 1 月第 2 次印刷
ISBN 978 - 7 - 305 - 23206 - 0

定　　价　59.00 元
网　　址：http://www.njupco.com
官方微博：http://weibo.com/njupco
微信服务号：njuyuexue
销售咨询热线：(025)83594756

第二版
前言

　　环境地质学是研究人类活动和地质环境相互作用的科学,是地质学的一个分支,也是环境科学的一个组成部分。环境地质学研究自然和人为引起的地质环境问题,像自然界的火山、地震、山崩、洪水、泥石流等自然灾害和人为引起的工程建设和资源开发造成的地质问题、环境问题,城市建设与管理中的地质问题。人们生活在地球上,许多生产活动、生活活动均与地质环境有关,这已成为人们的共识。

　　本书是作者在南京大学为地理学各专业讲授环境地质学的讲稿基础上编写成的。作者在加拿大 Macmaster 大学书店看到 C. W. Montgomery 的《ENVIRONMENTAL GEOLOGY》,该书是加拿大及美国大学地质系学习环境地质学的课本,发现该书的观点与章节内容与作者的观点十分吻合,因此,购买了此书作为在南京大学地理学各专业中讲授环境地质学的蓝本,以后又在欧洲一些大学书店中买到流行的环境地质学教科书作为参考。本书是以 Montgomery 的《ENVIRONMENTAL GEOLOGY》为基础进行编译,补充了与中国相关的实例材料,以及欧洲大学教科书的一些材料统一编写而成。

　　本书取材于国外大学地质系的教科书,以及中国环境研究的一些成果,而书中自有统一的观点和内容,即作者一贯主张的地球是一个统一的大系统,地理科学与地质科学在许多方面是密切相关的,地理科学人才需要很好地掌握地质学的知识技术,同样地质学人才培养中需了解地球表层的一些自然过程,而环境地质学正好是它们的纽带。

　　现在我国有 132 所大学有地理学院、地理系,有 20 万左右大学生在大学里学习地理学,希望他们能受到良好的地质学的学习与训练。环境地质学为地理工作者提供有用的帮助,为地理学家在理论研究与为国家建设方面提供一些新的领域,而地理学家的工作也在帮助促进环境地质学的理论与应用上的发展。

本书第二版出版时,南京大学出版社刘飞同志(华东师范大学获得自然地理学硕士学位)对全书做了校核,对部分数据做了查核更新。南京大学出版社杨博同志(南京大学地理与海洋学院本科毕业,获南京大学海洋地质学硕士学位)翻译了原书第20章,补充了国内材料,对本书第16章做了全面改写。朱大奎对全书做了校阅修订。书中不妥之处,欢迎指正。

朱大奎

南京大学地理与海洋科学学院

2019 年 9 月 27 日

目录

第1章

总　论

一、环境地质学研究的对象、内容、发展历史与研究方法

环境地质学属地球科学，是应用地质学和地理学原理，合理利用地质资源，改善人类生存环境的一门学科，是一门介于地质学、地理学与环境科学之间的科学。

人类生存于地球上，生命活动及生活发展与地球关系至为密切，地球科学是研究地球发展变化自然规律与人类生存发展活动相关的科学。

地球是几个圈层组成的开放体系：大气圈、水圈、生物圈、岩石圈及地幔、地核等。各圈层结构、活动规律与效应各有特征，但亦互为动力，彼此制约，是不能截然分开的相关体系。例如地幔活动影响到海陆分布与变化，气候的差异又影响到生物及人类的生活。人类社会的发展对大气圈、水圈、生物圈以及岩石圈也形成巨大影响，当代的地球科学研究反映着开放体系以及圈层的相互影响。

人类生存依赖自然界。基本的需求是新鲜的空气、洁净的淡水，利用土地获取食物，开发矿产及生物资源供人类的各种需求。但人类生存活动也带给自然界消极的影响，使地球面临着接近人类生活生态极限承载的危险；保护人类免遭太阳有害辐射的臭氧层正在变薄，在南极上空已形成巨大孔洞；严重的土壤侵蚀引起肥力下降，粮食生产潜力减小；大面积毁林引起了荒漠化过程，加剧了生物种类的消失，削弱了大气圈自净能力；海洋动物被滥捕而锐减，海洋遭受污染而将达到其所承受的极限；有害废物排放加剧了对陆地、海洋与大气的污染，引起了全球性的健康问题；环境恶化严重地破坏了全球生态平衡。20世纪后期人口激增，贫穷、饥饿、疾病和文盲同样威胁到人类社会。资源、环境、生存发展是当代面临的严峻挑战，处理人与地球之间的和谐关系是地球科学的使命和发展机遇。增强人类依存地球的意识，合理开发利用自然资源，将是促进人类生存环境持续发展的重要途径。

地质学研究地球的上部层，即地壳（及上地幔），研究组成地壳的物质，地壳的地质构造以及地球的历史。环境地质学是应用地质学和地理学（自然地理学与人文地理学）的原理，从地质演变过程，分析地质环境、合理利用地质资源、防治地质灾害，使人类有一适宜的可持续发展的生存环境。

环境地质学是20世纪60年代才发展起来的年轻学科，但环境地质思想出现得很早，

我国古代就用矿物作为治病的药物,明代李时珍已将矿物药物归纳为 253 种,其中就有赤铁矿、磁铁矿、黄铁矿、雄黄、滑石、蛇纹石、明矾石、钟乳石、芒硝、硼砂等等。在医书《素问·异法方宜论》中,研究了地质地理环境、矿物与人类健康的关系。书中指出,各地的地理环境、地形、水文、气候条件的不同,各地居民有着不同的生活习惯和不同的健康状况。中国古代许多治理山河的工程,例如开凿大运河,修筑长城,兴建钱塘江大海堤等,都涉及环境地质。我国 50 年代以来,大规模的经济建设、资源开发工作中,也有许多涉及环境地质的领域。例如,黄河治理所兴建的一系列水利工程,黄土高原水土流失的治理,长江三峡大坝工程的许多前期研究,"南水北调"工程的各种勘测研究,以及各种地下水资源的开发,地震、滑坡、泥石流等自然灾害的防治等等。可以说 50 年代以来,我国资源开发与建设工作中,进行了大量有关环境地质的工作,积累了丰富的经验及理论材料。但当时还没有环境地质学这一术语。

1964 年美国 J. E. Hackett 首先提出环境地质学术语,他认为环境地质学是运用地质学原理,改善人类的生存环境,有效地利用矿产资源。到 1969 年美国的 P. H. Moser 给出环境地质学定义:"环境地质学是水文地质学、工程地质学、地球物理学及有关学科的原理,研究人类周围环境,更有效地利用天然资源的一门学科"。至此,环境地质学逐趋成熟,成为协调人类活动与自然环境与资源的关系,合理利用自然资源,防治自然灾害,保护自然环境,在人类生产生活活动中不可缺少的具有重要作用的一门学科。

最近 20 年来,环境地质学已有长足的发展。其研究内容已扩展为自然资源的开发、区域环境保护、自然灾害的防治(主要有地震、滑坡泥石流、洪水、风暴、海啸、火山喷发等)、废弃物处理、军事活动的地质学研究,以及医学环境地质问题,环境法规等等。在国外及我国,环境地质学已发展成为同国家建设与国民生活中密切有关,不可缺少的科学。

环境地质学的研究方法,除了地质学基本的研究方法,野外观察、实验、室内分析模拟等以外,更强调将地质演变与周围环境(大气、水圈、生物圈、人类活动)的联系,综合分析,查明自然环境对地质过程的影响,预测其演变趋势及研究防治措施,这些主要是运用地理学的原理及方法。这里提出二种有用的方法。

1. 区域对比及区域模式的研究

环境演变是长期的,难以在短时内重现,而不同区域的自然演变及受人类活动影响的演变,具有各自演变的模式及阶段。人们可以借助已被研究了解的区域,得到不同类型区域发展演化的过程、规律、模式,作为研究区域的参考与依据。

2. 地理信息系统技术应用

地理信息系统(Geographic Information System,简称 GIS)是综合处理分析空间数据的计算机系统,是按照地理坐标系统组织的数据所表示的空间信息,所以地理信息系统又称空间信息系统,它的特点是研究处理空间实体,通过对空间实体的空间位置与空间关系来进行的。它用于一个区域内各项环境资源现象过程的分析管理,具有区域内环境资源信息资源共享、综合分析、辅助决策等特点,成为环境资源综合评价、规划、管理、决策的现代技术手段。有人将这一技术看作静态的、纯地理学的,其实这是一种误解。GIS 适用于具有空间分布特点的地球科学,社会现象有关学科,它在整个地球科学中,包括环境地质学在内,有非常广阔的应用前景。

最近又提出了"数字地球"的新概念。这是一种能贮存巨量的地理信息,能对地球及其各部分进行高分辨、全方位、多角度描述的技术与方法,也可以说它是遥感技术,地理信息系统技术的更高层次的发展。陆地资源卫星每两星期对整个地球表面完成一次扫描,近 20 年来已收集了巨量的地球环境资源信息,而目前被利用的仅是很小一部分,巨量的地理信息还只是贮存着。数字地球技术将从地球整体、到某一区域、到某一特定要素,进行全方位分析、使用,为系统地使用巨量地理信息成为可能。它利用高度发达的计算机技术,能够贮存超大规模的地理信息,模拟地球上复杂的自然现象。数字地球具有极高的分辨率,能分辨地表 0.5 m 大小的物体。它能通过利用地理信息系统与卫星遥感图像,分析地表地形、土壤、大气、降水等信息,以监控地形、气候、植被等环境变化,并据以制定相应对策。因此,"数字地球"技术的兴起,将为人们对地球环境的研究提供无与伦比的新技术。

二、21 世纪议程与地球科学

1992 年 6 月在巴西里约热内卢召开的联合国"环境与发展"大会,占全球人口 98% 以上的世界各国首脑聚会,共商"地球环境、资源与人类持续发展"的大事。提出了"人类要生存,地球要拯救,环境与发展必须协调"的口号,使人类认识到地球资源是有限的,人类只有一个地球,必须善待地球。制定了《21 世纪议程》(21 Agende,21 世纪政府、工业界和全社会的议程),全面规划指导人类正确处理与地球的关系,规范人类的生息发展活动,必须制约于地球环境与资源能够"容忍"的范围内。协调人类与自然的关系以期达到"既满足当代人需要,又不危害后代人满足自身需要能力发展的持续性发展"。《议程》的要点与地球科学的使命是吻合的,顺理成章地被接受为地球科学发展进步的纲领。

《议程》的中心议题与基本目标是,使人类获得持续生存的方式,当前问题在于世界人口急剧增长,每年近一亿的新生人口,给地球生态系统带来巨大的冲击与不堪负担的重压。出路在于协调人类生活和生产的整体水平和方式,并使其与地球的承载力相适应。"人口与地球承载力的关系"是地理学研究的传统课题,今后更需要从新的认识水平加强这方面的内容。

《议程》提出了许多与地球科学密切相关的内容,如:

(1)自然资源的合理利用。地球的资源潜力是有限度的,因此要合理开发,贯彻保护非再生资源与持续利用的战略,这将是地球科学着重研究的课题。它主要涉及:①淡水资源保护,水资源的承载力分析,水资源合理利用,防止污染及污水处理等。地球科学研究应按地球圈层学科的划分,将降水、地表水、地下水的自然过程,水循环、水资源与淡水管理等进行一体化研究。②陆地资源合理利用,陆地资源有限制地开发利用将是《议程》重要内容之一,包括平原、山地、荒漠等各类生态环境,地表土壤发育,地貌过程,岩石圈结构,地球内动力,矿产的形成分布等。中国是多山的国家,山地环境资源的合理开发利用至关重要。山岳是由各类斜坡构成的,是物质不稳定、生态差异变化迅速的地区。根据山地环境的特点,了解其环境演变过程规律,合理规划利用,使其与人类社会经济活动协调发展。③能源,合理利用非再生能源——煤、石油、天然气,减少其燃烧利用中造成的环境污染。同时,加强开发可再生的对环境无害的能源系统——太阳能、风能、水能、潮汐能、波浪能等。研究这些地球自然环境要素的新技术,必将成为地球科学应用发展的新生长点。④森林、草地、湿地资源,具有涵养水土,调节气候,抑制沙漠化,保持生物多样性等的作用,是地球科学的传统研究内容。在当前对《议程》研究中,宜从人类生存发展存在的自然危机的新高度,进行研讨并给出协调发展规划。

(2) 大气与海洋的利用。大气与海洋是流动的,贯通全球的自然环境,也是全球的共同的资源,海洋巨大的水体是生命的摇篮,风雨的故乡,是人类生存发展最大的潜在资源宝库——食物、土地、能源、矿藏。1982 年通过并于 1994 年 11 月起实施的海洋法,规定了划归沿岸国管辖的海域面积达 1.3×10^8 km²,与全球陆地面积相近(1.49×10^8 km²)。按国际海洋法,在 200 n mile 专属经济区内,如果丧失一个具有人类居住条件的岛屿,就会丧失 43×10^4 km² 的管辖海域,丧失 43×10^4 km² 海域内海洋资源的所有权。因此,在 21 世纪,海洋意识、海洋国土意识就非常重要。人类活动引起气候变暖,海平面上升,后者促使风暴潮、灾害天气频繁发生,海岸低地沉溺等一系列问题。世界海洋捕捞量已接近其最高限度——1×10^8 t。公海倾废、油船泻溢、河流排污、大气携运污染物于海洋等等,均已相当严重,将使海洋失去容纳与稀释能力,必然危及大气及降水更新,进一步又反馈给人类。海洋及大气是全球贯通的,与人类生存息息相关。21 世纪是海洋科学世纪已成为发达国家与学术界的共识。

(3) 与人类居住环境有关的生存质量的改善与管理。主要是城镇、乡村的人口膨胀,供水、居住的条件与质量,废物废水的处理,能源交通条件,以及医疗、教育等服务设施。中国现代化的建设过程,已反映出城镇迅猛发展过程,全国城市总数由 1949 年的 132 个增加到 2018 年底的 672 个,城市人口已占全国人口的 59.6%,其国民生产总值占全国的 80% 以上(国家统计局,2019 年)。经济发展快,城市发展变快,现代化、国际化成了中国城市化的新一轮目标。我国的地球科学有个优点,即重视野外实践,将近 50 年来,研究工作主要在边远区域,青藏高原、戈壁沙漠等,但对城市、人口密集区域的研究却相当薄弱,城市、人口密集的区域(也是中国经济发达的区域)成为地质学家、地理学家遗忘的角落。《21 世纪议程》提出了全球范围城乡地区环境与发展战略,为地球科学在城镇与乡村的自然、社会经济及信息等方面的研究提供了目标与纲领。

对化学品的利用、生活废弃物的管理也是人口增长、工业发展、废弃物积聚引起的环境污染与疾病问题的一大原因。发展中国家 80% 的疾病与 1/3 的死亡是由于食物、水和空气的污染造成的。经济上的发展带来的效益常被社会环境质量的下降而抵消。对发展中国家,尤其要注意对生活废弃物的管理,减少废物对环境的污染。这是开发资源,发展经济必须注意到的环境效益问题,它包括了社会重视、技术处理及法规管理等项措施。地球科学应从地球开放体系的角度加以重视,并提出处理废物的正确途径,避免扩散与再污染。

以上阐述可以看到,《议程》为当代地球科学的发展提供了良好的条件与难得的机遇。

在这中间,环境地质学可找到自己应有的地位,可以说,《议程》提出的许多重大的纲领性措施,为环境地质学发挥作用提供了广阔的领域。

三、地球的演化

1. 宇宙中的地球

地球是宇宙中的一员。早期的地球是一片带状的星云,在这巨大带状内大量的物质生成并被猛烈地抛开,而穿过一个不断增大的空间。这巨大星云带的年龄,通过推算宇宙明显地开始扩张时间,或通过元素的产生和不同类型星体演化速率的对比研究,多数学者认为是 150 亿年～200 亿年。

星云在不断扩大,其物质在空间的分布是不均匀的。由于重力作用使得局部物质结集,其中有的汇聚到一定的体积与硬度,而结聚体内部的原子释放核能,其能量被隔离包含在结聚体深部,这就形成原始的星体。星体是在演化的,它们的光度在逐渐变化下降,表明其核燃料在燃烧,不断丧失能量和质量。最终,星体将衰败,冷却成黑的小矮星,或者由于质量增加爆发成超新星。星体早期的质量取决于燃烧的速度,有的星体在几十亿年前就已烧尽消亡,有的还正由星云残体及老星体碎片构成,经历了 100 亿年～200 亿年仍停留在早期的阶段。

太阳是一个中年星体,处于生成向衰亡的过渡阶段。太阳系形成于 50 亿年前,它是由气体和尘埃物质构成的云状物,由于来自邻近的超新星爆炸产生的震波,使云状物聚集,形成太阳系的雏形(星云),发展早期的太阳是由宇宙中最多的元素(氢)组成的。这巨大的球体受到压缩,增温和密度增大而产生核反应。这样,从一个气体的球体演化为放射光及其他能量的星体。太阳在消耗尽其巨大能量燃料演变为冷却的小矮星,还需要再经历 50 亿年。在原始太阳形成的同时,尘埃围绕太阳运动并各自聚集,遂形成行星(图 1-1)。通过岩石年龄测定法测得,陨石及月球上碎块的年龄约为 46 亿年,因此太阳系形成早于 50 亿年。

太阳系的行星组成,很大程度上取决于距灼热的太阳的距离。距太阳很近处,因温度太高,最初固体物质无法形成,主要是高温的固体物质——金属铁和一些高熔点的矿物,几乎不含水。距太阳稍远,温度渐低,就具有形成行星的条件。行星形成过程中可包含低温物质,包括一些含结晶水的物质(这些物质使地球上有可能具有液态水)。距太阳更远处,温度太低,原始气体中几乎所有的物质,甚至像甲烷和氨这种在地表常温下为气体的物质均可凝结。

所以,行星是由小块冷凝物质经重力作用相互吸引而集结起来的。大多数发展中的行星的重力场太弱,无法保持气态物质,它们随着早期的太阳流失的物质和能量流而飞逸消失,其中只有质量大的木星和土星例外。它们的质量大到足以捕获云状体中所有的物质,包括最轻的亦是含量最多的氢元素,结果,氢成为木星与土星最主要的构成物,其比例

图 1-1　太阳系的形成

超过太阳和其他恒星。假使土星的质量增加 70 倍,它就可以变成恒星。

太阳系的这些形成过程使各行星的组成互不相同,表 1-1 给出太阳系主要星体的一些基本数据,距太阳较近的行星有较高的金属含量,而距太阳远的行星含较多的冰和气体。假使今后要在行星上开采矿产的话,就要考虑这些差异。行星的化学组成与性质也不同于地球,其成矿过程,矿产与其他资源亦不同于地球,这就需要有别于地球上的一些理论与方法,才能去发现和利用它们。地球上利用的能源主要是生物成因的,而其他星体上至今尚未发现生命存在,即使是金星,它距地球最近,体积、密度与地球相似,但亦与地球有很大差异,它浓密、云状的大气饱含二氧化碳,具有很强的温室效应,其表层的温度能使铅熔化。

表 1-1　太阳系的基本数据

行　星	距太阳距离 /1×10^6 km	质量 /以地球为 1	密度 /水＝1	赤道直径 /以地球为 1
水　星	58	0.055	5.4	0.38
金　星	108	0.815	5.2	0.95
地　球	150	1	5.5	1.0
火　星	228	0.108	3.9	0.53
木　星	778	317.9	1.3	11.19
土　星	1 427	95.2	0.7	9.41
天王星	2 870	14.6	1.6	4.06
海王星	4 479	17.2	1.65	3.88

2. 早期的地球

早期的地球与今日的地球有很大不同,当时没有大气层和海洋,地表遍布岩石荒漠与陨石坑,与月球表面相似。

地球形成以来一直在变化着,而且早期的变化更为显著。地球也是由重力吸聚了冷凝碎片组成的"尘埃球"演变的。早期富铁的金属物质聚集于核心形成今日的地球的基础。

原始的地球受到加热过程。尘埃汇集的撞击提供了热量,这种热量大部分散射消失于太空,其中一部分进入到正在不断积聚物质的地球内部,随着尘埃球加大,重力导致地核的压力也使地球加热(物质受压升温,比如给自行车轮胎打气,使气筒变热)。另外,地球包含有天然放射性元素,蜕变使地球获得热量。这三种热源,使地球内部升温达到部分熔化。由于铁的密度大,使铁物质移向地球中心部分。随着地球外层的逐渐冷却,轻轻的低密度的矿物结晶分异出来,并浮到表层,最终使地球分成圈层:富铁的地核,铁镁硅酸盐的地幔,表层薄的钙、钠、钾、镁的地壳(图1-2),这过程在 40 亿年前已完成。

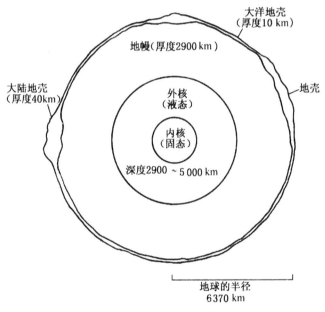

图 1-2 地球的结构

人们直接观测研究的主要是地壳,及一小部分被火山活动带至地壳的上地幔物质。地核的组成、物性主要是通过间接的分析研究认知的。通过对恒星的分析以推测整个太阳系星云的原始组成。实验和理论计算,得知云状物中冷凝固体物质及温度条件。根据陨石的分析来推测地球的组成。近代用地球物理方法(主要是地震波)来探测研究地球内部的构造、组成(表1-2)。

表 1-2　地球的化学元素

地球中各种元素所占比例/%		地壳中各种元素所占比例/%	
铁	32.4	氧	46.6
氧	29.9	硅	27.7
硅	15.5	铝	8.1
镁	14.5	铁	5.0
硫	2.1	钙	3.6
镍	2.0	钠	2.8
钙	1.6	钾	2.6
铝	1.3	镁	2.1
其他元素	0.7	其他元素	1.5

3. 早期的大气与海洋

早期地球的增温及其分异作用,产生了重要的结果——形成大气层及海洋。许多含结晶水及气体的矿物,在加热熔化时将水和空气释放出来,随着地球表面的冷却,这些水得以汇聚成大洋。地球是太阳系中唯一的具有丰富表层水的星体。重要原因之一是地球与太阳的距离最佳,太阳向地球提供热量,保持地球温暖,而这最佳距离使地球大部分的温度处于 0～100 ℃之间,水能以液态为主存在于地球表面。这对地球演变十分重要,液体水是许多化学物质的最好贮存场所,并使它们彼此易于进行化学反应。

地球早期的大气层中是没有氧气的(游离氧)。早期大气层中主要是氮和二氧化碳。这些气体主要由火山作用释放出来,由氮、二氧化碳及少量甲烷、氨和硫黄等气体构成,没有氧,来自太阳的紫外线能穿透到地表。而现在,来自太阳的紫外线几乎全部被大气最外层中的氧所吸收掉。显然,地球早期的大气由于缺乏氧,人类及绝大多数生物无法在这种大气层中生存。大气中氧的产生与积聚依赖于藻类,一种最简单的植物(单细胞的蓝绿藻)大量的出现,改变了大气的组成,现在已在最古老的岩层中,发现了几十亿年前的蓝绿藻化石。这些原始的植物通过光合作用制造食物,利用阳光为能量消耗二氧化碳,将氧气作为副产品释放出来,最终大气层中积累了可维持吸氧生物需要的足够量的氧气。

4. 地球表层的演化

经过早期的分异作用,地球的地壳及大陆、大洋形成,但与现在的地球大不相同。陆地在运动,当初的洋底的岩层今日可分布于高山及内陆干燥区,表明地表的演化,海盆可抬升为大陆。从洋底新生的陆块不断拼接组合于陆块,使大陆增生,火山活动形成新的地壳,而今已无大规模火山活动,只是在岩层中留下了地质历史时代的火山遗迹,在漫长的地史时代,高山可被侵蚀削平,而后堆积成岩,再度抬升,在同一区域可以有几次轮回。

目前,已可重建地球表面大部分地区的地质演变历史,也能从岩石及化石来了解该区域岩石的形成,及已成为化石的生物,当时的生态环境——古地理环境。在一个区域内古老的岩石被新的岩石所覆盖,或被各种地质作用所破坏改变,从这些构造特征中,可以分辨出这区域的地质演变,了解地质事件——造山运动等。

5. 地球上生命的演化

生命的起源主要是生命科学者研究的课题,但目前,地质学者也参与这一研究。地质学从岩石的"记录"中,探索生命现象及生命存在的环境条件,当然目前仅是在探索的阶段。岩石记录向我们展示了不同时期出现的植物和动物群落。最古老的生物因为没有坚硬的骨骼、牙齿之类的硬体,而在岩石中几乎没有留下任何痕迹。当氧在地球的大气中稳定存在后,大约在 10 亿年前出现了多细胞的吸氧生物,至 6 亿年前,地表已广泛分布着有壳的海生动物。

随着生物的硬体部分——外壳、骨骼、牙齿等在岩石中保存增多,人们对那时期的生物状况及其进化,逐渐有较多的了解。大约在 5 亿年前发现有脊椎动物的证据;到 4 亿年前出现早期的陆生植物,3 亿年前出现昆虫。随后,爬行动物和两栖动物登上陆地,约在 2 亿年前恐龙出现并达到鼎盛,最早的哺乳动物大体在这时期出现。约在 1.5 亿年前,鸟类的发展,热血动物盘旋空中,至 1 亿年前,哺乳动物和鸟类已很旺盛,并在地表安居下来。

人类的出现是在地球最近时期,最原始的人类化石在 400 万年前,现代智人在 50 万年前才出现,50 万年是地球历史中很短暂的瞬间。而人类的文明仅一二千年,甚至只是最近的一二百年的时间。但是人类的文明已经对地球产生了巨大的影响,影响的程度已远远超过人类占据地球时间的比例。随着人口增加,人类对地球的影响将更大。环境地质学,也可以说是研究人类对地球(地表)环境的影响,取其利避其害,使人类的社会活动更适应于地质环境的演化过程。

四、人口、资源与自然环境

当前,人类面临着人口、资源与环境的三大问题,而其中人口问题是关键。随着世界人口的迅速增长,带来了资源问题及环境问题,跟着产生一系列社会经济问题。由此,在研究环境、资源时,必须与人口问题相联系,必须从人口增长的角度来审查评价资源及环境。

1. 人口增长对资源环境的影响

人口迅速增长带来最明显的问题是粮食不足。最近 20～30 年来,世界粮食生产(包括发展中国家)总的形势是良好的,这是由于农田面积的增加,高产种子的培育及化肥、农药的使用,但随着人口增长,人均农田量下降了,从而增加了对农业用地的压力,使土地退化,环境质量下降,一些地区(例如非洲)人均粮食产量的下降,按 1986—1988 与 1976—1978 年比较,非洲粮食的总产量增加 23%,但因人口增长速度超过农业增长,非洲人均粮食产量反而下降 8%,由于地区分配不平衡,非洲南撒哈拉地区缺粮问题仍相当严重。

土地是一种可更新资源,人们可以改进耕作方式,应用科学技术,在短时期内改变土地状况,增加粮食收成或增加牲畜。另一类资源是不可再生的——矿产、燃料等。当这些资源消耗尽,就得找替代物。随着人口快速增加,人类需要的矿产、燃料、材料的需要量也将随之增加,这会使这些资源的市场价格上涨,促使人们加速开采。但这些资源的总量是有限的,因此,人口增加越快,资源消耗的速度也越快,最终这些资源将枯竭得越快。

人口增长对环境影响最主要的是自然系统的破坏(disruption of natural systems)。在自然界各要素是保持相互平衡的,构成自然系统,当系统中某一因素变化时,相应地会产生补偿性变化,在一个较小的系统中,产生系统的破坏,经过较短的时期,各因素的反馈补偿,将恢复系统原状,系统的破坏迹象将消失,例如,海岸带系统中,风暴造成海滩侵蚀,风暴过后海滩将调整复原,海滩植被亦将恢复。但规模大的自然系统的破坏,则将是永久的,不可逆的。例如,人类活动造成的温室气体的排放,可以改变大气的功能,破坏了阻挡紫外线的臭氧层,同时促进整个大气层的保温功能,其结果是地面气温上升,特别是高纬度地区增温明显,促使目前的生态系统破坏,环境改观。而这种变化不可能在几十年、短时期内复原。

由于人类科学技术进步,人类活动的影响力也在加强,人类活动将产生并加速地表自然系统的永久性变化。而人口增长加速,这种影响力亦将加强。环境污染最能说明这种情况。几户人家的炊烟会对四周空气产生影响,但它对全球的影响完全可忽略不计。现代工业社会,一年中向大气排放 331×10^8 t 二氧化碳(2018 年,数据来源国际能源署),逐年的累积,其影响则是全球性的永久的。同样,当 5 个人向海洋中抛弃垃圾不会明显地污染整个海洋,而如果是 50 亿人都这么做,问题就严重了。

2. 人口增长的速度与结果

原始人类依食物和水源而居,气候必须适宜于生存,其占有的面积与人口数量大致相适应。早期,人口增长是比较缓慢的,直到 19 世纪 30 年代,世界人口才达到 10 亿,而后社会发展,世界人口快速增加,经过 100 年,至 20 世纪 30 年代,达到 20 亿,即用 100 年的时间人口净增 10 亿,至 1960 年,达 30 亿,即仅 30 年时间人口又增加 10 亿(表 1-3)。目前世界人口已达到 75 亿,而人口增加的速度还不断在加快。人类已经不只局限在条件理想的区域居住,也可以利用人造环境(取暖、空调设备),在极端的气候条件下舒适地生活。通过现代化的运输工具,将远处的食物、水和各种生活必需品运到有人居住的地方。人类生存的空间不断在扩大着。

表 1-3 世界人口的增长速度

人口数	大致的年代	增加 10 亿人所花费的时间
10 亿	1830 年	50 万年
20 亿	1930 年	100 年
30 亿	1960 年	30 年
40 亿	1975 年	15 年
50 亿	1987 年	12 年
60 亿	1999 年	12 年
70 亿	2011 年	12 年

人口增长速度的地区差异性很大,其原因是多方面的,总的趋势是经济发达国家,人口是零增长或负增长(移民因素除外),而发展中国家常常是人口增长迅速的区域。中国是人口众多的发展中国家,是实行计划生育控制人口增长最有成效的国家,受到世界的关注、赞赏。即使世界人口增长保持稳定,在单位时间内人口数量还会不断增加,这就像银行中存款,当年的本金加固定的年利息,构成下一年的本金。同样的,当 100 万人口以每年 5% 的速度增长,第一年将增加 5 000 人,到第 10 年,一年内将增加 77 566 人,其结果是即使人口增长速度不变,而人口/时间曲线将越来越陡。

目前世界人口平均增长率是每年 1.7%,比 60 年代的 2% 已有所下降。联合国人口规划未来几十年内,人口增长率将继续下降。但是增长率的下降并不等于人口的减少。到 2025 年预计世界人口约 82 亿。1% 的增长率,则每年将增加 8 200 万人(表 1-4)。

表 1-4 世界人口增长

	人口数/百万			人口增长速度/%		
	1960 年	1990 年	2025 年	1965—1970	1975—1980	1985—1990
世界	3 019.4	5 292.2	8 466.5	2.06	1.74	1.73
非洲	281.1	647.5	1 581.0	2.63	2.93	3.00
南美洲	146.8	296.8	498.4	2.47	2.27	2.07
亚洲	1 666.8	3 108.5	4 889.5	2.44	1.86	1.85
北美、中美洲	269.5	427.2	594.9	1.64	1.47	1.28
大洋洲	15.8	26.5	39.0	1.97	1.51	1.44
欧洲	425.1	497.7	512.3	0.67	0.45	0.23
美国	180.7	249.2	300.8	1.08	1.06	0.82
加拿大	17.9	26.5	32.1	1.61	1.04	0.88
英国	52.4	56.9	57.5	0.47	0.04	0.11
中国	657.5	1 135.5	1492.6	2.61	1.43	1.39
日本	94.1	123.5	128.6	1.07	0.93	0.44
印度	442.3	853.4	1 445.6	2.28	2.08	2.08

据世界资源报告,1992—1993,第 346～353 页。

3. 地球能养活多少人

地球究竟能养活多少人? 这是很难回答的问题,除了统计、计算的困难以外,还有个"养活"的标准问题,是仅仅维持生命的养活,还是按当今发达国家生活标准养活,甚至考虑到今后更高生活水平。同样,技术水平的进展,资源的深度开发,也使可供维持人类的数量大不相同。这里主要从土地承载力总的原则加以讨论。一个区域资源环境对人口的承载量的具体分析,将在以后叙述。

养活人最基本的是食物。世界可耕地面积 2015 年约 17.3×10^8 hm²,即每人约 0.26 hm²,可耕地面积很大程度上取决于水资源,即降水、灌溉使土地适于耕种,同时有土壤肥力,水土保持,防止土壤退化等等。所以,土地面积及土地质量可作为养活人数量的一个重要标准。另外,亦可依水资源来计算,生产 1 t 玉米需水 1 136 t,生产 1 t 小麦约需水 4 500 t,1 t 牛肉需水 3.4×10^4 t。食物是通过一定数量的水获得的。在发达国家粮食生产是以大量能耗为基础的,高度现代化的农业、精细的加工、长途的运输,可以说能源控制了食物的生产。由此,养活人的食物转化为土地、水、能源。

在人类的消费过程中产生大量废弃物,这些废弃物一部分可重新利用或再循环利用,但其中有的则不能再利用,为存放这些不能再利用的废弃物,要寻找适当的地点,隔离这些有害的废弃物,避免与人们接触,这亦需要一定数量的土地及能源材料,凡此种种要合理利用土地,由此产生土地利用规划的工作,以使人们居住生活合理舒适。

地球能养活多少人,一个国家地区的环境资源能养活多少人,这是地理学及整个地球科学研究的重要课题。查明某一区域自然环境与资源,研究其承载力亦是环境地质学重要的工作内容。

4. 人口资源的不平衡分布

假设,目前地球的环境资源适宜 50 亿人,即全球的承载力是足够的,但对于具体一个国家,一个区域来讲,可能完全不是这样,表现为人口密度过大,资源不足,难以维持。可以说,土地、能源、矿产和淡水……任何一种资源都不是均匀地分布于地表的。同时,世界各地人口的分布亦是不均匀的,美国人口密度为 65 人/km²,中国是 110 人/km²,印度是239 人/km²,孟加拉国是 699 人/km²。就在中国境内人口密度的差异也是十分显著的。

大多数人口最密集的国家都是资源贫乏,往往少数几个国家控制了某种矿物的大部分。石油的不均匀分布最为明显,少数几个富油国供应着全球的石油需求。矿产等其他资源亦多如此。因此,在纯自然的资源环境研究中,掺杂了复杂的政治经济问题,这些在环境地质研究中亦应给予适当的注意。

中国是一个人口众多,资源环境条件复杂,而经济正在迅速发展的发展中国家,这将在自然环境与资源的合理利用中,面临许多新的挑战,是环境地质学发挥作用的良好时机。

参考文献

1. 中国 21 世纪议程.北京:中国环境科学出版社,1994
2. 世界资源研究所.张崇贤等译.世界资源报告(1992—1993).北京:中国环境科学出版社,1994
3. 世界资源研究所.叶汝求等译.世界资源报告(1990—1991).北京:中国环境科学出版社,1992
4. 曲格平.中国环境与资源的形势和对策.中国人口、资源与环境,1994,4(3):4~8
5. 解振华.中国的环境问题和环境对策.中国人口、资源与环境,1994,4(3):9~12
6. 闵茂中,倪培等.环境地质学.南京:南京大学出版社,1994.1~10
7. Carle W. Montgomery environmental geology. 3rd ed. Wm. C. Brown Publishers,1992
8. Blaxter K. People food and resources. Cambridge University Press,1986
9. Keyfitz N. The growing human population. Scientific American 1989,261(3):118~26
10. Vu M T. World population projections. The Johns Hopkins University Press,1985
11. Bates B L, Jackson J A. Glossary of geology. 2nd ed. Sails Church/Virginia: American

Geological Institate,1980

　　12. 钱学森.谈地理科学的内容及研究方法.见:中国地理学会主编.面向 21 世纪的中国地理学.上海：上海教育出版社,1997.1~15

　　13. 王颖.中国海岸科学与海岸地理学的新进展.见:中国地理学会主编.面向 21 世纪的中国地理学.上海:上海教育出版社,1997.168~182

　　14. 钟祥浩.山地研究的一个新方向——山地环境学.山地研究,1998,16(2):81~84

第 2 章

地壳的构成——矿物与岩石

固体地球的最外圈是地壳,它是地质学最直接的和当前最主要的研究对象。地壳由岩石构成,而岩石由矿物组成,矿物是由各种元素组成的,地壳中的化学元素随着地质作用的变化,不断地进行化合和分解,形成矿物。

一、元　素

1. 元素和同位素

地球上所有的天然物质以及大部分的合成物质都是由自然界天然产生的 90 多种化学元素组成的。由同种原子组成的物质称为元素。原子是元素在仍然保持其化学特性条件下所能划分出的最小粒子。每种元素具有固定的原子序数,在元素周期表中分别占有固定的位置。

原子核中质子数和中子数之和就是原子的原子量。同种元素的原子的质子数取决于元素的原子序数,而中子数可以不同,因而同种元素可以具有不同的原子量。具有不同原子量的同种元素的变种,称为同位素。在已知元素中,除 21 种元素外,其余元素都是两种或两种以上同位素的混合物。同位素是通过元素以及原子量来命名的。如碳具有三种天然同位素,其中最为常见的^{12}C,它是具有碳原子所共同拥有的 6 个质子之外还具有 6 个中子的同位素。较为罕见的是^{13}C 和^{14}C,它们除具有 6 个质子外,还分别具有 7 个和 8 个中子。从化学的角度看,它们的表现是相似的,就像人们无法区别糖中所含的^{12}C 和^{13}C一样。

但是,有的同位素其原子核不稳定,会自行放射出能量,即具有放射性,这些同位素被称为放射性同位素。而不具有放射性的同位素,称为稳定同位素。天然存在的同位素共有 300 多种,具有放射性的只有几十种,如^{238}U、^{235}U、^{234}U、^{232}Th、^{87}Rb、^{40}K、^{12}C、^{13}C、^{14}C等。放射性同位素向外自动放射能量的过程,称为放射性蜕变(衰变)。放射性同位素通过蜕变,可以形成一系列过渡性的不稳定同位素,直至变成稳定的同位素为止。例如,^{238}U通过蜕变经过一系列中间产物最终变成稳定同位素^{206}Pb(图 2-1)。同位素的放射性蜕变使它具有一系列特殊的用途。

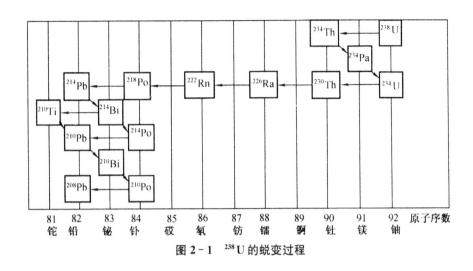

图 2-1　^{238}U 的蜕变过程

2. 地壳中的元素和克拉克值

对地壳化学成分的系统研究工作始于 18 世纪末,1889 年美国地质调查所的克拉克 (F. W. Clark)在各地采集了具代表性的岩石样品约 5 000 块,并进行了化学分析,以此为基础计算出地壳上层(16 km 厚)中 50 余种元素的平均重量百分比,提出了第一张地壳元素分布(丰度)表,后他又经过五次修改、补充,并在 1924 年与华盛顿共同发表了地壳元素分布的资料。鉴于克拉克在这项工作中的成就,国际上决定把元素在地壳中平均重量的百分比称为克拉克值。克拉克值又称地壳元素的丰度。

从表 2-1 中可见,地壳中各种元素的平均相对含量是极不均匀的。仅 O、Si、Al、Fe、Ca、N、K、Mg、H 等 9 种元素就占地壳总重量的 98.13%。在地壳中已知的 90 多种元素中,其余的 80 多种元素合起来仅占 1.87%。有时元素的克拉克值就能反映它在地壳中的富集的情况,如 Fe、Al 等,克拉克值大,易于富集成矿。而有时克拉克值的大小,却不能反映元素局部富集的情况。如 Zr 的克拉克值比 Pb 大 15 倍以上,Ti 的克拉克值比 Zn 大 30 倍以上,但 Zr 和 Ti 却较分散,不易集中,而 Pb 和 Zn 却较易于富集成矿。因此,元素的富集情况,除与元素的克拉克值大小有关外,还受元素的地球化学特征以及地质作用等因素的影响。

表 2-1　地壳主要分层的平均化学成分(按重量%计)

地壳类型	大　陆				大　洋			
地层	沉积岩层	花岗岩层	玄武岩层	总计	层1	层2	玄武岩层	总计
SiO_2	50.0	63.9	58.2	60.2	40.6	45.5	49.6	48.7
TiO	0.7	0.6	0.9	0.7	0.6	1.1	1.5	1.4
Al_2O_3	13.0	15.2	15.5	15.2	11.3	14.5	17.1	16.5
Fe_2O_3	3.0	2.0	2.9	2.5	4.6	3.2	2.0	2.3
FeO	2.8	2.9	4.8	3.8	1.0	4.2	6.8	6.2

地壳类型	大　　陆				大　　洋			
地层	沉积岩层	花岗岩层	玄武岩层	总计	层1	层2	玄武岩层	总计
MnO	0.1	0.1	0.2	0.1	0.3	0.3	0.2	0.2
MgO	3.1	2.2	3.9	3.1	3.0	5.3	7.2	6.8
CaO	11.7	4.0	6.1	5.5	16.7	14.0	11.8	12.3
Na_2O	1.6	3.1	3.1	3.0	1.1	2.0	2.8	2.6
K_2O	2.0	3.3	2.6	2.9	2.0	1.0	0.2	0.4
P_2O_3	0.2	0.2	0.3	0.2	0.2	0.2	0.2	0.2
有机物	0.5	0.2	0.1	0.2	0.3	0.1	0.0	0.0
CO_2	8.3	0.8	0.5	1.2	13.3	6.1	—	1.4
S	0.2	0.0	0.0	0.0	—	—	0.0	0.0
Cl	0.2	0.1	0.0	0.1	—	—	0.0	0.0
H_2O	2.9	1.5	1.0	1.4	5.0	2.7	0.7	1.1

二、矿　物

1. 矿物的概念

地壳中的化学元素随着地质作用的变化不断地进行着化合分解,从而形成各种矿物。作为构成地壳岩石物质基础的矿物,在地球上的分布非常广泛,到处都可以见到。矿物是人类生产和生活资料的重要来源,它和人们的生产活动和日常生活关系密切。例如,炼钢的铁矿、食用的盐、做豆腐的石膏、中药用的雄黄、用作燃料和化工原料的煤和石油等都是矿物。矿物的概念产生于早期人类采矿和冶炼的生产实践过程中。在早期的原始概念中,就是把采矿过程中采掘出来而未经加工的天然物体称为矿物。随着人类社会生产的发展和科学技术水平的不断提高,人们对矿物本质的认识也逐步深化,矿物的概念在不断地完善和发展。

矿物是指地壳中的化学元素,指在各种地质作用下形成的,具有一定的化学成分和物理性质的单质或化合物。因此,第一,矿物是天然产出的,它是地壳中的化学元素经各种地质作用所形成的,而不包括人工合成物质。第二,矿物具有一定的化学成分,而且绝大多数为两个以上元素组成的化合物,有的矿物化学成分非常复杂,可以由 10 种或更多的元素组成。少数为单个元素组成的单质,如石墨(C)、金刚石(C)、自然金(Au)等等。第三,绝大多数矿物是固体的,也有极少数呈液态(如石油、自然贡)和气态(如天然气)。固体矿物多数为晶质体,具有一定的内部结构,即其内部质点(包括原子、分子、离子、离子团等)在三维空间成周期性重复排列的固体。仅有少数为内部质点无规律排列的非晶质体,如各种胶体矿物和火山玻璃。第四,由于矿物一般都具有一定的化学成分和内部结构,因而矿物多具有一定的外表形态和理化性质。通常化学成分不同的矿物具有不同的结晶构造及相应的性质和外形,但化学成分相同,也可以形成不同的结晶构造及不同性质和外形的矿物。第五,由于矿物只是表示组成这种矿物的元素在一定地质作用过程中某一特定阶段的存在形式,所以任何一种矿物只有在一定的地质条件下才是相对稳定的,它反映了矿物形成当时的地质作用和环境。当矿物所处的地质环境改变到一定程度时,原先形成的矿物应就会产生变化,同时形成在新的地质环境下稳定的矿物。例如在还原环境条件下形成的黄铁矿 FeS_2,在氧化环境下就要发生氧化而生成褐铁矿 $Fe_2O_3 \cdot nH_2O$,而褐铁矿在高温高压条件下,又会脱水形成赤铁矿 Fe_2O_3。这说明矿物不是静止和孤立的,而是与一定的自然环境相联系的。

近年来,随着科学技术的进步和发展,矿物的范畴也在不断地扩大,矿物还包括了地球内部和宇宙空间的自然产物,如组成陨石和其他天体的矿物称为陨石矿物或宇宙矿物。

2. 矿物的鉴定特征

鉴别矿物最基本的特征是化学成分和内部结构。尽管有些矿物也许在某一特征上是相同的,但是没有任何两种矿物在上述两方面都是完全相同的。例如,金刚石和石墨在化学成分上是相同的,两者完全由碳元素 C 组成。然而由于内部结构的差异使它们的物理性质截然不同。金刚石光亮,无色透明,极其坚硬,质纯者是贵重的宝石。而石墨为铁黑色或钢灰色,不透明而具滑腻感,较柔软,在外力的打击下易呈片状破裂。

对于鉴定矿物的化学成分和内部结构这两个特征可以通过各种实验设备来确定。常用的方法有化学分析法、偏光和反光显微镜法、电子显微镜法、X 射线分析法、光谱分析法、电子探针分析法、差热分析法、热重分析法等等。矿物的化学成分和内部结构是矿物的本质属性,而矿物的几何形态和物理性质是其表现出来的特征,用肉眼鉴定矿物的简便方法就主要是根据这些特征进行的。在手头没有实验设备,特别是在野外工作时常常要求现场立即解决某些矿物的识别问题,所以肉眼鉴定矿物这种仅需借助放大镜、小刀、磁板等简单工具,而不需要特殊仪器设备的简单方法,显得特别重要和实用。以下着重介绍肉眼能够观察到的矿物的几何形态和物理性质。

(1) 矿物的形态。矿物的形态是指矿物的单体及集合体形状。在自然界,矿物多呈集合体出现,但是发育较好,具有几何多面体形状的晶体也不少见。

矿物单体的形态:矿物单体形态是指矿物单个晶体的外形,主要包括结晶习性、晶面条纹。结晶习性代表在相同条件下形成的同种晶体矿物,所具有自己的习惯性的形态。根据晶体在空间三个相互垂直方向上发育的相对程度,可以划分为三种基本类型:沿一个方向特别发育,形成柱状、针状、纤维状的一向延伸型;沿两个方向特别发育,形成板状、片状的二向延伸型;沿三个方向大致同等发育,形成粒状和等轴状的三向延伸型。晶面条纹则是指晶面上由一系列邻接面构成的天然条纹。它是在晶体生长过程中,由相互邻接的两个单形的狭长晶面交替发育而形成的,这一性质对于某些矿物是极其固定的,因而其有一定的鉴定意义。如黄铁矿立方体晶体的晶面上有彼此垂童的三组条纹。电气石柱面上

具有平行 Z 轴的纵纹等等。

矿物集合体的形态：同种矿物的许多个体聚集在一起的群体称为矿物集合体，自然界的矿物大多是以集合体的形式出现的。对于结晶质矿物来说，其集合体形态主要取决于单体的形态和它们集合的方式；而对于胶体矿物来说，其集合体形态则依形成条件而定。矿物的集合体形态往往具有鉴定特征的意义。矿物集合体的主要形态有属于显晶集合体的粒粒集合体，片状或鳞片状集合体，柱状、针状或纤维状集合体，致密块状体，晶簇等；属于隐晶及胶态集合体的分泌体、结核体、鲕状及豆状体、钟乳状体、土状体等。

（2）矿物的物理性质。鉴定矿物单靠形态往往不能满足要求的。因为大多数矿物不能发育成具有完好形态的晶体，另外，不同的矿物可以表现为完全相同的形态。矿物的物理性质本质上是由矿物的化学成分和内部结构决定的。组成和结构都不相同的矿物，它们的物理性质一定是不同的。所以每种矿物都有其特定的物理性质。这就是人们依据矿物的物理性质来鉴定矿物的依据。矿物的某些特殊的物理性质往往使其具有商业价值（如石英晶体的压电性，金刚石的极高硬度，白云母的绝缘性等）。

矿物的物理性质用肉眼鉴定主要是光学性质及力学性质。光学性质包括颜色（自色、他色、假色），条痕，光泽（解理面与晶面的光泽，集合体与断口的光泽），透明度。力学性质包括硬度、解理、形变、比重。

迄今已知的矿物有 3 000 多种，其分类方法很多，计有结晶分类、工业分类、成因分类、化学分类、结晶化学分类等，目前广泛采用的是矿物的结晶化学分类。这种分类方法先以化学成分为基础划分出大类和类；再按结晶结构的形式，把同类中具有相同结构的矿物归为一个族；最后按"具有一定的结晶结构和一定化学成分的独立单位"来划分种（表2-2）。另一种较为常见的分类方法是按矿物的成因，将矿物分为三类：内生矿物，在岩浆作用各阶段形成的矿物，如辉石、角闪石、石英等；外生矿物，在地表受各种外力作用形成的矿物，如高岭石，铝土矿等等；变质矿物，在变质作用条件下形成的矿物，如石榴子石、红柱石、石墨等等。

表 2 - 2　矿物的结晶化学分类

大类	类	矿物举例
Ⅰ 自然元素	金属元素 非金属元素	自然金 Au,自然铜 Cu 自然硫 S,金刚石 C
Ⅱ 硫化物	简单硫化物 复硫化物 硫盐	方铅矿,闪锌矿 黄铜矿,辉锑矿 硫砷银矿,
Ⅲ 卤化物	氟化物 氯化物 溴化物、碘化物等	萤石 石盐
Ⅳ 氧化物及氢氧化物	简单氧化物 复氧化物 氢氧化物	赤铁矿,石英 磁铁矿,铬铁矿 三水铝石,针铁矿

续　表

大类	类	矿物举例
V 含氧盐	硅酸盐 碳酸盐 硫酸盐 钨酸盐 磷酸盐 钼酸盐、砷酸盐、钒酸盐等等	正长石,白云母 方解石,白云石 石膏,重晶石 白钨矿,黑钨矿 磷灰石

三、岩　石

矿物在地壳中是很少单独存在的,它们常常组成各种各样的岩石。岩石是在各种不同地质作用下产生的,由一种或多种矿物有规律组合而成的矿物集合体。岩石是地壳和上地幔的主要组成物质,是地球发展过程中地质作用的产物,是研究各种地质构造和地貌的物质基础。研究岩石不仅有助于了解地球发展演化的历史,恢复古地理面貌,而且对于整个宇宙秘密的认识也具有重要的意义。岩石具有重要应用价值,矿产资源主要产于地壳的各种岩石中,岩石与道路建设、地下建筑、水利水电建设、风景名胜的形成都是息息相关。

自然界岩石的种类繁多,按成因可分为火成岩、沉积岩和变质岩三类。

1. 火成岩

(1) 岩浆。岩浆是指在地壳深处或上地幔形成的,富含挥发性组分的高温黏稠的熔浆。对于岩浆人们难以直接观察,其概念是根据火山活动的观察,结合火成岩及其许多实验的研究,以及地球物理方面的资料等建立起来的。岩浆具有高温、黏稠及成分复杂等特点。

岩浆的成分很复杂,以硅酸盐熔浆为主,还含有大量的 H_2O 和 CO_2、H_2S、CO、SO_2、HF、HCl 等挥发性气体和少量的金属硫化物和氧化物。岩浆中的化学成分若以氧化物计算,主要为 SiO_2、Al_2O_3、Fe_2O_3、FeO、MgO、CaO、Na_2O、K_2O、H_2O、SiO_2 等,其中以 SiO_2 的含量最高,对岩浆的性质影响最大。根据岩浆中 SiO_2 的含量的多少,可以将岩浆分为超基性岩浆($SiO_2 < 45\%$)、基性岩浆($SiO_2 45\% \sim 52\%$)、中性岩浆($SiO_2 52\% \sim 65\%$)和酸性岩浆($SiO_2 > 65\%$)四种类型。

岩浆的温度目前无法直接测定,据推算约为 $700 \sim 1\,300\,℃$。酸性岩浆温度稍低,一般为 $700 \sim 900\,℃$,基性、超基性岩浆较高,一般为 $1\,000 \sim 1\,300\,℃$,中性岩浆介于两者之间。

岩浆呈黏稠状,其黏度主要取决于 SiO_2 的含量,SiO_2 含量越高,黏度越大。黏度与挥发性组分含量以及岩浆温度有关。一般挥发性组分含量越低或温度越低,黏度越大。

岩浆是来源于地壳深处的局部地段和软流圈的一种过热的潜柔性物质,这种潜柔性物质在地下深处,呈高温、高压的过热状态,具有很大的内压力,通常它和周围的环境处于相对平衡的状态。一旦由于潜柔性物质本身温度升高,内压力增大,或者由于构造运动使局部压力降低,而破坏了它和周围环境之间的相对平衡,便可转变为岩浆,并沿地壳中裂隙或薄弱地带向上运动,侵入岩石圈上部,甚至喷出地表。岩浆在向上运移过程中,随着温度、压力的降低,岩浆自身的化学成分和物理状态会产生一系列的变化,同时岩浆与围岩之间亦会发生一系列化学反应,从而引起岩浆进一步的变化,最后冷凝固结成为岩石。这种从岩浆的形成、运移、演化直至固结成岩的整个活动过程,称为岩浆作用或岩浆活动。岩浆就是地下深处的岩浆侵入地壳或喷出地表冷凝而成的岩石。岩浆作用还可以细分为岩浆的侵入作用、岩浆的喷出作用、岩浆的分异作用和岩浆的同化混杂作用等。

岩浆的侵入作用是指岩浆上升到一定位置,由于上覆岩层的外压力大于岩浆的内压力,迫使岩浆停留在地壳冷凝形成侵入岩。岩浆的喷出作用是指岩浆冲破上覆岩层喷出地表,喷发的岩浆随外压力降低挥发性组分逸出而成为熔岩,冷凝后变成喷出岩。这两种作用是岩浆活动的主要方式。

(2) 火成岩的特征。火成岩的化学成分很复杂,地壳中存在的元素在岩浆岩中几乎都有所见,但各种元素的含量极不平衡。火成岩的平均化学成分非常接近于地壳的平均化学成分,这是因为火成岩约占地壳总重量的 2/3 的缘故。火成岩中各主要元素和氧化物的平均含量如表 2-3 所示。

表 2-3   火成岩的平均化学成分

氧化物	重量所占的比例/%		元　素	重量所占的比例/%	
	诺科尔兹(1954)	黎彤等(1963)		尼格里(1938)	费尔斯曼(1939)
SiO_2	61.67	63.03	O	46.60	49.13
TiO_2	0.97	0.90	S	27.70	26.00
Al_2O_3	14.87	14.6	Al	8.13	7.45
Fe_2O_3	2.13	2.30	Fe	5.00	4.20
FeO	4.07	3.72	Ca	3.63	3.25
MnO	0.10	0.12	Na	2.83	2.40
MgO	3.47	2.93	K	2.59	2.35
CaO	5.17	3.04	Mg	2.09	2.35
Na_2O	3.47	3.61	H	0.13	1.00
K_2O	2.83	3.10	Ti	0.44	0.61
H_2O	0.67	0.92	C	0.03	0.35
P_2O_5	0.26	0.31	N		0.04
			P	0.08	0.12
总计			总计	99.25	99.25

(3) 组成。火成岩的矿物成分主要是硅酸盐矿物,它们在火成岩中的分布很不均匀,最多的是长石、石英、云母、角闪石、辉石、橄榄石等,这几种矿物平均占火成岩矿物重量的92%,所以称为火成岩的造岩矿物。在这些矿物中,长石、石英、白云母等富含 Si、Al,颜色浅,称浅色矿物;角闪石、辉石、橄榄石、黑云母等富含 Fe、Mg,称暗色矿物。

上述各种主要造岩矿物,在岩浆冷凝过程中具有一定的结晶顺序。1922 年美国学者鲍恩(N. L. Bowen)在实验室观察人工岩熔浆的冷凝结晶过程,并结合野外观察,得出火成岩主要造岩矿物的结晶顺序及其共生组合,称为鲍恩反应系列(图 2-2)。

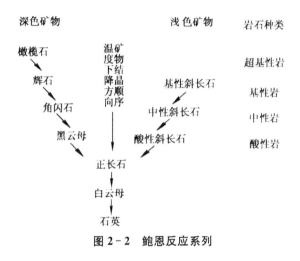

图 2-2　鲍恩反应系列

随着岩浆温度的下降,暗色矿物和浅色矿物分成两个系列并行结晶,暗色矿物从橄榄石开始,逐渐变化到黑云母;浅色矿物从基性斜长石开始,到酸性斜长石。然后两个系列归结到正长石、白云母和石英,横行表示在同一水平位置上的矿物,大体上是同时结晶的,于是按照共生组合规律组合成一定类型的岩石,由此可见,各类岩石之所以具有一定的矿物组合,就是受矿物的这种共生组合规律支配的。

鲍恩反应系列提供了火成岩中矿物结晶的顺序和共生组合的规律,而自然界的天然岩浆作用涉及多种复杂因素,除温度变化以外,诸如压力、熔点、挥发组分、化学成分和组合比例等因素,均影响到岩浆作用。

火成岩的结构是指组成岩石的矿物的结晶程度、晶粒大小、晶粒相对大小、晶体形状及矿物之间结合关系等,所反映出来的岩石构成特征。影响火成岩结构的因素首先是岩浆的冷凝速度。冷凝慢时,矿物晶粒常常粗大,晶形较完好;冷凝快时,有众多晶芽同时析出,它们争夺生长空间并相互干扰,结果矿物晶粒细小,晶体不规则;冷凝速度极快时,甚至成为非晶质。岩浆中矿物结晶的先后也是影响结构的重要因素。

火成岩的结构类型较多,按照结晶程度可以分为全晶质结构、半晶质结构和非晶质结构;按照晶粒的大小可以分为粗粒结构、中粒结构、细粒结构和隐晶结构;按照晶粒的相对大小可以分为等粒结构、斑状结构和似斑状结构;按照晶粒的形状,可以分为自形结构、半自形结构和它形结构等。

火成岩的构造是指组成岩石的矿物集合体的大小、形状、排列和空间分布等,所反映出来的岩石构成特征,它是岩浆形成条件和环境的反映。火成岩主要的构造有气孔构造、杏仁构造、流纹构造、流线构造、斑杂构造、块状构造和晶洞构造等等。

(4) 火成岩的分类。在自然界中,火成岩的种类繁多,已知的就有 1 000 多种。火成岩的分类原则为:

化学成分,火成岩根据 Si_2O 含量的不同,可以分为超基性岩类、基性岩类、中性岩类和酸性岩类。其次依据 Na_2O+K_2O 的含量又分出碱性岩和半碱性岩(表 2-4)。

矿物成分,岩石的矿物成分是火成岩分类最主要依据。一般是先按主要矿物的种类、性质确定岩石类型,再按主要矿物的百分含量确定岩石的名称。其中是否含有石英、长石的种类和比例在分类中起主导作用,同时也考虑到暗色矿物的含量和种类。

岩石的产状和结构、构造,按照反映火成岩生成环境的产状,可以将火成岩分为深成岩、浅成岩和喷发岩三类。每类岩石分别具有与其生成环境相对应的结构和构造(表 2-4)。

根据上述火成岩的分类原则,可制成主要火成岩的分类鉴定表(表 2-4)。

2. 沉积岩

沉积岩是在地表或接近地表常温、常压条件下,任何先成的岩石遭受风化剥蚀作用破坏的产物,以及生物作用和火山作用形成的物质在原地或经外力搬运所形成的沉积层,又经成岩作用而形成的岩石。若按重量计算,沉积岩仅占地壳总重量的 5%;但若以面积论,沉积岩却占大陆地壳面积的 75%,是地表最常见的岩石,地壳中的沉积层不仅记载了地质发展的历史进程,而且其中贮存着许多重要的矿产,如煤、石油、铁矿等等,所以研究沉积岩具有极大的经济意义和科学意义。

(1) 沉积岩的形成过程。外力作用是在大气、水、生物三种因素的参与下发生的。它们进行地质作用的形式不同。同种因素进行地质作用的具体形式也有多样。但其实质都是对岩石的破坏,破坏产物的搬运,搬运物质的沉积以及沉积物的固结成岩。所以除生物作用和火山作用形成的沉积岩外,沉积岩的形成过程一般可以分为四个相互衔接的阶段。

先成岩石的破坏阶段:岩石受外力作用后发生机械崩解,即物理风化和化学分解(即化学风化),变成松散的碎屑甚至成为土壤,并残留原地的作用,称为风化作用。位于地表或接近地表的岩石无处不受到风化作用,可以说它是使地表岩石破坏的先导。使地表岩石遭受破坏的另一途径是剥蚀作用,它主要是水、冰川、风等各种外力在运动状态下,对地表岩石和风化产物的破坏作用,同时将产物搬离原地。

风化作用与剥蚀作用虽有区别,但又有密切联系。它们在导致地表岩石产生破坏的过程中是相辅相成的,甚至难以分开。

母岩遭受风化剥蚀后的产物可以归纳为三大类:碎屑物质:包括岩石碎屑和矿物碎屑,主要是岩石物理风化的产物,其次为化学风化后完全分解而残留的矿物碎屑,它们是构成碎屑岩的主要成分。溶解物质:主要是岩石化学风化和生物风化作用的产物,其中一部分是 K、Na、Ca、Mg 等的碳酸盐、硫酸盐及氯化物等易溶物质,另一部分是 Si、Al、Fe、Mn、P 等元素的胶体物质,它们分别以真溶液和胶体溶液的形式被带走,最终汇入湖、海之中,构成沉积岩中化学岩和生物化学岩的主要成分。难溶物质:残留在原地的不活泼元素的氧化物构成的黏土矿物,如铝土矿、高岭石、赤铁矿、褐铁矿等。

表 2－4　火成岩分类鉴定表

化学成分分类	超基性岩	基性岩	中性岩	酸性岩	酸性岩	半碱性岩	碱性岩
SiO$_2$ 含量/%	<45	45~52	52~65	>65	55~65	50~56	
颜色	黑、绿黑	黑灰、灰	灰、灰绿	淡灰、灰白	肉红、灰白	肉红、灰红	灰红、暗红
指示矿物　石英	无	无或极少	少，<5%	较多，5%~20%	多，>20%	极少	无
正长石	无	无	极少	次要，20%	主要，30%~40%	主要，40%	主要，60%
斜长石	基性，少，<15%	基性为主，>50%	中性为主，>50%	酸性为主：30%	酸性：<30%	极少	极少（副长石多，20%）
主要暗色矿物及其含量比	橄榄石（主）〉95%　辉石（次）	辉石（主）40%~50%　橄榄石（次）　角闪石	角闪石（主）25%~40%　黑云母（次）　辉石	角闪石10%　黑云母25%	黑云母（主）0%~10%　角闪石（次）10%	角闪石10%~20%　黑云母20%	碱性角闪石　碱性辉石
喷出岩（火山锥、岩流、岩被）　结构：玻璃质、隐晶质斑状　构造：气孔、杏仁、流纹状、块状	金伯利岩	玄武岩	安山岩	英安岩	流纹岩、石英斑岩	粗面岩	响岩
岩石类型　火山玻璃岩类（黑曜岩、珍珠岩、松脂岩、浮岩）							
浅成岩（岩脉、岩墙、岩盘、岩床）　结构：伟晶、细晶等、细粒斑状　构造：气块、孔状　各种脉岩类（伟晶岩、细晶岩、煌斑岩等）	苦橄玢岩	辉绿岩、辉绿纤岩	闪长玢岩	花岗闪长斑岩	花岗斑岩	正长斑岩	霞石正长斑岩
深成岩（岩株、岩基）　结构：中、粗粒、等粒、似斑状　构造：块状	橄榄岩、辉岩	辉长岩	闪长岩	花岗闪长岩	花岗岩	正长岩	霞石正长岩

搬运作用阶段:风化剥蚀作用的产物被流水、冰川、风、重力以及生物等搬运到它处的作用称为搬运作用。搬运方式有机械搬运、化学搬运与生物搬运三种。风化和剥蚀产生的碎屑物质以及大部分黏土矿物多以机械搬运为主,而胶体和溶解物质则以化学搬运为主。

沉积作用阶段:岩石风化剥蚀的产物在搬运过程中,由于流速或风速降低,冰川的融化以及其他因素的影响,导致搬运物质的逐渐沉积,这种作用称为沉积作用。沉积作用的方式有机械沉积、化学沉积和生物化学沉积三种。

固结成岩作用阶段:岩石风化剥蚀的产物经过搬运、沉积之后,形成了松散的,富含水分和粒间空隙的沉积物,沉积物必须经过一定物理的、化学的、生物的以及其他的变化和改造,如水分的排出、孔隙的减少、密度的加大、胶结和重结晶等,才能变成固定的岩石。这种促使松散沉积物转变成坚硬岩石的过程称为固结成岩作用。引起固结成岩作用的原因主要有压固作用、胶结作用、重结晶作用和新矿物的生长等(图2-3)。

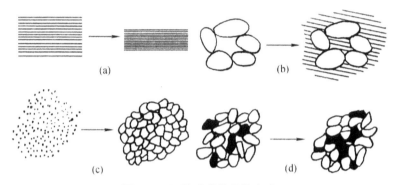

图 2-3　固结成岩作用的方式
(a)压固作用;(b)胶结作用;(c)重结晶作用;(d)新矿物生长

(2)沉积岩的基本特征。沉积岩的化学成分:由于沉积岩的组成物质主要来源于火成岩的风化产物,所以沉积岩的平均化学成分与岩浆相似。但是,沉积岩和花岗岩这两类岩石的成因和所处的形成环境迥然不同,因而两者在化学成分上也存在着一些明显的差异。差异的原因是沉积岩是在地表氧化环境中形成的,因而沉积岩中 Fe_2O_3 的含量大于火成岩,并且富含 H_2O 和 CO_2。而且由于岩石风化后常形成富 Al 和对 K 有很强吸附作用的各种黏土矿物,因此沉积岩中一般 K>Na,Al>Ca+Na+K,而火成岩则相反。此外沉积岩形成中常有大量生物物质,使沉积岩含有机质。

沉积岩中的矿物成分:组成沉积岩的矿物达 160 种以上,而常见的不过 20 多种,主要有石英、白云母、黏土矿物、正长石、钠长石、方解石、白云石、石膏、硬石膏、赤铁矿、褐铁矿、玉髓、蛋白石、海绿石等。其中,石英、正长石、钠长石、白云母也是火成岩中常见的矿物,而火成岩中常见的橄榄石、辉石、角闪石、黑云母、钙长石在沉积岩中很少出现,而沉积岩中普遍分布着黏土矿物、方解石、白云石、石膏、硬石膏、有机物质及铁质沉积矿物等这些是火成岩中不存在的。

造成这种差别的原因是沉积岩是在地表常温、常压条件下由外力作用形成的,而那些只能适应地下高温条件的火成岩矿物,如橄榄石、辉石、角闪石、黑云母、钙长石等,既不能由外力作用形成,也无法作为碎屑矿物而稳定地存在。能够适应环境变化、抗风化能力较强的石英、钾石、钠长石、白云母等,在地表环境下可以作为碎屑矿物而稳定存在。黏土矿物、石膏、硬石膏、方解石、白云石、沉积铁质矿物、海绿石则是在地表环境下形成的特征矿物,成为沉积岩的特征矿物。

　　沉积岩的结构:沉积岩的结构是指组成沉积岩颗粒的性质、大小、形态及其相互之间的组合关系。沉积岩中常见的结构有碎屑结构、泥质结构、晶粒结构和生物结构等。其中碎屑结构就是由母岩风化后产生的碎屑进入沉积物后被胶结起来所形成的岩石结构,按照颗粒的大小它又可以分为砾状结构、砂状结构和粉砂状结构三种。泥质结构是由极细小的黏土矿物所组成的结构。晶粒结构是指由化学作用和生物化学作用从溶液中沉淀的晶粒或成岩作用中重结晶形成的晶粒所构成的岩石结构。生物结构则直接由生物遗体构成。

　　沉积岩的构造:沉积岩的构造是指沉积岩中各组成部分的空间分布和排列方式。沉积岩的主要构造就是层理和层面构造。这是沉积岩最主要的特征之一,也是沉积岩区别于岩浆岩和变质岩的重要标志。

　　所谓层理就是指沉积岩的物质成分、结构等沿垂直于层面方向的变化或相互更替所显示出来的层状构造。层理根据形态和成因,可以分为水平层理、波状层理、交错层理、粒序层理等(图 2-4)。

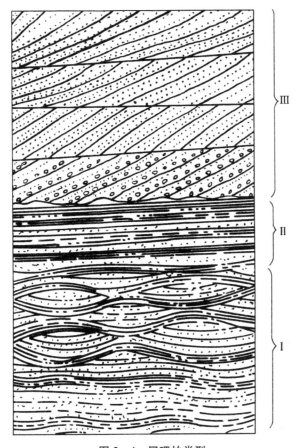

图 2-4　层理的类型

Ⅰ. 波状层理;Ⅱ. 水平层理;Ⅲ. 斜层理

层面构造则是沉积岩层面上所保留的由于自然作用产生的一些痕迹,它常标志着岩层的特征,并反映岩石的形成环境。常见的层面构造有波痕、雨痕、干裂、缝合线、结核、生物遗迹等(图2-5)。

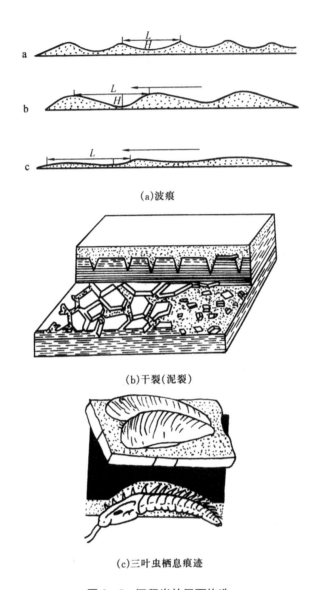

(a)波痕

(b)干裂(泥裂)

(c)三叶虫栖息痕迹

图 2-5 沉积岩的层面构造

(3) 沉积岩的分类。沉积岩的分类可根据成因、物质成分和结构等特征,划分为碎屑岩类、黏土岩类、化学岩和生物化学岩类等三大类。在上述这三类岩石中,可根据岩石的结构和成分,再分成各种不同的岩石(表2-5)。

表 2 - 5　沉积岩分类

岩　类		物质来源	沉积作用	结构特征	岩石分类名称
碎屑岩类	沉积碎屑岩亚类	母岩机械破坏碎屑	机械沉积为主	沉积碎屑结构	1. 砾岩及角砾岩 2. 砂岩 3. 粉砂岩
	火山碎屑岩亚类	火山喷发碎屑		火山碎屑结构	1. 火山集块岩 2. 火山角砾岩 3. 凝灰岩
黏土岩类（泥质岩类）		母岩化学分解过程中形成的新生矿物——黏土矿物	机械沉积和胶体沉积	泥质结构	1. 黏土 2. 泥岩 3. 页岩
化学岩和生物化学岩类		母岩化学分解过程中形成的可溶物质和胶体物质，生物化学作用产物	化学沉积和生物沉积为主	化学结构生物结构	1. 铝、铁、锰质岩 2. 硅、磷质岩 3. 碳酸盐岩 4. 盐类岩 5. 可燃有机岩

3. 变质岩

（1）变质岩的形成过程。

变质作用和变质岩：组成地壳的岩石都是在一定的地质作用和条件下形成的，它们又都处在不停地运动、变化和发展之中。因此地壳中任何岩石所处的平衡状态都是相对的和暂时的。地壳中的先成岩石（火成岩、沉积岩、变质岩）由于其所处的地质环境的改变，在新的物理、化学条件下，就会发生矿物成分和结构、构造等方面的变化，这种变化是先成岩石在新的环境中为建立新的平衡以达到相对稳定的必然结果。

地壳中的先成岩石由于内力作用（即构造运动、岩浆活动、热流变化等）所造成的物理、化学条件（温度、压力、介质等）的变化，从而使其成分、结构和构造发生一系列的改造和转变的作用称为变质作用。由变质作用所形成的新岩石称为变质岩。

引起变质作用的因素，主要为高温、高压、溶液及气体的化学作用。

高温作用：温度是变质作用最主要和最积极的因素。绝大部分的变质作用都是在温度升高的情况下发生的。变质作用发生的温度范围很广，由 $150\sim180℃$ 直到 $800\sim900℃$。低于这一温度的下限，属于固结成岩作用的范畴；而高于这一温度的上限，岩石将发生熔融，属于岩浆作用的范畴。地壳中的岩石在高温的作用下，将产生两个方面的变化，一是使岩石中的矿物产生重结晶作用；二是促进矿物成分之间的化学反应，产生一些新的矿物，使岩石的矿物组合发生改变。引起变质作用的高温主要来源于地热、岩浆热和由构造运动产生的摩擦热等。

压力：变质作用通常是在一定的外界压力状态下进行的。压力在变质作用中也具有重要的地位，根据物理性质的不同，压力可以分为静压力和定向压力两种。

静压力是由地壳深处的岩石承受上覆岩层的重量所引起的，它对岩石产生的作用力各向均等，显然岩石所处的深度越大，静压力也越大。岩石在静压力的作用下会促使矿物内部质点的排列更加紧密，在一定的温度条件下，会形成一些分子体积小而比重大的矿物。

如辉长岩中的钙长石(比重 2.76)和橄榄石(比重 3.3)在高压下,可生成石榴子石(比重 3.5~4.3),其反应式如下:

$$CaAl_2Si_2O_8 + (Mg,Fe)_2SiO_4 \rightarrow Ca(Mg,Fe)_2Al_2[SiO_4]_3$$

钙长石　　　　橄榄石　　　　　　石榴子石

分子体积　101.1　　　43.9　　　　　　121

(分子量/比重)

定向压力主要是由于地壳运动和岩浆活动引起的,其有一定的方向性。定向压力对于变质作用的意义主要表现在对岩石进行机械改造。一方面它可以使岩石或组成岩石的矿物产生塑性变形或断裂;另一方面是使岩石中的柱状、片状矿物在垂直于受力方向上进行定向排列,从而使岩石具有变质岩所特有的定向构造。

化学性质活泼的气体和溶液:主要是从岩浆中分异出来的。这种流体以 H_2O 和 CO_2 为主,并常含有 H_3BO_3、HCl、HF 和其他挥发性组分,因而具有较强的化学活动性。当其渗入围岩中时,在适当的温度和压力条件下,即可与围岩产生一系列化学反应,产生各种新的变质矿物,从而导致原岩矿物成分和化学成分的变化。

上述三种变质因素在变质过程中是相互联系、相互作用的,但在具体条件下,其中一个因素往往起主导作用,而其他则是次要因素。一般地讲,温度常常起最主要的作用。

(2) 变质岩的基本特征。

变质岩的化学成分:由于变质岩是原来的岩石经变质作用所形成,所以变质岩的化学成分和原岩的化学成分密切相关。对于没有发生交代作用所形成的变质岩,其化学成分(除 H_2O 和 H_2CO_3 外)和原岩化学成分几乎相同,其有共性。但当有交代作用进行时,由于化学元素的带进带出,其化学成分可以发生很大的变化,因而变质岩的化学成分又具有多样性。

变质岩的主要造岩氧化物仍是 SiO、Al_2O_3、Fe_2O_3、FeO、MnO、MgO、CaO、Na_2O、K_2O、H_2O、CO_2,以及 SiO_2、P_2O_5 等。但在不同的变质岩中其含量变化甚大。

变质岩的矿物成分:变质岩的矿物成分决定于原岩的化学成分和岩石形成时的物理化学条件。原岩的化学成分是形成变质岩的物质基础,而物理化学条件则是出现什么矿物或矿物组合的决定条件。组成变质岩的矿物种类很多,一部分是和火成岩、沉积岩共有的矿物,而另一部分是变质岩所特有的矿物,可以作为鉴别变质岩的标志(表 2-6)。变质岩除常见特征性的变质矿物外,由于定向压力的作用,还广泛发育有规律定向排列的纤维状、鳞片状、片状、长柱状、针状的矿物。

表 2-6　火成岩、变质岩、沉积岩矿物成分对比

岩　类		物质来源	沉积作用	结构特征	岩石分类名称
碎屑岩类	沉积碎屑岩亚类	母岩机械破坏碎屑	机械沉积为主	沉积碎屑结构	1. 砾岩及角砾岩 2. 砂岩 3. 粉砂岩
	火山碎屑岩亚类	火山喷发碎屑		火山碎屑结构	1. 火山集块岩 2. 火山角砾岩 3. 凝灰岩

续　表

岩　类	物质来源	沉积作用	结构特征	岩石分类名称
黏土岩类（泥质岩类）	母岩化学分解过程中形成的新生矿物——黏土矿物	机械沉积和胶体沉积	泥质结构	1. 黏土 2. 泥岩 3. 页岩
化学岩和生物化学岩类	母岩化学分解过程中形成的可溶物质和胶体物质，生物化学作用产物	化学沉积和生物沉积为主	化学结构、生物结构	1. 铝、铁、锰质岩 2. 硅、磷质岩 3. 碳酸盐岩 4. 盐类岩 5. 可燃有机岩

（3）变质岩结构和构造的含义与。火成岩结构和构造的含义相同。变质岩的结构和构造，可以具有继承性，即可部分地保留原岩的结构、构造特征，也可以在不同的变质作用下形成新的结构与构造。

变质岩的结构，按成因可分四类。变晶结构，是原岩在变质过程中发生重结晶而形成的结构。表现为矿物增大，晶粒相互紧密嵌合。变余结构，由于变质作用进行得不彻底，在变质岩的个别部分残留着原岩的结构。碎裂结构，系动力变质作用的结果。交代结构，交代变质作用既可以保持原岩结构的方式进行，也可以交代重结晶形成新矿物新结构。

4. 变质作用与变质岩

接触变质作用　主要发生在火成岩与围岩的接触带上，由温度及挥发性物质引起的变质作用。其主要岩石有：斑状板岩，具斑点状及板状构造，原岩常是黏土岩、凝灰岩；角岩，紧密坚硬的块状构造，原岩常是泥岩、粉砂岩或火山岩；大理岩，块状构造、方解石组成，原岩为石灰岩；石英岩，极坚硬的块状，原岩为石英砂岩；矽卡岩，岩浆中挥发性物质与交代作用形成的块状构造，常富集金属矿。

区域变质作用　发生在较大区域内（数千至数万平方千米），并由温度、压力及化学活动性流体等多种因素引起的，主要岩石有片岩、板岩，千枚岩、片麻岩，变粒岩及麻粒岩等。

5. 岩石循环

地球是一个处在不断变化中的星体，山脉的形成与消失，大陆的海侵与海退，地表外力过程和地下深处的内力过程正不断地改变着地球。岩石正是地壳发展过程中内外力地质作用的必然产物。虽然三大类岩石都是在特定的环境和条件下形成的，但它们之间可以相互过渡和转化。

由岩浆凝固而成的火成岩，是一种原生岩石，它是原始地壳的基本物质。无论是火成岩、变质岩，还是沉积岩，一旦出露于地表环境，都要遭受风化、剥蚀、搬运等外力作用的影响，并在一定的环境中，变化为新的沉积物，并固结成新的沉积岩。火成岩与沉积岩当受到温度、压力和化学性质活泼的气体和溶液的作用时，会促使其物质成分、结构构造产生变化而形成变质岩，即使是已经形成的变质岩也可以再次受到变质作用的影响，形成变质程度更深的变质岩。当火成岩、沉积岩、变质岩受到地壳运动，转入地下深处时，会熔融形成新的岩浆,并更新冷凝结晶成新的火成岩(图 2-6)。

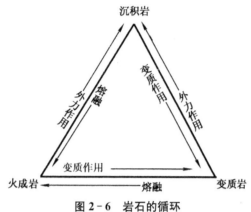

图 2-6 岩石的循环

总之,在地球的演化过程中,老的岩石在不断地毁灭,新的岩石在不断地产生。所以,任何岩石既不是自古就有的,也不是永远不变的。在一定的时间和空间内所形成的一定的岩石,都只代表地球历史的一定阶段。任何岩石都忠实地记录了它本身有关的那一段地球历史。

参考文献

1. 夏邦栋,刘寿和.地质学概论.北京:高等教育出版社,1992
2. 陈武,季寿元.矿物学导论.北京:地质出版社,1985
3. 成都地质学院.岩石学简明教程.北京:地质出版社,1979
4. Friedman G M, Sanders J E. Principles of sedimentology. John Wiley & Sons, Inc.,1978
5. Montgomery C W. Environmental geology. 3rd ed. Wm. C. Brown Publishers,1992

第 3 章

板块构造

塑造地球的力量有"内力作用"和"外力作用"两类,内力作用是产生于"地球内部"的地壳运动、火山、地震,主要由地球内部的热力所驱动。内力作用也反映到地表,有区域性的,也有全球规模的。板块构造即全球性地壳构造,是认识了解地质演化的基础。

一、大陆漂移

几个世纪以前,人们在观察全球地图时已注意到,南美东海岸与非洲西海岸轮廓的吻合性。1885 年法国的史奈德就发表了一张两个大陆拼接的简图,这引发了一种大胆的设想,即南美与非洲曾是同一个大陆,后来分开了。1908 年,美国的泰勒认为大陆块的相对移动,是使岩石挤压成现代山脉和岛链的原因。而系统全面地提出大陆漂移学说的是德国气象学家魏格纳(A. Wegener)。

魏格纳在 1912 年开始发表他的观点,以后又做了不懈的努力,在地质学、古生物学等方面做了深入的钻研,对大陆漂移说进行了系统的论证。

魏格纳在他的名著《海洋与大陆的起源》一书中写道:"大陆漂移的想法是著者于1910 年最初得到的。有一次,我在阅读世界地图时,曾被大西洋两岸的相似性所吸引,但当时我也随即丢开,并不认为具有什么重大意义。1911 年秋,在一个偶然的机会里我从一本论文集中看到了这样的话:根据古生物的证据,巴西与非洲间曾经有过陆地连接,这是我过去所不知道。这段文字记载促使我对这个问题在大地测量学与古生物学的范围内,为着这个目标从事仓促的研究,并得出重要的肯定的论证,由此就深信我的想法是基本正确的。"

魏格纳认为,大陆主要是由 Si、Al、Ca 等成分组成的硅铝层构成,由于冷缩,呈刚性,它盖在主要由镁、铁类硅酸盐组成的、密度较大的硅镁层之上,硅镁层坚实、黏重并且有一定的流动性。一旦大陆发生分裂而分离,硅镁层便出现在大陆之间的大洋底部。

他还认为,地球上的所有大陆在中生代之前曾经结合成统一的巨大陆块,称为联合古陆或泛大陆。中生代以来,联合古陆分裂,它的碎块,即现代各大陆,逐渐漂移到目前所处的位置上。由于大陆原来是一大块,所以从前根本不存在大西洋、印度洋,而只有一个围绕泛大陆的泛大洋。以后,由于各大陆分离,张开了大西洋和印度洋,泛大洋(古太平洋)收缩而成为现今之太平洋(图3-1)。

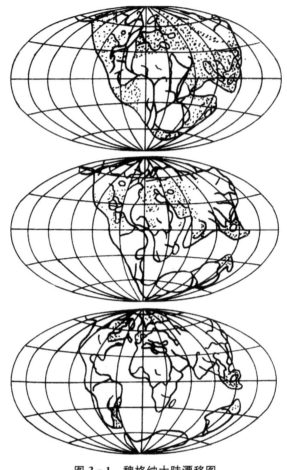

图3-1 魏格纳大陆漂移图

(据 Wegener,1922)

关于大陆漂移的动力,魏格纳等提出了与地球自转有关的两种力:向西漂移的力和指向赤道的离极力。大陆块在硅镁质中向西移动,因此石炭纪时原始大陆的前缘(美洲),就已因受黏性硅镁质的阻力而褶皱起来(科迪勒拉山系)。原始大陆的后缘(亚洲)则脱落下了沿海山脉与碎片,它们牢牢地黏附在太平洋的硅镁底上,成为岛群。而原来聚集成南极附近的一些古陆在分离后则向北漂移。按魏格纳的看法,向西漂移的力来自日、月引力所产生的潮汐摩擦力。地球自转的速度因潮汐摩擦而减缓,这种减缓在地球表层表现最为明显,致使地球表层或各大陆相对于地球自转有滞后的趋势,亦即导致大陆缓缓向西滑动。关于离极力的来源,曾提出好几种设想,例如地球自转的离心力,除两极和赤道外,自转离心力的水平分力都是指向赤道的。

大陆漂移学说的问世,在国际地学界引起极大的兴趣,同时也引起了一场大论战。限于当时的科学水平,许多有关大陆漂移的现象尚未发现,大陆漂移的机制尚未得到有力佐证,致使这划时代的创新学说受到嘲笑而冷落。直至 20 世纪 60 年代,海底考察技术的发展,对大洋底部的考察研究中,发现一系列大陆漂移的证据,致使大陆漂移学说的再生,同时引发了板块构造学说的诞生。

二、板块构造原理

大陆漂移说主要的障碍是固体的大陆如何能在固体的地球上移动。现代通过地球物理的研究(主要是地震波),了解到地球从表层到地核中心并非完全都是固体的,而在接近地表部分存在着一个塑性的部分熔融的层圈。因而,固体的地球的外壳漂浮在下伏的半固体层之上。

前一章中讲到地球从地表到核心,可分为地壳、地幔与地核三个最基本的层圈,这是按其组成成分来划分的。若按物理特性,则地壳是固体,地幔的最上部亦是固体,这二者构成一个固体层,称为岩石圈;岩石圈之下是部分熔融和塑性的,称软流圈,软流圈亦存在于上地幔中;软流圈之下,整个地幔都是固体的。

岩石圈在地球的不同地方其厚度不同,在洋底其厚度较小,从地表向下约 50 km 厚,在大陆地区厚度较大,从地表向下可达到 100 km 厚。

岩石圈之下是软流圈,在地幔中的软流圈向下延伸,深度为 500 km,即其厚度有 400多千米。它的上部是缺乏强度或刚性的,可以产生熔融,但软流圈并非全部是熔融的,只是在固体岩石中局部地存在着一小部分岩浆。软流圈大部分温度接近于岩石的熔点温度,使岩石在巨大的压力下产生塑性流动。

软流圈是借助地震波的研究而发现的,软流圈的研究使大陆漂移说能被人们理解与接受。大陆不必在固体的岩层上拖曳运动,而是坚固的大陆、岩石圈板块之下,有个柔软的黏糊的圈层,岩石圈板块在这软层上滑动。

环绕地球外层的岩石圈并非完整连续的,而是由若干块球面的块体组合而成,就像一只足球,是由一些皮块缝合成球体。岩石圈分裂为若干板块,其分界线即是地球表面火山地震的集中分布带。地震与火山的分布大多呈带状或链状(图 3-2),它们反映了该处是岩石圈板块的分裂处,是板块的分界。目前已经确认的有 6 个巨型的岩石圈板块和一些小的板块(图 3-3)。

三、板块构造运动的证据

软流层的发现与研究,使得大陆漂移说即板块运动成为比较可信的观点,但其尚未说明板块是否曾经产生运动,又是如何发生运动的。50 年代以来的洋底调查,为板块曾经发生过运动积累了可作佐证的资料。

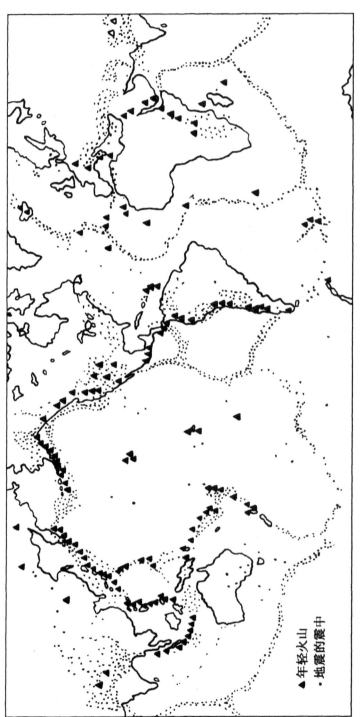

图 3－2　全球火山地震分布

▲年轻火山

·地震的震中

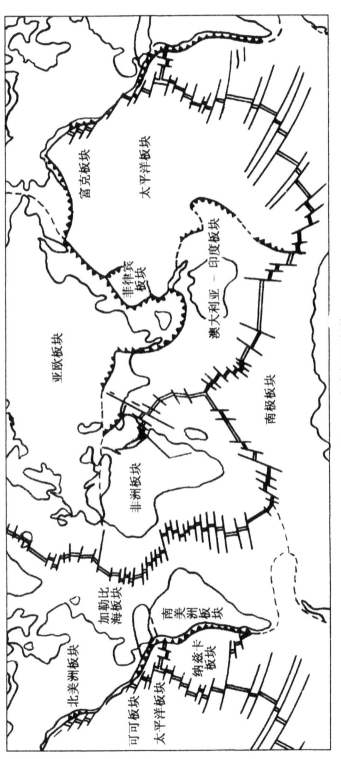

图 3 - 3 全球岩石圈板块

1. 岩石磁性与古地磁

许多含铁的矿物在地表常温下都至少具有微弱的磁性。每一块带磁性的岩石都具有居里温度,当熔融的岩石逐渐冷却,即使低于居里点温度,岩石磁性仍可以保留,但高于居里点温度,岩石则失去它的具有磁性的特征。虽然矿物的居里温度各不相同,但它总是低于矿物的熔化温度,因此炽热的岩浆没有磁性,但是当它冷却和固结,并且从中结晶出铁镁硅酸盐和其他含铁的矿物时,这些带有磁性的矿物趋于按相同的方向排列。就像小的罗盘指针,它们使得自己平行于北-南延伸的地球磁场的磁力线方向,并指向磁北极,除非受到重新加热它们将保持固有的磁性方向。这就是古地磁学的基础,岩石中的"化石磁力"。

然而,磁北极并不总是与它目前的位置相吻合。在 20 世纪初,科学家对法国一个火山岩序列磁化方向的调查发现,一些磁力线的磁化方向与另外一些恰好相反:它们的磁化矿物指向南而不是向北。这现象发现在世界上许多地方,证实地球磁场曾经发生磁极倒转,也就是南、北磁性曾经调换过位置。当这些令人惊奇的岩石产生结晶时,磁针将指向磁南极而不是磁北极。

现在,磁性倒转现象已被证实。当岩石结晶时磁场方向与现在磁场方向一致,则被称为正常磁化;当岩石结晶时磁场方向与现在磁场方向相反,则被称为倒转磁化。在地球的历史中,磁场曾经以不同的时间间隔发生过多次的倒转,有时磁极稳定的时间可以近 100 万年,而有时仅相隔几万年就发生倒转。通过对磁化岩石的磁性测量和年龄确定,地质学家已经能够详细地重建地球磁场的倒转历史。

对磁性倒转的解释必须与磁场的由来相联系。外地核主要是由铁组成的金属流体。导电流体内的运动可以产生磁场,而这被认为是地球磁场的起因。(仅仅由于地核中含有铁是不足以引起磁场的,因为地核的温度远高于铁的居里温度。)而流体运动的紊动或变化才能引起磁场的倒转。倒转过程的细节还有待演绎。

2. 海底扩张

洋底主要是由玄武岩组成,它是富含铁镁矿物的火山岩。20 世纪 50 年代,大规模的全球海底磁性调查,发现洋底岩石的磁性呈条带状规则地排列,是正常磁化的岩石与倒转磁化的岩石呈带状相互交替。开始当作是调查测量错误,而后不断发现此现象,其结果导致地球科学上重大的发现——海底在扩张。

磁性条带可以被解释为海底扩张的一种结果。如果洋底岩石圈破裂而且板块产生相背运动,岩石圈的裂隙将张开。但其结果并不是一条深 50 km 的裂隙。当裂隙开始产生时,由于上覆岩层压力的释放发生了广泛的熔融,产生了来自软流层的岩浆,岩浆的上升、冷却和固结形成了新的玄武岩,并按地球磁场的主导方向被磁化。假如板块继续相背运动,新形成的岩石也将破裂和分离,而更年轻的岩浆进入其中,这过程不断进行,海底不断扩张。

如果在海底扩张的同时,地球的磁极发生倒转,磁场倒转后形成的岩石的极化方向与磁场倒转之前恰好相反。洋底是几千万年或几亿年来形成的连续的玄武岩序列,在这一时段内产生十几次的磁极倒转。海底的玄武岩就像磁带记录仪,在代表正常和倒转磁化岩石交替出现的条带中保存了磁极倒转的记录(图 3-4)。

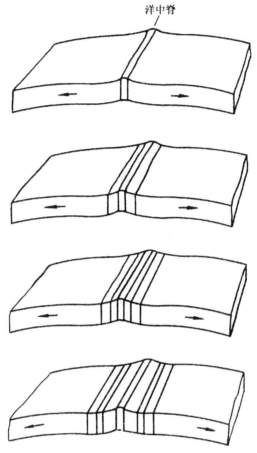

图 3-4　海底扩张玄武岩在洋中脊两侧的对称分布

3. 洋底地形与年龄

20 世纪 50 年代以来,随着大洋测深与定位技术的进步,对大洋底部的地形已可制作出较详细的海底地形图,发现海底并非平坦的,有系列巨型海底山脉、海底山及岛弧、深海沟。这些巨型地貌均与海底构造演化密切相关,均是岩石圈板块运动的有力证据。

洋中脊是分布于大洋底的巨大山系,在大西洋位于洋底的中间,它将大西洋分为东西二部分,高出洋底 2 000～4 000 m,宽约 2 000 km,其轴部为一纵长的裂谷,自轴部向东西两侧,地形逐渐低下,进入海底平原。大西洋洋中脊为一系列横向(东西向)断裂分割,使整个洋中脊在平面上呈 S 形。太平洋洋中脊位于东部,靠近美洲大陆,印度洋洋中脊呈人字形,印度洋海底山系将印度洋分成三块。世界大洋的这些洋中脊均相连,构成环绕地球 64 000 km 的海底巨型山系。

洋中脊及洋底主要是玄武岩,可用同位素测年法,测得洋底各部位的年龄。其结果是接近洋中脊处最年轻,在洋中脊轴部岩石年龄为百万年以内,其裂谷中有现代喷发的熔岩,即正在形成中的洋壳,向两侧年龄逐渐增大,为上新世至古新世(500～6 500万年),至洋底盆地主要是白垩纪,而最外围是侏罗纪,即洋底岩石最老的年龄未超过2亿年。与磁化条带一样,岩石年龄的分布亦呈条带状,在洋中脊两侧呈对称分布。这些有力地证明,随着洋底扩张,原来的岩石不断地被洋中脊轴部新生的岩石扩张推挤向两侧移动,使近轴部岩石年青,愈远离洋中脊岩石年龄越古老。

海底山、洋底有一些水下火山锥,也有水下火山发育高出水面呈岛屿的,它们常成线状排列,构成火山岛链。如夏威夷群岛是一列西北-东南向的火山岛链,最南面的夏威夷岛有现代活火山,其岛的年龄小于50万年,至瓦胡岛(Oahu)已无活火山,其年龄为230～330万年,至考爱岛(Niho)为750万年,纳基尔岛(Necher)为1 100万年,到中途岛为2 500万年,而后火山链转折成大体南北向的帝王海底山链,其年代更古老。这种火山链表明,地幔上部有一种"热点",地幔中熔融的岩浆成柱状通过热点上升到地球表面,热点中地幔物质熔融成岩浆,喷出为火山,热点在地幔中有固定的位置,岩石圈板块通过该热点向西北运动而形成一连串火山。火山的年龄靠近热点较年轻,距热点愈远,年龄愈老。

4. 地极的移动

地球是个磁体,有磁北极和磁南极,好似一个巨型磁棒穿过地球,通过球心,形成地球的大磁场。地球上一切磁性物体都受磁场的影响。地磁极与地轴之间有一交角,即磁偏角。通过古地磁的测量计算,可以找到地质时期的磁北极与地球北极,同样可找到磁南极与地球南极。

地球上最古老的岩石不在洋底,而是在大陆。在大陆已发现有40亿年前的岩石。对大陆岩石磁化方向的研究,可以得出若干亿年前的磁化状况,得出不同年龄岩石的磁极位置。磁极总是有规律地靠近地极的。由古地磁测定古磁极的位置并不在今日北极、南极附近,而是远离今日南北极的地球其他部位,这反映了当时形成于磁北极(或磁南极)的岩层,已发生了位移,从地极移到今日地极的位置。图3-5表示了不同时代地极的位置。

5. 其他证据

大陆的岩石与海底岩石相比是在多种环境下产生的,因此可以提供各种信息。例如沉积岩可以保存沉积物形成时该地区古气候的证据。这类证据表明许多地方的气候随着时间的变化产生了巨大的变迁。目前在澳大利亚、南非和南美的热带地区,发现了冰川作用的证据。在目前暖湿气候地区的岩石中发现有沙漠堆积,而在目前的寒冷地区保存有森林植物的化石。煤层形成于湿润气候下,是由地质时代的植物被埋藏后变成的,而南极洲竟然发现了煤层。因为在同一时间内大陆并未表现出相同的变暖或变冷的趋势,这些观察资料无法用全球气候变化来解释。气候与纬度相关,它强烈地影响着地表的温度:接近赤道的环境通常较热,而极地地区显然较冷。岩层所反映出的气候的状况如此剧烈的变化,其结果只能是大陆发生漂移,该大陆所处纬度发生了变化。

沉积岩还保存有古老生命的化石残骸。某些目前仍然存在的生物似乎曾经只在非常有限的一些地区生活,而现在却在地理上广泛地散布于各个大陆。例如,舌羊齿属植物的化石,其遗迹在印度、南非以及南极地区发现。中龙属,一种小型恐龙的化石,同样也散布

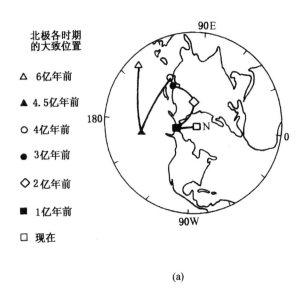

(a)

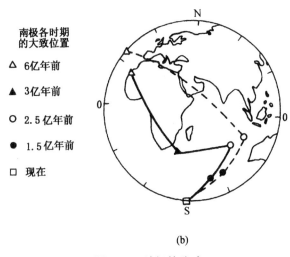

(b)

图 3-5　地极的移动

（据 M. W. McElhinny, 1973）

于几个大陆上。很难想象一个植物或动物的特定种类在远隔几千千米的两个或更多的小区域内同时发育，或是借助某种方式跨越浩瀚的大洋迁移。（舌羊齿属是一种陆生植物，中龙属是一种淡水动物。）大陆漂移说为这些现象提供了合理的解释。这类生物生活在一个单一的、地理分布上有限的区域，目前发现的化石分布很广泛是大陆分离和移动的结果。

　　非洲和南美岸线的明显相似性曾是萌发大陆漂移的起因。假如不用海岸线，而是用大陆架的外缘等深线进行拼接，那非洲与南美洲将吻合的更好（图 3-6）。目前用计算机制作板块间的最佳拼接，其结果反映出有零星缺失。这也许是因为大陆的解体，以及火山活动产生局部岩石的增加，无法使得大陆的每一小块在几千万年或几亿年的时间内都被完整地保存下来。大陆的重建可以利用大陆地质的细节：岩石类型、岩石年龄、化石、矿床、山脉等等加以改进。如果两个现在分离的大陆曾经是同一大陆的一部分的话，那么在一个大陆边缘发现的地质特征，应该在另一个大陆相应的边缘找到其对应部分。因此，当制作板块拼接时还需同时作综合性地质论证。

图 3－6　非洲与南美洲大陆架外缘的拼接

四、板块边界类型

目前的科学水平，对古大陆的位置、布局已比较清楚。在 2 亿多年前地球是一块统一的大陆，称为泛大陆(pangaea)，现代的海底扩张是泛大陆解体的痕迹，也就是岩石圈板块的一种边界。岩石圈板块相对运动，也就在大陆岩石圈或海洋岩石圈的边界，产生三种边界类型。

1. 离散型板块边界

在离散型板块边界上，如大洋中脊，岩石圈板块相互分离，这来自软流圈的岩浆涌出，此处并形成新的岩石圈。因此在扩张脊上产生了大量的火山活动。另外，沿着这些板块边界脊，岩石圈板块的拉张部分产生地震。

大陆也可以被裂谷分开，这种现象较少见，可能是大陆岩石圈比大洋岩石圈厚得多的缘故。在大陆裂谷发育的早期，沿断裂可以产生火山喷发，或者巨大的玄武熔岩流通过大陆裂隙涌出;如果断裂作用继续进行,在两个大陆板块之间将最终形成新的洋盆。目前的东非裂谷即非洲大陆的最东部正在被裂谷分裂,扩大朝着产生新生洋盆的方向发展,最终是新的大洋将非洲大陆板块分隔为两块。

2. 转换断层边界

洋中脊、扩张脊的构造并非单一直线状的裂谷,而是非常复杂的。扩张的洋中脊长几千千米,通常是不连续的,中脊是由许多相互微微错开的较短的部分组合而成的。断错区是一种特殊的岩石圈断层或断裂,称互为转换断层(图3-7)。转换断层相对的两侧分属两个不同的板块,并且它们是向相反方向运动的。由于板块相互刮擦而过,沿着转换断层产生了地震。

著名的加利福尼亚圣安德列斯断层就是一个沿扩张脊切开大陆底座的转换断层。东太平洋海隆及北美西北海岸之外的海底扩张脊,在北美大陆边缘之下消失,而在加利福尼亚湾的南端重新出现,圣安德列斯断层就是介于扩张脊这两个部分之间的转换断层。北美的大部分属于北美板

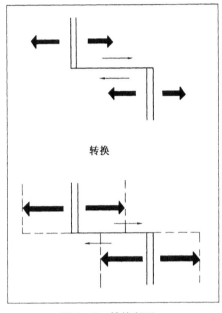

图 3-7　转换断层

块。然而,圣安德列斯断层西侧细长条状的加利福尼亚部分正随着太平洋板块向北西方向运动。

3. 敛合性板块边界

处于大陆块与洋盆交界的海沟,是消减作用的敛合性板块的边界,沿着此边界两个相邻的板块作相向运动。大陆岩石圈的密度较低,海洋岩石圈密度接近其下伏的软流圈,密度较大,相向运动使大陆板块上浮,而大洋板块易于俯冲到软流圈中,因此它是消减性的边界。沿此边界,相邻板块发生挤压,引起强烈地震和岩石的构造变形。俯冲板块熔融成岩浆,形成岛弧,产生火山作用、侵入作用以及岩浆活动等(图3-8)。

在大陆与大陆碰撞的情况下,两个陆块产生裂隙、折皱和变形。其中一个陆块可以部分地爬升到另一个陆块之上,但是大陆岩石圈的浮力使得两者都不会深陷入地幔中去,而产生了巨厚的大陆。在碰撞活跃期间由于这一过程涉及巨大应力的结果,使得地震频繁发生。喜马拉雅山脉的极大高度正是这种大陆与大陆碰撞的结果。印度并非始终是亚洲大陆的一部分。古地磁的证据指出几亿年来它一直在从南向北漂移直到"撞及"到亚洲板块,并且在这次碰撞中形成了喜马拉雅山。早些时候,在泛大陆解体之前,非洲和北美板块的碰撞以同样的方式建造了原始的阿巴拉契亚山脉。实际上,世界上许多主要的山脉代表了过去板块碰撞的位置。

地球上的消减带维持着海底的平衡。如果大洋岩石圈在扩张脊不断地形成,相等数量的大洋岩石圈必须在某地被消亡,否则地球将不断地增大。额外的海底在消减带被消

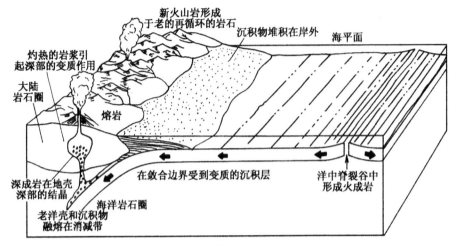

图 3-8 敛合性板块边界

耗。向下俯冲的板块受到炽热软流圈的加温,并且随着时间的推移将变热到产生熔化,与此同时,在扩张脊上,其他的熔体上升,冷却并结晶形成新的海底,所以,在某种程度上,大洋岩石圈是不断地在循环,这解释了为什么海底缺乏非常古老的岩石。在碰撞时,大洋板块进入大陆并被保存下来是十分罕见的。通常,大洋板块在碰撞带是向下俯冲并被销毁,漂浮的大陆板块无法以这种方式重建,因此,非常古老的岩石可被保存于大陆上。由于所有的大洋都是运动着的板块的一部分,迟早它们都将被运移到碰撞带上,作为大洋岩石圈前缘被销毁。

消减带在地质上是非常活跃的。从大陆上剥蚀而来的沉积物可以沉积海沟中,这海沟是向下俯冲的板块所形成的,随着向下沉陷的岩石圈,部分沉积物可以被带到软流圈并产生熔化。在熔融物质上升穿过上覆岩石到达地表的地方形成火山。在大洋与大陆板块碰撞带,通常形成一系列的火山岛、岛弧。由碰撞和消减作用伴生的巨大的应力产生了大量的地震。环太平洋的岛弧、海沟带即是这类板块边界的典型。

五、板块构造的驱动力与速度

1. 驱动力问题

板块构造的驱动力尚未被明确地查明,目前的解释是与塑性的软流圈在大对流圈中不断缓慢地搅动有关。根据这种观点,热的物质在扩张脊上升,部分溢出形成新的岩石圈,其余的物质在岩石圈之下向旁边扩张,并在这一过程中慢慢地冷却。当它向外流动时,它拖曳着上覆的岩石圈随它一起向外,所以脊部不断地扩张;当它冷却的时候,流动的物质密度变得大到足以使其向深处沉降回到软流圈。这种现象也许正在消减带下发生。

软流圈中是否有这种对流现象,至今尚未明确地证实,流动的软流圈能否有足够的力量将其上覆的岩石圈产生侧向的推动,并构成对流,这些亦有待证实。目前有另一种解释,即消减带上密度大,向下俯冲的板块可以拖曳其后缘板块的其他部分一起运动。最有可能的是上述这些机制的综合,引起板块产生运动,当然亦可能有其他的机制尚未发现。

2. 板块运动的速度

板块运动的速度和方向可以通过多种方式来确定。如前所述,大陆岩石古地极可用于确定大陆是如何漂移的。而海底扩张是确定板块运动的主要方式。海底扩张的方向是从脊部向两侧运动。海底扩张的速度可以通过对海底岩石年龄的测定以及所测岩石距洋中脊轴部的距离获得。例如,在距脊部 100 km 的地方采集到一块年龄为 1 000 万年的海底样品,这表示在这一时段内海底扩张的平均速度 100 km/1 000 万年。即其速度约是 1 cm/a。

通过地幔热点亦可研究板块运动速度和方向。如前所述,在地球上分布着与板块边界无关的独立火山活动区。这些火山反映了热点之下的不寻常的地幔。如果我们假设当岩石圈板块从其上部移过时,地幔热点在位置上保持固定,其结果应该是最年轻的火山,最靠近热点。仍以夏威夷火山岛链为例。夏威夷岛有活火山,最靠近地幔热点,中途岛与夏威夷岛相距 2 700 km,其火山年龄为 2 500 万年,该时期地幔热点(即板块)移动的速度是 2 700 km/2 500 万年,即约 11 cm/a,而运动方向是自东南向西北。大约在 4 000 万年前火山链方向转向北,即板块运动方向转变。大陆也会有地幔热点,只是大陆地壳较厚,不易被穿透,难以发现。

目前,发现的板块运动平均速度为 2～3 cm/a,亦有测到大于 10 cm/a 的。这种看来数值不大的运动速度,积累起来将十分惊人。试想每年 2 cm 的速度,100 万年将是 2 000 km 的漂移,而 100 万年仅是地球历史中非常短暂的瞬间。从洋底岩石的测定,最老的板块构造运动已有 2 亿年的历史,而大陆岩石磁性的测定已可重建 10 亿年古磁极的位置,大陆上未受扰动的古老岩层较少,使了解板块运动究竟有多古老产生一定难度。但目前地质学界相信,大陆在地球表面漂移至少已有 20 亿年的历史。在塑造地球形态方面,板块构造起了主导作用,今后仍将继续下去。

3. 板块构造与岩石循环

根据岩石循环的概念所有的岩石都是相关的。按板块构造的观点来看岩石循环,则是新的人成岩形成于扩张脊或消减带中软流圈岩浆的上涌。岩浆冷却所散发的热可以导致变质作用,伴随着以升高的温度改变围岩结构或矿物成分的重结晶作用。这些围岩的一部分也可以自行熔化形成新的人成岩。在敛合边缘的板块碰撞作用,通过增加作用于岩石上的压力也产生变质作用。大陆的风化和剥蚀使所有的原生岩石成为沉积物。这些沉积物的大部分将被搬运至大陆边缘,在那儿沉积在深水盆地中。通过巨厚沉积物之下的埋藏作用,它可以固结成沉积岩。沉积岩也可以通过板块边缘的应力和岩浆活动被变质,甚至被熔融。部分这些沉积岩或变质物质随着俯冲的大洋岩石圈被往下携带,被熔化以及最终重新循环成火山岩。所以板块构造活动在地球上不断进行,在原生旧岩石形成新岩石的过程中具有重要的作用。

参考文献

1. Wegener A. The origin of continents and oceans. London：Methuen 1924(中译本：李旭旦译.海陆的起源.北京：商务印书馆,1977)

2. 傅承义.大陆漂移、海底扩张和板块构造.北京：科学出版社,1972

3. Harley P M. The confirmation of continental drift. Scientific American,1968,218：52～64

4. Dewey J F. Plat tectonics. Scientific American,1972,226.56～88

5. Montgomery C W. Enveronmental geolcgy. 3rd ed. Wm. C. Brown Publishers,1992

第4章
地　震

在地球发展过程中,地球各部分之间发生着某些相对运动,地震就是这些相对运动中的一种。它是岩石圈中内能逐渐积累而突然释发的结果,是一种内力地质作用。地震引起地球物理性质(如电磁场)的微观变化,同时使地面变形,地壳错动,诱发地壳隆起和陷落、褶皱和断裂,地面发生崩塌滑坡、火山喷发与海啸等一系列宏观地质现象,在很短的时间内给人类造成巨大的灾害。所以地震造成地质环境的急剧变化,是环境地质中一个重要的组成部分。

一、地震的基本理论

1. 地震的概念

地壳任何一部分的快速颤动称为地震。地震是一种经常发生的有规律的自然现象,是地壳运动的一种形式。据统计,全球每年发生地震约 500 万次,但大部分是只有通过仪器才能察觉的小地震。人们能够直接感觉到的地震每年约 5～6 万次,其中造成破坏性的地震每年约 1 000 次,破坏严重的地震每年约 100 次(表 4 - 1)。

表 4 - 1　地震强度与地震次数的关系

种　类	震　级	每年发生次数	大致释放的能量/J
巨震	＞8	1～2	＞5.8×10^{30}
大震	7～7.9	18	2～4.2×10^{29}
毁灭性地震	6～6.9	120	8～150×10^{27}
破坏性地震	5～5.9	800	3～55×10^{26}
小震	4～4.9	6 200	1～20×10^{25}
通常能感觉到的最小地震	3～3.9	49 000	4～72×10^{23}
仪器能探测到的地震	2～2.9	300 000	1～26×10^{22}

注:据 B. Gutenberg and C. F. Richter,1954。

地震发生在陆地上,同样也发生在大洋底部。当发生海底地震时,所产生的震动以及所诱发的海底岩层陷落、块体运动和海底火山爆发等等,往往使得局部海水水体积变动,或压力瞬间急剧增大,形成巨大的海浪,称为海啸。

地震发源于地下某一点,该点称震源,它往往是断层上首先产生运动或破裂的点。对应震源地面最近的一点称为震中,通常新闻报道某地发生地震,所提到的地点就是震中的位置。从震源到震中的距离,称为震源深度。根据震源深度,地震可分为浅源地震(深度0~70 km),中源地震(70~300 km),深源地震(300 km)。据统计,大多数地震属浅源地震,约占地震总数的75%,破坏性大地震震源深度大多在5~20 km范围内。

2. 地震的类型

地震的成因主要有构造的、火山的、陷落的,以及其他激发因素所引起的诱发地震。

(1) 构造地震。它是由于岩石圈的构造变形所造成的地震。构造地震的特点是活动频繁、延续时间长、影响范围广、破坏性强。世界上大多数地震和最大的地震均属此类。它约占全球地震的90%,常分布在地壳活动带及其附近。

构造地震中主要是断层引起的。岩石圈中因地壳运动岩层经常处在某种挤压或推动力的作用下(这种作用在岩石单位面积上的内力称为地应力。岩石在地应力也就是构造应力的作用下,积累了大量的应变能),岩石受力达到一定程度时,首先发生变形,产生体积和形态的改变。当应变能一旦超过岩石所能承受的极限强度时,就会使岩石突然产生断裂,或使原先已有的断裂突然活动,断裂的岩石或重新活动的断裂使得已积累的应变能迅速释放出来。其中一部分以地震波的形式传播出来。当地震波传到地表时,使地面产生震动,这就是地震。

因此,构造地震是内能转化为位能(柔性变形和断裂),再由位能转化为动能(地震波传播),最后释放出能量的过程。也可以说,构造地震是地球内部能量释放的过程,是地球内部能量转化的一种形式(图4-1)。

(2) 火山地震。是由火山活动引起的,其特点是震源较浅一般不超过10 km,数量较少,约占地震总数的7%,影响的范围较小,主要集中于火山活动带,而且,一般是由中性和酸性岩浆喷发的火山所引起的。

火山活动之所以会产生地震,主要是因为地下岩浆的冲击或者由于强烈的爆炸产生断层并导致地层的移动。位于现代活动火山带上的意大利、日本、印度尼西亚等国及堪察加半岛等最容易发生火山地震。

(3) 陷落地震。主要是在重力作用下,由于块体运动或地面、地下塌陷引起的。它主要发生于可溶性岩石分布地区,矿井下面以及山区。

在可溶性岩石分布地区,岩石受到地下水长期的

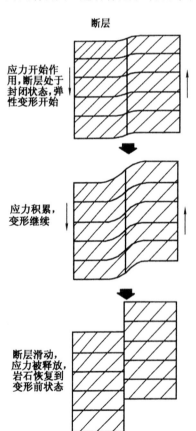

断层

应力开始作用,断层处于封闭状态,弹性变形开始

应力积累,变形继续

断层滑动,应力被释放,岩石恢复到变形前状态

图4-1　构造地震:断层产生滑动,岩石呈弹性回到变形前的状态

(据 C. W. Montgomery,1992)

溶蚀,往往形成许多大型的地下溶洞,随着溶洞的不断扩大,喀斯特化程度的加深,当洞顶不能承受其上部岩石的重量时,会产生突然的塌陷,从而引起地震。在矿井的下面,尤其是煤矿,因其采空区范围较大,无足够的回填,上覆岩层也可能突然崩塌,引起地震。此外,在高山地区,由于悬崖或陡坡上大量岩石的崩落也可能造成地震。

陷落地震的震源很浅,影响的范围小,震级也不大,因而传播不远。这种地震为数很小,约占地震总数的 3%。

(4) 诱发地震。由于修建水库、人工爆破、采矿、注水、抽水等一系列外界因素触发而引起的地震称为诱发地震。诱发地震影响范围小,破坏力亦较小。

人类活动诱发地震的一个典型的例子就是科罗拉多州丹佛地区的地震。在落基山的 Arsenal,从 1962 年以来记录了几百次地震,看来它们与在压力下将液体泵入回落井渗入 3 600 m 深处有关。作为一种解释,一般认为岩石内液压的增加会引起岩石内已有应力能的释放。

这种解释自然地使人们联想到是否可以应用工程的方法,如灌注液体去诱发许多小断层活动,并且以此来阻止应变积累到危险的程度。为了证实这种可能性,美国地质调查所的科学家们在 1969 年开始从事这项研究,以科罗拉多州西部的 Rangely 油田为试验地。他们发现,将水灌入深油井曾使液压比平时提高 60%。在此期间,地震从通过油田的一个断层系统以每周 15~20 次的速率产生。然而用 6 个月时间将水从这些井中抽出,液压随之降低。地震频率引人注目地下降,在所有靠近油井的地方,数字降到零。

至今的研究表明,地下核爆炸可在爆炸地点附近产生许多的小地震。爆炸的地震能触发沿断层附近应力的释放;其已知的作用半径为 10~20 km。

人类活动诱发地震的另一种情况与水库的建设有关。这主要是大坝建成后水库蓄水所造成的地壳负荷所引起的。美国亚利桑那州和内华达州胡佛大坝后的米特(Mead)水库,在蓄水后的 10 年内,该地区发生了数以百计的小地震。这种地震一般是在水库蓄水达到一定时间后发生的,多分布在水库下游或水库区。有时在水库大坝附近发生的趋势是最初地震少而小,以后逐渐增多,强度加大,出现大震,然后再逐渐减弱。

所以,诱发地震是人类活动、大型工程等影响的结果,由此,在制定大型工程时,应做环境地质工作。

3. 地震的发展过程

上述的地震成因类型中,构造地震显然是最主要的。

一次大地震的发生,只经过几秒到几十秒的时间,但任何一次地震的形成都有其孕育、发生和衰减的过程。特别是强烈的构造地震,一般可以分为前震、主震和余震三个阶段。

强烈地震发生前,往往有一系列微弱或较小的地震,称前震。有些强烈地震的前震非常显著,在强震发生前几天甚至前几个月就有一系列的小震,如 1966 年 3 月 8 日河北邢台地震。而有些强烈地震的前震并不显著,强震来得比较突然,如 1976 年 7 月 28 日唐山地震和 2008 年 5 月 12 日汶川地震。一般说来,往往有前震作为发生强震的预兆。

某一系列地震中最强烈的一次震动,称主震。但也有一些地震的主震并不突出。

强烈地震过后,在震中区及其附近地区,往往还有一系列小于主震的地震,称余震。

其强度与频度时高时低,持续时间可达数月甚至数年之久。如1920年宁夏海原大地震,余震三年未息。余震总的发展趋势是逐渐衰减直至平静下来。但也有些地震,其余震并不明显或特别稀少。

在地震的孕育、发生到衰减的全过程中,发生在相近的同一地质构造地区的一系列大大小小的地震,称为地震序列。根据其能量释放规律和地震序列的活动特点,可分出孤立的、主震的与震群的三种类型。

(1)孤立型地震。又称单发性地震。其显著特点是没有或很少有前震和余震,而且它们与主震的震级相差很悬殊,地震的能量基本上是通过主震一次释放出来的,前震和余震的能量常不到主震的1‰。如1966年秋安徽定远地震;1967年3月山东临沂地震,均未观察到前震和余震,这两次地震的震级为4.0~4.5。

(2)主震型地震。它是时间空间上密集发生的,其能量的释放以主震为主,约占全系列的90%以上。这类地震有的有前震,有的不明显。但有很多余震,持续时间短,起伏小,活动范围小。如1967年3月河北河间-大城地震,主震为6.3级,前震只有几次,最大为2.3级,所有前震、余震能量总和为主震的千分之几,余震分布在东西宽11 km、南北长17 km、深度24~34 km的狭小范围内。

(3)震群型地震。它的特点是主要能量通过多次震级相近的强震释放出来,而没有突出的主震。最大地震在全序列中所占的能量比例,一般均小于80%。此类地震的前震和余震较多而且较大,常成群出现,活动持续时间较长,衰减速度较慢,而且活动范围较大。如1966年邢台地震自2月28日至3月22日,震级由3.6——4.6——5.3——6.8——7.2,逐步升级而达大震。

构造地震发展的阶段性以及类型的差异,可能和构造地震产生的过程以及断裂所在的介质的均匀与否有关。一般说来,岩层的断裂有个从量变到质变,从局部断裂到整体断裂的发展过程。当地应力即将加强到超过岩石的承受强度时,岩层首先产生一系列较小的错动,从而形成许多小震——前震;接着地应力继续增大,就会引起岩层整体断裂,形成大震——主震;主震发生后,已断裂岩层之间的位置还要经过一段时间的继续活动和调整,把岩层中剩余的应变能彻底释放出来,因此,主震之后又会发生一系列小震——余震。

但是,岩石和地层构造是很复杂的,均匀性程度因地而异。据实验,当介质均匀且介质内无应力集中时,主破裂前无小破裂,主破裂后也很少有小破裂,当介质不均匀且应力有一定的局部集中或高度集中时,主破裂则后都会产生一定的或很多的小破裂。所以,构造地震的不同类型可能与这些因素有关。判断地震的类型,对于地震趋势的预测和预报很有意义。

二、地震波、地震仪、震中定位

1. 地震波

地震发生时,它从震源向外传送地震波,并释放出积蓄的能量。地震波是地震时岩石中各个质点有规律地振动而产生的弹性波。根据传播方式,地震波可分为体波与面波二类。体波是通过地球固体岩石传播的地震波,有纵波与横波两类。面波是沿地球表面传播的,亦称L波。它不是直接从震源发生的波动,而是纵波与横波在地表相遇激发产生的,它仅沿地面传播,不能传入地下。其波长大,振幅大,传播速度最慢,比横波几乎小一半。其振动方式兼有纵波和横波的特点,类似于质点作圆周振动的水面波。表面波的振幅大,它是地面建筑物受强烈破坏的主要因素。

(1) 纵波。是一种压缩波。当纵波穿过物体时,质点作前后运动,物体被交替压缩和扩张,质点的振动方向与波的传播方向一致(图4-2)。纵波穿过地球的情形就像声波在空气中传播一样。纵波造成的结果是引起地面的上下跳动。纵波在固态、液态及气态的介质中均能传播。纵波的传播速度较快,在地壳中为5.5~7.0 km/s,一般表现为周期短、振幅小的特点。因此,当地震发生时,纵波是最先到达的波动,亦称P波(Primary的首字母)。

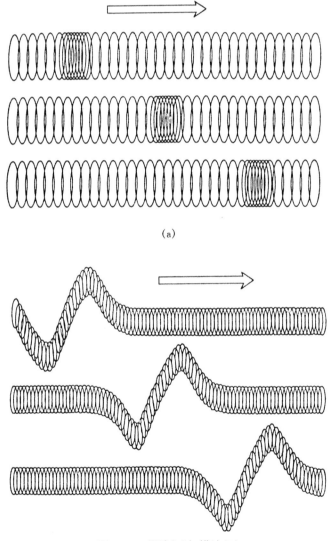

(a)

图4-2 纵波(a)与横波(b)

(2) 横波。是一种涉及质点侧向运动的剪切波。波动时质点的振动方向与波的前进方向垂直。横波只能在固体中传播。横波造成的结果是引起地面水平晃动。横波的传播速度比较慢，在地壳中为 3.2～4.0 km/s，一般表现为周期较长、振幅较大的特点。因此，当地震发生时，横波是第二个到达的波动，故又称 S 波（来自 Secondary 的首字母）。

2. 地震波与地球内部结构

迄今，人们尚无法直接观察地球内部，主要通过地震波研究地球内部的构造及物质状态。

地震波在地球内部的传播速度是有规律变化的，并有几个地震波的不连续面，据此，可以将地球划分若干个圈层（表 4-2）。

表 4-2   地球内部结构

分层	不连面	深度/km	纵波速度/km·s⁻¹	横波速度/km·s⁻¹	密度/g·cm⁻³
地壳		地面	5.5	3.2	2.7
	—康德面—	20	6.4	3.7	3.0
	—莫霍面—	33			
地幔			8.1	4.6	3.32
	—古登堡面—	2 900	13.64	7.3	5.66
地核			8.1	——	
		6 371	11.3		17.9

由于 S 波无法通过地球液态的外核，当一次大地震产生时，震动产生的 P 波可以在全球探测到，而 S 波只是在距离震源约 103°弧度的范围以内才能接收到（比半个地球稍大些）。因为 P 波穿过地核传播时，它们会变弯曲，所以在 103°～142°弧距之间的地带内，也无法直接接收到 P 波（图 4-3）。液态的外地核造成了地震波的阴影带现象。从阴影区的存在和尺寸可以确定地核的半径和它的物质状态。

3. 地震仪

地震发生时激发出地震波，当这些地震波到达地面时，便引起地面的运动，记录和测量这种运动的仪器称为地震仪。一般它记录的是地动位移，但也可以记录地面运动的速度或加速度。

世界上最早的地震仪是我国东汉时代学者张衡于公元 132 年发明的候风地动仪。这个地动仪是用青铜制造的，形如大酒缸，在东、南、西、北、东北、东南、西南、西北八个方向各镶着一个龙头，口里衔着铜丸；对着龙头，有八只张口昂头的铜铸蟾蜍。樽内有一根直立的柱子，柱子连着八根曲杠杆。如果发生地震，樽内柱子向着地震方向倾斜，从而使杠杆掀动龙头，张口吐丸，落到其下蟾蜍的口中，发出清脆的响声，从而测出某方向发生地震。这台地动仪可以测出千里以外的地震，公元 138 年，曾在洛阳测到了当地感觉不到的陇西地震。但是，客观地说，地动仪还只是一个验震计，而不是地震仪，因为它不能表示出一次地震震动的全过程，而只能指出地震造成的主冲力方向。

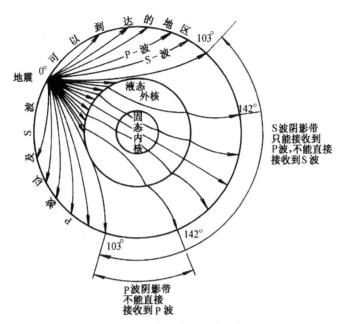

图 4-3 地震波阴影带现象

(据 C. W. Montgomery,1992)

近代地震仪产生于 19 世纪 80 年代,虽然该仪器与张衡的地动仪相比已复杂多了,但利用的基本原理却是相似的,即利用物体的惯性制成的(图 4-4)。

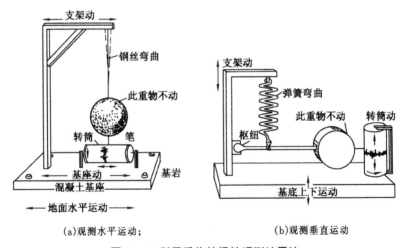

(a)观测水平运动;　　　　　　　(b)观测垂直运动

图 4-4 利用重物的惯性观测地震波

(据 Arthur N. Strahler,1981)

图 4-4(a)中的机械装置能探测到水平运动,而垂直运动则会被图 4-4(b)中的装置所探测。但除非做进一步的改进,否则这两种装置都是没有实际用途的。

随着科学技术的发展,仪器结构在不断地改进,电子技术、遥测遥控、磁带记录、计算机等新技术手段的应用,使得地震仪的性能和自动化程度不断提高。归纳起来,现代的地震仪可用下列方框图表示其组成部分(图 4-5)。

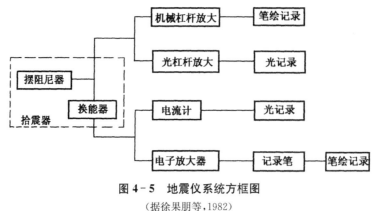

图 4-5 地震仪系统方框图

(据徐果朋等,1982)

地震仪由拾震器、放大器、记录器和计时器组成。拾震器通常包括摆、换能器和阻尼器。摆负责拾取地面的运动。它由惯性体(重锤)和悬挂系统组成。惯性体通过悬挂系统悬挂在摆的支架上,支架置于地面,当地面运动时,支架随地面一起运动;由于惯性体能保持原有位置不动,因而使惯性体与支架之间发生相对运动。上述相对运动可以通过机械杠杆放大或光杠杆放大,再直接进行笔绘记录或光记录。也可以把这种相对运动的机械能通过换能器变成电能,产生电动势。并通过适当的匹配后直接输入电统计进行光记录,或经电子放大后推动记录笔实现笔绘记录。阻尼器提供适当的阻尼,使拾震器的输出能正确反映出地动。

地震仪记录下来的震波曲线称地震谱或地震图。分析地震谱可以知道地震发生的时间、强度、震源所在的距离、方向和深度等。

震源远近不同,地震仪上记录下来的地震谱表现出不同的形式。不同性质的地震波在地震谱上的表现形象,叫震相。离震源较近的地震谱,因纵波和横波到达的时间差很小,地震谱上就不易分出纵波和横波的曲线。离震源越远,震波到达的时间越久,则纵波和横波到达的时差也越大。

4. 震中定位

虽然,确定震中位置的方法在细节上有所不同,但它们基本均依据一个简单的原则:由地震波的走时差(纵波和横波到达的时间差)来确定地震台至发震地点之间的距离。

地震工作者经过大量的观测和综合研究,制定了反映各种地震波的运行时间与震中距离关系的标准图表,即时-距曲线图(图4-6)和走时表(表4-3)。任何一次地震发生后,根据地震仪记录资料,结合这些标准图表,即可

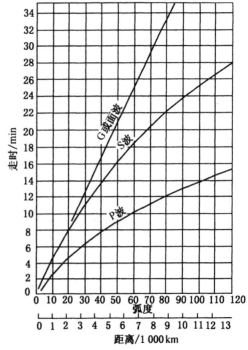

图 4-6 地震震源深度为 100 km 的时-距曲线

(据 C. F. Richter,1958)

求出地震台至震中位置的距离。

表 4-3　地震走时表

走时差/s	震中距/km	直达纵波 P 走时/s	直达横波 S 走时/s
1	8.6	1.6	2.5
5	42.7	7.7	12.7
10	85.4	15.4	25.4
15	127.5	23.0	37.9
20	169.2	30.5	50.4
25	211.8	38.2	63.1
30	254.5	45.8	75.7
35	297.3	53.4	88.4
40	338.8	60.9	100.9
45	381.7	68.6	113.6
50	423.5	76.1	126.1
55	466.2	83.8	138.8
60	508.9	91.4	151.5
60.2	510.6	91.8	152.0

　　一旦三个以上的地震台站都记录到某次地震,那么在地图上分别以三个台站为圆心,以相应的震中距为半径画圆,三个圆的交点就是震中的大致位置。其误差在一个小三角形的范围内。

　　实际上,自然界复杂的因素,比如地壳组成的不均一性,使得震中位置的准确定位较为困难。通常,这要求多个台站的记录资料,并用计算机来进行数据的处理和运算。例如,设在英国的国际地震中心,可用世界上 60 多个地震台站的记录来确定大西洋中脊的中等程度地震的位置。

三、地震的震级和烈度

1. 震级

　　震级是衡量地震绝对强度的级别。以地震过程中释放出来的能量总和来衡量地震本身的大小,是比较合理的途径。但是,很大一部分能量,在地下深处震源地方,消耗于地层的错动和摩擦所产生的位能和热能。而人们所观测到的,只是以弹性波形式传到地表的地震波能量。一般就是根据这部分能量来推算地震的震级。

震级通常根据发明它的地球物理学家查尔斯里希特的名字命名为里氏震级。震级的计算是取距震中100 km处由标准地震仪记录的地震波的最大振幅的对数值。由于里氏震级是对数性质的,这意味着4级地震将产生10倍于3级地震的地面运动,或者是100倍于2级地震的地面运动。地震震级的大小取于地震释放的能量,释放的能量越大,震级就越高。里氏震级每增加一级,释放的能量约增加32倍(表4-1)。这意味着4级地震将产生32倍于3级地震的能量,或是近1000倍于2级地震的能量。

一次地震只有一个震级。迄今为止,世界上记录到的最大的地震是8.9级,它们于1906年发生于厄瓜多尔、1933年发生于日本。实际尽管各种级别的地震每年多得不计其数,而地震释放的能量大部分来自震级大于7级的极少数地震(表4-1)。

2. 烈度

烈度是表示地面和建筑物受到影响和破坏程度。它和震级既有联系又有区别。一次地震尽管只有一个特定的震级,但是由于震源岩层错动方向、震源深度、震中距离、地震波的传播介质、表土性质、地下水埋藏深度以及建筑物的动力特性、建筑材料、设计标准和施工质量等许多因素的综合影响,同一次地震在不同的地点可产生不同烈度的后果。一般来说,距震中越近,烈度越大。烈度相同点的连线称为等震线。由于烈度受到许多因素的影响,因而等震线并不是规则的同心圆(图4-7)。

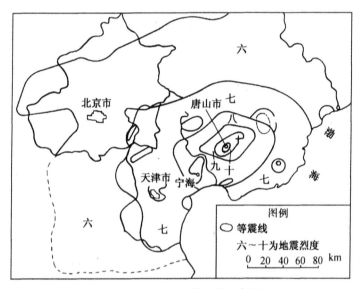

图4-7 1976年唐山地震烈度分布图(1982)

基于不同的人观察而得到的烈度是一种具有某种程度主观性的量度值。然而,对于一次特定的地震对于特定地区人们的影响而言,烈度与震级相比则是一种更加直接的指示者。19世纪80年代,意大利的罗西(M. S. de Rossi)和意大利的福列尔(F. A. Forel)提出世界上第一个烈度表。1902年意大利的麦卡里(Mercalli)制订了划分得更为细致的烈度表。目前,世界上使用的烈度表有几十种。在美国使用最广泛的是修正的麦卡里地震烈度表(表4-4)。

表 4-4 修正的 Mercalli 烈度表

砖石建筑类型	砖或其他砌筑的质量是由下面字母来确定
砖石建筑 A	良好的工艺质量、砂浆和设计;曾经加固,特别是侧向加固;用钢筋和水泥接合在一起等等;作了抵抗侧向力的设计
砖石建筑 B	良好的工艺和砂浆;加固,但在抵抗侧向力方面,设计得并不周详
砖石建筑 C	普通的工艺和砂浆;没有像隔角都未联结牢固那样的严重缺点,但既未加固也没有抵抗水平力的设计
砖石建筑 D	脆弱的材料,如泥砖、劣质砂浆、低水平的工艺,抵抗水平力方面较弱
烈度	描述
Ⅰ	没有感觉出来,大地震的边缘和长周期效应
Ⅱ	人们在休息时,在楼上或在舒适的位置上感觉得到
Ⅲ	室内能感觉到,吊着的东西摆动,像驶过轻型卡车那样的振动,持续时间是估计的,可能意识不到是地震
Ⅳ	悬挂物体摆动,像驶过重型卡车那样的振动,或有像一个重球击墙那样的振动感觉,停着的小汽车会摇动,窗户、器皿、门等嘎吱作响,玻璃发出碰撞声,陶器发生撞击声,烈度达到Ⅳ度的上部范围时,木墙和木定架会发出吱吱嘎嘎声音
Ⅴ	室外能感觉到;方向是估计的;睡沉的人惊醒;液体被搅动,有些溅出;小的不稳定的物体会移动或翻倒;门摆动,关上,打开;百叶窗、相片会移动;摆钟停走、开动、改变速率
Ⅵ	所有的人都能感觉到;许多人惊恐万状和奔到户外;人行走不稳;窗户、盘子、玻璃器皿破碎;小装饰品、书籍等从架上掉下;相框离开墙壁;家具移动或翻转;质量不好的灰浆和 D 类砖石建筑出现裂缝;小钟(教堂、学校的)发出响声;树木、灌木明显振动,或能听见它们沙沙作响
Ⅶ	站立困难;驾驶员注意到地震;吊着的物体颤动;家具破裂;D 类砖石建筑被破坏,包括裂开在内;不坚固的烟囱齐屋顶线破裂;墙灰、松砖、石头、瓦片、上楣以致未加支撑的栏杆和建筑装饰物掉下;在 C 类砖石建筑中,出现一些裂缝;池水有波浪,水与泥搅浑;沿着砂或砾石海岸出现小的滑动不塌陷;大钟鸣响,水泥的灌溉沟被破坏
Ⅷ	影响汽车的驾驶;C 类砖石建筑被破坏,部分塌陷;B 类砖石建筑有些破坏;对 A 类砖石建筑没有破坏;灰泥和一些砖石建筑的墙壁崩塌;烟囱、纪念碑、工厂管道、塔架、高架柜等被扭曲或坍塌;如果框架房屋没有螺栓向下固定,就会在基础上滑动;松的护墙会被抛出去;腐烂了的木桩被劈开,树枝从树干分离开;泉水和井水的流量或温度发生变化;湿地及陡坡出现裂隙
Ⅸ	普遍惊慌;D 类砖石建筑被摧毁;C 类砖石建筑受到严重破坏,有时完全崩塌;B 类砖石建筑遭受严重的损坏;地基普遍松动;没有用螺栓固定的框架建筑被移离地基;框架出现裂缝;在冲积层地区喷射泥沙;有地震喷泉、沙坑
Ⅹ	大部分建筑及框架结构连同地基一起被摧毁;一些良好建筑的木结构和桥梁被摧毁;水坝、堤坝、堤岸遭受严重的破坏;大的地滑;运河、河流、湖泊等的水被抛到岸上;砂和泥横向移上湖滨和平地;铁轨轻微弯曲
Ⅺ	铁轨强烈弯曲,地下管道完全不能应用
Ⅻ	几乎所有的东西都被破坏;大岩体位移;视线及水准线歪曲;物件被抛到空中

注:据 C. F. Richter,1958。

1956 年,我国编制了自己的新地震烈度表(表 4-5)。该表以历次国内地震调查资料为基础,以我国的房屋和碑、塔、牌坊等常见的特殊结构物的破坏状况为主要依据,比较适合我国的实际情况。

表 4-5　地震烈度表

烈度	主　要　标　志
1	人不能感觉,只有仪器才能记录到
2	个别完全静止中的人才能感觉到
3	室内少数静止中的人感觉到振动,悬挂物有时轻微摇动
4	室内大多数人和室外少数人有感觉,少数人从梦中惊醒,门窗、顶篷、器皿等有时轻微作响
5	室内几乎所有的人和室外大多数人能感觉到,多数人从梦中惊醒,挂钟停摆,不稳的物体翻倒或落下,墙上的灰粉散落,抹灰层上可能有细小裂缝
6	一般民房少数损坏,简陋的棚窑少数破坏,甚至有倾倒的;潮湿疏松的土里有时出现裂缝,山区偶有不大的滑坡
7	一般民房大多数损坏,少数破坏;坚固的房屋也可能有破坏的;民房烟囱顶部损坏,个别牌坊和塔,或工厂烟囱轻微损坏;井、泉水位有时变化
8	一般民房多数破坏,少数倾倒;坚固的房屋也可能有倾倒的;有些碑石和纪念物损坏、移动或翻倒;山坡的松土和潮湿的河滩上,裂缝宽达 10 cm 以上;水位较高地方,常有夹泥沙的水喷出;土石松散的山区,常有相当大的崩滑;人畜有伤亡
9	一般民房多数倾倒;坚固的房屋许多遭受破坏,少数倾倒
10	坚固的房屋许多倾倒、地表裂缝成带,断续相连,总长度可达几千米,有时局部穿过坚实的岩石
11	房屋普遍毁坏,山区有大规模的崩滑,地表产生相当大的竖直和水平断裂;地下水剧烈变化
12	广大地区内,地形、地表水系及地下水剧烈变化;动物和植物遭到毁灭

注:据谢毓寿,1977。

四、地震的分布

1. 时间分布

根据历史资料,可以看出地震在全世界、一个地区或一个地震带,有活跃期和平静期交替出现的现象,表现出一定的间歇性特点,有时甚至具有近似的周期。例如,统计全球 1904—1976 年发生的大于等于 1 级的地震,大致可以划分出三个地震活跃期、二个相对平静期,每个活跃期约为 20 年,平静期为 10 年左右(表 4-6)。

表 4 - 6　1904—1976 年全球地震活动的活跃期与平静期

时　　期	年　　代	间隔(年)	发生地震次数		
			M≥8 级	M＝7～7.9 级	合计
第一活跃期	1904—1924	21	32	225	257
平静期	1925—1937	13	8	220	228
第二活跃期	1938—1960	23	29	549	578
平静期	1961—1970	10	4	186	190
第三活跃期(未完)	1971—1976?	6	8	101	109
总计	1904—1976	73	81	1 281	1 362

注:据北京大学等,1982。

　　我国自 1022—1976 年间,大于等于 6 级的地震也可以划分出四个地震活跃期和三个相对平静期,其中活跃期的时间段有渐次增长、活动强度逐渐加大的趋势,而平静期的时间段则有逐渐缩短的趋势(表 4 - 7)。值得指出的是无论是地震活跃期或平静期,它们本身又由一系列次一级的、间隔更短的平静期与活跃期组成,显示了地震活动普遍的间歇性特点。在某些地区甚至还存在着强地震的周期性的活动,如日本东京地区的地震活动周期为 69 年,我国山西地震带 8 级左右的地震约有 300 年的活动周期等。近年来的研究还发现,我国近 500 年来的二个地震活跃期与气候上的干旱期在时间上极为吻合。20 世纪我国地震活动的高潮集中在 1897—1912 年、1920—1937 年、1946—1957 年、1966—1980年,似具准周期性。从 80 年代中期开始,地震活动又趋频繁,1987 年在大陆上发生 20 次5 级以上地震;1988 年发生 37 次 5 级以上地震,超过平均地震频次 1 倍;1989 年,平静了12 年的华北地区在 10 月 18 日发生了大司-阳高 6.1 级地震,以后中国南、北、东、西地震皆频频发生,预示了一个新的地震活跃期的到来。

表 4 - 7　1022—1976 年我国地震活动的活跃期与平静期

时　　期	年　　代	间隔/年	发生地震次数			
			M＝6～6.9 级	M＝7～7.9 级	M≥8 级	合计
第一活跃期	1022—1125	104	5	2		7
平静期	1126—1289	164	4			4
第二活跃期	1290—1352	63	6	1	1	8
平静期	1353—1476	124	4			4
第三活跃期	1477—1739	263	57	11	6	74
平静期	1740—1784	45	8			8
第四活跃期(未完)	1785—1976?	192	439	60	9	508
总计	1022—1976	955	523	74	16	613

注:据北京大学等,1982。

2. 空间分布

指地震发生的空间位置——垂直分布。所有的地震都发生于地壳和上地幔部分,其中大多数发生在地壳部分的数十千米范围内。若按前述浅、中、深源地震的标准来考虑,则三类地震的分布情况如下。

(1) 浅源地震。占地震总数的 72.5%,它所释放的能量约占地震能量总数的 85%。其中震源深度在 30 km 以内的尤占多数。我国的地震大部分为浅源地震,因此地表的破坏强度大,如云南的通海地震和唐山地震震源皆为 13 km。

(2) 浅源地震。在全球分布广泛。在大洋地区的洋中脊、中隆均为浅震分布的地段。新生代以来的强烈活动的构造带,如大洋边缘的深海沟、岛弧区,大陆上的强烈造山带、巨大规模的地堑盆地与裂谷带,以及活动的大断裂带都是浅震密集的地段。

(3) 中源地震。占地震总数的 23.5%,它所释放的能量约占地震能量总数的 12%。主要分布于环太平洋地区,以及地中海北岸、兴都库什山区、缅甸、印度尼西亚与中亚一带。

(4) 深源地震。占地震总数的 4%,它所释放的能量约占地震能量总数的 3%。深源地震绝大部分发生于环太平洋带。

上述三种不同深度的地震,其发生次数从统计资料看来,在每年发生接近 20 次震级为 7 级以上的地震中,约有 1 次为深源地震,5 次为中源地震和将近 14 次的浅源地震。因此,震源越深,其发生的次数越少。

3. 地理分布

地震并不是均匀地分布在整个地球上的,而是沿一定宽度有规律地集中在某些特定的大地构造部位,总体上呈带状分布,95% 以上分布在地震带上。地震带是板块划分的首要标志,它们是板块运动及其相互作用的结果,并与板块的边界基本一致。在世界范围内,通常可以划分出四条全球规模的地震活动带。

(1) 环太平洋地震活动带。该带围绕太平洋分布,由堪察加半岛开始,向东经阿留申群岛到阿拉斯加,然后向东南延伸,沿北美的落基山脉、中美洲的西海岸,到南美西海岸的整个安第斯山脉;由堪察加半岛向西南,经千岛群岛到日本,并在本州岛附近分成两支,东支经小笠原群岛、马里亚纳群岛到雅浦岛,西支经琉球群岛、台湾岛、菲律宾,在伊里定岛一带与东支汇合,然后向东经西南太平洋诸岛,一直延至新西兰以南。

环太平洋地震带是全球地震活动最强烈的地区,全世界约 80% 的浅源地震、90% 的中源地震以及几乎所有的深源地震都发生在这里。所释放的地震能量约占全球地震释放总能量的 80%,但其面积仅占世界地震带总面积的一半,这里也是特大地震的主要发震地带,仅 20 世纪就发生过数十次 8 级以上的大地震。如 1906 年美国旧金山地震、1923 年日本关东地震、1960 年智利地震和美国加利福尼亚地震。

(2) 地中海-喜马拉雅地震活动带。该带西起大西洋亚速尔群岛,向东经地中海、土耳其、伊朗、阿富汗、巴基斯坦、印度北部、中国西部和西南边境,过缅甸至印度尼西亚,与环太平洋地震带相接。它横跨亚、欧、非三大洲、全长 2 万多千米,大致呈东西向分布。地震带的宽度各地不一,在大陆部分常有较大的宽度,并常有分支现象。

地中海-喜马拉雅地震带释放的地震能量约占全球地震释放总能量的 15%,除环太平洋地震带以外,几乎所有的中源地震和较大的浅源地震都发生在此带内。由于这一地震带的地震以浅源地震为主,又主要分布于大陆上,所以常常造成很大的灾害。历史上,这里曾发生过多次特大地震,如 1755 年葡萄牙里斯本地震、1897 年印度阿萨妃姆地震、1950 年我国西藏察隅地震等。

（3）大洋地震活动带。该带沿全球各大洋的中脊或中隆的中央裂谷以及横切中央裂谷的转换断层分布,由大西洋中脊地震带、印度洋海岭地震带、东太平洋中隆地震带和北冰洋海岭地震带组成。其活动性比前二个地震带活动弱得多,释放的能量也较小,而且均为浅源地震,震级一般较小。

（4）大陆裂谷地震带。大陆裂谷是由区域性大断裂产生的规模很大的地堑构造带,如东非大裂谷、红海地堑、亚丁湾、死海、贝加尔湖及莱茵地堑等。它们都是新生代以来因断裂活动而形成的断陷盆地,强烈的新构造运动使得裂谷带的地震活动性较强,而且主要为浅源地震。

4. 中国地震的分布

我国地处世界上最强大的环太平洋地震带和地中海-喜马拉雅地震带之间,地质构造复杂,印度板块向北俯冲,太平洋板块向西俯冲,以及由于地球自转不均衡所产生的经向和纬向力,在中国大陆的西南和东南边缘集聚了极其强大的地应力,在西部经挤压与旋扭,形成了青藏高原和一系列东西向构造带;在东南则形成了强大的北东-北北东向构造带。除此之外,在大陆内部还有一系列纬向构造带、南北向构造带和其他北东、北西向构造带。这些构造带迄今都在活动中,沿这些构造带地应力不断的积累和释放,便使我国成为震多、震强的国家。据不完全统计,有历史记载以来,我国已发生 6 级以上破坏性地震1 000 多次,其中 20 世纪以来发生的就有 650 多次。地震的分布基本上是循活动断裂带分布的,有一定的方向性,其优势方向在中国东部为北北东向,西部为北西向,中部为南北向和东西向。

概括而言,西南、西北地区地震最多,次为华北地区,东南和东北地区地震最少(台湾除外)。我国西部主要的地震带有近东西的北天山地震带、南天山地震带、昆仑山地震带、喜马拉雅山地震带和北西向的阿尔泰地震带、祁连山地震带、鲜水河地震带、红河地震带等。中国东部最强烈的地震带为走向北北东的台湾地震带,向西依次是东南沿海地震带、郯城-庐江地震带、河北平原地震带、汾渭地震带和东西向的燕山地震带、秦岭地震带等。

五、地震灾害及预报

地震是一种破坏力很大的自然灾害,它对人类的危害很大,是可在数秒钟至数分钟间造成严重的生命和财产损失。据统计,20 世纪以来全世界因地震死亡的人数多达 260 万人,占各种自然灾害所造成死亡总人数的 58％以上,地震所造成的经济损失每年平均达几十亿美元,为抗震防震的耗资也高达几十亿美元。我国 1949 年以来,发生 7 级及 7 级以上地震 52,死亡于地震的人数达 35 万。令人担忧的是,我国有 32.5％的国土面积和 46％的大中城市位于烈度 7 度以上的高地震烈度区内,在百万以上人口的城市中有 70％位于高烈度地震区内。

地震发生时,除了将直接引起地面颤动、地裂缝和断裂外,还会引起火灾、海啸与海岸洪水、水灾、滑坡、泥石流、山崩、砂层液化、地面沉降和地下水位变化等次生灾害。而由于地震所造成的社会秩序混乱、生产停滞、家庭破坏、生活困苦所造成的人们心理的损害,往往比地震直接损失还大。

1. 直接灾害

地震的直接灾害是由地震本身产生的破坏效应(如地面颤动、地裂缝和断层等)引起的。地震发生时,沿着断层产生的地面颤动和运动是一种显而易见的灾害。断层两侧岩石的断错将使穿越断层的通信线路、管道、建筑物、道路、桥梁、水坝等遭受破坏。这种破坏主要是由表面波造成的,对于建筑物来说即使是几十厘米的位移都可能是毁灭性的。而 1906 年美国旧金山地震时,圣安的列斯断层的最大水平位移超过 6 m。

以 1976 年唐山发生的 7~8 级地震为例,其破坏范围超过 3×10^5 km²,有感范围波及 14 个省市。死亡 24.2 万人,伤 16.4 万人,毁坏房屋 14.79 km²(仅唐山市),倒塌民房 530 万间,唐山地区直接损失达 54 亿元。全市供水、供电、通讯、交通、医疗设施等生命线工程全部破坏,严重危及人民生活。开滦矿井地下建筑物倒塌,供电中断,近万名工人被困井下。

防止地震直接灾害最简单的策略就是设法避开断层带。然而,许多大城市已经在大断层的附近发展起来,如土耳其的伊斯坦布尔在历史上曾多次被地震所夷平,但又多次被重建。在这种情况下,国外有人设想使穿越断层的各种管线在建成时使其特别的松弛,或是当断层产生滑动时使它们具有一定程度的"伸缩性"。这种设想也许在建设必须越过几个大断层的横穿美国阿拉斯加的管道时需要加以考虑。

对地震灾害的调查表明,地震造成的人员伤亡和经济损失,主要是由建筑物的倒塌、设施、设备的破坏造成的。因此,建筑物的抗震设计对于地震灾害的减轻是至关重要的。如 1985 年智利的瓦尔帕莱索附近发生了一次同唐山地震震级相同的地震,但该城市只有 150 人死亡,受到中等程度的破坏。两个城市震后破坏程度和损失的差别如此之大,主要在于瓦帕莱索市采用了现代抗震设计,有效地防止了建筑物的倒塌,减少了破坏和人员伤亡。1974 年,我国做出了地震区基本建设工程都要进行抗震设防的决定,1979 年又做出了对现有建筑物进行抗震鉴定加固的决定。这意味着要求在约 1/3 的国土面积上需要对新建工程进行抗震设防。对于我国这样一个经济实力十分有限的发展中国家来说,绝不是一件轻而易举的事。因此,有必要根据对地震发展趋势和震害评估的估计,结合我国现有的抗震水平和可能提供的财力和物力,制定出适合我国国情的总体与部分的抗震预防方案和实施细则。

值得指出的是,在考虑建筑物的抗震设计的同时,应注意将建筑物建在抗震强的地带。建立在坚固基岩之上的建筑物在地震中受到的破坏要小得多。如在 1906 年的圣弗朗西斯科地震中,建于圣弗朗西斯科湾填海区域的建筑物因地面颤动所造成的破坏是建于基岩之上建筑物的 4 倍。同样的情况在 1989 年的洛马普塔地震中再次发生。而 1985 年墨西哥地震对墨西哥城造成的严重破坏,部分是因为该城市下伏的是软弱的火山灰和黏土层。

另外,对于一个特定地区而言,地震的类型也必须加以考虑。例如,主震常常造成最严重的破坏,而当余震很多并在强度上接近主震时,它们同样会造成严重的破坏,因为地震持续的时间同样影响到建筑物的抗震性。对钢筋混凝土而言,地面震动导致细小裂隙的形成,而后随着震动的继续裂隙不断扩大。一座可以抗 1 min 主震的建筑物可能在一次持续 3 min 的主震中倒塌。作为全世界榜样的美国加利福尼亚州,许多建筑规范是按主震持续 25 s 而设计的,但地震的主震时可以大于这时间的 10 倍。

2. 次生灾害

（1）火灾。若城市中发生地震,有时地震引起的火灾比地面震动更具有毁灭性。地震时的大火是由于地震时电线短路、燃料管道和容器破损,触及火苗而引起的。与此同时,供水管线的破坏往往使得灭火无法有效地进行。如在 1906 年的圣弗朗西斯科地震中,20% 的经济损失是由火灾造成的,大火连续燃烧三昼夜,最后只通过炸毁火区附近成排的建筑物使大火限制在 10 km² 的范围内以减少损失。1976 年我国的唐山地震,在天津发生火灾 36 起,损失百万元以上。

日本的关东大地震后,普及了发生地震时要立即熄灭火源的宣传,地震火灾的情况有所减少。在城市中建立耐火高层建筑物带,可以起到防火墙的作用,有助于防止火灾的蔓延。应注意制订以地震后供水断绝为前提的火灾对策。在美国,有人提出在所有的供水和燃料管道系统中设置大量的控制阀门,实行分段管理,这将有助于缓解地震火灾。因为在管道的破裂可以被分段隔离,以免造成水和燃料的过多流失,加剧火灾的程度。

（2）滑坡与崩塌。地震时产生的地面颤动将促使岩石土体的结构产生破坏,加大下滑力,使原来不具备滑坡和崩塌的坡地产生块体运动。如 1970 年秘鲁大地震中,有 2 万人死于巨型的山崩。1964 年美国阿拉斯加地震时,出现了数千起的滑坡和崩塌。1920 年我国海原大地震时,仅海原、西吉、固原三县九度烈度区范围内严重的滑坡面积就达 3 800 km²。1950 年西藏察隅大地震,在 2×10^5 km² 范围内形成大量崩塌,巨石纷飞,村庄田地被埋,江河、道路被堵塞。

防止滑坡和崩塌灾害的最好的办法是避开这些地区。因此对山地岩土特性以及坡地稳定性的详细工程研究是十分重要的。

（3）砂土液化。在地面非常湿润或是地下水位高的地方,地面震动可以使湿润的土壤颗粒被震荡分离,并使水分参入其中,极大地降低了维持土壤强度的颗粒之间的摩擦力,使得砂土松散并液化。这种现象在邻近海岸的填海陆地上尤为明显。当地面砂土产生液化时,建筑物可以整体倾覆或部分地沉陷于液化的砂土中。这种液化现象在 1964 年日本新潟的地震中得到戏剧性的例证。地震过后,一座多层公寓在结构保持完整的向下倾覆,与地面成 30 度交角。我国的唐山、海城地震引起的砂土液化、喷砂冒水面积达上万平方千米。

对于易于产生砂土液化的某些地区,除了安置经改进的地下排水系统以使土壤保持较干的状态之外,最佳的选择还是避开这些地区。

(4) 海啸和海岸洪水。在海岸地区,特别是大地震频繁发生的环太平洋沿岸,十分容易产生海啸。地震使海底地形变化,如海底陷落或隆起,促使海水突然被排挤出去或吸引,而产生海水快速的运动——海啸。在辽阔的海洋里,海啸只是一种波长很大的涌浪。然而,当它抵达陆地时,就发展成巨大的破波,产生破坏性很强的激浪。在一次大地震中,这种破波高度可以超过 15 m,海啸的传播速度很快,常常达到 1 000 km/h,因此,常给海岸地带造成巨大的灾难。

日本和美国是世界上海啸灾难最严重的国家。1703 年日本沿海发生的海啸引起大洪水,导致 10 万余人丧生。1897 年,由地震引起的海啸波高达 24 m,造成 2~7 万人死亡,冲毁房屋万间,颠覆船只 7 000 艘。1960 年智利地震时爆发的海啸,在 15 h 后抵达夏威夷时,仍然强大的足以产生 7 m 高的破波,在地震发生 25 h 后抵达日本时还造成近千人伤亡和 16 万人无家可归。美国的夏威夷也是海啸灾害的多发地区。在一次毁灭性的海啸袭击夏威夷 2 年后的 1948 年,美国海岸和大地测量研究所,以夏威夷为基地建立了海啸早期预警系统。无论何时在太平洋地区发生一次大地震,潮位资料都可以通过环太平洋的一系列监测站收集到。如果监测到一次海啸,关于它的源地、传播速度和预计到达时间等方面的资料就可以被及时地传送到危险的地区,而人们就可以根据需要进行有计划的撤离。

在地震期间即使不发生海啸,在海岸地区由于地块的沉陷也可能产生海岸洪水,原先的陆地可以暂时地被水流所淹没。如 1964 年美国阿拉斯加大地震时,造成阿拉斯加海湾的海底上升了 10 m,内陆一侧下降 2.4 m,这不仅破坏了沿海地区的生态平衡,而且改变了地下水位,导致海水入侵,酿成严重的水灾。

3. 地震预报

地震会带来一系列严重的自然灾害,因此地震预报就成为一个关系到国民经济建设和人们生命财产安全的重要问题。地震预报就成为当前地球科学的重要探索课题。

(1) 预报的内容和类型。地震预报包括三方面的内容,即地震发生的时间、地点和强度(震级)。这就是地震预报的三要素。

地震预报根据预报时间的长短和内容、方式的不同,可以分为下述四种类型:①长期预报:主要根据地质背景和历史地震发生的分布规律,采取从已知到未知的推论,对十年、几十年甚至上百年的地震危险性及其影响做出预报。这对重大工程选址和基本建设项目的决策与设计具有指导意义;②中期预报:根据地震地质背景,加上部分异常现象,圈出近1~3 年内可能发生地震的地区,从而提出异常综合研究重点工作区和监测区;③短期预报:主要根据地球物理场变化等微观地震前兆,对几天到几个月内可能发生的地震做出预报,以便加强对地震危险区的监测,以利政府部门进行思想、组织和物质上的准备;④临震预报:在微观异常的基础上,根据地下水、动物等宏观异常在短期内的急剧变化进行综合分析,对震前 24 h 内即将发生的地震进行预报,从而进入临震准备状态。

(2) 地震预报的途径。地震区划,又称地震危险区划或地震烈度区划,即查明各地震带的分布和各地未来的最高烈度值,做出全国或地区的地震区划图。这种图件对于中长期预报和部署国民经济计划及设计各种工程交通方案有很大意义。编制这种图件,需要收集有关地区的地质资料,包括地质构造、新构造和现代构造运动等方面的资料.研究其与地震的关系;搜集地震宏观和微观资料,研究地震发生规律和确定未来强震发生的地区和强度;搜集历史地震资料,编制地震目录,分析地震活动规律;根据地质构造、历史统计资料等研究地震发生后,烈度随着距离的增加而衰减的规律等,以便考虑地震波及地区的最大烈度等等。

　　地震空隙区的研究在地震区划中占有重要的地位。活动断层控制着大多数地震的空间分布。从沿大断层的地震震中位置图中可以明显地看出,沿大断层存在着一些极少或没有发生地震活动的空间,而与此同时,小地震却沿着同一断层带的其他部分不断发生,这种与活动断层不相吻合的宁静的或休眠的部分,称为地震空隙区(seisimc gaps)(图4-8)。这些区域代表其摩擦力正阻止断层产生滑动,因此,地应力得到逐渐的积累,令人担心的是当应力积累到足以使断层的"闭锁"部分最终产生滑动时,那么将产生一次大的地震。所以,地震空隙区代表着将来可能发生严重地震的场所。地震空隙区可以通过比较震中位置图和板块边界位置而加以确认。对地震空隙区的认识使得对大地震预测成为可能。如1983年加利福尼亚科林嘉(Coalinga)地震和1989年的洛马普里塔(Doma Prieta)地震均发生在地震空隙区上。人们预测,紧邻中美洲西部沿俯冲带分布的地震空隙区可能是下一次致使墨西哥城遭受严重破坏的大地震的发生地。

图4-8　西半球主要的地震孔隙区(黑影部分)

(据 C. W. Mont gomery,1992)

这些地区可能为大断层带闭合部分,是将来可能发生大地震的区域

（3）地震前兆分析。地震的发生既受许多因素的影响,同时它也影响着周围的一些事物变化。震前有不少自然现象发生异常变化,与地震的发生是有内在联系的,称为地震前兆的研究,这目前已经成为地震预报的主攻方向。它主要利用各种仪器设备去研究岩石中正在发生的各种物理变化,如测量与研究地电、地磁、地震波、地应力的变化及地壳的形变,因为这些物理性状的变化能够指示岩石受力破裂的状况和程度,此外,地下水位、水质和化学成分的变化以及天气、动物的异常反应,地声、地光的产生,也往往是地震来临的预兆。

据研究,许多前兆现象与一种以显微尺度发生于岩石中的扩容模式有关。这一理论认为,在岩石受力作用时,岩石中将产生许多小孔和小裂隙;随着应力的不断加强,裂隙越来越多以至于地下水可以渗入小孔各裂隙中,这也许将促使岩石产生滑动,释放出平时所积累的地应力;伴随着裂隙和小孔的再度闭合,地震过后岩石将有弹性地迅速恢复到其原先的状态。

图 4 - 9 阐明了如何按照扩容模式来解释地震的某些前兆现象。例如,当岩石中裂隙和小孔张开时,岩石的体积增加,这将使地表产生的抬升或倾斜。由于岩石中的空隙不能良好地导电,岩石的电阻将增大。但是,当水分渗入到裂隙中去时,岩石的导电性又得到改善。而对于地震波的速度来说,当岩石中小孔和裂隙开始张开时,地震波传播速度增加。当地震过后,岩石的这些物理性状又恢复到原来的状态。

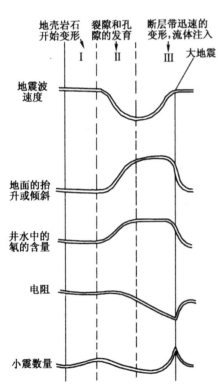

图 4 - 9 地震前兆以及它们与扩容现象之间的关系

（据 R. L. Wesson,1985）

在对地震进行预报的努力中,其他未能得到充分证实的前兆观察同样也被人们所注意。例如,井水化学特征和水位的变化,动物的异常反应等等,并在帮助预报地震方面取得了某种成功。然而,由于并非所有的地震都表现出具有相同的前兆现象,因此对任何利用地震前兆对地震进行正确预报的努力都是困难的。当前对地震前兆现象不完全的理解造成的结果是,利用地震前兆在对地震预报方面取得某些鼓舞人心的成功的同时,也存在着令人沮丧的失败。

（4）地震预报目前的地位。地震能够预报吗?古往今来,地震预报的方法五花八门,从考虑典型的地震与气象的关系起,直到观察行星的排列和动物的异常等,但是其中大多数都是不成功的。从 20世纪 60 年代开始,用科学方法来解决地震预报问题获得了突飞猛进的发展,特别是中国、旧本、俄罗斯和美国都试图建立可靠性至少与天气预报一样的地震预报。在过去长期的实践中,科学家们已经积累了许多预报地震的方法和经验,但根据目前的科学技术水平和人类对地震的认识,除极少数地震曾得到准确预报外,绝大多数地震仍无法得到及时的预报。

近代首次成功预报地震的实例是 1969 年西伯利亚加姆地震,科学家经过 20 余年的努力,根据地震波速度的变化,准确地在震前几天预报了这次地震。1975 年,在经历了几个月的小震后,在地面倾斜和微震频繁迅速增加的情况下,我国首次成功地预报了 7.3 级的海城地震。由于在震前 9 h 之前及时地安排了人员的撤离,尽管 90% 的建筑物遭到毁坏或严重影响,但却未发生人员的伤亡。中国科学家曾预测唐山的附近将发生一次大的地震。但是,他们只能说这一次地震将在两个月内的某一天发生。而当 1976 年 7 月 28 日唐山地震发生时,没有任何前兆现象的明显变化,不可能得到震前的紧急警告,造成重大的灾难。中国科学家曾对 1975 年辽宁海城等大地震做出准确及时的预报,避免了重大损失。

目前,世界上只有日本、俄罗斯、中国和美国有政府资助的地震预报工作计划,这些工作计划主要涉及加强对活动断层带的监测,以扩充观测数据库,为加强了解应力作用下前兆现象和岩石行为而设计的实验室的试验。即使具有这些积极的研究计划,科学家一般也只能预报一次大地震将在一定的时段内发生,可能在几个月或几年以后发生。有时他们的预报是正确的,而有时是错误的。通常,他们在关键地区由于人力或设备而受阻,他们无法立即监测每一个地区。同样,如前所述地震前兆尚未被完全地了解。

在美国,地震预报尚未被认为是足以可靠和精确的,还不可以作为诸如大规模撤离等行动的理由。也许在将来的某一天,科学家们可以准确地预报大地震发生的时间和强度,以使得大地震即将发生时,人口密集的地区可以有秩序地撤离,从而拯救许多人的生命。而只要人们坚持在地震易发区内居住和进行建设,财产的损失就将是不可避免的。总之,完全可靠的地震预报可能在下一个世纪才能实现。

六、地震意识与公众反应

1. 地震预报有关的忧虑

地震是一个自然现象,但地震事件也是一个社会现象。大地震造成大批人员伤亡和经济损失,还会影响到社会的各个方面。

假设地震预报成为可能,那么这已不单纯是个科学问题,地震预报也将是一个社会问题。地震预报本身就带有进退两难的性质。西方对地震预报后果的正反两个方面进行了研究。例如,假如提前一年左右准确地预报加利福尼亚要发生破坏性大震,这样就为可能大大减少由地震造成的伤亡和财产损失。但是处于预报地震区的社会生活将面临崩溃,当地经济将会发生衰退,其后果将不堪设想(表 4-8)。

因为政府、公众和个人对地震的反应各不相同,总的社会反应非常复杂。例如,在做出了科学预报的官方发布警告之后,公众纷纷争购地震保险,其次对财产价值也发生了暂时的激烈影响,另外还会对不动产的出售、建设、投资和就业等问题发生影响。

表 4-8　发布地震预报带来的社会经济影响

```
                                    ┌─────────────────────────────┐
                                    │ 与财产有关的变化：           │
                                    │ 财产价值的衰退               │
                                    │ 财政税收的衰退               │
                                    └─────────────────────────────┘
                                    ┌─────────────────────────────┐
                                    │ 金融变化：                   │
                                    │ 保险的可得性                 │
                                    │ 抵押减少                     │
                                    │ 投资变化                     │
                                    └─────────────────────────────┘
                                    ┌─────────────────────────────┐
                                    │ 人口迁移：                   │
   发                               │ 临时性搬迁（雇主、雇员和市民）│
   布                               │ 永久性搬迁（雇主、雇员和市民）│
   地                               │ 疏散中心的有效性             │
   震                               └─────────────────────────────┘
   预                               ┌─────────────────────────────┐
   报                               │ 强烈要求撤离高度危险地区     │
   带                               │ 躲避市内危险区               │
   来                               └─────────────────────────────┘
   的                               ┌─────────────────────────────┐
   社                               │ 商业活动的水平               │
   会                               │ 工作活动的休止               │
   经                               │ 受雇机会的衰减               │
   济                               │ 商业活动的衰退               │
   影                               └─────────────────────────────┘
   响                               ┌─────────────────────────────┐
                                    │ 组织的准备和教育             │
                                    │ 训练和情报的准备             │
                                    │ 组织的准备                   │
                                    │ 评定破坏性图的发行           │
                                    └─────────────────────────────┘
                                    ┌─────────────────────────────┐
                                    │ 公众活动的重新安排           │
                                    └─────────────────────────────┘
                                    ┌─────────────────────────────┐
                                    │ 社会公用事业的缩减           │
                                    └─────────────────────────────┘
```

　　1991 年,日本的神户发生了毁灭性的大地震。人们预测如果东京发生一次类似于神户的地震的话,将会使日本这个第二经济大国瘫痪,全球市场陷入混乱,大地震造成的经济损失将高达 $5.7 \times 10^7 \sim 1.2 \times 10^8$ 美元。而日本的科学家指出,东京的大地震只不过是时间问题,因为地球表面的四个板块在东京附近相汇合。东京的毁灭及其经济上的震撼将波及全球。如随着投资者争抛日元,抢购其他硬通货,日元将出现激剧的波动。日本政府将向国外借贷数百亿美元来恢复经济,全球的银行利率将上升。当投资者对较高的银行利率做出反应时,日本各保险公司开始出售他们在海外的 360 亿美元资产来帮助支付保险赔偿费,世界各地的股市指数将狂泻。根据美国评判协会统计,截至 1994 年 9 月,日本投资者拥有美国全部国库券的 3%,约 1 300 亿美元。日本在美国股票、债券的投资占了外国投资总数的 13%,约 3 110 亿美元。如果东京地震,这些日本资本将会被抽回国内用于重建,美国将陷入经济衰退。从日本输入的产品——电子、汽车和其他机械产品价格将上涨。在东京-横滨这一人口密集区的地震将会使无数建筑物和民房倒塌,每四个日本人中就有一人受到死亡的威胁。地震后的东京成田机场,只有一条跑道可供使用,其余因困境而被迫关闭等等。

如果预报出一次近期即将发生的地震,那么根据短短的公告,撤离出一个大城市所带来的后勤问题将是人们关注的另一个问题。在高峰时期,许多城市本身就存在着拥挤的交通,如果城市中的每一个人都想立即逃离,将会产生难以设想的结果。很可能一次迅速地撤离,也许将比最终发生的地震产生更多的伤亡。而最终所预报的地震却未发生,那么这一预报的发布者将要被起诉吗?将来诸如此类的预警告可以被置之不理吗?

2. 地震意识与公众反应

了解地震基本知识,掌握震时应急措施的公众,是稳定社会、减轻地震损失的基本保证。因而重要的工作是对公众进行地震知识的宣传和普及,增强抗御地震灾害的能力。公众如果了解、熟悉一些地震宏观的前兆现象,震前如发现前兆现象,采取急避措施可以减少伤亡。地震发生时,公众如果了解地震安全守则(表4-9),震后采取正确的自救措施也可以大大减少人员伤亡。

表4-9 地震安全守则

地震时	地震后
1. 不要惊慌 2. 若正在屋内,应躲到桌子下、床下等寻求保护 3. 若正在屋外,应迅速离开建筑物、电线附近,站到空旷处,切莫通过建筑物 4. 若正在行驶的车辆中,应尽快停车,不要离开车内,车辆可对地震波起缓冲作用,对人具有保护作用	1. 检查所有设备,但不要开启,若嗅到异常气味,应打开窗户,关闭所有设备(如空调器、冰箱等),撤离屋内,若自来水系统遭破坏,应关闭总阀,切断电源 2. 打开收音机或电视机,以了解是否有紧急通告或地震预报 3. 电话询问有关情况 4. 远离遭受损坏的建筑物,以防伤人

注:据 L. Lundgren,1986。

自1966年邢台地震以后,我国已相继开展了地震心理学、地震教育学、地震经济学、地震社会学、地震法学等方面的研究,并贯穿于全民地震灾害意识的提高,地震群测群防、地震防灾、地震救灾、地震保险、地震法规及全国性抗震防震规划和预案的编测等一系列活动中,以保障人民安居乐业和社会安定。在地震知识的宣传与普及方面,我国已经走在了世界的前列。

相比之下,在美国,调查资料不断地显示,甚至居住在沿圣安的列斯断层这样高度危险地区的人们,也没有经常意识到地震的灾害。许多意识到地震灾害的人坚信危险并不是很大,并表示即使发生特别的地震警告,他们也不打算采取任何特别的行动。过去对海啸百感交集的反应,加强了关于对地震预报公众反应的疑虑。除了地震预报之外,土地利用、建筑习惯和朝向的改变可以在相当程度上减轻地震造成的财产损失。地震灾害易发地区需要综合性的灾害反应计划。在美国,加利福尼亚是在这些领域采取必要行动的先驱者。然而即使在那儿,许多目的在于对地震灾害起缓和作用的法律也是在 1933 年长滩地震和 1971 年圣费尔南多地震之后,通过一番紧张的活动才获得通过的。而在两次危机之间,这种努力明显地下降了。但在美国的许多其他地区,这种努力就根本不存在。即使对基本的地震安全守则的了解也是十分有限的。

目前,像日本、美国、中国这些地震多发国家,全国性的减轻地震灾害的努力,正在受到国家政府、科学研究机构的重视和支持,开展地震预报,灾害评估,减少地震造成的损失的工程等领域的研究,同时,各国也重视公众的地震教育。

参考文献

1. 中国科学院地质研究所.中国地震地质学.北京:科学出版社,1974

2. 谢毓寿.地震与抗震.北京:科学出版社,1977

3. 北京大学等.地震地质学.北京:地震出版社,1982

4. 徐果朋,周惠兰.地震学原理.北京:科学出版社,1982

5. 怀利 P.J.新全球地质学导论.北京:地质出版社,1980

6. 博尔特 BA.地震浅说.北京:地震出版社,1983

7. 中国灾害防御协会,国家地震局灾害防御司.中国减灾重大问题研究.北京:地震出版社,1992

8. Gutenberg B, Richter C F. Seisinicity of earth and associted phenomena. Princeton University press,1954

9. Wesson R L, Wallace R E. Predicationg the next earthquake in California. Scientific American, 1985,232:34~45

10. Montgomery C W. Environmental geology. Wm. C. Brown Publishers,1992

第5章

火 山

一、火山现象

地下深处存在着高温的、熔融状态的岩浆,岩浆冲破上覆岩层喷出地表的作用称为火山作用或火山活动。火山活动是使人类能够直接感到在地下深处确实存在着岩浆。岩浆喷出地表,其喷出物堆积成山,称为火山。但是在非常特殊的情况下,岩浆体本身并没有直接喷出到地表上来,而仅仅上升到地表附近,使地表表现为某种异样地形,这也是火山的一种形式。

火山活动是一种极为壮观的自然现象,所以它无疑是自古以来给人类留下最深刻的自然现象之一。对于这种现象,我国有许多记载,如在《黑龙江外记》中,记叙了黑龙江省德都县五大连池火山群中的二座火山于 1719 年爆发的情况:"墨尔根(即今嫩江)东南,一日地中忽出火,石块飞腾,声振四野,越数日火熄,其地遂成池沼。"1720 年该火山再次爆发,喷出的熔岩流堵塞了附近的白河河道,形成了五大连池。《宁古塔记略》一书记载:"于康熙五十九年六、七月间,水荡周围三十里,忽烟火冲天,其声如雷,昼夜不绝,声闻五、六十里,其飞出者皆为黑石、硫黄之类,终年不断,热气逼人三十余里……"。

随着近代科学技术的发展,人类对火山活动的观测日渐增多。如 1943 年 2 月墨西哥帕里库廷火山爆发,从此喷火现象从未停止,而喷火的强烈程度越来越大。在熔岩继续溢流和火山灰不停降落的过程中,帕里库廷村的大部分被熔岩淹没和覆盖,成了一座约 450 m 高的浅盆状火山和从山麓上流下来的熔岩平原,直到 1952 年春,喷火现象才停止。1980 年 5 月美国圣海伦斯火山的大规模喷发造成了近 10 亿美元的财产损失和几十人的死亡或失踪,圣海伦斯山的高度降低了 400 多米。由于事先无法预测这次火山喷发的规模,导致在距圣海伦斯山顶峰 9 km 之外,观测这次火山的美国地质调查所的火山学家戴维・约翰斯顿不幸殉职。又如 1883 年以前,位于爪哇和苏门答腊之间的喀拉喀托火山显得十分宁静,大多数人认为这是一座死火山,已有 200 余年未活动,但 1883 年 5 月突然出现喷发前兆现象,8 月 27 日从火山口发出的巨响,传出数百千米之外,由火山引起的海啸浪高达 36 m,火山灰烟柱高达 80 km,在火山周围 80 km 范围内天昏地暗,火山灰洒落全球。

1991 年 5～6 月本书作者考察夏威夷岛南部火山海岸,当时尚处于 1990 年奇老洼火山(Kilaloa)喷发的后期阶段,炽热的岩流沿山坡低洼带缓缓地向海推流,吞没田野,推燃树木与房屋,所至之处一片火海。更为壮观的是熔岩流自海岸悬崖倾流入海时,形成耀眼的熔岩流瀑布。初势强,海浪熄不灭岩火,进而形成沸腾的热气柱直冲云霄,烟雾腾腾,数千米外仍散发着浓烈的硫黄气味。

1992年及1996年夏,作者再次考察夏威夷岛南部火山海岸,奇老洼火山喷发岩浆活动已经停息。新凝结的海岸地面扭曲成绳状的陇岗起伏,崎岖难行。被推斜的残留椰树已形成披挂岩浆的熔岩树,新凝固的玄武岩表面成针状与放射状的晶形结构,清晰地保留着岩流推挤、移动、卷蚀、覆盖等各种形态。急步行走意欲赶赴熔岩流瀑布处观看其凝固形态,但在相距约2km处即被制止了,因为浓烈的熔岩水蒸气弥漫于空中,会窒息呼吸。返程的汽车,每每为熔岩阻断路面而绕行。海岸带火山活动的环境效应、持续的时空范围等与陆地火山活动又具有明显差异。

日本樱岛火山系于3000万年前开始爆发的周期性喷发的火山锥。1914年喷发的"大正熔岩"使樱岛与大隅半岛相连,那里植物生长茂密。1940年喷发的"昭和熔岩",地面植物稀少,两期火山喷发物界限明显。鹿尔岛海湾系沿几个沉陷的火山口所构成,与樱岛火山构成现代火山海岸。本书作者于1983年10月21日—22日于樱岛火山考察,当时,火山频频爆发,吼声隆隆,山体颤动,黑烟滚滚,呈蘑菇云状上升,继之,黑烟弥漫笼罩了山顶两个火山口,渐渐地固体喷发物——火山灰、火山砂、火山渣随气体散逸,飘落于山体周围与山下。爆发时作者于半山观测台处摄影、录音,衣、帽、脸、颈皆为火山灰所玷污。火山灰掩埋了山坡下数米高的神社,仅露出其顶部。山麓与海湾沿岸多种热带植物繁殖,并多处辟为农田,仅在海岸岬角出露玄武岩,海湾湾顶处为玄武质黑色沙滩。

火山爆发时,一般情况是先有大量气体自裂隙中冒出,逐渐在上空形成烟柱。随着强烈的气体喷发,有大量的围岩碎块及熔岩物质从裂口喷上天空,整个火山区被夹杂着大量灰尘、碎石的烟云所笼罩。由于火山的喷发,大量水蒸气上升冷凝,空气发生剧烈对流,从而出现狂风暴雨,将喷出物向外吹散,降落在火山周围地区,形成火山灰层。最后从喷发口中溢出灼热的熔岩,向四周流动。熔岩相继流出之后,火山就逐渐宁静下来,直至地下的岩浆无力冲出地面时,火山喷发才告停止。但火山喷发停止后,往往还会出现残余气体的喷发和温泉的活动,这些均属于火山活动的晚期现象。

世界上各地区火山活动的情景各不相同,差别很大。即使是同一火山,在不同的时期,它的活动形式、活动规模也不尽相同。

二、火山喷发物

在火山喷发作用过程中,巨量物质伴随着强大的能量在很短的时间内从地下释放出来。根据火山喷发物的性质和物理状态的不同,可以将火山喷发物划分为气体、液体和固体喷出物三种。

1. 气体喷发物

岩浆在向上运移过程中,受到的静压力逐渐降低,溶解于岩浆中的挥发性成分就以气体的形式逐渐分离出来。气体由于具有高度的活动性,故气体的喷出成为火山喷发的前导,而且贯穿火山喷发的全过程。岩浆中的挥发性物质,是决定岩浆物理化学性质的重要因素之一,而且对岩浆同外部物质所发生的各种作用,例如,与所接触的岩石所发生的作用,均有很大的影响。特别是火山喷发一般都是由这种挥发性成分的力量所引起的。

要了解地下岩浆的化学成分,除了对火山岩进行化学分析外,没有其他更好的办法。但这一方法只能求得常温下固体的成分,像 H_2O 和 Cl_2 这样在低温下也容易挥发的成分,在火山岩分析结果中仅占 1% 左右,然而,从火山喷发时释放出大量的气体这一事实,不难推测岩浆中含有大量的挥发性成分。

分析火山的气体喷发物是一项十分艰难的工作,人们只能对直接从火山口喷出的气体的分析才能求得。谢泼德(Shepherd)曾对夏威夷的奇老洼火山的火口熔岩(玄武岩)池中放出的气体进行过研究,其分析结果如表 5-1 所示。他发现奇老洼火山气体中 H_2O 的平均含量达 70%,其次为 CO_2、SO_2、Cl_2、CO、H_2、N_2 等等。而这些成分的含量,随时间和地点的不同而有明显的不同。

从世界上许多火山气体物的分析结果看,其中水汽最多,一般含量均在 60% 以上,此外还有 CO_2、H_2S、SO_2、S_2、CO、H_2、HCl、NH_3、NH_4Cl、HF、NaCl 等等。从火山喷出的气体中还可以升华出硫黄、钾盐、钠盐等。我国台湾的大屯火山群,至今仍常有硫黄气喷出。火山喷发的气体量往往很大,如 1912 年阿拉斯加的卡特曼火山喷发的气体中仅 HCl 就达 1.25×10^6 t,HF 达 2×10^5 t。

表 5-1 火山气体化学成分

(夏威夷奇老洼火山,在 1 200 ℃时的体积百分比)

CO_2	CO	H_2	N_2	Ar	SO_2	SO_3	S_2	Cl_2	H_2O
47.68	1.46	0.48	2.41	0.14	11.15	0.42	0.04	0.04	36.18
11.12	3.92	1.42	—	0.51	—	—	8.61	0.02	77.50
2.65	1.04	4.22	23.22	沉淀	0.16	—	0.70	沉淀	67.99
17.95	0.36	1.35	37.84	沉淀	3.51	—	0.49	沉淀	38.48
33.48	1.42	1.56	12.88	0.45	29.83	—	1.79	0.17	17.97
6.63	0.22	0.15	2.37	0.56	3.23	5.51	0.00	1.11	80.31
5.79	0.00	0.00	7.92	沉淀	4.76	2.41	0.00	4.08	75.09
1.42	0.05	0.08	0.68	0.05	0.51	0.00	0.07	0.03	97.09

注:据久野久,1971。

气体逸出状况的变化预示着火山活动的进程。如果气体逸出量越来越多,气体中的硫质成分越来越浓,气体的温度越来越高,将是火山即将大规模喷发的预兆。如果气体逸出量逐渐减少,气体中 CO_2 成分逐渐增多而硫质成分逐渐减少,且气体温度逐渐降低,意味着火山活动在减弱。大规模火山喷发结束以后,在相当长的时间内还可能有少量温度较低的气体徐徐逸出。

2. 液体喷发物(熔岩)

喷出地面而丧失了气体的岩浆称熔岩。熔岩是火山喷发物的主体,同时也最能反映地下岩浆原来的形态。所以,熔岩的温度和黏性是推断地下岩浆物理性质最有力的资料。迄今为止,人们对各地火山喷发时流出的熔岩进行了大量的温度和黏性的观测(表5-2)。基性熔岩从地球内部喷出时,具有高温和低黏度,玄武岩质熔岩流出时的温度大约为1 100～1 200 ℃。而酸性熔岩从地球内部喷出时,则黏性高和具有较低的温度,如安山岩质和英安岩质熔岩流出时的温度约为900～1 000 ℃。在对熔岩的温度进行观测时,还发现熔岩表层的温度非常高,而越往熔岩内部温度略低。前者被认为是由于熔岩中所含的气体在放出时燃烧所致,而后一种情况则是所测定的温度低于熔岩流出地表瞬间的温度之故。

表 5-2   熔岩的温度和黏性

火 山	喷出年份	岩石类型	温度/℃	黏性/C.G.S.
樱岛	1946	安山岩	950	$10^8 \sim 10^9$
有珠昭和新山	1945	英安岩	1 000	10^4
帕里库廷	1945～1946	玄武岩质安山岩	1 070	$10^5 \sim 10^6$
三原山	1950	玄武岩	1 100～950	$10^5 \sim 10^7$
	1951	玄武岩	1 200～1 150	10^3
莫纳洛阿火山(夏威夷)	1950	玄武岩	1 110～950	?
	1887	玄武岩	?	10^4

注:据久野久,1971。

岩浆流出地表后,由于压力减小和温度降低,绝大部分熔融气体将逸散在空中。因此在固结的熔岩上可以产生许多表示气体跑掉痕迹的气孔。气孔一般在熔岩层的表面最发育,有时在下部也有一些,而内部却很少。厚的熔岩层内部常见由全无气孔的致密块状岩石组成。根据这种构造,即使在几层同一岩层的熔岩层更叠情况下,亦可分辨出各熔岩的界面。

熔岩流出地表,其表面和底部首先固结。由于固结后的岩石其导热性极小,所以熔岩内部可以长时间保持高温,因而具有流动性。这种流动熔岩如果冲破已固结的皮壳而流出,即可形成二次熔岩流,另外,也可以在熔岩内部形成空洞状的"熔岩隧道"。

熔岩的流动速度决定于它的黏度、温度及地面的坡度,一般为每小时几千米,山地坡度大流动速度可以极快,达到90 km/h。通常基性熔岩因黏性小,温度高,故流速大;酸性熔岩因黏性大,温度低,故流速小。如果熔岩成分相同,则其流速决定于地面坡度。熔岩在流动过程中,温度逐渐降低,黏性加大,流速越来越小,最后凝固成为火山岩。在熔岩的冷凝过程中,在内部熔岩流动的推挤力以及因外壳冷凝的收缩力作用下,熔岩表面常常发生变形而具有不同的形态。黏性小、流动性大的基性熔岩的表面常呈波状起伏或被扭曲的绳索状,称为波状熔岩或绳状熔岩。除了这种表面光滑而具光泽的绳状熔岩外,还有粗糙的、表面上像由带刺的焦炭状的碎片组成的渣块熔岩。中酸性的熔岩由于温度低,黏性大,流动小,所以在熔岩流动过程中,其表层很快就固结而形成皮壳,皮壳破裂之后就形成了累积重叠的块状熔岩。基性熔岩若从海岸地带流入海中,或者由海底直接喷发出来,在海水中冷却则会形成特殊的枕状熔岩。它由稍不规则的椭圆体或多球体聚集而成,在每个椭圆体上发育有从中心向外放射的裂隙,看上去就像枕头似的。这种结构被认为是因流动性强的熔岩遇水而骤冷,而且是半固结的岩石经回转而形成的。

黏性较小的岩浆喷出地表后在接近喷出的地点常形成波状或绳状熔岩,在远离喷出的地点因熔岩温度降低,黏性增大可过渡为块状熔岩。熔岩在逐渐散热而冷凝固结的过程中,其表面常形成无数冷凝收缩中心,如果岩石结构均匀,这些收缩中心均匀而等距离地排列,在垂直于联结收缩中心的直线方向因受张力作用形成裂缝,裂缝横切面为六边形。随着熔岩进一步冷凝,六边形的裂缝最终会将整个熔岩层切割成六方柱体,称为柱状节理。在柱状节理发育不理想时,柱状节理的横切面可以是四边形、五边形、七边形、八边形等。

3. 固体喷发物

地下的岩浆在向地表移动的过程中,即逐渐分离、释放并蓄积气体。由于气体的膨胀力及其导致的冲击力与喷射力的作用,在地下已经冷凝或半冷凝的部分物质被炸碎并抛射出来;未冷凝的岩浆则成为团块、细滴或微沫被击派出来,在空中冷凝成固体;此外,周围岩石也可以被炸碎并抛出来。所有这三类固体就构成了火山爆发的固体产物,统称为火山碎屑物。从火山碎屑物质的外形、岩质和内部构造等,可以推断火山碎屑物抛出时的状态和起源,从而判定火山活动的性质和形成火山基岩的岩石种类。

火山碎屑物根据其特征可以划分为无一定的形态和构造、具有一定的形态和具有一定的内部构造三类(表 5-3)。

表 5-3 火山碎屑物的分类

抛出时的状态	固体或半固体		流动体
形态构造	1. 没有一定形态和内部构造	2. 有一定形态	3. 有一定内部结构(多孔质)
直径＞32 mm	火山岩块	火山弹	浮石
32 mm＞直径＞4 mm	火山砾	熔岩饼	火山渣
直径＜4 mm	火山灰	火山毛 火山滴	

注:据久野久,1971。

(1)火山灰。火山爆发时崩碎的细小碎屑,直径＜4 mm。火山灰很轻,可以随气流升到高空,甚至可以进入平流层长期在高空飘荡。根据显微镜下观察,火山灰颗粒是以火山玻璃微小碎片(带棱角的碎片)的形式出现。流动大的基性熔岩被抛出时,如果被拉长,即可形成纤维状的火山毛。伴随着火山毛有时还产生雨滴状和弯钩状的火山滴。

(2)火山砾。形态不规则,常具棱角状。粒径＞32 mm 者称为火山岩块,粒径介于

4～32 mm 者称为火山砾。

（3）火山弹。粒径＞32 mm，从核桃般大小直到几吨重，它是由熔岩以高速喷向空中发生旋转冷凝而形成的。基性熔岩流动性大，常形成纺锤、梨及扭曲等形状的火山弹；而黏性较大的中酸性熔岩常形成表面多裂隙、内部多孔质的面包皮状火山弹。被抛射出来的熔岩若在未冷凝之前即与地面相撞则会形成扁平状的熔岩饼。

（4）浮石与火山渣。粒径数百米至数十厘米，外形不规则，多孔洞而似炉渣。它们是熔岩被抛到空中时，由于压力急剧减小，致使熔岩中气体大量逸出，因而形成大量的气孔。浮石是由中酸性熔岩凝固而成的，因而色浅、质轻，能浮于水中。火山渣则是由基性熔岩冷凝而成的，所以常呈黑、褐、红等暗色。

火山碎屑的喷出量往往很大，堆积下来，经过压缩胶结，就成为火山碎屑岩，其中，主要由火山灰组成者称为凝灰岩；主要由火山砾及火山渣组成者称为火山角砾岩；主要由火山岩块组成者称为火山集块岩。

三、火山的形态

1. 火山构造

火山通常由火山锥、火山口和火山通道三部分组成（图 5-1）。

火山锥　火山喷出物大部分在火山口附近堆积下来，并常呈圆锥状，称为火山锥。火山锥的坡度不等，最大达 35°～45°。

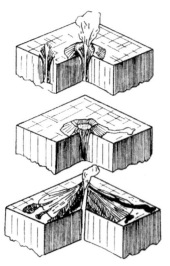

一个火山锥形成之后，由于不断发生火山活动，往往在原来的火山口上还会出现更小的火山锥，称中央火山锥，或者在火山锥的山坡上出现许多更小的火山锥，称寄生火山锥。例如，意大利西西里岛上的埃特纳火山（海拔 3 700 m），共有 300 多个寄生火山锥，这种火山锥称为复火山锥。日本的富士山则有 60 个寄生火山锥（图 5-2）。

火山口　是火山锥顶上的凹陷部分。它位于火山通道的上部，平面近圆形。最简单的火山口是一个倒立锥体，有些底部是平的。火山口的直径由数米至数千米，但在火山刚爆发时，火山口底部的直径很少有超过 300 m 的。

图 5-1　火山锥

火山口是火山通道顶部爆破而成。碎屑物被抛至空中后，再落在火山通道附近几十米至数百米以内，堆起一道环状围墙。如果有岩浆在通道中上升，便可以熔化它上面的物质，熔岩冷却后，能保持这个凹陷的原形。有些坑状火山口底部为固结的熔岩，称为熔岩坑，坑口常能积水成湖，成火口湖，或称天池。如我国东北长白山上的天池就是一个火口湖，它的面积 9.8 km²，水面海拔 2 155 m，平均水深 204 m，最深 373 m。

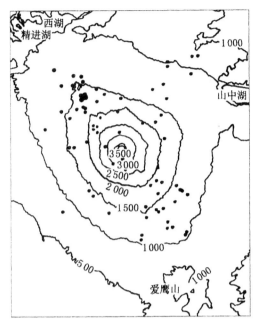

图 5-2　富士火山的寄生火山群

(据久野久,1971)

火山通道　是火山口以下通向地下的供给岩浆的中央通道。如果经侵蚀把上层熔岩与火山碎屑岩剥去以后,火山通道的形状及其填充物就可以看到。这些被填充了的火山通道称为火山颈或火山塞。

火山通道常位于两条断层相交的部位。有时当岩浆沿断裂上升接近地面时,气体开始迅速地自熔岩中喷出,以致发生爆炸,所以在断裂的局部地段由于熔融、气熔和爆炸而变宽,形成火山通道。

2. 盾状火山

当大量的流动性较强的玄武岩质熔岩从地下相对宁静地流出来时,它们可以非常自由地流动到远处,并最终形成倾斜极缓的山体,这种低矮的盾状体称为盾状火山(图5-3),其山坡倾角在3°～10°之间。盾状火山基本上均由熔岩组成,尽管每一层熔岩流的厚度只有几米甚至更少,但熔岩流的多次喷出可以最终形成大规模的盾状火山。

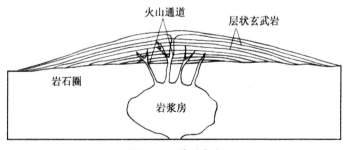

图 5-3　盾形火山

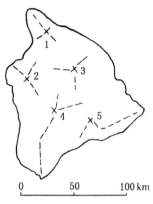

图 5-4　夏威夷岛火山的
放射性裂缝

1. 库哈拉；2. 普赫拉利；
3. 莫纳凯阿；4. 莫纳罗亚；
5. 奇老洼

盾状火山可以划分为夏威夷型和冰岛型两种。夏威夷型盾形火山的特点是,从火山中央向三或四个方向产生放射状裂缝,山体就是由这些裂缝中流出的大量培岩形成的(图5-4)。火山具有宽广而壁陡的中央凹陷,宽度在3 km以上,深约100 m。中央凹陷是随着玄武岩浆从下面排出而造成的塌陷产生的。夏威夷群岛是世界上最大的盾状火山群,每一个岛屿均由一个或几个盾状火山组成。仍在活动的夏威夷岛的最高峰冒纳罗亚火山,其高度在海平面以上3 500 m。若是完全从它的海底基部向上量算的话,其高度约为10 000 m,而基部的直径宽达100 km。由于它具有如此宽广平坦的形态,从海面上看过去它未必像火山,但若从空中往下看,其火山的特征是明显的。

冰岛型盾状火山是由从火山口中心流出的熔岩所形成,其规模比夏威夷型的小得多,从基底向上高度很少超过1 000 m,大多数只不过100 m左右。此类型的火山多见于冰岛和日本等地。

3. 火山穹丘

黏性较大的、不易于流动的流纹质或安山质熔岩喷出地表后,不太向四周扩散,而趋向于在火山口的附近堆积起来,最终形成较紧凑具陡峭边缘的火山穹丘(图5-5)。

从总体上看,圣海伦斯火山是一座复合火山,它是以这种黏滞性的熔岩为特征的。由于1980年的喷发而在火山口形成一座火山穹丘(图5-5)。阿拉斯加的卡特迈火山附近的新拉普塔亦是火山穹丘。火山穹丘可以形成较高的山峰,但它与盾状火山相比则在面积分布上相对较小。

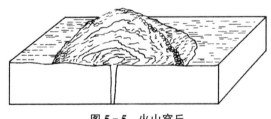

图 5-5　火山穹丘

图 5-6　火山渣锥形成图示

4. 火山渣锥

火山喷发时,上升的岩浆中聚集起来的气体压力将岩浆和岩石碎块从火山中喷发抛出,这过程使气体压力突然快速地释放。喷发抛出的岩浆碎屑,在降落到地表之前,熔岩可以固结为各种大小的火山碎屑。当火山碎屑物质降落到火山口附近时,它们可堆积成一个非常对称的锥形体,称为火山渣锥(图5-6)。

火山渣锥完全由各种火山碎屑构成,通常只有100～300 m高,其底部直径常小于

1 km。火山渣锥有比较大的中央凹陷或火山口,但渣状玄武岩却是从较小的火山通道喷出的。火山渣锥往往成群产出,有时多达几十个。

5. 复合火山

世界上的许多火山在不同的时期内喷出的物质是不同的。它们可以喷出一些火山碎屑,然后是一些熔岩,再接下来又是火山碎屑,这样熔岩和火山碎屑不断交替喷出,并且相互成层地堆积形成圆锥形的火山,这种火山称为复合火山或成层火山(图 5-7)。

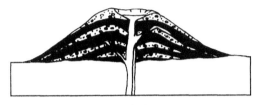

图 5-7 复合火山剖面图
由熔岩及火山碎屑互层而构成

复合火山的熔岩通常是中酸性的,并且有较高的黏性,这意味着它们不容易流动而能在火山口附近就地凝结。火山碎屑则是从中央火山口喷出,像雨点般降落在火山锥四周的斜坡上,堆积成坡度为 20°～30°的山体,结果形成了熔岩与火山碎屑互层的内部构造。一个复合火山锥可能发展到几千米高并且有一个直径为几千米的基底。典型的复合火山在近山顶处变得陡峻,这使赋予日本的富士山、菲律宾的马荣火山、阿留申群岛的席朔尔丁火山等大型火山锥具欣赏价值的美丽风光。许多巨大复合火山的山顶部分位于雪线之上,山顶的常年积雪使它们更显妖娆。

复合火山的特征之一是它们高度爆炸性的间歇性喷发。美国西部喀斯喀特山脉大多数具有潜在危险的火山都属于这种类型,圣海伦斯火山亦属此类型。

四、岩浆类型与火山的分布

1. 岩浆的类型

在地壳深处和上地幔,部分物质熔融产生的以硅质盐为主,并富含挥发性组分的熔浆由两部分组成:一部分是以硅酸盐熔浆为主体,这部分大致相当于岩浆冷却后所形成的岩浆岩部分;另一部分是挥发性组分,主要是以水蒸气为主的气态物质。这些挥发性组分在地下高压条件下可以溶解于岩浆之内,但当岩浆上升、压力减小时,挥发性组分从岩浆里逸出或冷凝而成热水溶液。

岩浆的化学成分对于岩浆的性质以及火山喷发的类型起着决定性的作用,而岩浆的化学成分中 SiO_2 含量的多少又具有关键性的意义。因此,可以根据岩浆中 SiO_2 含量的不同,将岩浆划分为超基性、基性、中性和酸性岩浆。

超基性岩浆中 SiO_2 含量$<45\%$,常在 $30\%\sim40\%$ 之间,富含铁、镁氧化物,缺少钠、钾氢氧化物。目前尚未见到过喷发超基性熔岩的火山,而在地质历史中,已确认有超基性岩浆喷发所形成的熔岩及火山碎屑岩。

基性岩浆又称玄武岩浆,其 SiO_2 含量为 $45\%\sim52\%$,铁镁氧化物与 SiO_2 的含量比值小于超基性岩浆。温度达 $1\,000\sim1\,200\,℃$,有时更高。其黏性一般较小,易于流动。大部分黏性低的基性岩浆喷发时,岩浆中的挥发性组分能从容地逸出,因而在岩浆喷发时一般不引起强烈爆炸,较少形成固体碎屑物质,特别是不形成大量火山灰。岩浆多呈涌流状外溢。

中性岩浆又称安山岩浆,其 SiO_2 的含量比值较基性岩浆为低。岩浆温度约为 $900\sim1\,000\,℃$。酸性岩浆又称花岗岩浆,其 SiO_2 含量 $>65\%$,铁镁氧化物含量更低。岩浆温度约为 $650\sim800\,℃$。因此,中性与酸性岩浆黏性较大,难于流动,岩浆喷发时,岩浆中的挥发性组分难于从岩浆中逸出,尤以酸性岩浆为甚。

当岩浆移近地表时,岩浆中的挥发性组分大量转变成气泡并在岩浆房的上部汇集。含有丰富气泡的岩浆,黏性更大,流动困难,其上部先凝固,如同瓶塞堵住火山通道,使下面的气体无法逸出。一旦气体的膨胀力超过上覆岩石的压力,在地下某一深处就会发生爆炸,使爆炸面以上已经冷凝或半冷凝的岩浆,以及周围的岩石被炸碎,形成大量的火山碎屑物质并溅击大量的岩浆滴。在火山碎屑大量喷出之后岩浆继而溢出。所以,中酸性岩浆常导致猛烈的爆炸式喷发。

2. 火山的分布

火山分布是有规律的,目前全世界大约有 $2\,000$ 多座死火山和 500 多座活火山,大部分位于板块的边界,形成几个火山带(图 $5-8$),少数火山分布于板块内部,是依地球的热点形成的火山。

环太平洋火山带,位于美洲西岸,至阿拉斯加,经阿留申群岛、堪察加半岛、千岛群岛、日本群岛、台湾岛、菲律宾群岛、印度尼西亚诸岛至新西兰岛。全球 500 多座活火山中 80% 以上分布于环太平洋带中,所以有"火环"之称。其中日本的富士山($3\,776$ m)是世界著名的火山,厄瓜多尔的科托帕希火山($5\,897$ m)是世界最高的活火山,阿根廷安第斯山脉中的阿空加瓜($6\,959$ m)是世界上最高的死火山。

地中海火山带横亘欧亚大陆南部,西起伊比利亚半岛,经意大利、希腊、土耳其、高加索、伊朗东至喜马拉雅山,直到孟加拉湾与太平洋沿岸火山带汇合,是一条大致呈东西向分布的火山带。该带中也有许多世界著名的火山,如维苏威火山、埃特纳火山、斯特龙博利火山、喀拉喀托火山等。

洋脊火山带分布于大西洋、太平洋及印度洋的洋脊上。有的火山在水下喷发,有的火山已露出水面,成为火山岛。

红海沿岸与东非火山带,主要沿东非大裂谷带分布,如位于坦桑尼亚的乞力马扎罗山($5\,895$ m),是东非著名的火山。

世界上的火山除了主要分布于上述四个带中外,亦有极少数火山与板块边界无关。它们孤立地分布于岩石圈板块的内部,如夏威夷群岛、冰岛的火山都属于此类。这一类火山岛链和火山群被认为是由于地球表面的热点所形成的。热点位于缓慢上升的热的地幔柱的上部,热点代表了地幔中产生热的放射性元素较高并因而导致了更多的熔融和岩浆生成的地区。也有可能热点是由于外地核中放射性元素的局部富集。地幔柱及其与之相

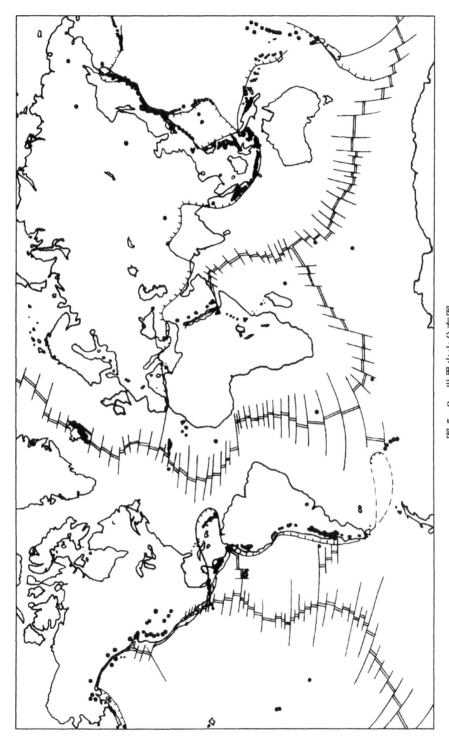

图 5-8 世界火山分布图

(据 R. Decker 和 B. Decker，1981）图中黑点为地质上年轻的火山

联系的热点相对于软流圈,长期停留在固定的位置上,但上覆的大洋岩石圈板块却在不断地运动,越过它而漂移着。当在热点上爆发一次火山活动时,就出现一个火山岛或岛群,但随即就被运动着的板块带走,短时间之后,在热点上又爆发一次新的火山活动,形成一个新的火山岛,随着时间的推移就产生了岛链。它为板块运动的方向和速度提供了直接证据。

我国境内目前已发现的火山锥约 660 座,其中绝大部分为火山地貌保存完好的死火山,只有少数火山近代有过活动,如台湾的大屯火山群。我国火山的分布大致可以分为三个系统:

(1) 环蒙古高原系统。包括辽宁、吉林、黑龙江、内蒙古、山西等省区,火山数量最多。大同火山群(20 多座)和五大连池火山群(14 座)是我国著名的火山群。黑龙江省德都老黑山和火烧山曾于 1719 年和 1720—1721 年两度喷发,喷出的熔岩堵塞了白河古道,形成了五个串珠状的湖泊,即现今的五大连池。在内蒙古和林格尔及凉城一带也发现有保存完好的 10 余座火山。

(2) 环西藏高原系统。如云南大理以西腾冲共有 8 个火山群 70 余座火山;新疆南部昆仑山中也有火山。

(3) 环太平洋系统。包括长白山、长江中下游、台湾、广东、海南一带的火山。长白山天池是破火山口湖,这带火山群最晚活动时间是 1597 年、1668 年和 1702 年。南京六合方山、江宁方山均为盾形火山。

除此之外,华北平原(太行山东麓)、河南和湖北等广大地区在第四纪也都有过玄武岩喷发活动。

五、火山灾害

火山喷发是一种可怕的自然灾害。据联合国统计,近 400 年来,世界上约有 500 座活动火山喷发,造成 266 000 人死亡(不包括由火山引起的海啸致死人数)。20 世纪以来死于火山灾害的人数约为 63 000 人,80 年代死于火山灾害的人数多于前 70 年的总和,仅 1982 年墨西哥埃尔奇康火山喷发和 1985 年哥伦比亚鲁易斯火山喷发,就造成 24 000 人死亡(表 5-4)。与此同时,由火山喷发带来的经济损失也十分巨大。

表 5-4　世界重大火山灾害

火山名称	喷发时间	灾害情况
桑托林火山(地中海)	公元前 1500 年	毁灭了塞拉岛上的几个城市
维苏威火山(意大利)	公元 79 年	淹埋了庞贝、斯塔比和赫尔拉尼姆三个城镇,死亡 16 000 人
埃特纳火山(意大利)	1669 年	毁坏了 13 个镇,死亡 20 000 人
斯卡塔乔库尔火山(冰岛)	1783 年	死亡 10 000 万人(许多人死于饥荒),苏格兰的许多农田被毁

续　表

火山名称	喷发时间	灾害情况
坦姆波拉火山(印度尼西亚)	1815 年	死亡 92 000 人,其中 70 000 人死于饥荒
克拉卡托火山(印度尼西亚)	1883 年	死亡 36 000 人,其中大部分人死于火山喷发引起的海啸
培雷火山(马提尼克岛)	1902 年	30 000 人死于火山灰流和火山喷气,其中仅 2 人获救
苏弗里埃尔火山(法国)	1902 年	死亡 2 000 人
克卢特火山(印度尼西亚)	1909 年	死亡 5 500 人
塔尔火山(菲律宾)	1911 年	死亡 1 300 人
拉明顿火山(巴布亚)	1951 年	死亡 6 000 人
维拉里卡火山(智利)	1963—1964 年	迫使 30 000 人背井离乡
阿贡火山(印度尼西亚)	1963 年	死亡 1 500 人
塔尔火山(菲律宾)	1965 年	死亡 500 人
赫克拉火山(冰岛)	1970 年	火山喷气造成数千只羊死亡
赫尔加山火山(冰岛)	1973 年	迫使 5 200 人背井离乡
尼日贡扎火山(扎伊尔)	1977 年	死亡 70 人
圣海伦斯火山(美国)	1980 年	死亡 57 人,经济损失 10 亿美元
埃尔奇康火山(墨西哥)	1982 年	2 400 人死于火山碎屑流中
内华多德尔罗兹火山(哥伦比亚)	1985 年	泥石流扼杀 22 000 人,使 10 000 人无家可归

注:引自闵茂中等.环境地质学.南京:南京大学出版社,1994.223

目前,全世界居住在火山活动区内的总人数约为 3.5 亿。由于火山喷发在给人类带来巨大灾难的同时,也给人类造成了肥沃的土地,带来了丰富的地热、矿产资源和旅游资源。

火山灾害与其他自然灾害相比不是那么频繁地发生,而且发生的地点在地球上是有一定局限的,但其波及的范围却很大。火山喷发的形式多种,喷出物的形态也各不相同。因此,火山喷发引起灾害种类和形式也很复杂。

1. 熔岩流

熔岩的温度通常超过 500 ℃,甚至可以高达 1 400 ℃,所以像森林、房屋等易燃物质很容易在这种温度下被燃烧,而其他的财物则可以被熔岩所吞没,而后固结成火山岩。但熔岩在一般情况下是不会对人类的生命构成威胁的,因为大多数熔岩流动的速度仅为每小时几千米或更小,人们即使是步行也很容易避开前进的熔岩。

熔岩流就像所有的液体一样是从高处向低处流动的,因此保护财产不受破坏就是避免在邻近火山坡地的附近进行建设。然而,由于火山岩风化所形成土壤十分肥沃,或者人们希望原来形成的火山不再喷发等种种原因,人类却有意或无意地在火山或邻近火山的地方进行各种活动,如罗马人正是基于上述的原因选择在维苏威和其他火山的山坡上进行耕作。而在夏威夷群岛和冰岛,有时火山是唯一可以利用的土地。

冰岛横跨大西洋中脊,同时又位于热点之上,它是一个火山活动强烈而频繁的地区。冰岛的形成完全是由于火山活动造成的,1783年冰岛的一次火山喷发形成了覆盖面积达560 km²的近代覆盖面积最大的熔岩流。冰岛西南部岸外有几个火山成因的小岛。海马埃岛即其中之一,对于冰岛经济具有重要性,它具有优良的港口,它提供了冰岛主要出口产品——鱼类加工产品的20%。1973年,在经历了几个月的火山喷发后,该岛被裂谷所分割,所幸的是岛上的大部分居民在这些事件之前的几个小时内得以撤离。只留下500名身强力壮的劳动力与熔岩流做斗争。以后几个月里,房屋、商店和农场被下落的灼热火山碎屑物质所燃烧或埋藏于火山碎屑物质和熔岩流之下。人们奋力铲除建筑物顶上灼热火山碎屑物质的沉重负荷,而使许多建筑物得以保存下来。当港口受到熔岩流的威胁时,当地政府采取了特殊的防灾措施。由于熔岩流的变冷而更加黏稠,流动更为缓慢,当固结的熔岩聚集于熔岩流的前缘时,就会逐渐形成一个天然堤坝以阻挡或减缓熔岩流的前进,直至最后全部固结成岩。利用这些特点,当地人民用港口中船只上的抽水机,将大量海水汲引到熔岩流的前缘,以加速熔岩的冷凝,阻滞熔岩流向前流动。在工作的高峰时期,用了47台抽水机,总共抽取了500多万吨冷的海水喷射于熔岩流上。这使得港口的大部分以及沿港口分布的渔业得以保存下来。而保存下来的港口受到熔岩流冷凝岩石所围封,使得港口受到庇护(图5-9)。

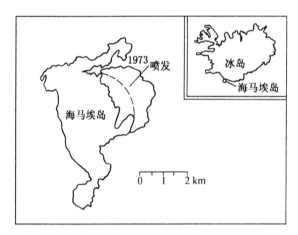

图5-9　冰岛海马埃岛上熔岩流造成的影响

1973年火山喷发的熔岩充填海马埃港的范围示意图

当人们无法阻止熔岩的流动时,就设法让熔岩流转向损失最小的区域流动。有时,由于火山产物的减少或熔岩流遇到天然或人工障碍,在火山喷发期间熔岩流的运动可以被暂时地减缓或阻滞。存在于熔岩流固体外壳之下的熔岩可以在几天、几周或有时甚至几个月的时间内保持熔融状态。如果用炸药在硬壳中炸出一个洞的话,其内部流动的熔岩可以流出来。小心地安放炸药可以将熔岩流引向人们所选定的方向。

1983年初,意大利埃特纳火山开始了一系列间歇性喷发中的一次喷发。通过在老火山岩组成的天然坝上炸开一个洞,将最新流出的熔岩引向一个宽浅而无人居住的地区。这将使熔岩流从人口密集区引开,使熔岩流流到旷野区,让熔岩流迅速冷却和减速。可惜这只在短时间内有效,4 d 后,熔岩流又遗弃了人们为其选择的通道而回到原先的流路上去。新的熔岩流对人口密集仍具危险。

熔岩流也许是灾难性的,但在某种意义上它们至少是可预测的:像其他流体一样,向坡下移动。它们可能的流路可以被预知,而当它们进入相对平坦的地区时,它们将很快停滞下来,而火山的其他灾害影响的范围要大得多,对付起来也更加棘手。

2. 火山碎屑

火山喷发形成的灼热的、大小不一的火山碎屑通常比熔岩流更加危险。火山碎屑的喷发可能更加突然或具有爆炸性,并且扩散的速度更快,范围更大。火山爆发所形成的火山砾、火山弹、火山岩块等均是危害,但它们所影响的范围较小,通常局限于火山口的附近。

细小的火山灰仅仅其绝对数量本身就使其成为一个严重的问题,并且其影响的范围很大。如 1980 年 5 月 18 日美国的圣海伦斯火山喷发并不是历史上最强烈的,但这次喷发所产生的火山灰使得 150 km 之外正午的天空变黑,而且所形成的火山灰雨几乎在全美国都能观测到。即使在只有几毫米火山灰降落的地区,当驾车者在很滑的路面上刹车而引擎却由于降落的尘埃而熄灭时,交通陷于混乱。住宅、农田、森林、汽车和其他财物埋没于灼热的火山灰之下。估计 1980 年的圣海伦斯火山喷发了 1 km³ 的物质,而约 600 000 t 的火山灰在 100 km 之外的华盛顿州的亚基马市降落下来,造成了巨大的经济损失。

本书作者专门考察了意大利维苏威火山及被公元 79 年火山喷发所埋没的庞贝古城。火山灰将整个庞贝城覆盖掩埋,火山灰的厚度达到 8 m,火山灰将古城的屋顶压塌了,但建筑物的墙壁、圆柱及屋内庭园内各式残存物品,甚至墙上的壁画得以很好地保存下来。据记载,火山灰降落时,大部分居民有足够的时间出逃,但仍有许多人被灼热的火山灰烧死,从保留至今众多遗体形态,可看出当时灾害降临时的恐惧。

1912 年,美国阿拉斯加的卡特迈火山猛烈爆发,估计喷发出 13 km³ 的火山碎屑物质,是圣海伦斯火山喷出量的十几倍,火山附近地面上火山灰的厚度达 15 m,所幸的是火山附近无居民区。

1815 年印度尼西亚的坦博拉火山喷发显得更加厉害,坦博拉火山共喷出了约 30 km³ 的火山碎屑物质,火山灰使得松巴畦和龙目岛上的 8 万人丧生。

对于火山碎屑物造成的灾害,目前还没有有效的防治措施,唯有及时预报火山喷发,撤离物资和居民。

3. 火山泥流

火山泥流是指位于地势陡峭处的厚层疏松火山灰或火山碎屑物,在其饱含水分后沿山坡向下流动的现象。造成火山泥流的水可以是降水、火山口湖湖水或被火山热消融的冰雪融水等。火山泥流由细粒的火山灰和少量粗大的火山岩块组成,目前已知火山泥流最大流动速度可达 90~100 km/h,从源区向下游的滑动距离可以超过 300 km。

对于像圣海伦斯山那样具有冰雪覆盖的火山而言,火山碎屑物质所形成的火山泥流是一种特殊的灾害。下落的火山灰的热量融化了冰雪,形成了由火山灰和融水混合所组成的泥流。火山泥流可能趋于随溪流的通道流动,以泥浆堵塞溪流并产生洪水。以这种方式形成的洪水是圣海伦斯火山附近一种主要的灾害。

在公元 79 年,比庞贝城更接近于维苏威火山的赫库拉诺姆部分地区被火山泥流所侵袭,固结的火山泥流中保存一些遇难者的遗体。1919 年爪哇岛克鲁特火山喷发时形成的火山泥流,曾扼杀了 5 000 多人的生命,并毁灭了 200 km² 的农田,为了预防类似悲剧的重演,当地居民在火山口湖外侧开凿了许多隧道,将湖水疏干。在 1951 年该火山再度喷发时,没有形成较大的火山泥流,仅有 7 人死于小股火山泥流,但火山泥流冲毁了最下层的隧道,以致 1966 年该火山再度喷发时,又形成了较大规模的火山泥流,结果毁灭大片农田,数百人丧生。1967 年印度尼西亚政府又重新修复了该隧道体系,大大地减小了火山口湖中的蓄水量。

1985 年哥伦比亚的内华多德鲁兹火山喷发,形成火山泥流。它的雪盖被灼热的火山灰所融化之后,顺其陡坡冲下的突发性的火山泥流,是造成火山之下城镇中超过 2 万人死亡的主要原因。

4. 炽热火山云

炽热火山云(Nuees Ardentes)是比空气密度大的火山炽热气体和细粒火山灰混合所组成的,是一种特殊的火山碎屑喷发物。其名称来自法语(née ardente)意为"发热的云"。炽热火山云的内部温度可以超过 1 000 ℃,而且它可以以大于 100 km/h 的速度冲下山坡,灼烧其前进道路上的一切东西。在圣海伦斯火山 1980 年的爆发中就产生过炽热火山云。

历史上最著名的炽热火山云事件发生于 1902 年培雷火山喷发期间。该火山在开始喷出火山岩和熔岩之前已经爆发了几周,但是许多人相信它对周围的城镇不会产生任何的威胁。在 5 月 8 日的清晨,在没有任何的预先警告之下,该火山产生的炽热火山云横扫其附近的城镇圣皮埃尔以及它的港口。在大约 3 min 的时间内,估计有 2.5～4 万人死亡或受到致命的创伤、烧伤或窒息。城中唯一幸存者是一个被监禁于地牢中的谋杀犯,在地牢中他免于受到酷热的袭击。在救援人员将他挖出来时,他已被埋在地下 4 天,没有食物和水。

虽然炽热火山云可能突然地产生,但它并非是火山在其喷发期间所表现出来的最早的活动。在圣皮埃尔被毁灭的前几周就有水流从培雷火山中流出,而熔岩也在一周之前不断地溢出。因此避免炽热火山云威胁的策略之一是:当一座已知或据信将产生这类喷发的火山表现出活动的迹象时,请尽快撤离。

有时人们的好奇心往往压倒了恐惧感,甚至在已经发现有危险时也是这样。在圣皮埃尔被毁灭的前几天,住在该城中的美国领事的妻子在给她姐姐的信中写道:"今天早晨城中所有的人均处于戒备状态,每一只眼睛都盯着培雷火山。每个人都担心火山的内部会突然爆发并毁灭整个岛屿。50 年前,培雷火山曾以可怕的力量摧毁了半径几英里之内的一切东西。几天来,这座火山一直在不断地喷出火焰而且有大量的熔岩流到山下。几乎所有的居民都爬上山去观看。"由于未能及时撤离,这次喷发造成巨大的灾难。

但是,撤离本身也可能是一种灾难。当预报不准确时,撤离的号召就会不被重视。在加勒比海拉苏费里尔勒的火山,它们在特征上与培雷火山相似。1976 年,该火山开始喷发,大约 7 万人被撤离并远离居所达几个月之久,但它仅发生了一次较小的爆发。政府官员和火山学家被指责干扰了人们正常的生活秩序,因为撤离事后被证明是毫无必要的。当该火山在 1979 年又开始喷发时,尽管认识到可能会有许多伤亡(因为该火山 1902 年的喷发曾使 6 000 人死亡),但并没有急于发出撤离的命令,所幸的是最终也未造成大的伤亡事件。

值得庆幸的是,在圣海伦斯火山刚刚出现少许复苏的讯号之后,官员们就将该火山的威胁看得十分严重。除了一些科学家和执法人员外,邻近火山地区内的所有人员均被撤离。火山周围几百平方千米范围内的地带严格限制人员进入。许多人因为被迫离家而发牢骚。在这次行动中,许多旅游者和记者想接近观看,都被拒绝。虽然当大规模的爆炸喷发发生时,也导致了一些人员的伤亡,但比不撤离要少得多。在一个正常的春季周末,山上将有 2 000 或更多的人,而在附近居住或露营的人则更多,假使喷发时,让好奇的人们都进入该区,那么,那次火山喷发死亡人数,将达到几万人。

5. 有毒气体

火山喷出的气体中的大部分,如水蒸气和二氧化碳只有在浓度较高时才是危险的,而其他的气体如一氧化碳、各种的硫气和氢氯酸则是有毒的。许多人甚至在尚未意识到危险之前就已经被火山气体致死。在公元 79 年的维苏威火山喷发期间,浓烈的气体使许多粗心大意的观光者昏倒或死亡。对有毒气体的最佳防卫措施就是尽快离开正在喷发的火山。

1986 年,非洲的喀麦隆产生一种可能是归咎于火山气体的奇怪的灾害。尼奥斯湖是沿着发生间歇火山活动的裂谷带分布的一系列湖泊中的一个,在 1986 年 8 月 21 日,从湖中产生的 CO_2 气体云块移运至附近城镇的上空,使得 1 799 人丧生。受害者们多因窒息而死亡。因为 CO_2 的浓度比大气中的浓度高出 50%,被这种云块吞没的人都将在不知不觉中因缺氧而窒息。CO_2 是一种常见的火山气体,它可以从近地面的岩浆中逸出并进入湖中,尔后聚集在湖泊底部的水体中,而气温变化导致湖水季节性的对流可能导致了它的释出。目前人们尚无法确定这一特殊的事件是否可以被归为与火山相联系的灾害。

6. 蒸气爆炸

某些火山之所以造成大量的人员伤亡并不是火山任何固有的特征所导致的,而是因为火山分布的位置。就一个火山岛而言,大量的海水可以下渗到岩石中去,与下伏炽热的岩浆相接近,形成大量的水蒸气,并像一座过热的蒸汽锅炉一样炸破火山,这称为蒸气爆炸或喷发。

如印度尼西亚的喀拉喀托火山,在 1883 年就是以这种方式爆发的,它的爆炸力估计相当于 1×10^8 t 甘油炸药,在 3 000 km 之处的澳大利亚都可以听到它的爆炸声。火山尘埃进入 80 km 高的空中,以至于在后来的几年里产生了红色的日落景象。在 7.5 ×

10^5 km^2 范围都发现有火山灰,而且此次爆炸的震动引发了超过 40 m 高的海啸。尽管喀拉喀托火山所在的岛屿是一座无人居住的岛屿,而它的爆发却导致 36 000 人死亡,大部分是发生在被海啸所淹没的海岸地区。

在人类历史时期,文明仅集中分布于世界上若干地区,一次这样的喷发,有时是毁灭性的。公元前 14 世纪,锡拉岛的桑托林火山爆发,并产生了一次毁灭许多地中海海岸城市的海啸。一些学者认为这次事件促使了米诺斯文明的没落。

7. 气候

火山的一次喷发就足以对气候产生全球性的影响,尽管这种后果可能仅仅是短暂的。猛烈的爆炸式喷发可以将大量的火山灰带入大气层中,火山灰将阻挡入射的阳光,使气温降低。1783 年北欧的夏季太阳光照无力,而 1783—1784 年间冬天意外的寒冷,与当年冰岛的赫克拉火山喷发有关。1883 年印度尼西亚的喀拉喀托火山喷发后,全球的温度下降了 0.5 ℃,这一过程持续了 10 年。1815 年印度尼西亚坦博拉火山更大的喷发产生了更加显著的冷却效果,使得 1816 年成为全球皆知的"无夏之年"。这种现象支持了人们所产生的在一次核战争中将出现"核冬天"的担忧,因为现代的核武器强大得足以使大量的细粒尘埃进入空中。

火山活动对我国气候影响也十分显著。由于喷发到平流层的火山灰尘幕在此长期滞留,使得我国东部长江以北地区夏季短波辐射加热显著减少。1951—1975 年 6 次强火山爆发后一年与火山爆发当年 6~8 月雨量有两个增加区:一是以长江中游为中心的长江干流到江南地区,另一个为华北到东北大部地区。据洞庭湖洪涝灾害的统计资料,1951—1988 年间的 8 次强火山爆发后,洞庭湖地区发生过 5 次重大洪涝事件,其中有 4 次发生于强火山爆发的次年,1 次发生在强火山爆发的当年。因此,由于火山活动明显的气候效应,使得强火山爆发事件成为预测洞庭湖地区重大洪涝事件发生的先兆指标。

火山对气候的影响不仅局限于火山尘埃所产生的效应。1982 年墨西哥埃尔奇乔火山并没有产生特别多的尘埃,但它却使大量含硫的气体进入大气层中,这些气体形成了散布全球的由硫酸微滴组成的云团。这种酸性微滴不仅像火山尘埃一样阻挡了部分的阳光,而且会以酸雨再降落回到地面。

8. 地貌变化

火山活动可改变地球的形态或一个区域的地形,引起地表环境变化,有时也构成区域性的灾害,如火山造成地形变化、河流改道、经常性的河水泛滥或区域性干旱。

火山活动可能是控制地球形状与决定地表海、陆分布格局的重要因素之一。有一种全球构造理论认为:早期地球在星云收缩过程中,由于陨石撞击、放射性同位素蜕变与重力收缩等原因产生巨大的能量,使地球内部温度不断增高,含水系统中的硅铝物质首先被熔化。因受到当时地球南方宇宙空间里存在着的天体的强大引力作用,而向早期地球的北极地区移动,并不断集聚,最终冲破原始地表从北极地区大规模涌出,成为现今世界大陆最初的物质基础,随后南移,并逐渐形成现在的海陆分布格局。因此,今日的北冰洋是当时地球这一座"超级火山"的"火山口",是地表陆地的源头。正由于这种构造活动控制,使地球表现为北极凹陷为洋,而南极凸起为陆的形状。同时,北极地区是一个近乎圆形的广阔海洋——北冰洋(真正的"地中海"),南极地区则为接近圆形的巨大陆地——南极洲(真正的"洋中陆"),它们分别为地表陆由北向南运动的起点和终点,地表其他陆地(除南极洲外)则围绕着北极呈放射状向南展布。根据这一理论,火山活动可能是控制地表海陆分布格局的重要因素。

从地表最基本的大地貌而言,火山活动改变了地表海陆分布格局。海底扩张、大陆漂移、板块构造等都与火山活动密切相关。例如,红海在 3 000 万年前原是一个稳定的大陆区,2 900～2 400 万年前红海南部地区的柱状玄武岩熔岩喷发与 2 150 万年前的再次火山活动,使得古老的大陆地壳开裂扩张,至 2 000 万年前红海洋壳开始发育,并在持续的扩张过程中,逐渐形成这一地区现代的海陆分布格局。红海由于现代海底火山活动,目前仍处在不断扩张的过程中。

小范围而言,火山活动形成新的岛屿,迅速造陆,并由于板块移动,在夏威夷形成著名的火山岛链地貌景观;在海岸带动力作用下,形成海蚀柱、海穹,造成岬湾曲折的海岸线与火山砂砾质海滩等火山海岸地貌组合;由于熔岩流的作用与凝结,形成崎岖不平的熔岩流原野、台地与陡崖等地貌组合。火山活动一方面有抬升作用,抬升海岸为阶地,抬高海滩、沙坝为丘陇,抬升河口形成深切河口湾,并使河流断流与改道,不仅改变了局部海岸动力过程,而且造成地形正负倒置;另一方面也有回弹性的沉降作用,从而使火山喷发口周边范围内的原始地形发生变化。海南岛火山海岸剖面中海岸沉积层厚达 16 m,反映出该段海岸曾经历过沉降,而后紧邻喷发口又被抬升为海岸阶地。由此火山作用改变了区域地形,引起区域环境的变化。

此处,火山喷发还造成滑坡、地震、洪水、火灾等灾害,火山喷发期间所造成的疾病和饥荒也增加了火山灾害的严重性。

六、火山灾害的预报与公众反应

1. 火山的活动性分类

火山按其活动性可分为死火山、休眠火山和活火山三类。因此编制火山灾害分布图,在图上标出曾经产生过喷发的各种类型火山的名称、地点、喷发发生的时间、喷发强度、喷发持续时间以及火山喷发所造成的灾害等内容,是长期预报火山灾害的方法之一。根据这些资料,可以大致确定不同地区火山活动的平均间隔时间、今后火山活动可能大致的位置等。例如,美国自 1980 年圣海伦斯火山喷发后,于 1983 年编制了美国西部地区火山灾害图,将该地区火山分为三类:第一类为每隔 100～200 年喷发一次,或在近 300 年间曾活动过的火山;第二类为每隔 1 000 年喷发一次,或近 1 000 年间曾活动过的火山;第三类为近 1 000 年间未活动过,但其深部尚存在巨大岩浆房的火山。

虽然火山学家对于火山喷发的频率的了解增加了,然而对于火山活动性的各种分类显然是相对和简单化的。火山在它们的正常活动方式方面存在着巨大的差异。从统计学角度看,一座"典型的"火山每 220 年喷发一次,但占火山总数 20% 的火山每 1 000 年尚未喷发一次;而且占火山总数 2% 的火山每 10 000 年尚未喷发一次。但是长期的宁静并不意味着火山将不再喷发。火山过去喷发的知识有助于预测火山将来喷发时可能产生何种灾害,同样特定火山喷发历史的知识可以帮助了解火山将来如何活动及其时空尺度。

预报火山灾害的第一步是对火山进行监测。然而,要对每一座火山都进行全天候的监测,在人力和设备上都是不可能的。世界上有 500 多座活火山,对这么多火山进行监测就是一项极其庞大的工作。因此,往往只是对即将活动的火山,进行严密的监测。实际上,休眠火山也可能随时变成活火山,它们也应该受到监测。而从长远来看,人类对火山喷发历史的了解是很不够的,要真正地区别活火山、休眠火山和死火山是十分困难的。如维苏威火山直到公元 79 年毁灭庞贝城和赫库拉诺姆镇之前,一直被认为是一座死火山。而印度尼西亚的喀拉喀托火山在 1883 年的猛烈爆发之前也已沉寂了 200 多年。

2. 火山前兆

(1) 地震活动。许多火山的喷发是以频繁的地震活动为前兆的。在火山之下,大量岩浆和气体上升穿过岩石圈,对岩石圈施加应力,这将引起一系列小地震(偶尔也有大震)。如 1959 年 8 月,在夏威夷的奇老洼,火山之下 55 km 深处探测到地震,这一深度正是对应于该地岩石圈的底部。在后来的几个月里,由于岩浆的上涌使地震变得更浅和更多。到了 11 月底,每天可以记录到超过 1 000 次的小地震,这时在火山的侧翼张开了一道裂隙,熔岩溢出。

因此,连续监测地震活动,是预报火山活动的重要方法,在大多数情况下,前兆地震的频率、震级和释放的能量均有增大的趋势。圣伦斯火山 1980 年的喷发正是通过地震活动的不断增多和加强而被成功地预报的。而有时一次大地震所产生的震动就可以触发火山重新活动。如 1980 年,一次地震触发了圣海伦斯火山上凸的北坡,产生滑坡,并因此减轻了禁闭火山内部气体的山体重量,使火山产生爆发。但是,火山喷发的前兆地震的规律是十分复杂的,前兆地震的发生离火山喷发的时间间隔也是千差万别的。虽然用前兆地震方法曾成功地预报了一些火山活动,但大多数情况下它只能作为预报的手段之一,若能结合其他方法,对火山进行综合分析和预报,则能较准确地预报火山喷发的具体时间。

(2) 地形变化。火山表面的膨胀、倾斜或抬升同样是一种前兆现象,它通常预示着上升的岩浆或积聚的气体的出现,或两者兼而有之。而当火山喷发、熔岩溢流之后,地面恢复原状,或因岩浆房空虚,失去支撑力而使地面下沉。例如圣海伦斯火山在 1980 年喷发前的 1 个月,火山山顶和北坡发生破裂和抬升,北坡上部向外移动约 100 m,水平位移速度达 2.5 m/d,火山山体发生膨胀,并在平面上明显呈放射状,四周产生放射状裂隙;在火山喷发之后,山体下沉 20~70 m,两侧间距缩短 20~25 m。

火山地区明显的地形变化虽然是火山即将喷发的前兆现象,但仍无法确定膨胀的火山什么时候喷发,由于各地火山所受到的应力、压力和上覆岩石强度的差异,使火山喷发的时间各不相同。目前的科学水平,尚不具备对火山喷发做出准确预报的能力。

(3) 火山喷气成分的变化。许多火山学家认为,火山喷发产生的气体成分的变化可能为即将产生的喷发提供线索。因为一些火山喷发前,火山喷出气体的化学成分曾发生过明显的变化,如 HCl、SO_2 的浓度增高,水蒸气含量降低。

（4）温度、地磁场和地电场的变化。火山地区地表温度升高预示岩浆接近地表,并且即将破地而出。例如,1965 年日本一火山口湖的水温在当年 7 月份比其他年份高 11 ℃,而在同年 9 月 28 日开始喷发。日本另一火山喷发前一小时其火山口湖的湖水温度升高至沸腾状态。火山喷发前火山喷气的温度可升高几度至几十度,这种现象可发生在火山喷发前数小时、数天、数月甚至数年内。

另外,火山喷发前还将会引起地磁场和地电场等一系列变化。但对这些变化规律的研究尚有待进一步深入。

（5）动物异常现象。有报道说动物可以"预见"火山的喷发,动物的异常行为在火山喷发之前的几小时或几天中可以强烈地表现出来。也许动物对于某些科学家尚未发现的变化的反应是敏感的,这与地震发生时的情况十分相似。

显然,在人们能够完全准确地预报火山喷发的时间和性质之间还有很长的路要走。一方面,对象奇老洼火山和圣海伦斯火山等即将喷发的确认,使得人们在通过撤离和限制接近危险地区而拯救了许多人的生命方面取得了成功;另一方面,直到圣海伦斯火山喷发前的几秒钟,火山学家尚不知道其喷发的确切时间。目前也还不可能预报炽热火山云何时将产生一座像拉苏费里尔勒那样的火山。人们同样无法预计,一次喷发中或整个喷发阶段中产生的熔岩或碎屑物质的数量。

3. 对火山预报的公众反应

当有证据表明一次即将发生的喷发可能威胁到人口稠密的地区时,最安全的措施就是撤离该地区,直到火山活动平息为止。然而,一座特定的火山可能长期地保持或多或少的危险性。因为一个由一系列间歇性喷发组成的火山,其活动阶段可以持续几个月或几年。在这些情况下,不是财物必需被抛弃,就是人们准备不止一次地撤离和搬迁。由于目前对于火山喷发的预报尚无法确定其喷发类型,这使一些预防性的撤离行动将会被人们所忽视,认为是不必要的或者是为时过早的。

目前掌握的火山历史记载过于粗略或缺乏,所以对于经过长期休眠而又重新活动火山的准确预报及其他灾害的评估显得特别困难。例如意大利那不勒斯湾附近的费勒格雷恩是一个老火山喷发区。在 16 世纪初叶,特立佩古勒城由于下部气体和岩浆的膨胀而上升了 7 m,同时该地区还受地震的影响,接着,在 3 d 之后,一个火山通道突然被冲开,使得整个城镇被埋没在一座新形成的 140 m 高的火山渣锥之下。在近 4 个世纪中,唯一的活动形式就是不断喷出气体和形成温泉。但是,在 1970—1972 年和 1982—1984 年,在其附近的波佐利城被抬升了近 3 m,在火山膨胀的最后阶段,1 年之中有超过 4 000 次地震的发生并使得该城受到严重的破坏,使得城中 8 万人中的许多人被迫在地震棚中生活达几个月之久。政府允许人们白天在城中从事各种商业活动,但晚上则必须撤离出城。这次火山活动对人们正常生活秩序的威胁和干扰持续达几年之久。这种现象的出现据信是与浅岩浆房的形成有关。即使如此,火山学家在这里仍然无法确定预期的喷发属于哪一种类型,规模有多大以及究竟将在何时喷发,因此,至今该火山区仍是人们居住工作场所。

1997 年夏,本书作者在该火山区考察,见到就在火山口喷出大量硫黄热气的外围仅数百米,即为茂密的树丛及精美的别墅住宅区。当作者问及陪同考察的那不勒斯大学教授,他们住在此地不是很危险吗?回答是这喷发硫黄热气已许多年了,人们希望它一直如此,双方和平相处,另外,他们不住在这里,又住到哪里去呢?

　　夏威夷群岛上分布着各种类型的火山,有的是活动的,而有的是休眠的,要人们无限期地撤离这些岛屿是不现实的。朝着减少喷发造成损失措施之一就是限制在近期火山活动的地方进行建设,然而,即使这一点也令人难以置信地无法做到。例如,近年来,夏威夷奇老洼火山的东部裂谷相当活跃,在 70 年代曾产生过大喷发。在喷发过后不过 10 年的时间内,一个新的住宅区开始在这里出现。在 1982—1983 年,来自新一轮喷发的熔岩毁坏一些房屋和新建的道路。当被问及为什么许多人都愿意在这样一个具有明显危险性的地点居住时,回答是因为土地便宜。

参考文献

1. 久野久.火山与火山岩.北京:地质出版社,1978

2. 石原安雄等.现代城市与自然灾害.北京:海洋出版社,1988

3. 王颖,张永战.火山海岸与环境反馈.第四纪研究,1997,(4):333～342

4. 王颖,周旅复.海南岛西北部火山海岸研究.地理学报,1990,45(3):321～332

5. 徐群.1980 年夏季我国天气气候反常和 St. Helens 火山爆发的影响.气象学报,1986,44(4):426～432

6. 张先恭,张国富.火山活动和我国旱涝、冷暖的关系.气象学报,1985,43(2):196～207

7. 闵茂中等.环境地质学.南京:南京大学出版社,1994

8. Bullard F M. Volcanoes of the earth. University of Texas Press,1984

9. Montogomery C W. Environmental geology. Wm. C. Brown Publishers,1992

10. Kennett J. Marine geology. Prentice-Hall Inc.,1982

11. Decker R & Decker B. Volcanoes. W. H. Freemen,1981

12. Delaney P T *et al.* Deep magma body beneath the sunmit and rift zones of Kilauea Volcano. Hawaii:Science,1990,247:1311～1316

13. Gore R. The dead do tell tales of Vesuvius. National Geographic,1984,165(5):557～613

第6章

河流与洪水

水是塑造地表最重要的因素,山脉、巨大的山系可以由板块构造和火山活动而形成,但其形态基本上是由水塑造的。流水切割谷地,搬运泥沙堆积成平原,河流将地表大量沉积物从一个地方搬运到另一个地方,在地表举目所见,地表特征无不与河流或流水作用有关。

洪水是最普遍广泛的自然灾害,也是一种地质灾害。我国广大东部地区,均受到洪水灾害的危害,防洪成为国家、政府的头等大事,自90年代以来,我国每年洪灾的损失在1 000亿元以上,一些巨大的水利工程,例如长江三峡工程、黄河小浪底水利工程等,都是以防洪为主要目标的。洪水、洪灾通常是可以预测的,是河流自然作用的正常结果,只是洪水的自然过程受到人为因素的干扰,才演化为洪灾。有些是突发事件,如水坝倒塌等。所以洪水灾害是与流水作用、河流的特性及演化相关的。

一、水循环

海洋、河流、湖泊、地下水、冰川和大气水共同构成地球水圈。另外,坏有矿物中含有的化合水、结晶水及深层岩石中包含的封闭水分。水圈中的大部分水来自地球早期高温时期,地球内部的去气过程。目前,除了火山从地幔中带来新的水,为水圈增加少量的水之外,水圈中的水量基本保持不变。

地球上的水并不是处于静止状态的。海洋、大气和陆地的水,随时随地都通过相变和运动,进行着连续的大规模交换。水循环就是指地球上各种形态的水,在太阳辐射、地心引力等作用下,通过蒸发、水汽输送、凝结降水、下渗及径流等环节,不断地发生相态转换和周而复始运动的过程。

从全球整体上看,这个循环过程可以设想从海洋的蒸发开始,蒸发的水汽升入空中,并被气流输送到各地,大部分留在海洋上空,少部分深入内陆,在适当条件下,这些水汽凝结降水。其中海面上的降水直接回归海洋,降落到陆地表面的雨雪,除重新蒸发升入空中外,一部分成为地面径流补给江河、湖泊,另一部分渗入岩土层中,转化为土壤水流与地下径流。地面径流、壤中流与地下径流,最后亦流入海洋,构成全球性统一的、连续有序的水循环系统(图6-1)。水循环的整个过程可分解为水汽蒸发、水汽输送、凝结降水、水分入渗,以及地表和地下径流5个基本环节。这5个环节相互联系、相互影响,又交错并存、相对独立,并在不同的环境条件下,呈现不同的组合,同时,在全球各地形成一系列不同规模的地区水循环。

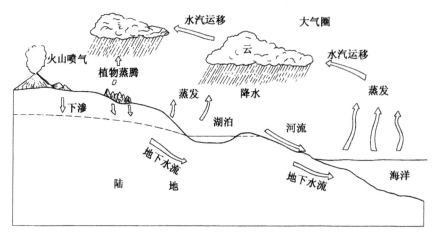

图 6-1 地球表面水循环图示

二、河流及其特征

河流是沿着河道流动的水体,它通过局部的低地流向坡下,将地表水汇集带走。一条河流获得水流的区域称流域。河流的大小与该河流的流域面积有关,而河流的某一点是同该点所包含的流域面积有关,因流域面积决定了汇入该河的水量,这些水量来源于该流域的降水量(雨雪)。同样,河流水量也同该流域的自然地理条件(土壤、植被、地形、气候等)有关。河流的大小用径流量表示,即某一时段内流经某地点的水量。径流量是河道断面(面积)乘以水流流速,其单位是每秒立方米(m^3/s)。河流对地表具有侵蚀作用,搬运沉积物的作用,并将其在适当地方堆积下来,构成各种堆积体——河漫滩、冲积扇、冲积平原。

1. 河流对沉积物的搬运

水是搬运物质强有力的因素,河流搬运物质的方式有推移、悬移、溶解质搬运等几种方式。

推移,河床底部泥沙和砾石,在水流作用下以滑动或滚动方式向前移动,称推移。被推移的沉积物称推移质。

流水推移沙、砾的作用力,随流速的增加而增加。根据水力学的艾利定律,水流推移单个沙、砾物质的重量与流速的6次方成正比。当流速增加1倍时,推移物质的颗粒重量将增加64倍。所以山区河流在山洪暴发时,可以推动巨大的石块向下移动。在大多数河流中,推移质一般只占全部碎屑物质的7%~10%。

跃移,水流中的沙、微砾以跳跃方式向前移动,称跃移。处于跃移状态下的物质称跃移质。泥沙、微砾受到流水迎面压力和上举力的同时作用,但上举力大于其重力时,则跳离河床向前跃移。泥沙颗粒离开底床后,颗粒上下部的流速相差很小,压力差减小,同时泥沙颗粒比水重,它又会逐渐回落到床面上,并对床面上的泥沙有一定的冲击作用,作用的大小取决于颗粒的跳跃高度和水流流速。如果沙粒跳跃较低,由于水流临底处流速较小,泥沙自水流中取得的动量也较小,在落回床面后就不会再继续跳动。如果沙粒跳跃较高,自水流中获得的动量较大,则落回床面后还可以重新跃起,向前跳动。

悬移,细小的泥沙颗粒在流水中以悬浮状态向前移动,称悬移。处于悬移状态下的物质称为悬移质。悬浮的泥沙受三种力的作用,一是纵向水流作用使泥沙前进;二是上升水流的作用使泥沙抬升;三是泥沙受本身重力作用而下沉。当河流中泥沙上升流速大于颗粒的沉速时,泥沙被带到距底床一定高度位置而转入悬浮状态,并由水流携带向下游搬运。悬移质的多寡与流速、流量及流域的组成物质有关。

当水流条件改变时,推移与悬移是可以相互转换的。一定条件下为推移,当水流能量增大时可能转化为悬移。每年河流悬移的泥沙量是惊人的,世界大河中,悬移质输沙总量超过 10^8 t 的有 13 条。我国的黄河年输沙量为 1.64×10^9 t,平均含沙量为 37.6 kg/m^3,均居世界首位。

溶解质搬运,溶解于水中的溶解质,在河流中呈均匀的溶液状态被搬运带走,称为溶解质搬运。这种搬运方式在自然界的河流中普遍存在,但大多数河流携带的溶解质不到其总输沙量 1%,据估计,全世界外流河每年搬运入海的溶解物质有几亿吨之多。在可溶性岩石分布区,溶解质的数量是相当可观的。有人估计,在地势低平的美国大西洋沿岸及墨西哥湾沿岸,溶解作用可以在 25 000 年内削低地面 1 m。

水流的挟沙能力,在一定的水流条件下,能够挟带泥沙的数量,称为挟沙力。河流的某一地段,在一定时间内是以侵蚀为主,还是以堆积为主,就取决于水流的挟沙力。如果上游来水的含沙量小于该水流的挟沙力,水流就有可能从本河段获取更多的泥沙,造成床面的冲刷。反之,将产生堆积。如果来水的含沙量等于这一河段水流的挟沙力,那未来沙量可以全部通过,河床不冲不淤。

水流挟沙力应该包括推移质和悬移质的全部沙量。由于推移比悬移复杂得多,当前的测验工作仅限于悬移质方面,并且在天然河流中,悬移质一般成了全部运动泥沙的主体,因此,对于平原冲积性河流来说,常以悬移质输沙率代替水流的全部挟沙力。

2. 坡面径流

当雨水降落地面或地表融冰化雪时,部分水开始渗入地下,地表以下土壤的孔隙逐渐被水充填,达到饱和,另一部分水在重力作用下沿倾斜的地面向下流动,形成坡面径流。坡面径流的形成,除蒸发量外,主要取决于降水强度、土壤渗透率和地形因素。坡面径流在其形成初期,水层薄流速小,流向受地面粗糙度的影响,往往不按最大坡度的方向流动,而多呈漫流状态。随着水层的增厚,冲刷能力的加强,薄层片状水开始分离,形成无数细小股流。它们沿途时分时合,没有固定的流路,但它们之间仍有一薄层水相连。若水流进一步集中,则面状水流就向线状水流转化。因此,坡面径流是地表水流形成的初期阶段,它具有水层薄、流路广、作用时间和流程短等特点。

坡面侵蚀是坡地组成物质比较均匀地被片状水流冲走,从而导致地面均匀降低的现象。由于坡面侵蚀只出现在降雨或融雪时期,故雨滴冲击和坡面径流侵蚀是坡面侵蚀的两种主要作用。

降雨时,雨滴降落的最高速度可达 7～9 m/s,对地面可以产生巨大的冲击力,特别是暴雨的雨滴大,向下的速度也大,对地表产生明显的溅击作用。雨滴对地表的打击,不仅可以直接造成表土流失,而且可以加强地表薄层水流的紊动性,加强水流的侵蚀力。

坡面侵蚀由于作用范围广,侵蚀量大,尤其在由松散细粒沉积物组成的裸露斜坡上,更为显著(如黄土壤地),常造成严重的水土流失,使河流中泥沙量增加,坡地的土质日益退化贫瘠,生态环境变化,造成危害。

3. 河流流速与侵蚀基面

河流流速一部分与径流量有关,而一部分与河流流经地面的坡度(倾角)有关。河道的坡度亦称比降。条件相同的情况下,比降愈大河道愈陡,河道中的水流流速就愈快。一条河流的流速和比降,通常随着河流的延伸而不同,特别是当这条河流是一条大河时。愈接近河源比降通常愈大,而且向下流趋于减小,流速可能相应地下降。比降降低的效应可以受到其他因素的抵消,包括由于另外的支流汇入河流使水量增加,以及河道宽度和深度的变化。

河流到达终点或河口时,这里通常是它流入另一个水体的地方,比降常常很小。在河口附近,河流在不断接近它的侵蚀基面,它是河流可以下切的最低高程。对于大多数河流来说,侵蚀基面是河流所流入的水体的表面。例如,注入海洋的河流,其侵蚀基面就是海面。河流愈接近于这基面,河流的比降愈小,结果它的流动可能更加缓慢,当然比降减小使流速变慢的效果,亦可能被径流量的增加而有所抵消。重力的向下引力使河流产生朝着基准面的侵蚀。从汇水盆地中进入河流的新的泥沙,可以抵消这种侵蚀。随着时间的推移,天然河流在泥沙的侵蚀和沉积之间趋于一种平衡或均衡。这时一条河流从河源至河口的纵剖面呈现一种独特的凹形,称河流平衡剖面,代表河流已发育成熟。

4. 流速和沉积物分选

河流流速顺其流程的变化,亦反映在河流沿程的沉积物上。河流流速愈大,沉积物颗粒的粒径愈大,分选程度愈差。启动能力表示,特定河流状态下(流速和水流动力)可以搬运的最大颗粒。在河床上任意一点,不运动的沉积物均是太大或太重,而使得它在该点上无法被河流动力(流速、流量)所带动,在河流流动最快的地方,它可以搬运砾石甚至巨砾。当河流流速下降时,它先开始沉降最大、最重的颗粒——巨砾和砾石——并继续搬运较轻、较细的物质。假如河流流速进一步降低,较小的颗粒将不断沉降下来:紧接砾石之后是沙级颗粒的沉降,然后是黏土级颗粒。在流速非常缓慢时,只有最细的沉积物及溶解物质仍可以被搬运。如果河流流入像湖泊或海洋这样静止的水体,河流的流速将降至零,而所有仍然保持悬浮的沉积物也开始沉降。

河流流速和被搬运的沉积物粒径之间的关系,说明了河流沉积物的特征:河流沉积按流速进行分选,在一定的河段,沉积物具有相似的粒径与重量。如果河流到达河口时仍然携带大量的物质,而且接着流入静止的水体,可形成扇形堆积体、冲积扇、三角洲等。

控制河流沉积物粒径大小的另一因素是,机械破碎及溶解,河流流程愈长,沉积物受机械破碎及溶解的时间也愈长,使物质趋向愈细小。所以,不论河流流速是否沿程发生变化,河流搬运的沉.积物都趋于向下游逐渐变为细小。

三、冲积平原

冲积平原,是在大河中、下游由河流带来大量冲积物堆积而成的,又称泛滥平原,例如我国的华北平原、长江中下游平原、东北的松辽平原等等。在长期构造沉降条件下,冲积平原能堆积很厚的冲积物,例如华北平原自第三纪以来的沉积物厚度最大达 5 000 m 以上,最少也有 1 500 m 左右。冲积平原上的河流,河道宽浅,两岸泛滥堆积常高于河间地,形成天然堤。天然堤溃决后使河流改道,在低洼地又常积水成湖或演变为沼泽。

通常冲积平原有三种类型:山前冲积平原、中下游泛滥平原,下游三角洲滨海平原。

山前冲积平原,位于从山区到平原的过渡地带,成因上属于冲积—洪积类型。由于河流流出山口进入平原地带后,河流比降急剧减小,水流呈扇形散开并不断向下渗漏,水流所携带的物质发生大量的堆积,形成山口洪积扇。各条河流的洪积扇相连接就形成了山前的冲洪积平原。例如黄河出孟津后和其他河流出山后在山麓地带共同形成的平原。如果山地河流规模较大,河流出山口后仍可以保持比较稳定的主河道,但在山前作大范围的摆动,则可形成规模较大的山前平原。如果山地与平原之间有大面积的丘陵,发源于山区的河流流经丘陵区时河谷受到约束,不能形成大规模的散流,而且河流的比降是逐渐减小的,则山前冲洪积平原不发育,例如大别山的山地区就是如此。

中下游泛滥平原,是冲积平原的主体,组成中下游平原的沉积物主要是冲积物,其中常夹有湖积物、风积物甚至海积物。中下游平原坡度较缓,河流分汊,水流流速缓,带来的物质较细。洪水期,河水往往溢出河谷,大量的悬浮物随洪水溢出,首先在河谷两侧堆积成天然堤。天然堤随每次洪水上涨而不断增高。如果天然堤不被破坏,河床将继续淤高,最后甚至高于河道之间的冲积平原,形成地上河。在两河之间的低地,就常形成湖泊或沼泽。有时,天然堤被洪水冲溃,河流沿决口改道,形成大范围的决口扇。洪水退后,决口扇上的沙粒被风吹扬,形成风成沙丘和沙地。冲积平原上的河流经常决口和改道,在平原上留下了许多古河道遗迹,并保留一些沙堤、沙坝、迂回扇、牛轭湖、决口扇、洼地等地貌和沉积物。

三角洲滨海平原,在成因上属冲积-海积类型。其沉积物颗粒很细,湖沼面积大,并有周期性海水侵入,形成海积层与冲积层相互交错的现象。在滨海平原上常有海岸沙堤、贝壳堤、潟湖等典型的海岸地貌。还有一些陆源物质堆积为主的边滩沉积。

四、洪水与洪水灾害

1. 洪水

河道的断面常与径流量有关,即河道的体积能满足每年平均最大径流量。一年的大部分时间,河流的水面大大低于河岸的水平面,而在径流量很大时,河流水面可高出河岸,向两岸溢出,即发生洪水。所以洪水是大量降水在短时间内汇入河道,形成的特大径流。这种特大径流往往超出河道正常泄流能力,而漫溢到河道两岸临近区域,从而泛滥成灾。洪水泛滥常在较短时间内发生。如2~3年发生一次,严重的洪水也许10~20年发生一次。

洪水主要与降水有关。当降水或融雪时,一部分水渗入地下,一部分直接蒸发进入大气层,余下的形成地表径流进入河流、湖泊、海洋,当地表径流汇入河流的水量超过河流的排泄能力,水流就溢出河岸,洪水成灾。

在美国易受洪灾的危险区域有 2×10^5 km²,影响到1 000多万居民。20世纪90年代初的洪灾损失约25亿美元。预计到2000年将达34亿美元。发展中国家人口密度大,防洪设施水准较低,洪水预报的科学水平一般不高,致使洪水灾害的损失更大,如亚洲1947—1967年的20年间,造成50万人死亡,而孟加拉国死亡30万人。我国是世界上洪水最多的国家之一,公元前206年至公元1949年共发生较大的水灾1 092次,我国江河的年径流量中2/3是洪水径流。我国的降水和河川径流的年内分配不均匀和年际变化,比地球上同纬度的其他地区大,因此洪水威胁严重。从古至今,洪水对我国社会和经济发展都有着严重的影响。据统计,我国主要河流在20世纪发生的特大洪水泛滥面积达 7.4×10^5 km²,其中有耕地 3.3×10^7 hm²,每次大洪水受灾人口达数百万至数千万,死亡人口数万至数十万,甚至导致生产力的巨大破坏,并引起社会动荡。50年代以来,政府对防洪给予极大重视,我国江河防洪能力有了大幅度的提高,但由于自然条件所局限,以及社会经济和人口的巨大增长,洪水所造成的灾害仍然十分严重。目前,我国有40%的人口,100多座大中城市,30%以上的耕地和60%的工农业产值集中在珠江、长江、淮河、黄河、海河、辽河和松花江七大江河中下游约 7×10^5 km² 的土地上,这些地区的地面高程多处在江河洪水位威胁之下,在我国所有自然灾害所造成的经济损失中,洪灾损失约占40%。

洪水时期,河流水面比平时高,水体的重力使大量的水流向下游,其流速和径流量亦增大。当河流水位超过河岸高度时即处于洪水阶段,洪水用洪水产生的最大径流量或最高水位表示,当达到最高水位时称河流的洪峰,洪峰在极短的时间产生,也即几分钟之内补给极大的流量,其效果类似大坝倒塌补给的水量,而远离补给点的下游河段,在洪水阶段开始的几天内仍未有洪峰,也就是降水已停止而洪峰也许尚未来到。

洪水可以在一条小河流,仅影响几千米的范围,或者影响到像长江、珠江这样大河的广大区域。仅仅影响到小范围、局部区域的洪水亦称上游洪水(upstream floods),它常常是突发的,局部的暴雨形成的,或类似于大坝倒塌之类的事件。它涉及的水量是中等的,进入河流的速度很快,可在短时期超出河道的容量。形成的洪水尽管是严重的但十分短暂。河流的下游河段有足够的河道容量接纳多余的水量。在大的河流系统和较大的流域形成的洪水,称下游洪水(downstream floods),它产生于广大区域的超大暴雨或大面积的降水、融雪,使整个河道系统受余水量的拥塞,其持续时间长,例如长江中下游的洪水,珠江流域的洪水,我国夏季洪水主要是这类影响流域的广大区域的洪水。

2. 洪水灾害形成的条件

(1)气象气候条件。降雨的时空分布对径流的影响极为明显。在降雨量相同的情况下,降雨越集中,则径流量越大,径流过程线呈尖形凸起。若降雨集中在流域的下游,径流的涨落往往较快,且洪水历时短,洪峰流量大。所以暴雨是造成绝大多数河流洪灾的主要原因。热带、亚热带的沿海地区,由于季风和台风、热带气旋活动频繁,常常形成暴雨。由暴雨引起的洪水灾害最常出现在东亚、东南亚和南亚地区。印度、巴基斯坦、孟加拉国是当今暴雨洪灾最严重的国家。

高山地区冰雪的消融若因某种气象因素而加快,或冰雪融化时土壤呈过饱和或冻结状态时,也容易引起发源于高山地区,并使受冰雪补给的河流产生洪水。但这种洪水的涨落相对平缓,日内呈周期变化,与气温有良好的对应关系。

(2)下垫面条件。下垫面条件包括地形、地表组成物质、植被等。

地形:流域的地形特征,例如高程、坡度、地表切割程度等,直接影响地表水流的汇流条件。地势愈陡,切割愈强烈,地表径流的汇流速度愈快,汇流时间愈短,径流的下渗愈小,常形成洪水。地势低平的汇水盆地,因地势低平,河流蜿蜒曲折,河床淤高,洪水宣泄困难,洪峰受阻,常造成洪水泛滥。

地表组成物质:流域的地表组成物质主要是,通过下渗和地下水的埋藏条件来影响地表径流的。有深厚的第四纪松散沉积物的地表,由于渗透性好,一部分水量下渗补给地下水,再以地下径流的方式补给河流,从而减缓河流径流的变化。有些地区虽然地表的渗透性较好,但地下浅部却为渗透性弱的地层,暴雨后地表水可部分地渗入地下弱透水层表面,形成地下水流,当其排泄出露地面与地面径流汇合后,同样可以产生洪水。应指出的是,即使地表组成物质的渗透性高,然而一旦被水所饱和后,任何多余的水都将迅速转变成地表径流。

植被:可以以多种方式来减轻洪水灾害。植被可以降低地表径流的流速,从而降低水流到达河流的速度。深入土壤中的植物根系可以疏松土壤,维持或增强地表的渗透性,从而减少产流。植被及其枯枝落叶层也可以直接吸收水分,以促进植物的生长,并通过叶子的蒸腾作用使部分水释放出来。所有这些因素都减少了直接进入河流系统的水量。同时,植被有利于减少水土流失,使河流泥沙量减少从而减轻洪水危害。

流域的形状和面积:不仅影响径流量的大小,而且也影响径流的过程及其变化。流域的长度决定了地面径流的汇流时间。狭长的流域汇流时间长,径流过程较为平缓。水系的类型对径流的过程影响较大。扇形排列的水系,各支流的洪水基本上是同时汇聚到干流,并向出口断面运动,反映的流量过程线往往比较陡;而羽状排列的水系,各支流沿干流先后汇集于干流,反映的流量过程线往往比较平缓。

流域面积大小对径流的影响是,通过自然因素组合关系而体现出来的。一般随着流域面积的增加,一方面河道切割的含水层层次增多,截获的地下径流量也相应增多。另一方面,流域内的自然环境由单一化转变为多样化,各要素相互影响相互制约,使径流的变化趋于和缓。

(3)社会经济活动的影响。社会经济活动对洪水灾害的产生也是多方面的。

城市化:对洪水的影响主要是由人们侵占泛滥平原、铺筑不渗水的地面,以及提高汇流的效率等因素有关。

泛滥平原由于土地平整肥沃,交通运输方便,水源供应充足,景色宜人,居住方便等原因,长期以来就是理想的居住场所。随泛滥平原上人口密度的增加和开发程度的提高,所遭受的洪水威胁将趋严重。人们通常还未意识到泛滥平原的开发无形中增大了产生洪水的可能性和灾难性。泛滥平原上的各种人工建筑物占据了洪水行洪的空间,因此在径流量相同的情况下,将出现较高的洪水位(图 6-2),加剧洪水的严重程度。对泛滥平原进行填地建筑同样也减小了河流水流的通行空间,并使这种状况进一步加剧。

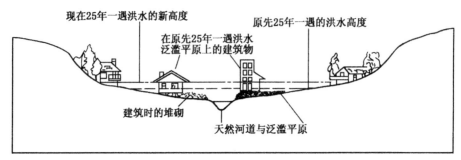

图 6-2　泛滥平原的开发抬高了洪水的水位

城市的建设使城市中不透水地面(例如街道、建筑物、停车场等)面积大量增加,减少了雨水向地下渗透的面积和下渗水量,降水形成的积水只有向地下排水系统和低地汇集,加大了地表径流量和径流汇集的速度,缩短了径流高峰到来的滞后时间(图 6-3)。例如南京市区,20 世纪 50 年代有湖泊池塘 300 多个,至 90 年代仅存白下几个公园内的湖泊,其他均已填建为道路房屋,致使每年有多次道路被淹,低地积水。据美国一些中小城市调查,不透水地面达 12%时,平均洪流量为 17.8 m³/s,洪水汇流时间 3.5 h;不透水地面达 40%时,平均洪流量为 57.8 m³/s,洪水汇流时间为 0.4 h。也就是说,不透水地面增加 2 倍,洪水量也大致增加 2 倍,汇流时间则缩短 6/7。

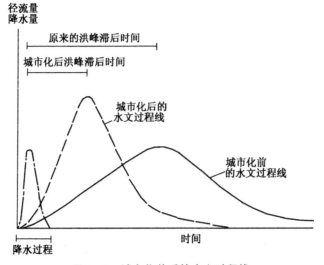

图 6-3　城市化前后的水文过程线

　　城市的各种排水措施同样可以加剧河流的洪水。在城市中,一般都建有完善的下水道,以防止暴雨时水流淹没街道。而且暴雨产生的水流通常是被直接地引入到邻近河流。在总径流量适度的条件下,这一措施无疑是有益的,但是由于汇流效率的提高,水流到达河流的时间通常比自然状态下提前,峰值增大,增加了产生洪水的可能性。

　　不合理的耕作和砍伐森林对天然植被的破坏,一方面增大了地表径流量,使洪水泛滥的规模和频率增大;另一方面加剧了地表的水土流失,使大量泥沙随径流进入河道,造成河湖淤塞,泛滥成灾。

　　修筑堤坝:在河湖或水库岸边修筑堤坝,可提高水体的水位,在堤坝建筑不完善、已达到使用年限或地基不稳固等情况下,若受到滑坡、崩塌、断裂、暴雨、地震等等因素的触发,堤坝将溃决,水流以堤坝蓄水高度的水头向下游冲泄,形成洪水。1975 年 8 月上旬,受台风影响,河南西部山区发生罕见的暴雨,淮河北支汝河和沙颍河等发生特大洪水,致使位于暴雨中心区的板桥和石漫滩两座大型水库先后溃坝。洪水波以 5~9 m 的直立水头和平均 6 m/s 的速度向下游推行。造成河南 29 县市 $1.13×10^6$ hm^2 农田被淹,1 100 万人受灾,85 600 人死亡。京广铁路被冲毁 102 km,中断行车 18 天。造成 1949 年以来最大一次破坝洪水灾害。

表 6-1　近百余年世界大坝溃决的洪水

时　间	地　点	死亡人数	损失/百万美元	附　注
1874	康涅狄格河流域	143		
1889	宾夕法尼亚州约翰斯敦	2 200	10	大暴雨
1928 年 3 月 12 日	加利福尼亚州圣弗朗西斯科	350	10	岸基的侵蚀
1963 年 10 月 9 日	意大利瓦昂特	2 600		滑坡滑入水库造成超过大坝的洪水波浪,结构未破坏但如今已放弃
1963 年 12 月 14 日	加利福尼亚州鲍得温山	5	12	断层和差异沉陷使土坝破裂
1968 年 3 月 24 日	马萨诸塞州利镇	2	10	
1972 年 2 月 26 日	弗吉尼亚州法罗克里克之西	125	50	用煤渣填筑大坝降雨 9.4 cm 超负荷
1972 年 6 月 9~10 日	南达科他州拉皮德城	245	200	9 小时内大暴雨达 25 cm,坎宁城大坝破裂,这只占总损失一部分
1976 年 6 月 5 日	爱达荷州蒂顿河	14	1 000	差异沉陷和用管子通过地基裂隙,大坝发生基础破坡
1977 年 11 月	佐治亚州托科阿	38	5	降雨使经 40 年削弱的土坝超负荷,并破坏了下游的学院和其他建筑物
1979 年 8 月 11 日	穆尔维尔(印度)	5 000	数百万(即数亿美元)	过量降雨造成坐落于马楚河上的大坝坍塌,大坝建于 1978 年

　　注:据 D. R. Coates,1981。

河道的疏浚:对某一河段进行疏浚,对于整治河段泄洪、航运等是有利的,但却会在其下游河段产生洪峰。

采矿:地表和露天采矿将产生大量的弃土,这些松散物质很容易随地表径流进入河道,它们阻塞河床,并使洪峰加大。

3. 1998 年长江特大洪水

长江流域 1998 年夏季集中降雨,造成全流域大洪水。分析洪水,要涉及雨情,即雨区面积,降水强度;水情,即洪水区,洪水波传播过程;工程情况,即洪水条件下长江工程情势,上游水库拦蓄水量,分洪灌区分洪能力;灾情,即采取什么措施,使经济损失最小。

长江流域的洪水,主要有上游型,中下游型及全流域型三种类型。洪水发生决定于降雨来水的规律、通常 5～6 月份鄱阳湖、洞庭湖进入梅雨季节,雨区在中下游。至 7～8 月雨区向上游移动,到四川,川江水量猛增。至 9 月中上游的雨区又从北向南推,依次嘉陵江、岷江至汉江上游出现大水。长江流域因季风气候雨区的错开,而使洪水分段发生。上游型洪水,主要是宜昌以上,金沙江、川江区域,面积约 $1 \times 10^6 \ km^2$,占全流域的 55%,上游来水量占 40%,历史上上游型最大洪水是 1871 年,宜昌的洪峰流量达 $1.1 \times 10^5 \ m^3/s$。目前三峡工程的设计洪水,即按 1871 年洪水设计。1891 年嘉陵江发生大水、沱江大水,四川境内 191 个县受淹,宜昌的洪峰流量达 $7 \times 10^4 \ m^3/s$。中游洪水,主要指宜昌至鄱阳湖出口的湖口段,它汇集汉江、湘江、赣江及中游众多湖泊河流的水量,其来水量占 50%,1935 年汉江大水,死亡 14 万人,汉口被淹,上游无洪水。最近几年洞庭湖水系的洪水,1994、1995、1996 年连续三年洪水,损失 200～600 亿元,均为典型的中游型洪水。全流域型洪水,主要是雨区未能错开,发生遭遇,如 1931 年全流域大水,1954 年长江特大洪水,长江全线城市被围,情况十分紧急。当时荆江分洪工程已建成,发挥了巨大作用,但仍死亡 3 万多人,京广铁路中断 100 多天。

1998 年长江洪水的特点,可概括为:中流量,高水位、大灾情。长江中下游在 6、7、8 三个月总雨量超过 2 000 mm,(南京多年平均仅为 1 000 mm/a),江西景德镇最大日雨量为 271 mm,湘西龙山最大月降雨量达 339 mm,暴雨强度大,持续时间长,使长江发生洪水。但洪水流量没有超过 1954 年。而水位均高于历史水位,灾情十分严重。(表 6-2)。1998 年长江流域雨区 6～8 月主要集中在中下游地区、鄱阳湖洞庭湖出现洪水过程,8 月以后雨区西移到上游四川盆地及三峡、形成上游洪水,因此,1998 年长江洪水总体上讲未出现最恶劣的情势,即雨区洪水并未发生从中下游到上游再到中下游这样在流域内来回摆动的局面。以 1998 年宜昌站共 6 次洪峰,最大洪峰流量 63 600 m^3/s,而公元 1153 年以来,宜昌流量大于 $8 \times 10^5 \ m^3/s$ 的有 8 次,最大为 $1.1 \times 10^5 \ m^3/s$。近 100 年来实测洪峰流量超过 $6 \times 10^4 \ m^3/s$ 的有 25 次。因此,1998 年长江洪水与历史上相比,属中等水平。但中下游沿岸持续高水位,普遍超过警戒水位,超过或接近历史最高水位,造成长江中下游严重的洪水灾害。

表 6 - 2 1998 年长江洪水水情

地 点	1998 年最大		历史最大		超警界天数	超历史最大天数
	流量/$m^3 \cdot s^{-1}$	水位/m	流量/$m^3 \cdot s^{-1}$	水位/m		
重庆(寸滩)	58 000	138.21	85 700(1981 - 07 - 16)	191.14(1981 - 07 - 16)	14	0
宜昌	63 600	54.49	71 100(1896 - 09 - 06)	55.92(1896 - 09 - 06)	42	0
沙市	53 700	45.22		44.67(1954 - 08 - 07)	54	12
城陵矶	36 800	35.94	57 900(1931 - 07 - 30)	35.31(1996 - 07 - 22)	66	29
汉口		29.43	76 100(1954 - 08 - 14)	29.73(1954 - 08 - 18)	65	38
湖口(鄱阳湖)		22.58	28 800(1955 - 06 - 23)	21.80(1995 - 07 - 09)	69	29
大通		18.50	92 600(1954 - 08 - 01)	16.64(1954 - 08 - 01)	67	
南京		10.14		10.22(1954 - 08 - 17)	68	

注:摘自水利部水利信息中心,1998 年 8 月 31 日。

造成 1998 年洪水灾害的原因:暴雨强度大,持续时间长,洪峰量级大,洪峰与洪峰之间的间隔时间短,后一个洪峰在前一洪峰未退去,叠加其上。这些是自然的天气情势构成的。另一重要原因是洪水的调蓄能力日渐减弱,河道行洪能力日益变差。湖泊淤积,缩小蓄水面积,分洪区开发,转为农田城镇,分洪工程失效,河滩江心洲开发,河道过水断面减小,沿江码头工程过多,严重阻水影响行洪。这使得洪水加剧,洪灾严重。

湖泊淤积,蓄水面积缩小是造成洪水灾害的主要原因。19 世纪中叶至今百余年间,是洞庭湖的变化剧烈的时期。1860 年和 1870 年长江洪水,导致藕池和松滋先后溃口,从此洞庭湖"承纳四水,吞吐长江",成为蓄纳荆江水沙的主要场所。洞庭湖年泥沙入湖总量约 1.3×10^8 m^3,湖盆内年泥沙淤积量近 1×10^8 m^3,其中来自荆江的占 80% 以上。随着入湖泥沙不断淤积,洲杂迅速扩展升高,高洲相继被围成垸,新洲又接踵出现,周而复始,湖盆以惊人的速度急剧萎缩。

湖泊面积急剧减少:1524—1860 年,湖面积为 6 270 km^2,1949 年减至 4 350 km^2,现不足 2 600 km^2。湖盆底部淤积升高,湖容急剧缩小,1949 年湖容为 2.93×10^{10} m^3,1988 年减至 1.65×10^{10} m^3,现估计不足 1.50×10^{10} m^3。

围湖造地加剧水位上升,形成恶劣的湖垸形势。围垦使湖泊永久失去了蓄纳水沙的容积,终止其自然演化过程,而未围垦部分其自然演化仍在继续,并在泥沙淤积量较稳定的条件下,造成湖盆加速抬高,迫使湖区洪水位强烈上升,洪水影响范围扩大,湖垸关系恶化。湖泊水位与 1949 年相比:洞庭湖和湘江、资水尾闾抬升 1.0~1.4 m,南洞庭湖和沅水尾闾抬升 1.8~2.2 m,西洞庭湖的水系抬升 2.7~3.67 m。堤高水涨,虽然经过了 40 余年的水利建设,堤防保证率仍然不高。湖区堤防,50 年代初期以 1949 年洪水位不漫溢为标准(超洪高 0.5 m),1954 年以后修改为 1954 年洪水位加六级风浪不溃垸为标准(超洪高 1~1.5 m)。然而,由于水位抬升,目前,1954 年的洪水位在西湖区仅相当于 2~3 年一遇,南湖区 7~9 年一遇,东湖区十几年一遇,特别是西湖区再按 1954 年水位设防,已无任何现实意义。可见,40 余年的堤防建设增加的抗洪能力被水位抬升所抵消。现湖区堤垸地面高程普遍低于外湖、外河洪水位 5～8 m，个别甚至超过 10 m，生产生活完全靠标准不高的堤防保护，形成恶劣的湖垸形势。

洞庭湖区围垸面积已达 1×10^4 km²，大大超过湖泊盛期的面积。这也是堤高水涨，水涨堤再增高这一恶性循环的结果。目前，湖区堤防长达 3 437 km，其中面临大湖需防风浪的约 500 km。随着时间推移，湖盆淤高萎缩、水位抬升将愈来愈快。因此，严重的洪水威胁将导致沉重的修堤和防汛负担。

防御 1954 年水平的洪水是长江流域的防洪标准。预计，若 1954 年洪水再现，荆江南北共需分蓄 3.2×10^{10} m³ 的超额洪水。而另一方面，1954 年以来江湖发生了巨大变化，实际分洪量已达 5.29×10^{10} m³，超过预计 2.09×10^{10} m³，接近三峡水库的防洪库容。这意味着 1954 年洪水再现，在目前的江湖格局下，其超额洪水量相当于新增两个洞庭湖，再外加一个三峡水库防洪库容。可见，三峡工程建成后，虽然具有巨大的防洪效益，可部分缓解中游地区的洪水压力，但三峡工程仍将难以根治中游地区洪水威胁。

建国初期建设的荆江分洪工程，1954 年长江大水时，发挥了巨大功能，荆江分洪区共分洪 1.023×10^{11} m³，而 40 年来分洪区内农田城镇的发展，分洪能力大幅度降低，1998 年长江洪水，荆江分洪区仅分洪 1×10^{10} m³，仅为原设计标准的 10％。

同样，鄱阳湖的围湖造地也严重影响洪水调蓄。鄱阳湖是我国面积最大的淡水湖泊，流域面积达 1.62×10^5 km²，多年平均入湖径流量 1.46×10^{11} m³，大于淮河、黄河、海河三河流径流量的总和，上游来水经湖盆调蓄后，由北部的湖口泄入长江，当水位 21.69 m 时，水域面积 2 933 km²，最大水深 29.19 m，平均水深 5.1 m，蓄水量 1.5×10^{10} m³。该湖具有巨大的调蓄功能。同时，鄱阳湖有湖滩地 2 787 km²，是良好的土地资源。但滩地开发要协调与水利之间的关系研究，鄱阳湖的围垦对长江洪涝灾害有重大影响。

围垦的历史过程及经济效益，鄱阳湖的垦殖始于宋代，盛于明、清，至 1949 年，环湖共建有圩子 363 座，总面积 1 580 km²，农田 1 053 km²，圩堤总长度计 1 391.1 km。但是，堤防低矮单薄，堤高仅 2～3 m，圩子规模也较小，最小只有 1.33×10^4 m²，堤线长而零乱，抗洪能力低下。在 1931 年特大洪水时，湖区堤防几乎全部溃决。

自 1949 年以来，鄱阳湖区共围垦湖泊总面积 1 466.9 km²，兴建千亩以上的大小圩子 251 座。因围垦而损失的湖容达 8×10^9 m³ 以上，相当于目前湖容的 53％。

农业是圩区的主导产业，据调查，鄱阳湖圩区的垦殖系数一般在 0.4～0.6 左右，但经济效益不高。正常年份一年三熟制农田的直接经济效益为 1.18 元/m²。一年一熟制或两熟制的经济收益，一般在 0.75～0.90 元/m² 上下。圩内水面占圩区的比例较高，有的甚至超过圩内的耕地面积。圩内养殖事业不发达，基本上处于粗放粗养状态，例如康山圩内已进行放养的水面 86.7 km²，单产仅 225 kg/hm²，而圩内水面已失去了调蓄洪水的能力。

鄱阳湖围垦对洪水的影响，围垦直接减少了它的调蓄库容，使洪水水位明显抬升。

以都昌水文站为代表，19 m 鄱阳警戒水位，自 20 世纪 50 年代以来，水位超过 19 m 的频率从 50 年代的 35％，逐步增加到 90 年代的 49％，超过警戒水位 1 m，2 m 的频率从 50 年代的 10％和 1.5％到 90 年代提高到 24％和 6.5％。同时，由于排洪不畅，洪水位持续的时间延长 20 天左右。

据 1988—1997 年的观测资料，每年的最高水位都在 19 m 以上，年最高水位超过 20 m

的情况,在 1992—1996 年的 5 年内就有 4 年。年最高水位超过 21 m 的情况,从 1948—1997 年的 50 年内共出现了 4 次,其中有 2 次出现在 90 年代(1995、1996 年),1954 年出现过 1 次,另一次出现在 1983 年。

概括鄱阳湖流域近 50 年来的降水资料和各典型年入湖洪水特征的比较分析表明,鄱阳湖流域近 50 年来的汛期降水量无增多趋势,说明鄱阳湖洪水位升高并非流域内降水增多,亦不是五河(赣江、抚河、信江、鄱江、修水)汛期来水量增加所致,而是与鄱阳湖因围垦而造成湖泊面缩小、容积减少、调蓄滞洪能力降低直接有关。

由于湖泊萎缩,蓄水容积锐减,迫使相同水情下的洪水位普遍升高,导致原有堤垸防洪标准失效,防洪能力下降,洪水威胁加剧,防洪战线延长,影响范围扩大。例如洞庭湖区大堤现状与 1949 年相比,一般加高了 2.5~3.5 m,津市澧县地区加高 4.0 m 以上,但洪水位一般也抬升了 1.5~2.5 m,津澧地区抬升愈 3.0 m。堤高水涨,虽然经过了 40 余年的水利建设,堤防保证率仍然较低。再加上经济发展与城镇建设,洪灾的直接经济损失日趋严重。1996 年 8 月的洞庭湖洪水,就造成溃垸 145 个,洪灾面积约 1.36×10^5 hm²,涝灾面积超过 1.73×10^5 hm²,102.1 万人因受灾而被迫转移到堤防上,直接经济损失超 500 亿元。

洪水威胁中游最甚,湖泊围垦影响最大,湖泊的萎缩及衰亡,使流域水量平衡破坏,产生大量超额洪水。历史上,大水年份长江中游的超额洪水有云梦泽调蓄,云梦泽演变为江汉平原后,靠洞庭湖和调蓄洪水的洪湖等通江水道尽堵后,仅剩洞庭湖单独调节中游长江洪水。然而,洞庭湖在历经明清时期面积有 6 000 km² 的盛期,有"八百里洞庭"的美誉之后,正经历着古云梦泽的过程。泥沙淤塞和大规模垦殖,现面积不足 2 600 km²,枯水期仅剩狭窄水道,湖形支离破碎,沦为"洪水一片、枯水一线"的景象,已不可能担负起古云梦泽调蓄长江中游洪水的作用。并且,洞庭湖目前因泥沙淤积,正以每年平均减少近 1×10^8 m³ 容积的速度快速萎缩,即每年将增近 1×10^8 m³ 的超额洪水,由长江来承担。

1949 年以来长江中下游地区有 1/3 以上的湖泊面积被围垦,围垦总面积达 13 000 km² 以上,这一数字约相当于鄱阳湖、洞庭湖、太湖、洪泽湖和巢湖五大淡水湖总面积的 1.3 倍。因围垦而消亡的湖泊达 1 000 余个。

围垦使湖泊蓄水容积减少达 5×10^8 m³ 以上,这一数字约相当于淮河年径流量的 1.1 倍,五大淡水湖蓄水总量的 1.3 倍,三峡水库设计调蓄库容的 5.8 倍(运行前期)。湖泊面积和容积的减少,直接导致江河来洪无地可蓄。

1998 年长江洪水是严重的,两个多月的洪水,造成经济损失 2 000 多亿元,死亡 2 000 余人。长江沿岸经济发达,其工农业总量约占全国 40%,但洪水灾害日趋严重。据记载,历史上长江流域大小水灾平均每 10 年一次,1921—1949 年约 6 年一次,五六十年代约 5 年一次,最近几乎连年发生。针对长江洪水的特征及原因,其治理的对策主要是,植树造林保持水土,修建中小型水库拦蓄水土。中下游改善湖沼低地分洪调蓄功能,沿河道两岸清障,合理规划整治岸线,减少阻碍行洪的沿岸工程,控制江心滩洲的围垦,逐步将一些滩洲的围垦改为蓄洪垦殖,以利洪水运行。

4. 美国密西西比河的洪水

密西西比河流域面积约为 3.2×10^6 km²,约占美国本土(48 州)面积的 40%,年径流量 600 km³,居世界第 5 位。历史上亦多洪水灾害,1717 年开始修堤筑坝,以便控制洪水,200 多年来耗费巨资不断地与洪水斗争。1927 年密西西比河洪水淹没 50 000 km² 土地,死亡 183 人,沿岸冲毁堤坝 225 处,经济损失为当时的 5 亿美元。40 年代沿密苏里河修建 5 座防洪坝,对减轻洪水威胁起了重要作用。但这 5 个水库仍不足以解决密西西比河的洪水问题。1973 年 3～4 月份密西西比河流域连续大雨,伊利诺伊州、依阿华州、密苏里州及威斯康星州都超过百年一遇的洪水径流量,一些区域连续 97 天在洪水警戒水位之上,将近 5×10⁴ km² 土地被淹,5 万人被撤离,直接经济损失 4 亿美元。最近一次是 1993 年密西西比河的大洪水。4～8 月份,北美大陆受西北部干冷气团与东南来的暖湿气团拉锯式的控制,锋面来回摆动,形成大面积持续的雨区,密西西比河流域 60% 面积上,干流及主要支流水位均超过洪水位。例如密西西比河上游圣保罗城,7 月 26 日洪峰水位 5.85 m,超过正常洪水位 1.89 m,中游克林顿城 7 月 15 日洪峰高程 7.01 m,而正常洪水位为 4.88 m,下游圣路易斯 8 月 1 日洪峰水位 15.12 m,正常洪水位是 9.14 m。密苏里河的堪萨斯城 7 月 27 日洪峰水位 14.91 m,而正常洪水位仅 9.75 m,密苏里河汇入密西西比河的河口附近圣查尔斯城,8 月 2 日洪峰水位 12.19 m,而正常洪水位 7.62 m。尽管对密西西比河流域已有巨大投资,建有多种防止水灾的大型水利工程,但 1993 年这次百年一遇的特大洪水,仍蒙受巨大损失,联邦政府公布的水灾区域占流域的 40%(图 6 - 4)。死亡 50 人,损失超过 100 亿美元。美国内河航运效益很好,有 15% 的货运通过密西西比河,靠河流驳船运输,驳船队是由 60 m 长的驳船,十几船连在一起,由拖轮牵引航行,1998 年大洪水使圣路易斯以上河段全部关闭,河运物资转由高速公路运输粮食、化肥、煤炭等大宗货物,经济上损失很大,洪水也冲毁铁路、桥梁,使火车运行混乱,影响了整个社会经济活动。

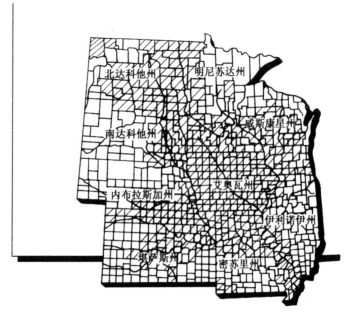

图 6 - 4　美国密西西比河 1993 年大洪水灾区图示

斜线部分为水灾区

五、防洪战略与对策

1. 适当提高江河的防洪标准

防洪标准的确定,一般依据被保护对象遭受洪水时产生的经济损失,和社会影响进行分析确定。通常是以防洪工程造价和管理运行费,同多年平均减免的洪灾损失相比较进行经济核算的。这种方法分析的结果往往是,防御常遇洪水(10~20 年一遇)的效益最高。对于防御特大洪水的必要性则难以反映,例如,这种方法难以体现洪水对国家核心地区社会安定,和基础经济区对国家经济全局的影响,重要城市和交通枢纽破坏的后果,河流决口改道对生态环境的破坏等。因此,防洪标准的确定对中小河流来说,可以考虑按经济效益计算结果来选择。而对大江大河,尤其是它们的关键河段,则必须从社会发展的角度做全面论证。

目前发达国家的防洪标准较高。以日本为例,一级河流的重要河段达到 100~200 年一遇的标准。美国在密西西比河采用 150~500 年一遇的标准,其他河流对保护城市和重要经济区的堤防采用 100 年一遇的标准,保护农田的采用 50 年一遇的标准。经过 40 年的努力,我国对主要江河还只能控制 10~20 年一遇的常发性洪水,一般中小河流的防洪标准更低。随着经济的发展和人口的增长,对防洪的要求将不断提高。而由于泥沙淤积等自然因素的积累以及人类活动的影响,江河、湖泊以及水库的行洪蓄洪能力将逐步降低,加上工程建设和管理维护工作落后于实际需要,如无相应的措施,洪水威胁将更加严重。

提高防洪标准的措施有修建高坝水库,加高堤防、整治河道、开辟蓄洪区和分洪道等等。

(1) 水库工程。为了防御洪水的侵袭,应在河流上设立一些以防洪为重要目的关键性水利枢纽工程。防洪大坝及其水库对径流的调节和洪水的削峰有显著的作用,同时还具有发电、灌溉、养殖、娱乐等效益。到 2017 年为止,我国共修建了 98 000 多座水库,总库容量达 9.0×10^{11} m^3,大江大河的防洪能力大幅度提高,洪水对平原地区的威胁大大减轻。

但是大型水利工程的建设也有其不利的一面。首先是投资大,建设周期长;其次大坝的建设还会对自然环境产生一系列的不利影响,例如淹没大片土地、改变河流的状态、破坏野生动物的生活习性和场所、诱发地震等等。例如位于西辽河支流老哈河上的红山水库,库容达 256×10^9 m^3,它保护着其下游包括沈阳在内的 11 座城市,0.4 km^2 耕地和 5 条铁路的安全。1960 年建成后,在 1962 年的特大洪水中发挥了重要的拦洪作用。但在此后的 30 年中,由于来水不大,河水全部被拦蓄,只是每年春季放水,供下游农田灌溉,其余时间老哈河成为干涸河床,地下水位下降,使河流沿岸林草退化,流沙肆虐,沙化面积日益扩大。而且水库的利用方式常发生矛盾,例如水库放空对防洪最为有效,而水库蓄满则对发电有利。另外,水库泥沙的淤积不仅降低水库防洪的有效性,而且使洪水的威胁增大。因此,修筑水库不仅工程前要做好规划、设计、研究,水库建成后的科学管理亦十分重要。

(2) 堤防工程。顺着河岸,在易泛滥河床的两侧修建堤防工程,把水流限制在河道中流动,对抵御洪水,减轻洪涝灾害具有重要的作用。高筑河堤是一种历史悠久和常见的防洪措施。早在东汉时期黄河大堤就全线建成,成为世界上最早的具有统一标准的堤防系统。近 50 年来,我国共修建和加固了 3.0×10^5 km 5 级及以上的堤防系统。

但是堤防工程的建设绝非一劳永逸。由于河道泥沙的淤积,要维持一定的防洪标准,堤防必须不断加高。抬高堤防不仅占用大量土地,建设及维护管理耗资巨大,而且由于堤防的抬高,洪水的致灾能量聚集更多,一旦决堤将产生更大危害。目前,普遍存在着防洪工程老化,防洪能力下降的问题。例如,长江中下游的主要堤防只能防御 10～20 年一遇洪水。黄河下游的堤防大约能抵御 60 年一遇的洪水。淮河的防洪标准为 40 年一遇。因此,如何根据社会发展水平、流域降水特征、洪水及其成灾过程,因地制宜的合理的防洪标准,是重要的研究课题。

(3) 蓄洪分洪工程。设立蓄滞洪区和分洪道是防御特大洪水的必要措施。蓄滞洪区使用频率的确定,和堤防及水库的防洪能力有关,也和蓄滞洪区本身的开发方式有关。努力提高堤防水库的防洪能力,减少蓄滞洪区的运用次数,自然会减少分洪损失。但蓄滞洪区长期不运用,要使其维持低标准开发方式来闲置待用,在土地资源匮乏的当前是难以实现的。例如武汉附近的杜家台、武湖等 6 个滞洪区中,除杜家台滞洪区在 30 多年的时间里,先后使用 9 次,保持了较好的滞蓄洪水的运用条件外,其他 5 个均已被围垦,其中有居民 140 多万人,使分滞洪运作难以进行。如果在一定条件下,堤防的标准不定得过高,分滞洪区得以较常运用,并根据较常运用的条件制定的农业生产结构和发展规划。也就是说,以不过高的防洪能力节约下来的资金,补贴抑制分洪区高标准开发的经济损失,就整体而言,或许是一种有利和实际可行的选择。

(4) 河道整治。河道整治包括河道的裁弯取直和疏浚,以扩大河道断面;抛石护岸、铺底、清除河中座石堆积和草木植被;改善河道的堤防和丁坝的位置等等,其目的都是为了增大河床的过洪断面和河道的汇洪能力,降低洪水水位,减少泥沙淤积。但是河道的整治往往会增加其下游河段发生洪水的可能性。

2. 重视非工程防洪措施

有关防洪工程建设和洪水灾害的统计数字表明,在社会经济不断发展,人口日益增加的形势下,单纯依靠修建防洪工程来提高防洪标准已经十分困难,并且代价昂贵。从经济合理和社会发展角度出发,在修建防洪工程尽可能防止洪水泛滥的前提下,着重发展非工程性防洪减灾措施,以减轻洪水泛滥的灾害损失,是防洪减灾的发展方向。

非工程防洪措施的概念在 20 世纪 50 年代提出,并逐步得到重视和发展。1958 年美国开始接受这一概念。1966 年以前,美国的防洪政策主要是通过修建控制性水利工程,以防止洪水泛滥。但是,由于洪水泛滥区土地不断开发,经济迅速增长,聚居人口增多,因而,虽然防洪能力不断提高,防洪投资年年增加,而洪水的灾害损失却有增无减。从 1966

年开始,美国的防洪政策调整为工程措施和非工程措施相结合。此后,许多洪水灾害严重的国家也陆续采用。

非工程防洪措施主要包括:对洪水泛滥区和引蓄洪区的经济发展目标进行规划调整,加强其中的土地利用规划与管理;提高洪水预报水平,强化洪水监测技术手段;建立洪水险情预警与灾情对策信息系统,为洪水预报、洪水演进、蓄洪效益评估、防洪工程效益评估、分洪出洪口门位置选择、洪灾损失估算、灾民撤退路径和救灾物资合理分配路径、土地利用规划、水情分析等提供依据;提高全民防洪意识,强化救灾职能,成立权威性的洪灾综合防治机构,制订出现超标准洪水时的紧急措施方案,完善居民避难系统及相关的法律条令,建立由政府主持的洪灾救济保险和防洪基金制度等等。

我国在 80 年代中期开始提出工程措施与非工程措施相结合的防洪方针,取得了一定的成效。但非工程防洪措施的研究与实施尚处于初始阶段,其重要性尚未获得普遍的重视。因为非工程防洪措施涉及地区大、部门多、利害关系复杂,它是一种有着复杂关系的社会组织行为,因此需要加强各地区,各部门的统一规划和协调。

3. 加强城市防洪工作

随着社会的发展,城市数量和规模越来越大,城市中积聚的人口和财富也越来越多。在我国的大中城市中,人口总数占全国总人口的 10%,固定资产占全国的 70% 以上,工业总产值及上缴利税占 80% 以上,科技力量占 90% 以上。城市的发展往往离不开河流与湖泊,在我国现有的 450 多座大中城市中,300 多座都有防洪任务。其中与大江大河有密切关系的重要城市有 25 座。在这 300 多座城市中,80% 的防洪标准低于 50 年一遇,65% 的防洪标准低于 20 年一遇。因此,城市防洪安全是至关重要的。

城市洪水灾害不断加剧的主要原因是,人们对泛滥平原的开发利用程度不断提高。针对城市洪水特殊的汇流规律(水量大、汇流时间短、洪峰高等),仅仅采用工程防洪措施既非力所能及,也不经济合理。1977 年日本提出了城市防洪"综合治水对策"的概念(表 6 - 3)。其指导思想是城市防洪不应仅依靠局部河段的工程措施,必须放眼全流域,采取广泛的综合对策。首先,要采取措施,使流域内的降水不至于一举汇入河道,而尽可能地在流域内贮留起来,或使之渗入地下。如修建调节水池,利用学校的运动场、住宅区楼间空地、地下停车场、公园等作为临时雨水贮留设施,使用透水性铺路材料和雨水渗井,在下水道系统中设置管内贮留设施和迂回管线,使河流排水时保持时间差。日本东京都的神田川从 1970 年以来,由于采取了地下分水渠、多用途滞洪区、调节池等多种措施,特别是采用地下分水渠取代以往扩展河道的方法,使近年来的洪水泛滥有所减轻。在大阪和名古屋市也都分别建有地下调节池,其贮水量分别为 1.4×10^5 m^3 和 1×10^5 m^3。东京正在研究修建几个这样的地下洪水调节池,并将它们连接起来形成地下河流,直接排入东京湾。通过采用综合治水对策,使一度看来似乎陷入绝境的城市水灾对策取得了进展。这些经验与措施是很值得研究推广的。

表 6 - 3　城市防洪综合对策

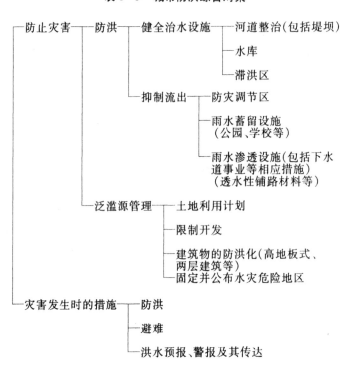

参考文献

1. 林承坤.泥沙与河流地貌学.南京:南京大学出版社,1992

2. 钱宁等.河床演变学.北京:科学出版社,1987

3. 石厚安雄等.现代城市与自然灾害.北京:海洋出版社,1988

4. 胡明思等.中国历史大洪水.北京:中国书店,1988

5. 中国灾害防御协会,国家地震局灾害防御司.中国减灾重大问题研究.北京:地震出版社,1992

6. 虞孝感等.鄱阳湖围垦对洪水影响及对策.中国科学报,1998 - 09 - 16

7. 虞孝感等.洞庭湖重负难当根治出路在长江.中国科学报,1998 - 09 - 30

8. 韩其为.长江今年洪水位超历史最高值原因分析.科技日报,1998 - 09 - 05

9. Alan Mairson. The great flood of 93. Journal of National Gecgraphic,1994,185(1):42 - 81

10. Montgomery C W. Environmental geology. Wm. C. Brown Publishess,1992

11. Keller E A. Environmental geology. Charlos, Merrill Publishing Company,1985

12. Coates D R. Environmental geology. John Wiley & Sons. Inc,1981

第7章

海岸环境

一、海岸带与海岸海洋

1. 海岸

海岸(coast)是指海陆交界相互作用、变化活跃的地带。海陆相互作用与变化活跃决定了它的特性,它是个"两栖地带",包括沿岸陆地及水下岸坡,构成一个整体,比较确切地可称海岸带(coastal zone)。现代海岸带的上界是指波浪的作用上限,在陡峻的岩石海岸是指海蚀崖的顶部,在平缓的沙质海岸是海滩的顶部。由于风浪、风暴潮越流作用,故将海滩、海岸沙丘及其后侧的潟湖低凹地全列入现代海岸范围(图 7-1)。

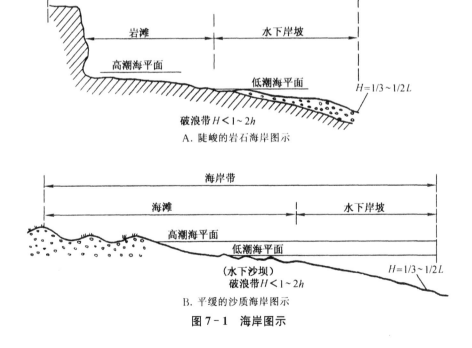

A. 陡峻的岩石海岸图示

B. 平缓的沙质海岸图示

图 7-1 海岸图示

海岸的下界是指波浪开始扰动海底泥沙之处,这个界限随波浪作用的强度而变动,一般来说,是在水深相当于当地平均波浪长度 1/2 或 1/3 处($H=1/2$—$1/3L$)。例如,波长为 40 m,则海岸下界在 20 m 处。所以海岸包括:①沿岸陆地——海蚀崖、海岸沙丘、潟湖洼地、港湾等;②潮间带——岩滩(abrasion platform)、海滩(beach)、潮滩(tidal flat);③水下岸坡(submarine coastal slope)。

海岸这三部分是一个整体,它们相互之间有着成因上的联系,其发展变化是相互影响、相互制约的,因此,要了解海岸的形成、演变,必须对海岸带水上及水下部分进行系统和整体作用的研究。

科学的现代海岸定义如上,但是,海岸带还有古海岸遗迹,范围变化较大。例如,在渤海止锚湾,在胶、辽两半岛,在黄海连云港地区,在南海广东、海南沿岸均发现在高出现代海面 10 m、20 m、40 m,甚至 120 m 处有古海岸遗迹。大陆架浅海尚保存着沉溺的古海岸线。行政管理的海岸可能以市、县的界线为界限,各国划法不一。我国在 1980—1985 年进行全国海岸带资源调查时,用的范围是陆地为沿岸 10 km,向海达到水深 20 m 处。向陆部分适当展宽,向海则包括了大部分水下岸坡。

2. 海岸海洋

海岸海洋(coastalo cean)是一个新概念。从 1982 年"联合国海洋法公约"制定以来,沿海国家皆重视海洋领土。海洋科学研究从深海大洋转向海岸带,但海岸带范围却扩展了,是从海陆过渡这一概念出发,范围包括沉溺的古海岸带,将陆地向海延伸部分完全包括在内(图 7 - 2)。

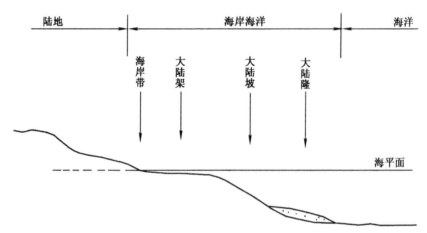

图 7 - 2 海岸带、大陆架、大陆坡大陆隆

海岸带.沿岸陆地、海滨、水下岸坡,海岸线指低潮岸线;
大陆架(Continental shelf).陆地向海自然延伸部分,坡度平缓,至其前缘坡折为止;
大陆坡(Continental slope).大陆架坡折下向海倾斜的坡,坡度介于 3°～6°,至大洋底;
大陆隆(Contmental rise).大陆坡坡麓之堆积楔,是从陆地搬运来的物质所堆积成的。

海岸海洋这一新定义与我国通常用的"海岸与近海"相当,反映出人们注意的焦点转至人类活动频繁、对生存环境持续发展至关重要的关键地区。海洋是生命的摇篮、风雨的源泉,与人类生存密切相关:海洋吸收太阳投射到地球的 4/5 的太阳能并释放热能;海洋植物通过太阳能产生氧 360 t/a;大气中 70% 的氧来源于海洋;大量 CO_2 储存于海洋;每年海洋蒸发出 $4.4×10^9$ km³ 的淡水;海洋、大气中的水分 10～15 a 完成更新。故认识与研究海洋至关重要。"海岸海洋"概念之兴起,也标志着海岸科学进入一新阶段。

海岸海洋面积相当于地球表面陆地面积的 18%,占全部海洋面积的 8%,为整个海洋水体的 0.5%;但拥有全球初级生产量的 1/4 左右,提供 90% 的世界捕鱼量;全世界人口约 60% 聚居于海岸带,人口超过 160 万的大城市中,2/3 位于海岸带;海岸海洋约占全球生产力值的 14%,占有全球反硝化作用的 50%,占全球有机质残体的 80%,沉积物矿体的 9%,全球硫酸盐沉积的 50%,以及全球河流悬移质、相关元素与污染物的 75%～90%。这些数字表明了海岸海洋与人类生存的密切关系。

3. 海洋法涉及的海域定义

联合国海洋法公约于 1994 年 11 月 16 日正式生效。我国于 1996 年 5 月 15 日第八届全国人民代表大会第 19 次全体会议批准实施。联合国海洋法公约的宗旨:在妥为顾及所有国家主权的情况下,为海洋建立一种法律秩序,以便利国家交通和促进海洋的和平用途,海洋资源的公平而有效的利用,海洋生物资源的养护以及研究保护海洋环境。主要内容包括:领海和毗连区、大陆架、专属经济区、公海、国际海底、海洋环境保护、海洋科学研究、海洋技术的发展和转让、争论的解决等各项法律制度。其中规定:

沿海国有权划定 12 n mile 领海、24 n mile 毗连区和 200 n mile 专属经济区。

确定大陆架是沿海陆地领土自然延伸的原则。

规定沿海国专属经济区和大陆架内的自然资源拥有主权权利,并对防止污染和科研活动等享有管辖权。

国际海底及其资源是人类共同继承的财产原则。

公约有关海域的定义:

(1) 领海基线。我国采用若干相邻海基线点(半岛、岛屿、沙洲外侧低潮线)直线基线法确定,正常基线是沿海岸官方承认的大比例尺海图所标明的低潮线。在海岸线曲折的地方,或者紧接海岸有一系列岛屿,基线的划定可采用连接各适当点的直接基线法。将在低潮高地上筑有永久高于海平面的灯塔或类似设施,或以这种高地作为划定基线的起讫点已获得国际一般承认者外,直接基线的划定不应以低潮高地为起讫点。

(2) 内水。大陆岸线以外,领海基线以内水域。为领土部分,拥有完全排他的主权。(图 7-3)。

(3) 领海(又名领水)。邻接陆地领土及其内水的一带海域,宽度从领海基线向外 12 n mile。领海是国家领土向外的延续,属于国家领土的一部分,国家对领海内的一切人和物享有专属管辖权,主权及于领海海床、底土及上空。

(4) 毗连区(又名连接区、特别区)。领海基线外邻接领海的一带海域。宽度从领海基线向外 24 n mile。该区是保护沿海国权益的重要海域之一,在该区域内,沿海国为了保护渔业、管理海关和财政税收、查禁走私、保障国民健康、管理移民,以及为了安全需要制定相应的法律和规章制度,行使某种特定管辖权。

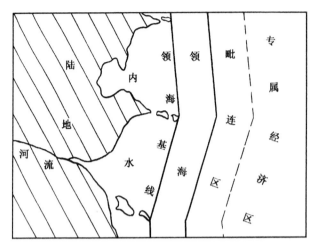

图 7-3　领海基线、领海、毗连区示意图

（5）专属经济区。从领海基线向外 200 n mile 的海域。该区在地理位置或法律性质上介于领海与公海之间。沿海国家享有对上覆水域和海床及其底土自然资源（生物的和非生物的）以勘探和开发、养护和管理自然资源为目的的主权权利，以及对于人工岛屿、设施和结构的建造和使用，海洋科学研究、海洋环境保护的管辖权。其他国家不论是沿海国或内陆国，在专属经济区享有航行、飞越、铺设海底电缆和管道等自由。但应当顾及沿海国家的权利和义务，并应遵守沿海国按照海洋法公约的规定和其他国际法则所制定的与本部分不相抵触的法律和规章。

（6）大陆架。是沿海国陆地领土的自然延伸，沿海国对大陆架自然资源拥有主权权利。在海洋法公约中，大陆架定义是："沿海国的大陆架包括其领海以外依其陆地领土的全部自然延伸，扩展到大陆边外缘的海底区域的海床和底土，如果从测算领海宽度的基线起到大陆边的外缘的距离不到 200 n mile，则扩展到 200 n mile 的距离"。如果大陆架的外缘超过 200 n mile，《联合国海洋法公约》规定了一些特殊的划分标准，以确定大陆架的外部界限。

沿海国对大陆架有勘探和开发其自然资源的主权权利。如果沿海国不勘探大陆架的自然资源，任何人未经沿海国的明示同意，均不得从事这种活动。《联合国海洋法公约》所指的自然资源包括"海床和底土的矿物和其他非生物资源，以及属于定居种的生物，即在可捕捞阶段在海床上或海床下不能移动或其躯体须与海床或底土保持接触才能移动的生物。"另外，沿海国也有"授权和管理为一切目的在大陆架上进行钻探的专属权利"。

海洋法公约也规定了，沿海国对大陆架行使主权，不得影响大陆架上覆水域和水域上空航行和飞越的自由，亦不得阻碍其他国家铺设海底电缆和管道，但其他国家在大陆架上铺设这种管道，其路线划定须经沿海国的同意。

按照联合国海洋法公约的规定，内水和领海为沿海国具有主权，如同陆地领土一样，而毗连区、专属经济区及大陆架，则是主权权利和管辖权利，这 5 个区域可以称为沿海国家的"海洋国土"。

（7）群岛海域。海峡无害通过。

（8）公海。其资源是全人类共同继承的财产，以及国际海底向国际共同管理的方向发展。

海洋法的贯彻引起了重大的变化，形成海洋权益的分配。大陆架与 200 n mile 以内逐步国土化，原属于公海的 $1.3×10^8$ km^2 的近海将划归沿海国管辖，其范围相当广阔，因全球陆地面积为 $1.49×10^8$ km^2。因此沿海国兴起划分海上疆界活动——全球约 370 多处国家间海洋划界，并制定相应的国内法律政策。海洋国土新概念兴起，群岛海域形成小岛大海洋，如南太平洋岛国；波利尼西亚，陆地面积 3 265 km^2，而海洋面积达 $5.03×10^7$ km^2；斐济的陆地面积为 18 272 km^2 而海洋面积达 $1.29×10^7$ km^2。

我国领海基线采用若干相邻领海基点之间的直线连接构成。大陆岸线外有 49 个领海基点，西沙群岛 29 个基线点。我国 $1.8×10^4$ km 大陆线，6 500 个岛屿，$1.4×10^4$ km 岛屿岸线。$3.8×10^5$ km^2 领海海域。约 $3×10^6$ km^2 管辖海域，约相当于 30 个江苏省的陆地面积。

所以，海岸海洋兴起的核心原因是海洋权益，与人类社会经济、政治有着密切关系，涉及一系列政治、法律与科学问题。

二、海岸动力作用

1. 波浪

波浪　是塑造海岸的主要动力。当两种密度不同的流体相接触时，其中之一相对于另一种流体发生运动，则在分界处会形成波浪。空气是一种具压缩性的流体，而自由水面则是水和空气的分界面。当空气在海上运动时，由于摩擦力的作用，引起海面的波动，即为风浪。风浪的能量主要来源于风的传递。

风连续吹拂海面，使海面起伏出现微波，而后扩大发展为风波。风波是风直接作用下形成的波浪，其波形起伏差别大，波峰尖陡，波谷广平，波列不规则，在一系列大波表面常有次一级的微波。当风停止，微波迅速消失，波浪所获得的能量并不立即消失，海水由于惯性继续波动，波能逐渐衰减，风浪转化为余波，亦称涌浪。涌浪的波峰浑圆，起伏差别小，波列平行传播比较规则，涌浪可沿海面传播几千千米，从外海传向海岸的波浪，主要是涌浪。

波浪在成长和传播过程中，波浪力的大小主要取决于风速、风时（风作用的时间）及风区长度。因为风力愈大，风区愈长，风时愈久，海水质点从而获得的能量也愈多，波浪的尺寸也愈大。如南纬 40 度附近海域陆地少，洋面宽，风区大，该海域可形成波长 400 m，波高 13 m，周期 17～18 s，波速达 22 m/s 的巨浪。如风速、风区和风时三个因素中，任何一个受到限制，那么另二个因素尽管很强大，仍不能产生很大的风浪。如我国的黄渤海区，冬季盛行西北风，风力强，风时久，但它是陆风，吹程小，因此西北风无大浪。夏季来自太平洋的季风,吹程大,风时久,稍有大风即可形成大浪。

海深及海底地形是影响波浪形态的重要因素,大海中波浪向海岸传播由于水深变浅,水深小于波浪向下作用的深度,受海底的摩擦,波浪特性发生变化,深水区的波浪,演变为浅水区波浪。

大海的波浪进入浅水区,海底摩擦阻滞妨碍了波浪水质点的圆形轨迹运动,使波浪运动从水面向海深处传播的规律发生了变化,自水面向海底,不仅运动轨迹的直径减小,而且圆形轨迹也变得越来越扁平,成为椭圆形,海底摩擦使垂直轴上半段缩小得更快。因而,在一定深度处水质点运动的轨迹实际上成为上半部突起、下半部扁平的面包形。到了水底轨迹的扁平度达到极限,椭圆的垂直轴等于零,水质点在水底作平行水底地面的直线形振荡运动(图7-4,图7-5)。

图7-4 深水区波浪水分子做圆周运动波浪运动的方向

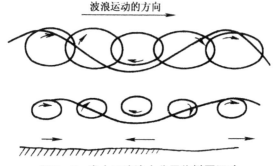

图7-5 浅水区波浪水分子作椭圆运动

圆形轨迹的不对称也表现在波浪的剖面形态,波浪外形变得不对称,即波浪前坡变陡,后坡变缓,波陡变大波峰变短,波谷拉长。这些变化引起沿海底水分子运动速度与时间的不对称,即在一个波浪周期中,水质点向岸运动(相当于波峰通过)时,速度较快,所需的时间也较短,而水质点向海返回(相当于波谷通过)时,速度较慢,所需时间亦较长。这种水质点向岸与向海运动在速度与时间上呈现不对称现象,愈靠近岸边表现得愈强烈。

深水区波浪进入浅水区,受海底摩擦而变形,除了周期保持不变化,其他波浪要素均发生改变。波长和波速,深水区波浪传播速度决定于波长,而浅水区与波长无关,决定于水深(受海底摩擦程度)。波高,波浪进入浅水区,波高随水深减小而增高。波能,当波长减小,波高增加时,波能将保持不变,深水区,波能沿波峰线均匀分布,浅水区,因波浪折射,波能集中波峰线的某一段而冲刷海岸,而另外一段波能消散,使海岸发生堆积作用。

激浪与激浪流　当波浪向更浅海岸传播时,波浪性质继续变化,前坡变陡,后坡变缓,波高波陡加大,波峰变短,波谷拉长,水深愈小,这种变化愈强烈,水质点的轨迹在浅水区海底呈水平的往复运动,波峰时有向岸的加速运动,波谷时有向海的缓慢地流动。在水深更浅时,由于周期不变,波高的增加引起了水质点轨迹的增加,当波峰处的速度增加到超过了正在减小着的波形速度时,波浪就会破碎,水体越过波形时,波浪就倾倒而破碎。波浪破碎时,形成一列列白沫飞溅的水脊,即激浪(surf)。

当波浪完全破碎后,水体已不从属于波浪运动的规律,而是成为一股冲向岸边的水流,称为激浪流(surf current)。激浪流是在重力与惯性作用下形成的,它沿坡向上冲时因摩擦、下渗及搬运泥沙等原因,逐渐降低了流速,而沿坡返回海中,回返的水流亦是开始时快,后来由于继起的波浪的阻碍而减慢。下一个波浪又形成新的激浪流向岸推进。向岸推进的激浪流称进流(swash),向海返回的激浪流称退流(backwash)。

在陡峻的基岩海岸,波浪能量不致消耗在海底摩擦上,它直接在陡岸或直立的峭壁上破碎,发生极强烈的撞击和溅射,称为溅浪(splash)。溅浪有时可飞溅几十米高,并将砾石抬送到岸面上。被抬高的水体再崩坠至海底时,可形成强大的"底波"。波浪的这种破碎,会对海岸及建筑物造成极大的破坏。

在海底坡度极陡,沿岸水深很大的情况下,波浪一般不发生破碎现象,而是形成反射波。波浪由岸壁反射回来,同下一个向岸的波浪相遇,互相干扰,形成驻波(standing wave)。由于驻波的存在,甚至在风浪时,位于陡峻海岸近处的船只,不会被风浪撞挤到岸壁上。

波浪破碎后所形成的激浪与激浪流在海岸演变中具重要作用。激浪有强大的冲击力,用动力计测得激浪的压力有 30 t/m^2,苏格兰 Wick 港激浪掀起了重达 2 600 t 的水泥块。激浪的冲击力,加上挟带沙砾的磨蚀,构成海岸带的侵蚀,而激浪搬运泥沙,分选堆积,形成各种海岸堆积体。

波浪的折射、反射和绕射　前面讨论了垂直于海岸传播的波浪运动,在自然界,开敞海面的波浪多半是与海岸成锐角方向向岸运动的。当波浪接近岸边时,由于深度减小,波浪传播速度与波长也减小。因此,波峰线靠近岸边部分的运动速度,要比离岸远的部分来得缓慢,随着波浪越接近浅水区,波峰线一端运动缓慢,另一端速度较快,使整个波峰线弯曲,波峰线的方向与等深线的方向间的夹角将逐渐减小,到岸边时几乎与海岸平行(图 7-6a)。这就是波浪的折射(wave refraction)。它对海岸地貌的形成作用很大,特别是在曲折的港湾或海岸,岬角部分波能集中,大量能量辐聚在较短的突出海岸段落,使海蚀作用加强,海岸不断后退,而海湾,波能辐散,在湾内形成堆积(图 7-6b)。

波浪反射(wave reflection),是波浪遇到障碍物时的反射,垂直投射的反射组成的驻波,若斜交投射时,则二者组成格状的波纹网,壁立障碍物引起全部反射,反射的程度随障碍物的角度而定,其坡度平缓时,反射很小。

波浪绕射(wave diffraction),是当波浪绕过障碍物末端时引起的现象。波浪遇到障碍物在其背后形成波影区,波浪改变方向,波高减小。在喷射过程中,波能沿波峰从波高大的区域向波高最低的区域传送,该过程类似于光的绕射(图 7-7)。

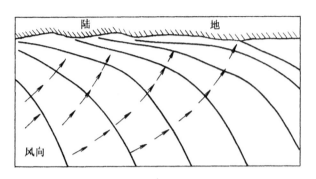

(a) 平直海岸

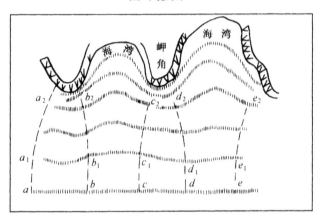

(b) 港湾海岸

图 7-6　波浪的折射

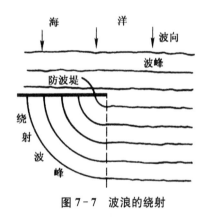

图 7-7　波浪的绕射

波浪流与风暴潮

波浪流：波浪进入浅水区后，还会引起岸边增水。波浪运动中，水质点的运动轨迹并非是封闭的，随着波浪外形的传播，亦有一部分水传到海岸带，使岸边增水，称波浪增水。在向岸风作用下，形成海岸带的风成壅水，强烈的风力作用，可使岸边增水 5 m 以上。波浪破碎后，前进水流向岸移动增高了岸边水位。

岸边增水使岸边水位高于外海水平面，但这抬高的水位是不能持久的，通过海底回流（离岸流）来降低水位，回复水位平衡。回流的方式有：海底回流（back current），岸边壅水使水面抬高后，由于重力作用水流沿水下岸坡返回，取得水面平衡，这种海底回流多产生在岸坡较陡的深水海岸。沿岸流（longshore current）是波浪的锐角与海岸斜交时，水流沿岸流向波浪射线下方水位较低处，以取得水面平衡。裂流（rip current）是当波浪垂直向岸时，壅水现象可形成聚积的水体，形成裂流横穿激浪带流向海中，裂流是从激浪带向海流动的强而狭窄的回流，是靠近岸流系统维持的（图 7-8）。

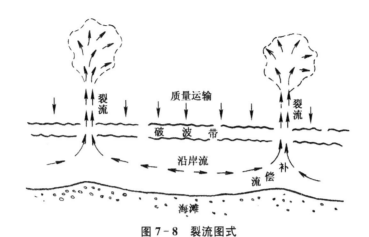

图 7-8 裂流图式

风暴潮(storm surge):是在异常天气条件下,短期风暴内产生的长波,形成特别高的水位。通常用实测潮位与推算潮位代数差来计算。因为增水的周期同潮汐周期相似,因而增水与潮汐相同的速度、方向传播,在中国沿海引起风暴潮的主要是台风。在冬半年中国北方由气旋、冷锋而形成风暴潮。在美国东海岸是飓风。世界上最大的风暴潮记录是:1969 年,美国的卡米尔飓风,增水(海面增高)7.5 m。1970 年 11 月孟加拉湾风暴潮增水 6.0 m,1980 年 7 月 22 日我国雷州半岛 8007 号台风登陆,徐闻县南渡站增水 5.94 m。气旋、冷锋造成的温带风暴潮,最大增水是 1969 年 4 月 23 日江淮气旋,使莱州湾增水 3.55 m。风暴潮是塑造海岸的强大动力,引起海岸地形的变化,也是海岸地区最严重的海洋灾害。

2. 潮汐与潮流

潮汐(tide)是在太阳与月球共同引力作用下,地球水体发生的一种周期性运动。我国古代把发生在早晨的高潮叫"潮",把发生在晚上的高潮叫"汐"。高潮与低潮的海面高度差称为潮差。

地球绕地轴自转及地月系其公共质心运动。地球表面水质点受两种力作用。引力包括月球对水质点引力和地心对水质点引力;离心力包括地球、地月公共质心的离心力和地球自转所产生的离心力。地心质点引力与地球自转离心力对地表水质点,其大小和作用方向是恒定不变的,都可包括在重力概念内。

引潮力是由月球对水质点的引力和地球绕地月公共质点运动,所产生的离心力组成。阴历的初一、十五(新月、满月)为大潮(高潮高,低潮低),初八、二十三(上弦月、下弦月时)为小潮,实际上大小潮均有所滞后。

潮汐的形状是简谐波,潮波随月球在地面推进,同时高潮的潮顶称潮峰,低潮的底部叫潮谷。在同时地面潮水峰谷的角距是 90%,高潮与低潮的时间隔是 6 h 20 min,潮汐的涨落平均是以一个太阴日(lunar day)(24 h 50 min)为一个周期。根据在一个周期内海平面涨落的方式,将潮汐分为三个类型:

在 24 h 50 min 有两次高潮两次低潮,每次涨落时间相等,为 6 h 13 min 者为半日潮;

在一个潮周期内,海平面只有一次涨潮与一次落潮的,称为全日潮;

混合潮,介于两者之间的为不规则半日潮或不规则全日潮。

潮汐现象既受天体引潮力决定,又受海底地形、海岸轮廓的制约。当潮汐由大洋或宽阔的海洋进入突然收缩的河口时,潮汐产生一系列变化。

大洋中潮差很小,约有 50 cm,但转入大陆架,特别是传入沿岸港湾时,潮波波高增加,由此而产生的潮流亦强。

根据大潮潮差可以把潮汐分为:

弱潮——潮差小于 2 m　　　　　普遍见于世界大洋的开敞海岸

中潮——潮差 2~4 m　　　　　　普遍见于世界大洋的开敞海岸

强潮——潮差大于 4 m　　　　　主要分布于一些港湾河口区

加拿大芬地湾(Bay of Fundy)是世界上潮差最大的海域。芬地湾湾口宽大,沿程向湾内变窄,顶端有两个小湾,湾口的潮差仅 3 m,愈向湾内潮差愈增大。在圣约翰(Saint John)潮差增至 7.6 m,在 Chignecto Bay 的湾顶为 14.0 m;至 Minas Basin 潮差已达 15.6 m。

潮波上涌到港湾或河口区,潮波可变陡而破碎,从而产生沿河上溯的涌潮(Tidal bore)。在亚马逊河河口涌潮上溯时,像一道 1.61 km、宽 5 m 高的大瀑布,其传播速度为 10 m/s。

我国钱塘江的涌潮是世界著名的。杭州湾呈喇叭形,湾口宽 90 km,向内宽度为 3 km,湾底变浅,外海传入的潮波受海岸轮廓及水下河床地形之影响,潮波能量集中,潮波波峰速度大于波谷速度,前坡陡立,波顶倒卷破碎,涌潮高度达 3 m,澉浦站实测潮差达 8.93 m。这一记录一直是中国最大的潮差。但是,在南黄海江苏岸外的黄沙洋潮流通道,曾测得潮差为 9.28 m(1981 年,黄沙洋浮筒处)。涨潮时,在黄沙洋水道顶端亦可见到涌潮现象,这是外海潮波进入潮流通道受地形缩窄影响,潮差急增的结果。

潮汐的活动使海面发生周期性的活动,一方面展宽了海水与波浪活动的范围,改变了激浪活动带,减小了波浪直接的作用效应,由于潮水的淹没与退干,使潮间带具有特殊而复杂的动力条件;另一方面,海面产生水平方向的整体移动,形成潮流,它是海岸带的重要动力因素。

海岸带、河口或港湾内潮流是往复流,涨潮流方向与落潮流相反。往复流在改变方向时,流速为零是为憩流或平流。平流后速度增加,达到最大值后,又逐渐减小。

河口中的潮流,由于河水的下行作用,所以下行潮流水量大于逆河而上的潮流量。表层和底层流向不完全一致。表层水下行时,底层水仍在上溯,并且在盐水影响范围内,由于盐水楔(salt water wedge)顶托,淡水可以向上游推进到距海岸很远处,这种淡水潮称为动力潮(dynamic tides)。

在外海,由于科氏力的影响,潮流一般作回转式,潮流的方向与流速时时在转变。在北半球,方向的改变呈顺时针方向,在南半球是逆时针方向。在半日潮区,潮流在 12 h 完成一回转;在全日潮区,则是 24 h 50 min 完成一次。因此,12 或 24 h 左右,海水的净运送量为零,表层和深层流流向和流速是一致的,但在水深 20 m 以浅,受海底摩擦而有影响。

潮流对海岸地貌作用很大,侵蚀冲刷岸滩形成潮流通道、潮水沟,或堆积形成潮滩、潮流脊,其对海岸工程亦有重大影响。

3. 海岸带的沉积物

海岸的海滩部分及水下岸坡常常堆积着松散沉积物,它们处在波浪、水流等动力作用范围内,这些沉积物对海岸的形成演变有很重要的作用。

海岸带沉积物的来源有下列几种:

(1) 河流供应的沉积物。世界河流向大洋提供总量约 1.2×10^{10} t 沉积物。中国河流向海输沙量为每年 2.2×10^9 t,主要堆积在沿岸带及水深不超过 50 m 的浅水区。海岸地貌的演变常与沿岸河流供沙有关。例如,密西西比河现代三角洲本来是一直加积的,陆地面积不断增加,但自 20 世纪来,三角洲陆地面积持续缩小。近 70 年来陆地有加速缩小的趋势,1913—1946 年每年平均消失 17.4 km^2。1980 年消失 102.4 km^2。其原因,除了全球性海面上升及该区沉积物压缩地面沉降造成一些影响之外,密西西比河现代三角洲侵蚀作用的主要原因是,入海河流泥沙量的减少。密西西比河中、上游筑坝,下游分流工程,河口修筑导堤,均使入海泥沙减少。自 30 年代以来已在干流建坝 26 个,主要支流密苏里河建坝 57 个,另一主要支流俄亥俄河建水库 100 个,加以水土保持工作的改进,使下游泥沙量大为减少。1953—1970 年年平均输沙量为 3.97×10^8 t,1970—1978 年减少为 2.17×10^8 t,而水库拦截的正是建造三角洲的粗颗粒物质,所以据估计,建造三角洲的物质已减少 50%~60%。密西西比河下游从干流分流入 atchafalya 河的流量,自 1963 年以来,人为限定为 25%,则使密西西比河下游的输沙量又减少 25%,现在由密西西比河干流入海的年输沙量仅为 1.6×10^8 t。河口口门为了航运修筑了 4.27 km 的东导堤与 5.18 km 的西导堤。导堤使入海泥沙被迫泄入深水区,而不致被波浪、海流再搬运到海岸带,提供造陆。而过去密西西比河三角洲造陆的泥沙有 20% 来自海域(河流入海泥沙返回海岸)。所以,由于筑堤、分流、筑导堤减少了河流入海泥沙,使密西西比河三角洲从一个泥沙丰富的加积型三角洲变为泥沙缺乏的侵蚀后退的三角洲。河流入海泥沙量控制了该区海岸的演化。

河流泥沙控制海岸的进退在我国是较普遍的,最显著的是黄河泥沙的影响。黄河于 1128—1855 年在江苏入海,黄河泥沙使江苏岸线迅速向海淤长,废黄河口向海伸展了 90 km,陆地面积扩大 15 700 km^2,约占江苏现有面积的 1/6。1855 年黄河入海口北归,由渤海入海后,江苏海岸失去巨量泥沙供给,废黄河三角洲海岸侵蚀后退。1898 年的海岸线在现在岸线以外 11 km,即 1899 年至 1980 年这段时间平均每年后退 134 m。1949 年海岸线在岸外 4 km,即 1949—1980 年这段时间后退速率为每年 129 m。灌河口外的开山岛,1855 年时与大陆相连,今在海中距岸 7.5 km。解放初期的燕尾港旧镇现今已在距海岸 1 500 m 远的海中。近 50 年来海岸平均每年后退 20~30 m,目前仍在侵蚀过程中。这样,自 1855 年以来,废黄河三角洲被冲蚀土地 1 400 km^2,目前自然状态下冲蚀速度为每年 2.2 km^2。

河流入海泥沙不仅对河口三角洲海岸,而且对海岸带和大陆架的地貌与沉积产生深刻影响。根据对鸭绿江、滦河、黄河、长江和珠江这五条主要河流入海泥沙运移分布的状况,可以看出,河流入海泥沙的分布、运移与河口区波浪潮流状况有关,按其组合关系可分为:①波浪作用为主,如滦河,入海泥沙在波浪作用下横向运动,主要堆积在河口附近,成平行于海岸的岸外沙坝,岸外沉积物亦呈平行岸线的带状分布。②潮流型。鸭绿江口是强潮区,潮差大(平均潮差 4.8 m,最大 6.92 m),入海泥沙按潮流方向,形成大面积的潮流海底沙脊。黄河口是弱潮区,入海物质为细物质,随潮流沿岸运移,构成沿着海岸呈舌状分布。③河流型。长江和珠江口,入海泥沙主要按入海冲淡水运移的方向分布,在河口形成浅滩,或按冲淡水与沿岸流合力的方向扩散。

　　河流入海泥沙大部分堆积在河口附近,形成水下三角洲,而一部分沿岸运动。泥沙沿岸搬运距离最大的是黄河,自河口向渤海湾顶,长达 150 km。河流泥沙向外海扩散最远的是长江,为 50 km。珠江泥沙扩散到水深 20~30 m,距河口 30~40 km,该水深向外即为未被现代河流沉积物所覆盖的大陆架残留沉积区。所以入海泥沙在大陆架的分布,要比冲淡水活动范围小一些。

　　总之,河流供应的泥沙是海岸沉积物的主要来源。在海岸研究中,要重视河流水量与泥沙对海岸的影响。

　　(2) 波浪对海岸及水下岸坡的侵蚀物。据统计,全球有 5 000 km 的侵蚀岸,其平均侵蚀速率每年 5 cm,其总量约占世界河流向大洋供应量的 0.04%,或略少于目前海滩物质的 5%。海蚀物质的供应量与岩性密切相关,坚硬岩层的海蚀段落,尽管波浪作用强烈,但自海平面达到目前的位置以来,岸线基本没变化。中等强度岩层的海岸,海蚀物质对海岸有一定的影响。如海南岛西海岸,通过 ^{14}C 法测定,自 8 500~3 200BP.期间,海岸侵蚀后退 65 m,侵蚀速率为每年 1.2 cm,目前在 3 500 m 长的岸段每年可提供泥沙 2 400 m³。未胶结的沙砾质海岸,侵蚀量则要大得多,如海南岛西岸湛江组沙砾层,据定位观测,海蚀岸每年后退 0.3~0.5 m,在 2.5 km 长的海蚀岸段,每年产生的泥沙量为 4.9×10⁴ m³。淤泥质海岸的侵蚀速率就更大,江苏废黄河口自 1855 年黄河北归入渤海后,废黄河三角洲 150 km 岸线遭受到强烈侵蚀,近 50 年来平均侵蚀速率为每年 20~30 m,目前,侵蚀岸段产生的泥沙量为每年 1.26×10⁷ m³。

　　(3) 海底的来沙。目前为海水淹没的古海岸带的松散物质,在潮流及风暴浪的作用下向岸搬运,成为海岸沉积物的重要来源之一。我国北部湾沿岸,一些岸段海岸沙质堆积量大,而沿岸并无泥沙来源,通过海底测验取样,证实沉积物来自北部湾海底,是被淹没的湛江组沙砾层受冲刷向岸搬运的结果。在北美加利福尼亚海岸,大量的海滩沙是从水深 18 m 以内的海底冲刷向岸供应的。通常在岸线平直、岸外无遮掩,受长涌浪的作用,岸外比较宽的范围内的泥沙,可向岸搬运。因长波能够在较大的深度使泥沙运动,而短波影响泥沙扰动的深度较小。在南黄海江苏岸外有一片南北长 200 km、东西宽度 90 km 的巨大海底沙脊群,其中有些已出露水面为沙洲。波浪(特别是风暴浪)及潮流对水底沙脊的冲刷侵蚀,将泥沙向岸搬运,使靠陆地一侧的沙脊增大,沙脊群所掩护的潮间浅滩迅速淤高增宽。据 1980—1984 年实测,从沙脊区海底侵蚀向岸供应的沉积物量为每年 1~2×10⁸ m³,使潮间带浅滩每年淤高 5~10 cm,增宽 28~56 m。这是海岸带由海底供应沉积物的典型实例之一。

　　(4) 其他来源。包括风、生物、火山等。风吹入海岸带的物质。在干旱区、沙漠外围,风力可将粉尘吹入海中。现有估算,风的作用将陆上物质吹扬带到海洋,进入海岸带、大陆架及大洋中的风成物质有 1.6×10^9 t。在里海海底沉积物中,70% 来自风力带入。

生物堆积物,海洋生物的残体,如珊瑚等造礁生物残骸,软体动物的贝壳,钙质和硅质藻类等。在珊瑚礁海岸,碎屑物主要为生物成因的。如海南岛南部可构成绵延十几千米的珊瑚沙滩,几百米宽,厚度超过 5 m 的珊瑚平台。海南岛西部有宽 2 km 的珊瑚礁坪,及岸外珊瑚岛。淤泥质海岸带的软体动物贝壳,可构成海岸主要的沙粒来源,组成绵延几十千米的海岸贝壳堤。胶州湾口的水下浅滩(湔礁),由 7 m 厚的粗沙层组成,沙层中贝壳物质占 76%。因此,生物沉积物在局部岸段,可成为主要的物质来源。

海岸带的沉积物可以根据其动态特性分为两类:

一类是从悬浮状态中沉淀到海底,或者直接在海底上形成的,它们没有受到任何根本性的移动,大多是静止的,只在受到底流作用时才发生移动,在受到某些外部作用(水底滑坡等)而发生瞬时的块体运动时,才会被扰动破坏。这类沉积物主要分布在浅海的洼地中,在封闭的深而狭的海湾中,或者是出口狭窄的浅海等一些静水环境中,它们的颗粒是细小而均匀的,常沉积成厚度很小的水平层,有的可混入一些较粗的碎屑,如软体动物的贝壳,海水化学过程的产物,浮冰带来的岩块碎屑等。

另一类沉积物分布在海岸带波浪作用的范围,具有易动的特征。它们堆积在海底以后,经受了由波浪或波浪引起的水流作用,发生着无数次运动,只有被厚度很大的新的沉积物掩埋时,才会处于静止状态,这种分布在波浪和水流作用场中不断移动的沉积物,称为"海岸带的泥沙"。这些沉积物在波浪、水流作用下而不断地运动着。组成这些沉积物的颗粒的直径必须不低于某一极限值(约为 0.05 mm),否则它们就容易进入悬浮静止状态,或被波浪带到远离海岸的水下(在以潮流作用为主的淤泥海岸上,细粒物质也被带到潮间浅滩的上部沉积)。因此,冲积物颗粒比较粗大的,可以是沙子、砾,甚至直径数十厘米的漂砾,它们通常以滑动、滚动和跳跃的方式移动。

三、海岸侵蚀作用及其形态

1. 海岸侵蚀作用

波浪不断地拍击冲刷海岸,引起海岸岩石的崩溃破碎,波浪、潮流以及它们挟带的沙砾岩块撞击、冲刷、研磨破坏海岸的作用,即海岸侵蚀作用。海蚀作用有三种:冲蚀作用、磨蚀作用与溶蚀作用。

冲蚀是指水力撞击、冲刷海岸的作用,激浪与浪流以很大的速度奔向岸边,以强大的压力加于岩壁上,并将空气压缩入岩石裂隙内,当回流时,压力又立即解除,如此连续的骤然变化,裂隙即受到压力的效应,这造成岩石以极强的崩解破坏。波浪打击岩壁的压力(P)用下式表示:

$$P = 0.15H + 2.42H/L \, (\text{t}/\text{m}^2)$$

式中：H 为波高；

　　L 为波长。

例如，波长 50 m，波高 6 m，则压力为 4.80（t/m²）。

当波浪在峭壁悬崖岸边发生倒转时，波峰下落的水力是很大的，它直接打击在阻碍物上，同样大小的波浪，当它在瞬时反转时，下落水体的打击力要比压力大数倍，据计算打击力为

$$P = 3H(1 + H/L) \, (\text{t}/\text{m})$$

同样是波长 50 m、波高 6 m 的波浪，其打击力则为 19.1 t/m²。

波长很大而速度很大的波浪所产生的压力，对海岸及建筑物造成严重的破坏。在陡崖海岸曾测得波压力为 60.2 t/m²。而压力大于 29.4 t/m² 的波浪只发生在 1‰秒的时间内。通常在一系列波浪作用下，只有极少数波浪产生破坏性的冲击力。

海岸岩石遭受波浪的压力、打击力而发生崩溃破碎，破碎的岩屑又被沿崖麓流动的片状水流所带走。波浪冲蚀作用在裂隙、节理丰富的岩石或层状石上，其破坏效果显著，而对光滑、坚实的或块状的岩石破坏效果较差。

磨蚀作用是指激浪、水流挟着岩屑、沙砾对海岸的打击、凿蚀与研磨。一个个岩片砾石像利刃一样凿刮着海岸斜坡，砾石随激浪与水流活动可以达到很大高度，打击不同向角落，它所进行的破坏作用比单纯的水力作用剧烈得多，而砾石本身亦在互相撞击摩擦过程中改变了体积与形态。

溶蚀作用，海水对岩石的溶蚀作用比淡水进行得迅速，除碳酸岩石易于溶解外，其他如玄武岩、正长岩及角闪石、黑曜石等岩石矿物，其溶解速度在海水中要比淡水中增加 3~14 倍。海蚀作用形成了海蚀崖（cliff）与岩滩（bench），它们是海岸带基本的海蚀形态。

2. 海蚀崖

在海陆交界的水边线上，激浪挟带着岩屑不断地拍击、研磨着陆地，并将空气压缩入岩石裂隙中，从而产生强大的压力。机械磨蚀与化学溶蚀作用，使沿着水边线的岩层构造软弱处形成龛状凹穴，称为海蚀穴（sea cave）。海蚀穴初具规模后，则促使激浪所启动的沙砾在其内冲刷掏蚀，使其不断地向内凹入，逐渐加大规模，以致使得上部岩石失去支持而崩塌倒落下来，形成海蚀崖。海蚀崖是一种没有植物的破碎坡，坡度一般很陡，介于15°~90°，甚至成倒悬坡，崖面与崖顶地面之间有着明显的坡折，海蚀崖高度变化很大，它随着岸线不断地向陆地后退而加高（图 7-9）。海蚀崖剖面形态、后退速度与所切割的岩性有关。

由松散的黄土、冰川沉积、沙丘、现代冲积层及火山灰等组成的海蚀崖，一般具有很陡的剖面，几近于垂直，因此剖面不稳定，常常发生土滑，滑动下来的物质被海水冲走，故海崖崩退很迅速，每年可达数十厘米至一米。

黏土组成的海蚀崖易发生滑坡，滑坡体堆积在崖麓，保护了海蚀崖基部暂时不被侵蚀，所以黏土质海蚀崖后退比前一类为慢，这类海蚀崖剖面上常切割成劣地状的沟壑。

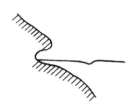

(a) 波浪掏蚀基岩,形成海蚀穴　　(b) 海蚀穴上部悬垂部分　　　(c) 海蚀量不断后退,
　　　　　　　　　　　　　　　　　崩塌下来,形成海蚀崖　　　　　　逐渐加大规模

图 7-9　海蚀崖的形成

当海蚀崖发育在坚硬的块状岩层覆盖在水平薄层岩层上时(例如石灰岩或白垩等盖在黏土层上),块状岩石施加压力于下部的水平层上,当下部黏土层为雨水渗透饱和时,水流向海流动,带动上部岩层形成滑坡。例如,英国的 Dorset 海蚀崖高 170 m,该处地层分上中下三层,上层为白垩,中层为沙,底层是黏土(图 7-10)。地层倾角 3°～5°,倾向海,水易于渗入沙中,而黏土层成为隔水层,水在黏土层上流动引起滑坡。大规模的海崖断层,高 85 m,宽 350 m,沿岸长 1 400 m,每 50 年发生一次滑坡。滑坡连续产生而使海崖成阶梯状,整个海崖可分为三带,其中第三带滑坡体积大,后退速率是每年 0.3～0.7 m,主要是滑坡崩塌使海崖后退。第二带变化最大,受陆地的与海蚀的两种作用,后退速率为每年 1.5～2.6 m,而第一带全受海蚀作用,后退速率为每年 0.5 m。海蚀崖的后退使滑坡体后

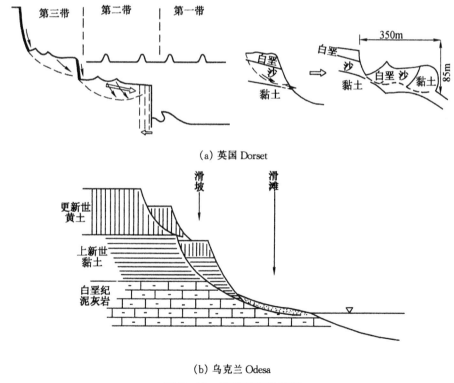

(a) 英国 Dorset

(b) 乌克兰 Odesa

图 7-10　海崖及海岸滑坡

壁亦后退，物质就崩落，造成背后的滑坡运动。所以从第一带影响到第二带以至第三带。若堆积在坡麓的松散物质被冲走，则海蚀崖可再被海蚀。在 Dorset 海蚀崖麓堆积着大量崩落的岩块，有的是 1849 年大塌方的堆积物。

水平岩层，向陆倾斜岩层，或几乎近于垂直的岩层——石灰岩、柱状玄武岩、页岩，皆成垂直的崖坡。由一些结晶岩、变质岩以及很坚硬的砂岩（石英砂岩）所形成的陡岸剖面是凸形的，其上部大部生长植物，而下部相当于坡面高度的 1/3 或 1/4；直接受波浪的作用而成真正的海蚀崖，其余部分完全是陆上作用的陡坡。这种濒临海边的悬崖称为假相海蚀崖，它常出现在一些古陆块区域的海岸。例如，英国 Devon 有高 274 m 的海蚀崖，苏格兰 St. Kilda 有 426 m 高的海蚀崖，爱尔兰的 Mayo 海蚀崖高 668 m。我国山东的芝罘岛海蚀崖高 170 m，江苏连云港东、西连岛海蚀崖高 80 m。其实这些高度数百米的海蚀崖大多是复式的，海崖剖面有复杂的历史。例如爱尔兰 Achill 岛的 Croaghaun 有 660 m 高的石英岩海蚀崖，崖麓有大量岩屑堆积，它以 300 m 为界分上下二部分，上部海蚀崖是受西北向风浪作用形成的，而 300 m 以下的海蚀崖是由现代的西南风浪形成的。上部海蚀崖可能开始于晚第三纪。

由于海风的吹蚀及海蚀，在海蚀崖表面产生次一级的雕刻地形。主要有海蚀穴及崖面的各种浪花风化圆穴等。

含有大量水分与盐分的海风吹刮与腐蚀着海蚀崖崖面，长此下去，在崖面上形成许多孔穴与网络。这种浪花风化的雕刻形态在高而陡的结晶岩崖面上最为发育，因为黑色矿物易于风化蚀落。在南黄海的车牛山岛，海蚀崖高 60 m，崖面上有蜂窝状小圆穴，是浪花风化的雕刻形态。当地 7 级东南风，历时 6 h 后，近岸波高 1.5 m，崖前溅浪高约 8 m，而岛四周新鲜的浪花风化圆穴分布高度达 12 m，这可看作该处现代派浪作用的上限。

笔者曾在南黄海车牛山岛对现代海蚀作用进行过连续几天的观测。该处岩滩宽 20～75 m，其高程略低于平均高潮位，在平均低潮位以下即为一陡坡。高潮位，沿地层中软弱夹层（片岩）发育了海蚀穴。海蚀穴每天受激浪作用 6～8 h，高于或低于此高程，受激浪作用的时间较短，或覆盖有薄层海水，不易发育成海蚀穴。现代海蚀穴的底板是削平岩层构造的平坦的海蚀面，顶部是若干个球面组成的弧形曲面，洞穴中央高度最大，顶及顶面切割在坚硬岩层中。海蚀穴的规模常与软弱夹层的岩性及厚度有关。一般凹穴高 1～2 m，而车牛山岛北部片岩层厚 7 m，海蚀穴高 5 m，纵深 7 m。假使沿高潮位是坚硬岩层，缺乏构造破碎或软弱夹层，就不会产生海蚀穴。在海岸带，海蚀崖可沿岸连续分布，而海蚀穴是零散的。

海蚀穴在波浪作用下，沿构造裂隙或软弱岩层，可发育成隧道式巷道。例如山东石岛，沿着花岗岩节理发育的巷道，长达 20～30 m，高 16 m。山东半岛北部安山岩区域，波浪冲蚀海崖，形成了数十平方米的岩室。

当岩穴及孔道形成后，空气与激浪流紧贴岩壁与洞顶向内冲进，产生极大的破坏力，有的洞顶塌落成"天窗"，称为"海窗"。此后，激浪流在气流推动下，有时会沿海窗向上喷射，逐渐扩大孔洞，遂使海蚀崖崩塌，海岸后退。

在石英岩组成的海蚀崖岸段，岩穴、洞道系统更为发育，这些洞道不仅发育在海面上，同时在水下岩滩也会形成洞道并串通到崖面上，曲折迂回极为复杂，海水在洞道内循环，从崖面上的洞口喷流出来,形成了"海水喷泉"与"瀑布"。这种现象在亚德里亚海的巴尔干半岛西海岸较为广泛,这类洞道系统有些是由于海水溶蚀而成,有些是陆上的喀斯特洞穴下沉被海水淹没的结果。

根据海蚀崖的活动程度,可划分为活海蚀崖与死(衰亡的)海蚀崖两种类型。活海蚀崖经常受到激浪流作用,不断崩塌后退,崖面新鲜无植被,坡折明显。死海蚀崖是遭受不到海水的作用,不再继续活动的海蚀崖,其坡度较缓,与崖顶相交处没有明显的坡折,崖面上生长着植物。坡麓有大量的坡积物。有的海蚀穴被掩埋,在海蚀崖与海面之间已隔有很宽的堆积阶地,甚至大风浪时海水亦达不到崖麓。死海蚀崖标志着以往岸线的位置。

3. 海蚀阶地

在海蚀崖形成的同时,随着波浪冲刷崖基,海蚀崖不断地后退,波浪也不断冲刷、研磨着位于海崖前方由于海蚀崖后退残留下来的基岩面,波浪对于基岩的作用是沿着整个水下岸坡发生的。由于水下岸坡各处的水深不同,波浪作用的强度也不一样,经过相当长时间后,水下岸坡整个基岩面成为具有平缓坡降微微上凸的形状,这样的基岩面称为海蚀阶地或岩滩。海蚀阶地是海蚀作用强度的标志,其宽度有较大的差异。

鲍特(C. F. Bird)根据潮差作用海蚀阶地的分类(图 7-11),在强潮海岸,低潮位处有一陡坎,其高度相当于潮差,而沿高潮位发育了平台。在弱潮海岸,低潮位处有一脊,而沿低潮位发育平台。在中等潮汐海岸,平台发育在高低潮位之间,成为缓缓倾斜的平台。

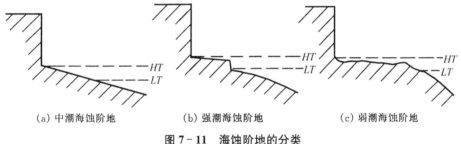

(a) 中潮海蚀阶地　　　　(b) 强潮海蚀阶地　　　　(c) 弱潮海蚀阶地

图 7-11　海蚀阶地的分类

HT 为高潮位;LT 为低潮位

风暴发生时在高潮位集中了最大的能量,使海蚀崖后退,岩滩变宽,海蚀崖的侵蚀后退过程是,岩滩发育与存在的最重要的过程,波浪挟带沙砾对岩滩的磨蚀,岩滩增宽变得平缓,海蚀作用强烈处,海蚀阶地很宽,而海蚀作用微弱处,海蚀阶地就狭窄,或根本不发育。在缺乏海蚀阶地处,即使海岸带有悬崖,也不能认为是海蚀崖,这种悬崖大多是由于陆上作用形成的,即由于风化、剥蚀所产生的,后来因为海浸淹没了陆地才使它濒临于海边,而貌似海蚀崖,此为假海蚀崖。

海蚀阶地的表面不是平坦的,因海蚀作用的久暂、切割的特性以及岩性等原因,使得海蚀阶地表面有次一级的地貌。常见的是岩滩表面崎岖不平,具有很多小陡坎与高约 $20\sim50\ cm$ 的石脊。在岩滩表面还有很多凹坑,它们是由停留在岩滩低处的砾石研磨成的,有的凹坑深达 1 m 或更深。这些凹坑逐渐降低了岩滩的表面。在碳酸盐岩石上,这种作用因海水的溶蚀作用而强烈得多。风化作用和溶蚀作用使两个凹坑之间的石脊变薄,渐而倒塌,促使岩石表面总的高程降低。这些负地形发生在岩石的裂隙带或者在具有岩性差别的地段。例如,坚硬岩层或岩脉受激浪作用形成正地形,而在毗邻围岩地段形成负地形。这些负地形形态是不规则的,由有裂隙的岩石性质而定。由于岩性的不一致,使得最坚硬的部分,在海蚀过程中完全分隔出来,形成突立于岩滩表顶的石柱与孤峰,称为海蚀柱(sea stack)。有时激浪会蚀穿孤峰中部成拱门状,称为海穹(sea arch)。沿海居民常据它们的形态称呼之。例如,青岛的海蚀柱称石老人,芝罘岛的石公公、石婆婆,屺姆岛的将军石,山海关的姜女坟等。这些岩滩表面的残留体大多是由坚硬的岩株、岩脉或喷发岩体所成。

海蚀柱的位置有些是靠近海蚀崖的,有些距离海蚀崖很远(可达 1 km 或更远),它的位置分布表示海岸蚀退的程度,海蚀柱距岸愈远,遭受到波浪冲刷的作用愈加强烈。因而高度与体积皆逐渐变小,或者突然崩塌而最后消失在澎湃的海浪中。

在一些由向海倾斜的层状岩石所组成的,并具有较大坡度的岩滩上,由于波浪的磨蚀作用,岩滩表面会形成鳞片状的海滩花纹。

在含钙质的岩石分布处,海水的溶蚀使岩滩表面产生很多溶蚀浅沟、浅洼地和小岩脊,而进一步形成高约几米的石芽与溶沟的喀斯特海滩。例如,大连的黑石礁海滨。在珊瑚礁海岸带海蚀阶地上会溶蚀成小型的蘑菇石与棚架等微地貌。

当海岸是由一些质地不均一,并具有水平层次的松软岩石层组成时,由于差别的海蚀作用而形成具有数级陡坡的岩滩,波浪进一步冲刷掏蚀小台阶面,形成凹凸不平的蜂窝状滩面。

当海蚀阶地发育到相当规模以后,逐渐趋近于均衡剖面,此时阶地面比较平坦、规则,作用于其上的激浪流由于经历了宽广的滩面后,能量已消耗殆尽,因此其作用已达不到海蚀崖基脚,这时海蚀作用即减缓,后退停止,在崖麓堆积物增多,不被侵蚀带走。

大规模的海蚀地貌多发育在基岩海岸。松散沉积物的海岸不耐侵蚀,各种海蚀形态不能长时期的保存,且松散的海蚀产物堆积在岸边,减缓了海岸坡度而使波浪作用减弱。而基岩海岸坡陡、水深,波浪作用强烈,发育了各种海蚀地貌。海蚀的基岩海岸常成为曲折的港湾岸,岬角处波能辐聚,冲蚀作用强烈,海蚀地貌发育。而在岬角之间的港湾,波能辐散,冲蚀作用弱而有堆积作用。岬角海蚀产物在湾顶堆积成阶地,堆积的发展使海蚀崖退化为死海蚀崖。

研究海蚀崖和海蚀阶地时要注意海蚀岸段的范围,海蚀形态的尺寸与地层、岩性、构造的关系,海蚀作用的特点和强度等。为取得海蚀速度的精确资料,要选择一小段有代表性的海岸,做定期重复测量、试验、记述,用以比较其变化。

四、海岸堆积作用及其形态

1. 海岸带沉积物的横向运动及纵向运动

海岸带水下岸坡上的沉积物(泥沙),主要受波浪与重力两种力的作用,进行不同形式的运动。波浪在浅水区变形,水质点在水层表面作不对称的椭圆形运动,而在水底,却进行着向岸的和向海的往返运动。假使波浪在水底的速度,超过泥沙的启动速度,泥沙也随之产生向岸与向海的往返运动。经历相等的路线,最后仍回到启动时的位置,称振荡运动。如果向岸和向海的距离不等,产生一定的位移,即为泥沙运动。

波浪前进方向与海岸垂直,波浪力和重力同时在一直线上进行,泥沙颗粒产生垂直海岸的位移,称为横向运动。波浪前进方向与海岸斜交,波浪力与岸线斜交,而重力仍垂直海岸,泥沙的向岸运动路线与沿斜坡向海滚落的路线不一致,结果,泥沙不仅发生横向位移,还依波浪和重力的合力方向沿岸移动,即发生纵向运动(图 7-12)。

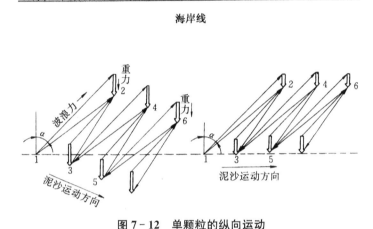

图 7-12　单颗粒的纵向运动

1、2、3、4、5 为泥沙颗粒从 1 运动至 2、3、4、5。

图 7-12 所示,是单颗粒泥沙的纵向运动,实际上在风浪沿岸流作用下,会产生大量泥沙沿岸的运动,它们从海滩至水下岸坡一定水深范围内,在一年中有大致相同的方向和稳定的流量。这种某一岸段长时期内具有稳定流向的泥沙运动现象,称为海岸泥沙流。泥沙流与纵向运动不同,纵向运动通常是短时间的波浪或流的作用影响下形成的,是一种局部的地区性的现象,当影响该地区的风浪等因素改变时,纵向运动的方向、强度随之改变,比如,上午风浪从东向西,泥沙颗粒向西移动,下午风浪从西向东,泥沙颗粒随之向东移动。而泥沙流是一种长时期的水动力过程的平均状态。泥沙流可以在整个海岸带(水下岸坡至海滩)上进行,也可在海岸某个部分进行。砾石泥沙流宽度仅数十米,沙质的可宽达几千米,淤泥质的可达数十千米。泥沙流的长度,沿海岸数千米至数十千米,特殊条件下,亦有更长的。例如渤海湾的粉沙淤泥质泥沙流,从黄河口向北至渤海湾顶的歧口,长度超过 150 km。

2. 海滩,滩脊、滩尖嘴

海滩(beach)是泥沙在激浪带的堆积,是由激浪流作用形成的。其范围从波浪发生破碎开始到海岸陆地。海滩完全分布在激浪作用带,是特别易于活动的堆积物,也是海岸变化最活跃的部分。研究海滩发展规律有很大的科学意义与实践意义。因为,任何一个由海岸过程作用结果而形成海成的陆上堆积地段,在过去某一时期内都是海滩或海滩的一部分。海滩可保护海岸免遭冲刷,还是人们游乐休息的场所,也常常是海滨砂矿的富集地。

海滩形成的动力是激浪流,它由进流与退流所组成。无论进流或退流皆具有共同之点,即从水流开始到水流结束,水流的速度有完全消失的特征。进流沿岸坡上冲时,由于需要克服重力作用与向松散海滩物质中下渗而失去运动速度。而退流作用的减小则与下渗有关。因此,在不同的位置上,进流与退流的流速都是不同的,但任何一点进流速度总是大于退流速度。海滩剖面是处于进流、退流的横向运动影响下的泥沙动力平衡的形态。进流沿坡上冲时,克服重力和水流下渗而使速度逐渐消失,相应地退流流速显著地增大,但退流又由于水量下渗而使流速减小,因而由进流带来的物质不能为退流所带走,海滩剖面上部便形成凸坡。若退流的下渗量较小,并在重力作用下有足够力量搬运物质,则海滩的上部呈凹形。

海滩剖面主要有滩脊的与背叠的两类。前者表现为滩脊。滩脊是激浪流将水下岸坡物质带到海滩上堆积成与岸平行的自然堤。

滩脊的坡度与宽度决定于组成物的性质和粒径:粗沙多形成高、陡、窄的沿岸堤,细物质堤形呈低、缓、宽、平状。在低平海岸(河口、平原等)有宽广的空间,进流得到充分的发育,进流沿剖面上冲,速度在减小,翻越堤顶后,没有退流产生,而形成凸形坡的岸堤。

背叠式海滩是在海滩上部边缘的后方,没有自由空间的情况下形成的。这可出现在海蚀崖坡脚,或先前更大的波浪所形成的完全剖面海滩的斜坡上,进流抵达岸边后,撞击海蚀崖产生退流,若退流力强,剖面呈凹下形态。若退流力弱,剖面为上凹下凸形态。

海滩的坡度通常不是静止的,随着其变量而变化,但一个海滩的粒度及当地的波浪尺度,基本上是有规律的,在一定幅度内变动,因此海滩形态也是稳定的或有规律地变动。

滩脊(beach ridge),是海滩上最基本的地貌形态,是一些与岸线平行的自然垅岗(沿岸堤),是在开阔的海岸岸段,激浪流在高潮水位线的堆积体。

滩脊的形态要素取决于当地波浪的大小,泥沙特性与供应状况以及毗连的地形组合状况。

大的波浪速度快作用强,当其破碎后,强烈的激浪流携带泥沙,沿开阔海滩上冲达到海滩上部,激浪流倾翻卸下泥沙,长期作用结果,在泥沙积聚的地方形成了高起的垅岗。小的波浪,其加积作用微弱,只是对滩脊剖面形态改造修饰。

泥沙粒径影响滩脊的形态,砾石滩脊高度大,宽度小,坡陡。向海坡的坡度在 $5°\sim30°$ 之间,其剖面与水下部分是过渡的。向陆坡则较陡,与地面有一明显的坡折。进流在脊顶完全翻倾后,过脊顶的水流是溅落在岸坡内的坡足,向陆坡多半无水流的滑动改造,堤坡呈现着砾石的自然安定角度。

沙质的滩脊是宽大缓和的,高度较小,起伏不甚明显,向海坡 $2°\sim11°$,也有达 $20°$ 的。向海坡与水下是逐渐过渡的,没有明显的坡折。沙堤的堤顶宽,逐渐与陆地衔接起来,故向陆坡仅 $1°\sim3°$,甚至几乎是水平的。

物质供应对滩脊(沿岩堤)也有影响,泥沙来源多,供应丰富,沿岸堤发育较高,较快,而供应少时,沿岸堤发育缓慢。当泥沙来源中断时,沿岸堤停止发育,甚至转而遭受冲刷破坏。

海岸的暴露程度和周围地形组合,亦对沿岸堤发育有影响,向大海开敞的岸段,经常受长周期涌浪的破坏作用(回流强),海蚀作用强,而不利于沿岸堤发育。在隐蔽的海湾内侧,激浪力弱,亦不利于沿岸堤发育。海岸自由空间窄狭,发育着海蚀崖的岸段,不利于进流的充分活动,亦对沿岸堤的形成不利。只有在比较开敞的,有宽阔的自由空间的岸段,才有利于沿岸堤的形成。

根据沿岸堤的形态与位置可做一些地貌分析(图 7 - 13)。

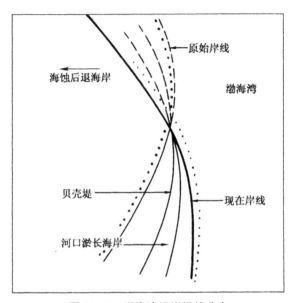

图 7 - 13 渤海湾沿岸堤的分布

(1) 在相同的条件下,短的沿岸堤比长的沿岸堤生长的时间短,在暴露开敞条件相同时,低而狭的沿岸堤比相同数量的高而广的沿岸堤所经历的时间短。

(2) 沿岸堤的分布位置与海岸线方向是一致的,一系列与岸平行的沿岸堤为另一组不同方向的沿岸堤所交切,反映了岸线的变迁状况。根据古老沿岸堤的位置可恢复古海岸线的位置,根据老沿岸堤与新沿岸堤之间的关系,可分析沿岸堤变化的动态。

(3) 数目众多的沿岸堤反映海滩发育经历着很长的历史,但是长期发育的海滩,并不一定具有很多的沿岸堤。在稳定的海岸带,沿岸堤往往是单一的。

进行海岸地貌分析时,必须注意沿岸堤的次生变化,因为老的沿岸堤形成时间久,遭受雨水冲蚀及人为破坏,其高度是可以降低的。也有一些沿岸堤的高度变化是由于物质供应数量改变所致。所以分析时,要全面对比资料,慎重从事。

沿岸堤生成后,由于潮水和小河河口的冲刷,会分隔成一段一段的,在断口处形成潮汐通道,涨落潮流改变沿岸堤的形态,在平面上成为弧形。

滩尖嘴(beach cusps,滩角)形成在海滩的水上部分,由一系列平行的三角形小沙脊与朝向海的小湾组成,沙脊呈舌状或角状向海伸出,由粗粒物质组成,脊间弓形小湾由细粒物质组成,脊的长度为几米至几十米,高度数厘米至一两米。由于沙易于运动,故沙质滩尖嘴较长而规则,其形态与近岸波浪性质有关。滩尖嘴的成因与激浪作用有关,进流沿海滩上冲时,由于底部摩擦、下渗,使速度发生不均匀的降低,水流在海滩上是扩散的,所携带的物质亦随水流速度降低相应地堆积下来,此后,退流沿坡向下逐渐集中了散失的水流沿堆积物两侧流下,最后成为片流返回海中,由此形成小的沙脊与水流扩散时所塑造的小湾形态,下一次水流的作用就更进一步促使这形态的成型。在砾石海滩岸,由于坡陡,激浪作用活跃,故砾石海滩上的滩尖嘴比沙质海滩多。由于激浪的强弱变化,涨落潮水位变化使得激浪带位置发生变化,因此常形成几组高度不同的滩尖嘴,其中位置最高的滩尖嘴是最大的波浪造成的。例如,西非毛里塔尼亚沙质海滩,受西向风浪作用有大型滩尖嘴形成,它们长 20~30 m,高 0.5 m(图 7 - 14)。观测时(1979 年 11 月 9 日),波高 0.6 m,周期 10.6 s,北西西向,破浪带距高潮线 22 m。激浪进流冲刷滩尖嘴的湾顶,退流沿脊顶落下,在脊的顶端形成浑水团,并规则地沿岸线向南移动,约移动 10 m,浑水团消失,说明进流搬运的泥沙主要在脊顶堆积,少部分沿岸向南。滩尖嘴上的岩块(体积 10×10×5 cm),在进流、退流作用下,在海滩斜面上做“之”形沿岸运动,其速度为 35 cm/s。滩尖嘴的小湾顶朝向主浪的方向,而滩尖嘴的尺度反映了动力强度。通常,滩尖嘴发育在轻度海蚀作用的海滩。

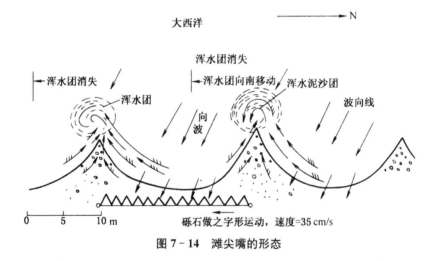

图 7 - 14　滩尖嘴的形态

3. 海岸沙坝(sand barrier, sand bar)

在中沙、细沙组成的水下岸坡的上部地带,水深小于 4 m,坡度 1‰~0.5‰时,常有一列或数列沙质垅岗,即水下沙坝。当波浪进入浅水区,海底摩擦加强,在水深相当于 1~2 个波高的深处,发生部分破碎而形成激浪。然后,激浪又以较小的波浪要素继续前进,又在相当于 1~2 个波高处发生破碎,如此继续以至波浪完全破碎形成激浪流。波浪破碎时,能量消耗而将搬运的泥沙沉积,形成水下堤状堆积体。另外,也可能由于波浪破碎时落下的波峰水体有很大的力量,它能挖掘海底,并随掀起的水体带动大量的泥沙。这些泥沙一部分被激浪流带到岸边,而另一部分堆积在波浪线的后方形成水下沙坝。

在开阔的岸段,水下沙坝的分布方向很不规则,不完全与海岸平行,有的甚至相交在一起,成为链状或分支状。这是因为在开阔的岸段,水文因素复杂,水下沙坝的形成除波浪作用外,还受沿岸水流的影响。例如,有些水下沙坝是两股水流相遇,互相顶托,而能量降低形成了堆积。另外,有些水下沙坝是被裂流或潮流冲开,成一些水沟,进而水流改变了沙坝的方向和形态。在受到保护的浅水海湾中,水下沙坝分布比较规则,它们与岸平行。在海湾中水下沙坝的形成亦表明有纵向泥沙供应。

海岸沙坝是一种巨大的水上堆积地貌,它是沿岸线延伸的堆积岛,或与岸毗连的堆积体,沙坝长度 $10^2 \sim 10^4$ m,宽度 $10 \sim 10^3$ m,主要是宽平海岸带,坡度 $1\% \sim 0.5\%$,由激浪作用形成。

按照 B.曾科维奇的理论,海岸沙坝形成过程有三个阶段(图 7-15):

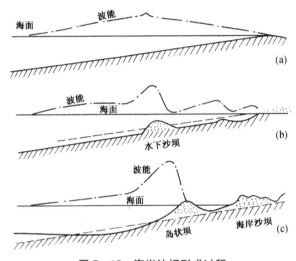

图 7-15　海岸沙坝形成过程

(1) 水下沙坝。海岸沙坝发生的最初阶段,它受波浪在近底层的水流作用,在水下岸坡坡度发生突然转折处(构造断裂或原始的起伏地形,其上有沉积物掩盖或裸露),由于水深很快变小,波浪发生急剧的能量降低,而底层的部分沙粒,从深处移向岸边的过程中,伴随着波浪在坡折前方掘起的物质一起被带到陡坎上部堆积起来。由于波浪作用大小不同,物质堆积在一较宽的地带内,此后堆积不断加高,形成宽大的水下堆积体——水下沙坝,波浪在坝前冲刷,将物质带到坝后沉积,形成坝的两坡不对称,向海坡缓,向陆为陡坡。

(2) 岛状坝。水下沙坝向岸移动并不断加高,逐渐出露海面成为与海岸隔离的长形的堆积岛,称为岛状坝。其边缘有激浪流的作用,如果岛状坝距岸近,则很快会演变为海岸沙坝;如果距岸远,则会长期保持不变。

(3) 海岸沙坝。靠近海岸(或与之相连)的大型堆积体,它的动态过程与相联系的海岸有关。

按照曾科维奇的意见,亦不是所有的海岸沙坝都经历上述三个阶段,他认为,这仅是海岸沙坝发育过程的概括分析。他亦发现,有些沙坝停留在水下阶段,即不再发展了。

海岸沙坝形成后,如果海岸剖面尚未达到均衡,又有泥沙供应,使沙坝前方不断增宽,这时波浪不能将泥沙抛过沙坝,沙坝不发生移动,只是增加宽度。

在达到均衡剖面而缺乏泥沙供应时,波浪自坝前向坝后抛沙子,因而狭窄的沙坝能够向大陆方向移动,沙坝逐渐移到潟湖相沉积之上。同时,在形态上,沙坝的移动表现为有波浪冲刷的槽沟,坝后有堆积锥。

在海平面相对稳定的情况下,沙坝的移动过程可能是不长的,因为波浪经过浅水区的范围增大,消耗波能,而无法翻越沙坝坝脊。同时,由于泥沙堆积在坝前的浅海底,增加了沙坝水下部分的宽度。因而,波浪到达沙坝前已消耗了大量波能,使得沙坝的移动过程逐渐停止。

在海岸下沉时期,水深不断加大,促进了沙坝的移动,而且增强了沙坝的活动强度,在低海岸形成新的沙坝。下沉海岸也可在沙坝后方形成开阔的潟湖,大河三角洲地区常分布着大型沙坝,这是因为下沉环境有利于形成沙坝。

如果潟湖水域不大(几千米宽),底部有粗大的物质(沙、碎),潟湖中的波浪能扰动底部,有风浪时,波浪自湾顶顺着海岸向沙坝方向移动,使泥沙堆积在沙坝边,形成较低狭的小型沙坝。这与另一侧高大的海成沙坝成明显的对照。当泥沙有两个方向来源时,会形成双生沙坝(图 7-16)。

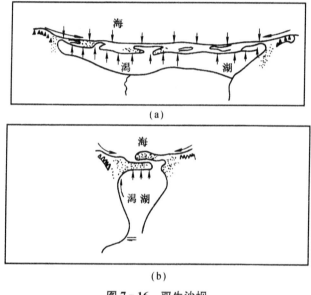

图 7-16 双生沙坝

C. A. M.金根据实验及野外观测,分出破波点沙坝及进流沙坝两类。并认为这是成因不同,不能相互演化的两类沙坝。

破波点沙坝即水下沙坝,是风暴浪的陡波作用形成的。根据水槽试验,在陡波破点外侧沙粒向陆运动,在其内侧向海运动。这样,两侧运动的沙粒在破波点相遇而形成沙坝。这种沙坝的顶不会高出水面,但可达到一个均衡的体积。金氏解释不会高出水面的原因是,当沙坝达到最大高度时,沙坝就使它上面的破碎波浪变形,使沙坝的向陆一侧受到改造,同时原始的破波点内侧的沙粒明显地向陆移动,沙粒越过坝后槽谷向海滩运移。在一次实验中。大约 30 min 沙坝即可达到成熟的阶段。而沙坝外面的水深仍在增加,于是破波点向陆一侧仍在发生沉积,由于沙坝外侧的水深在增加,沙坝向陆移动,这又引起了破波点向陆的移动,而沙坝仍处于水下。

水下沙坝(破浪点沙坝)的位置与高度,取决于波高、波陡、海滩坡度及海平面位置等。

波浪的破碎水深主要与波高有关,大的波高在深水处产生较大的沙坝,沙坝的位置与沙坝的高度(原始剖面上沙坝顶高度)有密切关系。波陡决定是否形成水下沙坝,并影响沙坝槽的深度与沙坝顶高度的比值。波浪越陡,向陆一侧的槽就越深,当水下坡度1:15,波陡 0.026 4,沙坝槽深与坝高的比值为 1.4,波陡 0.013,比值 0.4,波陡 0.22,则比值为 1。

波长,波浪尺度的变化及水下岸坡的坡度,都是通过波陡这一变量影响水下沙坝。坡度决定了形成沙坝处的临界波陡,随着坡度变陡,破波点沙坝的临界坡陡也增加。坡度1:5,波陡大于 0.034,坡度 1:20,波陡只需 0.011 5。波浪尺度的变化,即波高的变化影响沙坝位置的变动。大浪在深水区形成沙坝,如波浪突然减弱,则在大浪沙坝的向海一侧,小浪的破波点处,形成第二列水下沙坝。小浪不能引起大沙坝向海的移动,而沙坝的顶在未破碎的波浪作用下,坝顶的物质缓缓向陆移动。若再有大浪作用,小沙坝可被冲刷消失,物质被冲刷后叠加到大沙坝上。若波浪尺度是缓慢地变化,则将引起沙坝朝波高变化方向作整体的移动。由于波浪是深水区破碎,所以波高的增高使沙坝向海移动,而波高的降低使沙坝向陆移动。

水位的变化,其影响和波浪尺度变化相似,它影响破碎点位置的变化。若海平面位置不停地变化,水下沙坝就得不到充分发育。对低水位形成的水下沙坝来说,当水位快速升高,沙坝不受扰动,其变化与波高降低相似。若水位缓慢升高,沙坝就随破波点向浅水区移动。若沙坝发育成熟后水位降低,沙坝受破坏,早先的破波带已成为激浪的进流、退流作用带,这时水下沙坝全被破坏。据实验研究,破波点沙坝不能保存在低潮位以上。

进流沙坝,即海岸沙坝,按 C. A. M.金的理论,它是在缓坡的进流、退流作用下形成的。缓波使破波点内外两侧的泥沙均向陆运动,在海滩上堆积成与海岸相接的进流沙坝,它高出水面一直到进流作用的上限。

影响进流沙坝的因素有波陡、波高、坡度、水位变化等。波陡是形成进流沙坝的基本因素,必须低于临界波陡才形成进流沙坝。波陡也影响堆积量,随着波陡减小,原始剖面上的坝顶高度与深水波波高之比增大,故缓波较陡波更易于堆积。波高决定了进流作用的上限,也即决定了沙坝的高度。实验中得出在波高 1:10,对任何一波陡值,波高与进流沙坝顶的高度呈准线性相关,共同增加。大浪使进流上升到很大高度,而建造了高大的沙坝。

进流沙坝只形成在原始坡度平缓处,不论波高波陡的数值,平缓坡度处的进流沙坝要比坡度较陡处的更高大。进流沙坝可在岸外较远处形成,沙坝向陆一侧发育了宽阔的潟湖。平缓坡度处发育的沙坝规模大。潟湖的位置也低。

水位变化的影响,在水槽试验中,首先把水位降低,使波浪破碎进而形成进流沙坝。然后停止产生波浪,将水位升高 13 cm,在新的水位条件下,以波高相当于水深的波浪,作用 40 min,在滩顶形成沙坝。在这段时间内,原先形成的沙坝处于深水中,其顶上覆盖8 cm 的水层,并未被波浪破坏。然后将水位缓慢降低 6 cm,使其居于上述两个水位之间,形成第三个沙坝。在水位下降过程中,最上面的沙坝也未遭水位降低的破坏。但是,这时的水位仅高于最初形成的沙坝顶 2 m,所以最低沙坝受影响,被拉长,并向前推进,其高度和本体均未受影响。实验表明,沙坝可以同水位相平或高出水位,也可以低于水位而存在。在低于水位时,由于沙坝受到各种不同过程的影响,形状很可能被改变。

实验表明,在波浪槽中,两种特性不同的波浪可以形成两种不同类型的沙坝。破波点沙坝不会高出水面,而进流沙坝则高出波浪作用上限的静水位。一种类型的沙坝不会发育成另一种沙坝。这两种沙坝不是一个过程中的两个阶段,而是两种不同形成过程的地貌。

海滩及水下岸坡的剖面随着波浪及潮汐特性而发生变化。最显著的波浪特性是波陡,在陡波作用下,形成风暴剖面,陡波使泥沙从波浪破碎点两侧向破碎点集中,形成水下沙坝,这是风暴剖面的主要特征。而平缓的波浪使不同水深的泥沙均向岸运动,在进流作用带堆积成海岸沙坝(进流沙坝)。

随着海岸动力的季节性变化,海滩及水下岸坡剖面也发生周期性变化。

齐格勒(J. M. Zeigler)对美国波士顿 Cape Cod 的海滩做了为期 5 年的观察。他用标志桩对海滩剖面逐日观测,发现前滨变化最大。在水平范围内 15.2～45.8 m 处,其垂直变化为 2.44～3.05 m。在两次潮周期之间的变化一般不超过 7.5 cm。但也曾记录到 10 天内变化量为 2.44 m 的。在开阔海滩,中潮位及低潮位变化最大。这些较长期的观察可为海滩剖面变化提供一个数量上的概念。

谢帕德(F. P. Shepard)在美国加利福尼亚 Scripps 海洋所附近海滩观察,季节性变化明显。该处春秋两季的剖面(图 7-17)上部堆积,而较深处发生侵蚀,即海滩的堆积物来自水下岸坡的侵蚀,以横向运动带到岸上。而冬季相反,海滩受侵蚀而水下岸坡发生堆积。原因是冬季风暴浪形成水下沙坝的风暴浪剖面。而夏季平缓的波浪侵蚀水下岸坡,在进流区堆积,形成海岸沙坝的夏季剖面。

作者在西非毛里塔尼亚沙质海滩观测,该处海滩受大西洋的长涌浪作用,季节变化明显。根据 1976—1979 年的海滩测量(图 7-18),冬季西风大浪,海滩前滨部分受强烈冲刷,水下发生堆积,如 1979 年 2 月 10 日长周期涌浪,最大波高 4.9 m,周期 18.7 s,风力仅 5 级,风向北北东,强浪使高潮岸线后退 20 m,冲刷发生在 3～-3 m 之间,而堆积作用发生在水下沙坝的外侧 -1～8 m,堆积体厚 1.5～2 m,形成典型的冬季风暴剖面。而在 4～10 月小尺度的波浪作用下,重新改造海滩剖面,水下沙坝外侧冲刷,进流作用为主,前滨堆积,海滩增宽而水下斜坡较平缓,构成"夏季剖面"。夏季风浪影响剖面变化的下界为 -6.5 m。这种海滩的季节变化是由气象和海洋动力的季节性变化引起的。但历来冬季大浪的侵蚀与水下堆积,夏季并未全部恢复。历年累积海滩有缓慢的冲刷后退(0.5 m/a),而水下(-6.5 m)有堆积。所以,分析海滩剖面变化,是研究海岸泥沙运动,海岸演变的重要方法。

4. 潟湖

潟湖(lagoon)是海岸沙坝后侧与大海隔离的海水水域,有些潟湖仍与海洋有狭窄的通道(见图 7-16)。

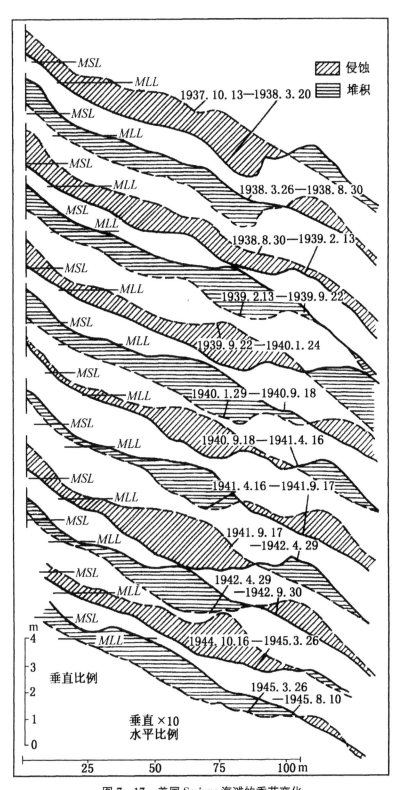

图 7 - 17　美国 Scripps 海滩的季节变化

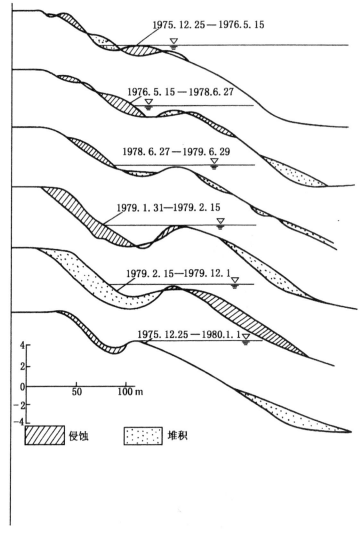

图 7-18　毛里塔尼亚海滩的季节变化

潟湖海岸在世界分布较广,其岸线总长度约 3.2×10^4 km,约占世界海岸线的 13%。潟湖岸线的 34%在北美,22%在亚洲。潟湖是海岸沙坝或沙嘴围封港湾或其他水域而成,其形态决定于原始港湾、水域的形态及沙坝沙嘴的演化。由于它们形式多样,类型复杂,故潟湖的形态多样复杂。随着海岸的演化,潟湖有形成、演化、消亡的过程,可以说,潟湖总的趋势是在消亡过程中。完全与海隔开的潟湖,或仅有狭窄通道与海相连的潟湖,均可由于河流注入或蒸发,使潟湖盐度发生变化,成为淡化潟湖或盐化潟湖两类。

当潟湖处于湿润气候,注入潟湖的淡水超过蒸发的水量,过剩的水量使潟湖内水面比海平面高,水从潟湖流出,将盐分带出,长期结果潟湖逐渐淡化。淡化从表面开始而至深层。潟湖淡化影响了生物界及沉积物,正常海的生物种类或数量均较丰富,随着潟湖淡化,生物种群的数量显著减少,生物个体变小,钙质外壳显著变薄,当潟湖底积聚硫化氢时,可使生物绝迹。淡化潟湖沉积物常为粉沙、黏土。淡化潟湖多碳酸盐、方解石、铁锰结核、氧化硅等沉积。当潟湖隔离环境稳定时有黄铁矿沉积。在温带主要是芦苇沼泽——眼子菜(potamogetonaceae),热带亚热带为红树林沼泽,形成大量泥炭有机质沉积层。

咸化潟湖形成在干燥气候区。这些地区降水缺乏,蒸发量大于陆地上流入的水量,使湖内水面低于海面。此时,海水注入潟湖,海水蒸发而使含盐浓度增加。咸化先从表面开始,亦有上下二层,在底层将积累 H_2S。

潟湖咸化时,常引起生物群落的变化,适应正常盐度的生物如珊瑚、棘皮动物、头足类。腕足类、苔藓等大量死亡;而适应变动盐度的生物,特别是斧足类、腹足类、介形虫类等的数量增加。当盐度增加到 50‰～55‰ 时,潟湖内几乎没有生物生存。当盐度增加到 60‰～70‰,开始形成盐类矿物,如石膏 $CaSO_4$($CaSO_4 \cdot 2H_2O$)、芒硝($Na_2SO_4 \cdot 10H_2O$)、岩盐($NaCl$)等。在非洲西部撒哈拉沙漠外围有延伸 200 余千米的海岸潟湖,宽 3 千米,一般已干涸,仅雨季短期积水。由于强烈的蒸发,形成盐层。是盐($NaCl$)、沙、粉沙层及石膏($CaSO_4$)的互层沉积。

约翰逊(D. W. Johnson)认为:"潟湖形成在上升海岸处,被沙坝分割的海底和海岸的地段。"实际上,虽然上升地段海底被抬升可以形成潟湖,但上升岸段水源被断绝易于干涸,形成的潟湖将迅速退化消亡。而在下沉地区易于潟湖发育。岸段下沉时,海侵、波浪冲刷岸坡,形成海岸沙坝,并使沙坝向岸移动,海水被隔离而成潟湖。海岸潟湖沉积层中常有古风化壳物质,是该区海岸下沉的很好证据。现代沙坝-潟湖海岸在世界广泛分布,这与大洋海平面上升有关,因此,潟湖多分布于大河三角洲,海岸下沉区域。

5. 沙嘴

沙嘴(sand spit)是海岸泥沙流在陆地突出部位形成的堆积体。当海岸泥沙流沿岸运移至岬角时,绕过岬角顶端,波浪能量降低,被搬运的泥沙在岬角顶端堆积,并向海延伸,在岬角处向海形成沙嘴。如图 7-19,在 AB 岸段波浪射线与岸线的夹角为 Φ,泥沙流由 B 向 A 运移,至岬角 A 点,海岸向陆地转折,波浪射线与海岸的夹角减小。当 $a<\Phi$ 时,波浪力减低,泥沙流容量减小,即在 A 点(岬角)形成堆积。初始形成三角形沙嘴,泥沙不

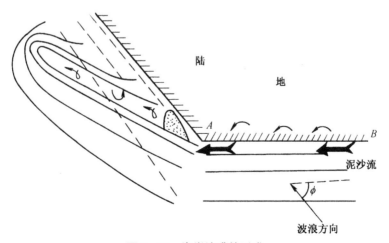

图 7-19 海岸沙嘴的形成

断在突出的沙嘴尾部沉积,向海延伸成长条形堆积体,沙嘴形成的方向与泥沙流方向是一致的,它力图保持 Φ 角的方向延伸。

沙嘴伸展的速度,随着离岸的距离增大而逐渐降低。这是因为愈向外海,水深加大,需要的泥沙数量增多;而且愈向外海,波浪作用力也增强,而泥沙则趋向于向岸水深较小处堆积,因此迫使沙嘴延伸方向逐渐向岸靠近。

沙嘴尾部的弯曲是随着地点、条件不同而有差异的。曾柯维奇指出,沙嘴弯曲是由于波浪折射造成的,两列不同方向的波浪对沙坝相互影响也可使沙嘴弯曲。此外,金氏还认为,与泥沙流方向不同的水流也可以导致沙嘴的弯曲。在港湾岸,当沙嘴从岬角开始生长,向海延伸,逐渐缩小了海湾的入口,约束了潮流进出,特别在涨潮时潮流急,湾口收缩使流速加大,冲刷沙嘴尾部的外缘坡,将泥沙堆积在口内流速减低处,这样也可使沙嘴发生弯曲。

在自然界常有数支分岔的弯曲沙嘴,称为复式沙嘴(sand hook)。约翰逊将复式沙嘴的发育与海岸演变相联系。如图 7-20 aa' 为原始沙嘴,由于海岸受冲刷而后退,沙嘴也随之改变位置,直至 bb',其内侧出现的几个弯曲的小沙嘴,是老沙嘴的残留遗迹。bb' 沙嘴因陆地位置与 aa' 不同,而显得长度增加了。约翰逊的复式沙嘴的模式,对了解沙嘴形成和演变以很好的启发。曾科维奇以泥沙运动原理,修正了复式沙嘴的成因假说,认为海岸不断冲刷后退,表明该段海岸泥沙供应不足,泥沙流是不饱和的,沙嘴不可能沿与海岸一致的方向伸展,必然要向陆地一侧偏移,泥沙流才能降低容量而形成堆积。此外,海岸不断后退,供给大量物质,使沙嘴在移动变化过程中,长度会增加。

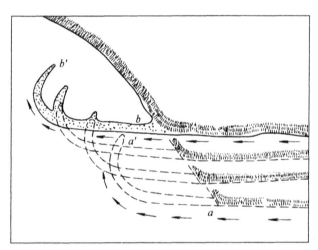

图 7-20　复式沙嘴的发育

沙嘴形成后并不是固定不变的,只要泥沙流来源断绝,堆积作用就会被冲蚀作用所代替,由此,沙嘴遭受破坏消失,或有部分地段仍残留在海中,为孤立的小型堆积体,可称为飞坝。

江苏赣榆区兴庄河口有一羽状复式沙嘴,沙嘴由黄色粗沙构成,磨圆度差,多岩屑,是邻近剥蚀台地的风化产物,经小河搬运到海岸堆积下来,沙嘴长 3 千米,有 4 列宽约 100 m 的分支,两分支沙嘴间为黑色粉沙淤泥质凹地。该沙嘴是随着岸线淤长向海发育的。

6. 连岛坝

连岛坝(tombolo,tie bar)是连接陆地与岛的沙坝,是海岸受岛构、海岬保护与封闭而形成的海岸堆积地貌。当岸外有岛屿,外海波浪遇到岛屿发生折射波影区,沿着海岸的泥沙流,通过岛后的波影区时,因波浪能量降低,泥沙流容量减少,而在岛后波影区发生堆积,形成微微向海突出的三角形沙嘴。这是毗连陆地的沙嘴。如果泥沙流很强大,不断有泥沙供应,则三角形沙嘴继续发展,从陆地岸线伸向岛屿,形成连岛坝,而整个地貌称陆连岛。若仍有泥沙供应,则在沙坝向泥沙供应一侧,发育成毗连岸线的堆积体——海滩。

三角形沙嘴根部宽大,前端窄小,称为前地(fore land),其基本形式有三种:①对称式(单式),两侧匀速堆积呈对称三角形。②斜切式,由于一侧侵蚀,另一侧堆积,或一侧稳定,另一侧堆积发展而形成两侧不对称的。③复式,一些斜切式前地,嗣后又重新得到平衡堆积,有些前地是由于沙嘴受波浪抑制逐渐向陆地偏移弯曲,围封了其后方的低地而成,这中间往往是低凹的湿地。在前地边缘海滩上亦分布着沿岸堤,适应前地两侧不同方向波浪的作用效果及前地的发育过程,因而其上的沿岸堤数目与方向皆是变化的。

连岛坝的组成物质是沙、砾石或沙、贝壳碎屑。泥沙可来源于小岛前方受波浪侵蚀的产物带到岛后波影区堆积,先形成三角形沙嘴,而后形成沙嘴、连岛坝。泥沙亦来源于河流或沿岸陆地的海蚀产物。当同时兼有这两个来源的物质时,连岛坝则可较快地发育。

最典型的连岛项是意大利的 Monte Argentario(图 7-21),它是由两个物质来源形成的双体连岛坝。最早在波影区形成三角形沙嘴,它的形成促使其南面泥沙横向运动,而形成 Finiglia 连岛坝,北面由河流供沙,在波影区形成 Grannella 连岛坝。构成一个复杂的双体连岛坝,当地称它为 Tomboy。后来把此类地貌称为 Tomboy。有时从陆上伸出二股沉积物流。山东半岛芝罘岛、屺岖岛是两个规模很大的典型的连岛坝。芝罘岛由片麻岩、石英岩等构成,岛东西长 9.2 km,宽 1.5 km,高 360 m,北岸为 45°～70°的陡坡,有 30 m 至100 余米的海蚀崖,南岸坡较缓。芝罘岛与陆地之间是长 3 km,宽 860～520 m 的连岛坝,有四列沙砾堤自岛向陆伸出。芝罘岛北岸的海蚀砾石绕过岛屿,在岛后波影区堆积成沙

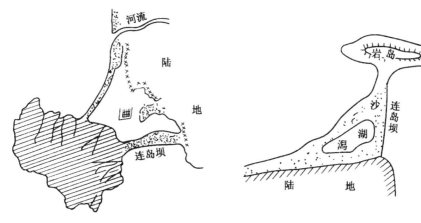

(a) 意大利 Monte Argemtorio 连岛坝　　(b) 委内瑞拉 Puerto Santo 连岛坝

图 7-21　连岛坝

砾质堤,沙砾堤之间为潟湖低地。连岛坝西侧有河流(甲河)注入,年输沙量 1×10^6 m³,泥沙向东运移,在岛后堆积,与沙砾堤一起构成复式连岛坝。

龙口湾的屺姆岛是由石英岩、千枚岩等构成的,高 57.6 m,北岸及西岸为海蚀悬崖。屺姆岛与陆地相连是一长 7.5 km、宽 1 km 多的连岛坝。沙坝沉积有三层,上层海滩相,沙砾层,厚 5 m;中层海湾相,粉沙淤泥,厚 4 m;下层是河流相,黄色亚黏土和沙砾层。按对龙口湾地貌与沉积层分析,连岛坝的发育过程是:最早是河流冲积平原,后来,海水入侵为海湾,屺姆岛是距岸较近的海中小岛。以后,北东向风浪及来自渤海海峡的强潮流将沿岸泥沙向西运送,至屺姆岛后侧波影区堆积,发育成三角滩,而后成连岛坝。龙口湾由此形成,连岛坝挡住了北东向风浪及自东向西的泥沙流,而北西、南西向风浪在龙口湾内起主导作用,屺姆岛海蚀物质及湾内海滩物质向湾顶运移,在连岛坝上毗连衍生了湾中坝。目前来自东岸泥沙主要堆积在连岛坝北侧,湾内岸线比较稳定。

江苏连云港附近的秦山岛是处在发育中的连岛坝。秦山岛由石英岩和大理岩组成,全岛狭长形,呈单面山形态,东西长 1 000 m,宽 100～200 m,整个岛屿岸线均受海蚀,海蚀崖高 20～50 m,崖下部受海蚀,崖上部岩层沿节理断裂面崩落,崖麓堆积着直径几米至十几米的巨大岩块,崖前崖滩宽 150～200 m,有 15 m 高的海蚀柱、海穹,景象非常壮观,岛的北侧已被蚀去大半。海蚀的岩块受波浪作用沿岸搬运到岛屿西侧波影区堆积,形成长 2.6 km,宽 400 m 厚度 5.0～5.8 m 砾石质连岛坝,从秦山岛伸向陆地岸线,尚未与陆地相连接。沙砾来自海蚀产物,自秦山岛向陆方向砾石磨圆度增加,粒径减小。

7. 湾坝

湾坝(bay bar)是波浪进入港湾或海峡,由于折射能量逐渐降低,因而使泥沙流容量也减少,在波能降为零处形成的堆积体。当港湾外有海蚀作用,或有河流泥沙汇入时,泥沙流沿途得到补充,泥沙流强度增加,而向湾内容量逐渐减小,在湾内某一点容量很小已无力搬运,形成堆积,最初是毗连的三角滩,而后逐渐增大为沙嘴,港湾的另一岸也产生类似的地貌,两侧沙嘴逐渐相连形成横隔港湾的沙坝,称湾中坝,其内侧被封闭的海湾即潟湖。

若沿港湾两侧物质供应量少,则输沙强度增大,堆积区则移至湾顶附近,形成湾顶坝,与陆地相连的湾顶坝即海滩,若沿岸泥沙流进入港湾时就很强大,在湾口发生堆积作用,则形成湾口坝。在自然界可见到湾顶坝、湾中坝,甚至有湾口坝三者出现在一个港湾内,但它们不是同一时期形成的。由于港湾内波浪作用小,泥沙流微弱,故湾坝形态上不对称,在湾坝演变进程中有缓缓向湾内移动的趋势。图 7-22 列出了一些湾坝的实例。

海峡的宽度对地貌形态有影响。海峡宽,垂直于海峡的风力强,波浪使堆积物后退而形态变得和缓,若海峡窄狭,风力小,则堆积体在平面上呈锐角状。当港湾一侧的沙坝还未发育成熟(初为沙嘴形态),在其对岸任何一处都可有沙嘴发育,但当沙嘴增长很大时,使波浪发生折射,动力减弱,在其对面形成波影区,促使另一岸沙嘴向波影区移动,最后两侧沙嘴相连成湾坝。由于主要沙嘴形成而导致对岸发生的沙嘴,称衍生地貌。通常,湾坝形成后,促使海湾内的次要风浪作用加强,形成港湾内的波浪与泥沙流,于湾内及湾坝内形成次生地形。如山东荣成湾内发育的湾中坝是由北东伸向西南,长数千米,目前在对岸

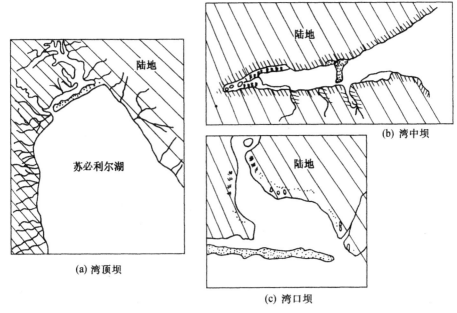

图 7 - 22　湾坝实例

(靠近马山一侧)已生长出斜切式三角形沙嘴。湾顶发育成淤泥质浅滩。而旧荣城湾中坝后侧亦被次要水流改造,形成一些反向的小突起。

由于大型湾坝的形成,常常使其后侧开阔海湾内改变了地貌作用特性,如山东荣成湾,外缘长成了长达 20 km,宽 0.5～1 km 的大沙坝,其后侧沿岸冲刷环境改变为堆积,海蚀崖停止发育,湾内沉积了由沙坝堵塞而滞留的河口沉积,河口亦形成小型三角洲。湾口是潮流的通道,潮流的速度在湾口加大,所以湾坝不能将湾口完全堵死,通常仍留有狭窄的通道。

8. 海岸沙丘

海岸沙丘(coastal dune)的类型是多样的,它的局度从不足 3 m 一直到 600 m 以上,其宽度从不到 30 m 至数千米。海岸沙丘分布在不同纬度。美国大西洋海岸,墨西哥湾岸,加利福尼亚海岸,在欧洲,德国北海岸和丹麦、荷兰、比利时的西海岸,法国的北海岸及比斯开湾等都有沙丘分布。西非撒哈拉西岸沙丘海岸绵延 400 多千米,澳大利亚及新西兰北岛均有海岸沙丘分布。中国主要分布在滦河三角洲北侧,此外在山东半岛,福建、广东沿岸和海南岛东岸都有分布。

海岸沙丘可划分为下列几类:

(1)水边低沙丘。高约 3 m,大体平行于海滩,是风对海滩物质的堆积。

(2)U 形(抛物线形)沙丘。向海滩开口的弧形沙丘脊。

(3)新月形沙丘。背风的一侧有陡峭的滑落坡。

(4)横沙丘。与海岸平行或斜交,垂直于盛行风风向并延伸。背风一面陡峭,向风面平缓,显得很不对称。

(5) 纵沙丘。延伸方向平行于风向,与海岸斜交或垂直,形态上不对称。

(6) 风蚀洼地。凹地或是切割在上述沙丘中的沟槽,在较大的风蚀坑的向陆一侧出现背风坡陡峭的大岗区。

(7) 附生沙丘。这类沙丘依赖于某些障碍物,在障碍物周围有沙堆积。

这几类海岸沙丘中,以低沙丘及 U 形沙丘最为常见。U 形沙丘的形成,植物起了重要的作用。沙丘形成的初期呈椭圆形,若移动较快,在其背风面有一滑落面,植物在沙丘的正面生长,一般均稀疏,植物有助于沙丘两侧的固定,结果两侧把沙丘中心移动向后拖曳。这种移动和沙漠中沙丘的移动相反,沙漠中沙丘两侧移动最快,在风向不变的区域里形成新月形沙丘的两个角。而海岸 U 形沙丘是中心向后移动。沙丘中心不断移动而减少,而后,侵蚀占主导,沙丘表面长满了植被,U 形明显,开口朝向常风向。而在沙丘的前缘,可能出现一个较小的裸露沙带,在向风面有一条很陡的顶线,沙丘最终长满植被,并随着沙丘中心的移动两侧逐渐伸长,而侵蚀面消失。沙丘受风作用,其正面可以断开,而形成风蚀洼地。U 形沙丘的排列与风向有关,特别是向岸风,向岸风将海滩沙供给沙丘,使沙丘走向(二侧角的走向)与向岸风向一致。

横沙丘与纵沙丘这也是分布非常广泛的海岸沙丘,它的形成发育与植被无关,主要是恒定的风向。横沙丘脊的走向与风向垂直,而纵沙丘是季节性两个相交风向作用形成的。在非洲西岸的撒哈拉沙漠的外围,海岸沙丘沿岸广泛分布。该处强风向是北北东-东,从内陆向海,而海域来的强风为西-北西向,风力 4 级的风在海滩上可起飞沙现象,8 级风造成沿岸大浪及沿岸大风尘暴。内陆强风形成大沙岗带从撒哈拉伸向海岸。沙岗每条长200 km,宽 15~40 km,北东走向,是浅棕色细沙(0.15 mm),植被较差。海岸沙丘走向北南,高 3~10 m,沿岸分布长 400 km,由中沙组成(0.35 mm),沙质纯净,白色,分选性好,海岸沙丘植被良好。据测验,该海岸带大于启动流沙的风速为 5.5 m/s,其向岸风频率为35.35%,离岸风为 24.07%。沙粒在风作用下,主要在地表 10 cm 高度内作跃移或蠕动,占 91.1%~93.3%,而随气流悬浮运动的仅占 4%,是粒径小于 0.074 mm 的粉沙。在海岸沙丘带与内陆沙岗之间隔有宽度 2~3 km 的潟湖洼地带,由于向岸风的频率、强度大于内陆风(离岸风),内陆沙岗的沙未进入海岸沙丘带,海岸沙丘是海滩沙在向岸风作用下的堆积。

美国俄勒冈和华盛顿州可见海岸横沙丘,该处夏季北风和西北风,夏季风形成海岸沙丘,这些沙丘迎风面坡长而平缓,坡度 3°~12°,背风面为陡的滑落坡,沙丘群之间的距离随向陆而增加,由 25 m 增加到 50 m。沙丘脊在夏季风影响下移动,并有可能被冬季潮湿的西南风所破坏。这类沙丘是形成在海岸比较平坦,供沙充足,风向恒定的海岸带,世界各纬度带都可发育。

纵沙丘是在季节风作用下形成的,夏季西北-北风,冬季西南风,能形成斜交的沙丘脊,脊的轴线取决于上述比较重要的两种风,基本上介于夏季风和冬季风平均风向之间,稍向夏季风向一侧偏倚。这种沙丘脊的位置基本上是稳定的,相距 200~300 m,峰线延绵 1 000 m 以上。夏季风常常使沙丘脊伸长,而冬季风几乎垂直于沙丘脊的伸长部分吹刮,把沙吹到其上面,使体积不断增大,纵沙丘最终将稳定下来,在植物茂盛处形成纵向沙丘链。随着沙向陆运移而整个纵沙丘向陆伸展。

此外,海蚀崖顶沙丘,常见于澳大利亚海岸。这些沙丘的形成可能有多种方式:陆地一侧的沙向崖边运移形成的沙丘;高海面时形成的;沙丘爬高到崖顶面上,而崖麓的堆积坡被侵蚀掉,只留下崖顶的沙丘。

在 Bass 海峡的 King 岛,海蚀崖上的沙丘高达 30～50 m,它是两个时代的产物,古老的一种已钙化,大概形成于更新世,另一种有弱的有机质土层,形成于全新世。目前在广阔的沙质海滩后面的这些沙丘仍在不断增长,海蚀崖上的老沙丘,由于悬崖下无沙源补充沙丘停止增长。这些老沙丘是更新世时,海面位于 19.8 m 的高海面时形成的。而全新世的沙丘是海面高程在 3 m 时形成的。全新世海蚀崖顶沙丘形成以后,已发生过小规模的海退。

低海面时可以出露大片海滩,风把海滩上的沙吹到悬崖的麓部,也可把沙吹到崖顶形成沙丘,而后海面上升,海水入侵使海滩很窄,崖麓的沙堆被侵蚀掉,只留下崖顶的沙丘。在 Bass 的 King 岛,海面曾低至 -45.8 m,出露大面积的海滩,为沙丘形成提供丰富的沙源。

热带海岸沙丘,文献中常提到,热带气候条件下不利于海岸沙丘的发育,如新几内亚、圭亚那、巴西东海岸、科特迪瓦海岸、贝宁海岸等处,均未发育海岸沙丘。有的海岸沙源丰富也不能形成海岸沙丘,如马来西亚海岸,地处热带沙丘不易形成,可能是热带植被的密度阻碍了沙丘形成;热带的盐壳使沙粒黏结在一起。另一个重要因素是热带特有的低速热带风,风速较低就不大可能移动热带的湿润沙子。热带海岸沙丘多见于干燥区域(西非),植被破坏的海岸段落(中国广东、海南、广西)。

沙中的水分对风沙运动和沙丘形成影响很大。在实验风洞中将沙弄湿做实验。当含水量为 0.1% 时,临界切变速度约为 34 cm/s,当含水量为 3% 时,临界切变速度就增加到 58 cm/s。

五、海岸环境灾害及其防治

1. 海岸侵蚀与淤积灾害

当前在世界海平面上升的总体状况下,世界海岸线主要遭受侵蚀,海岸侵蚀已成为全球性海岸带最主要的自然灾害。防止海岸侵蚀的海岸防护工程,已成为沿海国家海岸带的最大的工程投资。海岸侵蚀主要表现为海平面上升,沙质海滩的冲刷侵蚀,以及河口三角洲、平原海岸的侵蚀后退。

世纪性海平面持续上升,将加大水深,使波浪对水下岸坡沉积物的扰动作用逐渐减小,而使海底横向运动向岸供沙减少,从而加强了激浪对海滩的冲刷。同时,海平面上升降低了河流的坡降,减少河流向海的输沙量。因此,世界上大部分海滩普遍出现沙量缺乏补给。海平面上升伴随厄尔尼诺现象与风暴潮频率的增加,使海岸带风浪等作用加强,加上泥沙补给减少,其结果是海滩普遍遭受侵蚀。沙坝向海坡受冲刷,沙坝向陆迁移后退。

例如辽东半岛盖州市开敞的沙质海滩,1989—1993 年四年平均,海滩侵蚀后退为每年 2 m,辽西六股河一带海滩每年侵蚀后退约 1 m。山东半岛最近 20 多年来,沙质海滩侵蚀速率为每年 1~2 m,造成海滩沙亏损约每年 $2×10^7$ t。深河自建设引滦输水工程后,河流泥沙多淤积在上游水库,入海泥沙由工程前的每年 $2.219×10^7$ t,减为每年 $1.03×10^6$ t,泥沙补给骤减,加上海面上升,河口三角洲由工程前的堆积作用转为海岸侵蚀,口门岸滩后退达每年 300 m,岸外沙坝每年蚀退 25 m。

自 20 世纪 70 年代以来,浙闽沿岸沙质海滩或海岸沙丘后退约每年 1~4 m,老岸堤组成的红沙台地,侵蚀后退速率达每年 0.4~1 m,而基岩岬角岸侵蚀后退约每年 0.1 m。海滩侵蚀主要发生在台风或寒潮大浪期间,大浪后逐渐加积成平缓剖面,由于泥沙亏损及海面持续上升,净效果表现为海岸的侵蚀后退。

通过对中国主要海滩海岸剖面的重复测量计算得出,21 世纪海平面上升 50 cm 后,中国主要海滩的侵蚀量,北戴河海滨海滩侵蚀量将达 66%,海南岛亚龙湾海滩侵蚀量最小,亦将达 12%~7%,研究计算的北戴河、青岛连云港、三亚等 7 处海滩,总的侵蚀量将达到 $2.66×10^6$ m^3,这对我国主要海滨旅游地将是一场严重的灾难。

由海平面上升造成的海滨沙滩的冲蚀破坏,不仅丧失了旅游休憩场所,而且还会危及海滩后沙丘带、潟湖水域、沿岸建筑,并蚕蚀沿岸土地与破坏陆地环境,所造成的经济损失与社会影响是不容忽视的。当前防护海滩侵蚀最有效的措施是,海滩喂养(beach nourishment),并辅以导堤促淤和外防波堤掩护,这需视海岸环境的特点而定。采用海滩沙人工补给法,必须对海岸段充分调查研究,包括海岸与海底地形、波浪折射、激浪带的横向与纵向泥沙运动、风力运沙与沙丘带活动状况、沉积物粒径与分布、海岸冲刷与堆积特点、海岸演变与地质过程,以及航片与海图的重复测量等。通过调查确定沙源、泥沙粒径、人工海滩形式、防浪掩护方式以及人工海滩可维持的期限等,然后进行供设计与施工所需的数学模拟。例如,在有一定潮差的海岸地段,人工补充的沙量(m^3/a)需增加一定的耗损量,再求出按需要与经费条件所能达到的维持的年限(5 年、10 年、12 年),最后计算出应补充的总沙量。同时,计算确定人工海滩的长宽比、铺设部位、预定的高度、海滩坡度以及选用沙的粒径等。如选用的沙较原海滩沙细,则均衡剖面的坡度较平缓,可能招致较大的失沙量。目前多开采外滨古海岸沙补充现代海滩,该处水深已超过海岸泥沙活动带,有限量地采沙不会形成对现代海岸过程的破坏。人工堆沙部位以沙丘带坡麓至低潮水边线以下 1 m 水深处为宜,该处为海滩活跃地带,最需补充沙量。虽然铺沙后改变不了海滩过程特性,仍会发生季节性变化,但是,在相当长的期限内,为该海滨造就了一条美丽的沙滩。若配以少量防波堤建筑,则人工海滩可预期保持滩体的基本稳定。

我国入海河流大多为多沙性河流,河流每年输入海岸带泥沙量达 $2×10^9$ t,发育了辽阔的淤泥质平原海岸,同时海岸带河口常受淤积,影响到港口航道的开发使用。

浮泥是港口与航道发生聚淤的一种特殊表现形式,它是细粒泥沙从悬移状态沉降转变为淤泥的过渡状态。面层与底层的浮泥密度分别为 1.03 g/cm^3 及 1.30 g/cm^3,含沙浓度达数十千克每立方米至数百千克每立方米,颗粒之间的黏着力尚处于不饱和状态。由于受涨落潮水流的剪切作用及倾斜底坡的重力作用可以发生流动,其流速一般为 0.1~0.2 m/s。我国塘沽新港在 20 世纪 50 年代以前,风季汛期常有浮泥出现,港池及航道的

疏浚维护量很大。1951 年 5 月 13 日东北向大风,最大风速达 20.8 m/s,风后航道上出现
0.6~0.8 m 的浮泥层。1956 年 8 月 2~4 日,几天大风,新港航道及港区淤积了 50 多万立
方米淤泥,厚达 1~2 m 左右。1958 年 11 月中旬,大风后新港外航道出现的浮泥层厚度
少则 0.7~0.8 m,多则 1.6 m,平均为 1.2 m 左右。1955 年曾在码头港池泊位区发现 4 m
厚的浮泥层。1953—1955 年期间是新港浮泥的频发期,主要原因与海河连年发生大洪水
有关。三年中年泄洪量达 1.22×10^{10} m³,年输沙量为 1.073×10^7 m³,大量泥沙可以绕过
堤端随潮进港,或是先在港外大沽浅滩落淤停留,待大风时波浪掀沙,再形成浮泥进入港
内。1958 年海河建闸以后,河流补给的泥沙减少 90% 以上,浮泥引起港池和航道聚淤之
患也随之消失。因此,细颗粒泥沙补给量以及大风、水深地形是浮泥形成的重要条件。

长江口通海航道也有浮泥层出现,1976 年及 1977 年洪季小汛南槽铜沙浅滩地区先
后六次发现浮泥,最严重的一次在 1976 年 7 月 6 日至 13 日,连续 7 天,在铜沙航道近
25 km 槽内出现 0.8~1.2 m 厚的浮泥层,回淤的泥沙量达 1.5×10^6 m³ 左右,浮泥层的含
沙量高达 68~135 kg/m³。

浮泥层对船舶航行一般没有威胁,形成以后如遇水流扰动及涨潮流作用可以消散变
薄,然而一旦固结转化为淤泥质黏土后,就难以被水流冲动,特别是港池深水泊位区,浮泥
层形成后可以成倍地增加疏浚维护量。

宁波至镇海 22 km 长的甬江河段,原是 3 000~5 000 t 河轮自由进出的天然良港。
1842 年“五口通商”建港以来,一个多世纪中航道基本稳定,很少人工整治。1958—1959
年期间,宁波地区为了解决姚江中下游地区的农田灌溉水源问题,在宁波市上游 3 km 姚
江水系上建造了姚江闸,使进潮量从每潮平均 2.72×10^7 m³ 锐减为 1.32×10^7 m³,纳潮量
减少,引起航道显著的淤积。1959—1973 年间,甬江河道共淤积泥沙 3.168×10^7 m³,河道
中潮位以下平均水深由原来的 6.72 m 减少到 4.01 m,局部浅段仅 3.5 m 左右,造成
3 000 t 海轮只能候潮进出。

河口、港口航道的淤积,主要是沿岸有大量泥沙供给及河口海岸的水动力条件的不良
配合。防治淤积灾害的措施是,查明海岸带泥沙来源、数量、运移路径与运移方式,查明淤
积岸段的波浪潮汐等动力条件,由此布置海岸工程,使淤积强度降低。

2. 热带风暴与台风对海岸的灾害

热带风暴是指热带气旋风力达 8 级以上(风速大于 17.2~20.7 m/s)的灾害性天气。
在美洲称为飓风(hurricane),在印度洋沿岸称为热带风暴(cyclone),在东亚地区称为台
风(typhoon)。根据我国国家气象局颁布的热带气旋分类分级标准,风力在 8 级以下的称
热带低气压,风力为 8~9 级称热带风暴。风力达 10~11 级为强热带风暴,风力在 12 级
以上的称强台风。台风是热带风暴的泛义词。

地球上平均每年有 62 次热带风暴以上级别的热带气旋,造成死亡人数每年 2 万人左
右,经济损失达 60~70 亿美元。西太平洋地区台风一年四季均可发生。7~10 月为台风
盛期,尤以 8、9 份为最多,12 月至翌年 4 月台风较少。平均每年出现台风 29 个,最多年
份(1967)出现 40 次,最少年份(1951)20 次。据国际台风委员会的台风年报资料,1985—
1989 年西太平洋成灾台风共 81 次,其中 22 次对我国造成灾害,居相邻国家和地区的首

位(表 7 - 1)。

表 7 - 1　1985—1989 年西太平洋沿岸地区台风成灾情况

国家	中国	菲律宾	日本	韩国	越南	泰国
成灾台风次数/次	22	20	16	11	8	4
占成灾台风比例/%	42.3	34	27	19	14	7

影响我国的台风路线主要有 4 条,台风从菲律宾以东洋面一直向西,进入南海,往往在广东沿海登陆,对海南及广东、广西影响最大。

台风从菲律宾以东洋面向西北偏西方向移动,登陆台湾地区后,穿越台湾海峡,在福建、浙江沿岸一带再次登陆,或者穿过琉球群岛在浙江、江苏沿海一带登陆,而后北上。这条路径的台风对东、黄、渤海及我国华东地区影响最大。

台风从菲律宾以东洋面向西北方向移动,以后再转向东北,并向日本一带移去。如果台风在琉球群岛以东转向,对我国影响不大;但如穿过琉球群岛以后才转向东北,则对东、黄、渤海影响较大。这是最常出现的路径。

南海台风就其范围来说一般比西太平洋台风要小,主要影响广东、福建及江西。

台风向西或西北移动时,平均移速一般为 20 km/h,接近转向点时减慢,转向以后移速加快,可达 40 km/h。最大可达 80 km/h。南海台风的移速较小,平均为 9～18 km/h,最快达 33 km/h。

我国东南沿海台风灾害相当严重,一次强台风往往造成经济损失 5～6 亿元,死亡数十至数百人。一般年份直接经济损失几百万元,多则几十亿元。例如,上海市受台风影响一般一年 2 次,多则 5～7 次。以 1949 年 7 月 24 日在金山登陆的 6 号台风造成的损失最为惨重。由于台风、暴雨、大潮高潮同时相遇,造成市区水深过膝,郊区受淹农田约 14×10^4 hm²,南汇海塘决口 100 多处,死亡 1 600 多人。

浙江省每年登陆的台风平均为 0.6 次,成灾的台风平均每年 3.5 个。1980—1985 年,每年直接经济损失 11 亿元;1987—1990 年平均年损失 30 亿元。

福建省每年受台风正面袭击 3～4 次,台风登陆每年 2 次。1990 年台风登陆次数频繁,暴雨造成的洪涝灾害遍及全省 68 县,受灾人口 1 936.5 万,受淹农田超过 39×10^4 hm²,约占全省农田的 75%,房屋倒塌 15.56 万间,死亡 588 人。2 700 km 海塘有 1 200 km 受影响,沿海潮位超过警戒水位 0.4～0.9 m。直接经济损失 41.1 亿元,相当于全省工农业产值的 1/10。

广东及海南是我国台风灾害的频发区。1949—1989 年 40 年中,台风每年 6～8 次,登陆台风每年 4 次。1973 年 14 号台风在海南岛琼海市登陆,最大风力达 70 m/s,全岛 10 个县风力均在 12 级以上。琼海县城房屋几乎全毁,直接经济损失达 10 亿元。1989 年海南 4 次台风登陆,受灾面积超过 13×10^4 hm²,直接经济损失 27 亿元,相当于全省工农业总产值的 52.3%,财政收入的 4.6 倍。1969 年第 3 号台风在广东惠来县登陆,数千吨货船被巨浪卷起抛至岸上,汕头市受淹,水深 2～3 m;1980 年 7 号台风在广东海丰县登陆,受淹农田 65×10^4 hm²,直接经济损失 22.6 亿元。广东每年受台风灾害的面积达 $67 \times$

10^4 hm^2,粮食损失超过 5×10^8 kg,受灾人口达 1 000 万,直接经济损失 10 亿元。

3. 风暴潮灾害

我国渤海湾、莱州湾沿岸及南海的汕头至珠江口沿岸是风暴潮最严重的地区。1895 年 4 月 28～29 日渤海湾风暴潮,大沽异常水位达 6.1 m,海河口及其附近造成了毁灭性的灾害,"海防各营死者二千余人",整个地区变成了"泽国"。

上海地区地势低、潮位高,三面临水,是风暴潮灾害频发区。一般情况下,汛期大潮高潮位可高出地面 1.0 m 左右,地面高程为吴淞零上 3.0～4.0 m。若遇台风侵袭,潮位可高出地面 2.0～2.5 m。据各县县志的记载,近 500 年来,潮灾损失惨重的年份有 1494、1509、1522、1569、1591、1654、1696、1732 及 1905 年 9 次,平均约 50 年出现一次。1905 年 9 月 2 日台风期间,黄浦江张华浜最高潮位 5.55 m,崇明岛飓风夜潮骤溢,南汇、川沙大风、暴雨、暴潮相遇,水深丈余,民舍漂尽,死伤万余人。最严重的潮灾发生在 1949 年 7 月 25 日。台风使黄浦江吴淞站潮位达 5.18 m,黄浦公园站潮位为 4.77 m,风、雨、潮同时侵袭上海,使市区及周围 10～15 km 内一片汪洋,大小街道水深 0.3～2 m,交通一度中断,工厂停产,仓库遭淹,商店停业,住宅进水。浦东新区川沙堤坝被冲开缺口 20 余处,农田被淹 3 000 hm^2,倒塌房屋 6 060 间,死亡 221 人,损失惨重。1962 年 8 月 2 日,台风使吴淞站及黄浦公园高潮位分别达到 5.31 m 及 4.76 m,造成黄浦江、苏州河等沿岸防汛墙决口 46 处,并有多处漫溢,淹了"半个"上海市区。最近 20 年来,上海市不断加高加固堤防,及加强风暴潮预报,以减轻风暴潮灾害。

参考文献

1. 王颖,朱大奎.海岸地貌学.北京:高等教育出版社,1994

2. 杨文鹤.蓝色国土.西宁:广西教育出版社,1998

3. 联合国海洋法公约(联合国提供的中文本).北京:海洋出版社,1983

4. 王颖,吴小根.海平面上升与海岸侵蚀.地理学报,1995,50(2):118～127

5. 恽才兴,郑文振,盖明举.海洋灾害.见:王颖主编.中国海洋地理.北京:科学出版社,1996,456～473

6. Wang Ying, Aubrey D. The characteristics of Chinese coastline. Coastline Continental Shelf Research,1987,7(4):329～349

7. Wang Ying. The coast of China. Geosience Canada,1980,7(3):109～113

8. King C A M. Beach and coasts. Edward Arnold,1972.1

9. Johnson D W. Shore processes and shoreline development. John wiley & son's Inc.,1919

10. Bird E C F. Coastline changes:aglobal review. John wiley & son's Inc.,1985

11. Carter W. Coastal environments. New York:Academic Press,1988

12. Montgomery C W. Environmental geology. Wm. c. Brown Publishers,1992

第8章

块体运动

地球内部的热能驱使造山运动,将地表抬高成山脉山系,而重力作用却力图使山地降低,重力起到削高补低的功能,重力不断地将地球上任何地方的物质向下拖拉,产生地表物质沿局处向低处的运移,统称块体运动(Mass Movements)。块体运动可以是缓慢的、细微的,从短时间看几乎是无法觉察的,但累积的结果却是巨大的;它也可以表现为突发性的,瞬间就产生大破坏的快速的运动,前者如土体蠕动、泻溜,后者有滑坡、崩塌等。

因此,块体运动是重力作用下,坡地上的风化碎屑、不稳定的岩体和土体,沿斜坡向下的运动。这种运动通常与地表水、地下水的活动有关。使斜坡上物质运动的动力主要来自自身的重力,同时还受水、冰雪、风、生物、地震、人类活动等的影响,其中最主要的自然营力是重力和水的作用。

一、块体运动的力学分析

分析块体运动的力学过程可分为两类:斜坡上的松散土粒、岩屑与坡地上软弱面位移的土体岩块。

1. 坡地上土粒、岩屑、石块的运动

位于坡地表面的土粒、岩屑或石块,一方面在重力作用下产生下滑力 T,有促使块体顺坡向下移动的趋向;另一方面,块体与坡地接触面间,由于摩擦阻力 τ 的存在,牵制下滑力,有使块体保持稳定的趋向。因此,块体能否顺坡向下运动,要看下滑力与摩擦阻力之间的对比关系。若下滑力大于摩擦阻力则发生位移。反之则稳定。如两者相等,则块体处于极限平衡状态(图 8-1)

坡面上块体的重力 G,可分解为与坡面平行的下滑力 T 与垂直于坡面的分力 N,其关系为

$$T = G \cdot \sin \theta$$
$$N = G \cdot \cos \theta$$

式中:θ 为坡面之坡角。

坡面上块体摩擦阻力的表达式为

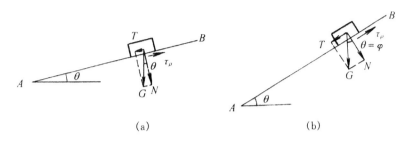

图 8-1 块体运动力学图解

(a) 块体处于稳定状态;(b) 块体处于极限平衡状态;AB. 坡面;θ. 坡角;T. 平行于坡面的下滑力;
G. 块体重力;N. 垂直于坡面的分力;τ_p. 摩擦阻力;τ_f. 最大摩擦阻力;φ. 为内摩擦力

$$\tau_p = N \cdot \text{tg}\,\theta$$

若坡面的坡度不断增大,下滑力与摩擦阻力同时也相应增大,但是,τ_p 的增大是有一定限度的。当其增大到块体与坡面间的最大摩擦阻力 τ_f 时,块体处于极限平衡状态(图 8-1b)。这时下滑力 T 恰好与摩阻力 τ_f 相等,与此相应的坡角 θ 为临界坡角,它反映了块体与坡面间摩擦力的大小和性质。因此,可将临界坡角 θ 称为该块体与该坡面间的内摩擦角,以 φ 表示。若 τ_f 为松散块体抗滑强度,则

$$\tau_f = N \cdot \text{tg}\,\varphi = \theta \cdot \cos\theta \cdot \text{tg}\,\varphi$$

这时,坡面上的土粒、石块等的稳定条件应是:

$$T \leqslant \tau_f$$
$$G \cdot \sin\theta \leqslant G \cdot \cos\theta \cdot \text{tg}\,\varphi$$
$$\text{tg}\,\theta \leqslant \text{tg}\,\varphi(\theta < \varphi)$$

上述关系式表明,要使坡面上的物质稳定,下滑力必须小于抗滑强度;而要使下滑力小于抗滑强度,坡面的坡角要小于坡面物质的内摩擦角。若坡面的岩屑处于极限平衡状态时,则下滑力等于抗滑强度,即坡度和块体的内摩擦角相等。因此,内摩擦角 φ 反映了块体沿坡下滑刚好启动的坡度,即代表了松散物质的休止角,对于坡面上的松散物质来说,内摩擦角和休止角是一致的。当坡面的坡角 θ 小于内摩擦角 φ 时,不管坡高有多大,坡面上的松散物质都是稳定的。

岩屑和沙、土的内摩擦角 φ 值随颗粒大小、形状和密度而异(表 8-1,表 8-2)。粗大并呈棱角状而又密实的颗粒的休止角大。一般情况下,随风化碎屑距源地愈远,其颗粒随着变小,磨圆度增加,摩擦力减小,休止角也变缓。因此,愈向坡麓,休止角愈趋缓和。

表 8-1 岩石碎块的休止角(度)

岩屑堆的成分	最小	最大	平均
砂岩、页岩(角砾、碎石、混有块石的亚砂土)	25	42	35
砂岩(块石、碎石、角砾)	26	40	32
砂岩(块石、碎石)	27	39	33

岩屑堆的成分	最小	最大	平均
页岩(角砾、碎石、亚砂土)	36	43	38
石灰岩(碎石、亚砂土)	27	45	34

表 8－2　含水不同的泥沙的休止角(度)

泥沙种类	干	很湿	水分饱和
泥	49	25	15
松软沙质黏土	40	27	20
洁净细沙	40	27	22
紧密的细沙	45	30	25
紧密的中粒沙	45	33	27
松散的细沙	37	30	22
松散的中粒沙	37	33	25
砾石土	37	33	27

　　土的内摩擦角随含水量的多寡而异。土粒间的孔隙被水充填后会增加润滑性,减小摩擦力,因而休止角也相应变缓。在同一斜坡上,一般坡顶水分不易积累,显得较干燥,而坡麓则接近地下水面较湿润,因此,坡地的坡度有从坡顶向坡麓变缓的趋势。

2. 块体的整体位移

　　块体运动不仅仅在坡地表面发生,有时沿坡面以下一定深度的岩土体内部的一定软弱结构面发生整体的位移。在这种情况下,块体运动一定要先克服颗粒间的黏结力 C,产生破裂面或滑动面,然后再克服摩擦阻力 τ_f,才能产生整体的位移。因此,运动块体的抗滑强度可用下式表达:

$$\tau_f = N \cdot \mathrm{tg}\,\varphi + C \cdot A$$

式中:C 为黏结力 kg/cm³;

　　A 为运动块体与坡面的接触面积 cm²。

　　土体的黏结力与组成物质的成分、结构及土体中含水程度有密切的关系。黏土的力学性质受水分的影响很大。当黏土处于干燥状态时,具有极其坚固的性质。如水分增加黏土可以变成可塑状态;水分进一步增加,黏土则变成流动状态,其强度大大降低,并往往极易形成软弱面,土体往往沿此面破裂、滑动而发生块体运动(图 8－2)。

　　坚硬岩体的黏结力 C 值很大,一般不易发生移动。但岩体或土体中常常存在软弱的结构面(层面、软弱夹层、断层、节理、裂隙等的统称)。使得该处物质的内摩擦角 φ 和黏结力 C 都显著减小,因此容易产生破裂面。但土体或岩体是否稳定,还要视结构面的倾向与坡面的倾角是否一致,以及两者倾角的大小关系而定。若两者的倾向一致,

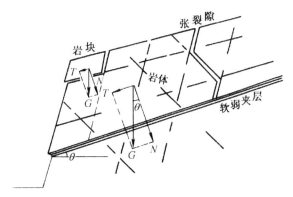

图 8-2　岩石裂隙及软弱夹层与岩体稳定图示

特别是边坡角度大于结构面倾角的情况下,结构面的倾角愈接近其物质的内摩擦角,则愈不稳定(图 8-3)。

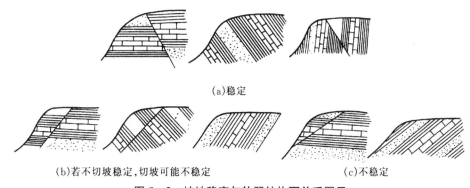

(a)稳定

(b)若不切坡稳定,切坡可能不稳定　　　　　　　(c)不稳定

图 8-3　坡地稳定与软弱结构面关系图示

　　土体或岩体无论是沿软弱夹层面,还是沿裂隙面位移,开始位移的一瞬间,下滑力需要克服滑动体的最大阻力,称为峰值抗滑阻力。当下滑力达到峰值抗滑阻力而使滑体开始位移后,要使滑体继续位移所必需的下滑力,会因滑裂面的形成而大大减小。所以岩土体一旦产生滑裂面,在较小的下滑力作用下,就可使滑动体继续位移,老滑坡容易复活就是这个道理。

　　总之,坡面上的块体运动是重力引起的下滑力和岩土块体的内摩擦力及黏结力相互作用的结果。岩土体能否沿结构面或破裂面发生位移,应由下滑力和抗滑阻力之间的对比关系来决定,即

$$K(稳定系数) = \frac{抗滑阻力}{下滑力} = \frac{N \cdot \mathrm{tg}\,\varphi + C \cdot A}{T}$$

　　在理论上,当 $K = 1$ 时,岩体或土体处于极限平衡状态。当 $K < 1$ 时,岩体或土体处于不稳定状态。当 $K > 1$ 时,岩体或土体是稳定的。但在工程上,一般采用 $K = 2 \sim 3$ 为安全稳定系数。

二、块体运动的条件

1. 坡度效应

坡度对于块体运动的影响是显而易见的,通过块体的力学分析得知,在其他条件完全相同的条件下,坡度越大,下滑力也就越大,产生块体运动的可能性也就越大。

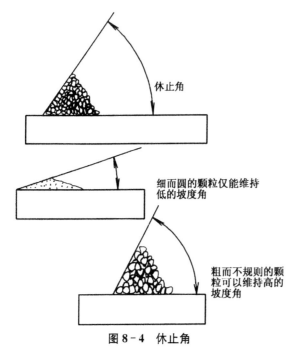

细而圆的颗粒仅能维持低的坡度角

粗而不规则的颗粒可以维持高的坡度角

图8-4　休止角

对于干燥、松散的物质来说,休止角是指物质能够保持稳定的最大坡度角(图8-4)。前已述及,这一角度随物质的不同而不同。光滑、圆状的颗粒只能在较小的坡度下才能保持稳定,而粗糙、黏滞或不规则的颗粒则可以在较大的坡度下保持稳定。在同等条件下,粗碎屑比细小物质通常可以维持更大的坡度角。

一般外貌起伏和缓,坡度不大,而且植被覆盖较好的山坡,大多是比较稳定的。但在高陡的山坡或陡崖,斜坡上部的软弱面形成临空状态,就会加大下滑力和减小抗滑力,使斜坡上的土体或岩体处于不稳定状态,从而产生块体运动。一些原先稳定的斜坡,由于流水、波浪、冰川等自然营力的作用和人类活动的影响,常使斜坡坡度加大,形成临空面,同时坡地物质失去下部支撑而使其易于产生块体运动。因此,在高山峡谷区和海蚀崖、湖蚀崖的山坡,或临近骤受水浸的水库库岸的山坡等地貌部位,常发生大规模的崩塌和滑坡。从长期的观点来看,缓慢的构造形变也在改变着坡地的形态,这在年轻活跃的山系中表现尤为明显,1806年瑞士戈尔舟地区发生大岩滑的根本原因,是构造运动使斜坡变陡,这次岩滑形成了2 km长、300 m宽以及60~100 m厚的岩块堆积体。

2. 流体的效应

作用于斜坡上的水有多种来源,如大气降水、地下水、河湖海的倒灌水、生产生活用水、各种水体的渗漏水等。水除侵蚀作用外,还对斜坡上的松散物质形成许多复杂的物理化学过程,显著地降低其抗滑强度,增加块体运动的可能性。这主要表现在:①水渗入到岩土层颗粒的孔隙中,将降低颗粒(尤其是细粒物质)之间的吸附力,显著地降低其抗剪强度。实验证明,当黏土的含水量增加至 35% 时,抗剪强度会降低 60% 以上。泥岩或页岩饱水时的抗剪强度,比天然状态下的抗剪强度降低 30%~40%。②水能溶解颗粒之间可溶性的胶结物,如黄土中的碳酸钙,使颗粒丧失黏结力。③水进入岩土孔隙将增加其单位体积的重量,因而加大了斜坡物质重力的水平分力。④水大量进入斜坡内,将使潜水面升高,因而增加孔隙水压力,对潜在破裂面以上的物质起着浮托作用,使坡体有效重量减轻,有利产生块体运动。⑤地下水沿滑动面运动,使其摩擦系数减小,阻力降低。⑥岩、土体中水的冻融作用也有利于块体运动的产生。

突然而快速的块体运动常常是由于某种因素的触发产生的,而暴雨和迅速的融冰化雪就是非常有效的触发因素。因为它们迅速地增加了斜坡上松散物质的重量,加大了下滑力,减小了抗滑力,常导致崩塌、滑坡的产生。

云南、贵州、四川三省 50 个建筑工程和 14 个铁路工程共 114 个滑坡的统计资料表明,90% 以上的滑坡和降雨有关。我国东南沿海地区 4~6 月的降雨量占全年降雨总量的 60% 以上,7~9 月受台风影响是另一降雨高峰,鹰厦铁路永安段的滑坡表现出与降雨季节良好的对应性(图 8-5)。而有些地区甚至出现"大雨大滑、小雨小滑、无雨不滑"的现象(表 8-3)。重庆万县地区在 1982 年 7 月中下旬连降暴雨,这次近百年罕见的暴雨使云阳县发生了两万多处滑坡、崩塌和错落,大型、巨型滑坡十余处。在忠县产生滑坡、崩塌近三万处,其中大型滑坡三十余处。国外的许多观测资料也表明,降雨、融雪、地下水位和土体滑动之间存在着密切关系(图 8-6)。

表 8-3　四川越西县阿底滑坡位移量与降水的关系(1972)

观测时间	4 月 20 日	4 月 21 日至 5 月 23 日	5 月 24 日至 6 月 24 日	6 月 25 日至 7 月 27 日	7 月 28 日至 8 月 26 日	8 月 27 日至 10 月 7 日
降雨量/mm	很微	90.0	171.1	236.5	65.5	141.3
水平位移量/mm	0	59.0	381.5	352.5	183.0	300.0
平均速度/mm·d^{-1}	0	1.8	11.9	10.7	6.1	7.1

注:(据张以诚等,1987)

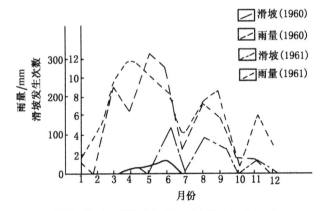

图 8-5　鹰厦铁路永安段降水与滑坡关系图

(据张以诚等,1987)

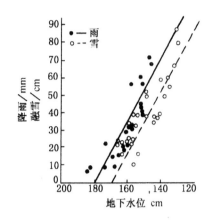

(a) 降雨融雪量与地下水位关系

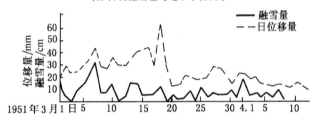

(b) 神谷滑坡(日本)融雪量与移动量关系

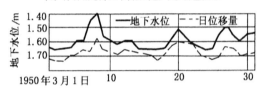

(c) 神谷滑坡(日本)地下水位与移动量的关系

图8-6 降雨(融雪)量、地下水位和滑坡位移量关系

3. 岩性效应

滑坡的分布与易滑地层有着密切的联系(表8-4)。松散堆积物中发生的滑坡主要和黏土夹层有关,特别是和蒙脱石、伊利石、高岭石、水云母等黏土矿物的关系更为密切。对于基岩滑坡来说,则主要和千枚岩、页岩、泥灰岩、云母片岩、绿泥石片岩、滑石片岩、炭质页岩等有关;冰川分布区,冰川研磨作用产生的粒径小于0.02 mm的岩粉;火山分布区火山灰风化产生的大量的黏土矿物也都属于易滑地层。上述这些易滑地层的共同特点是遇水浸润后,容易产生软化,黏聚力骤降,大大增加了其可滑性,成为潜在的滑动面或滑动带。

岩性对坡地的变形和破坏也有着直接的影响。坚硬完整的块状或厚层状岩石,可以形成高达数百米的陡立边坡,例如长江三峡的石灰岩峡谷。而在淤泥或淤泥质软土地段,由于淤泥的塑流变形,甚至渠道都几乎难以开挖,例如湖北浠水白莲河渠道在通过淤泥段时,边坡随挖随塌难以成形。某些岩性组成的坡地在干燥或天然状态下是稳定的,但一经水浸则强度骤降,产生块体运动。岩性在饱水条件的力学性质是影响坡地稳定性的最主要因素。

表 8 - 4　我国主要易滑地层及其与滑坡分布的关系

类型	易滑地层名称	主要分布地区	滑坡发育情况
黏性土	成都黏土	成都平原	密集
	下蜀黏土	长江中、下游	有一定数量
	红色黏土	中南、闽浙、晋西、陕北、河南	较密集
	黑色黏土	东北	有一定数量
	新、老黄土	黄河中游、北方诸省	密集
半成岩地层	共和组	青海	极密集
	昔格达组	川西	极密集
	杂色黏土岩	山西	极密集
成岩地层	泥岩、砂页岩	西南地区、山西	密集
	煤系地层	西南地区等	密集
	砂板岩	湖南、湖北、西藏、云南、四川等	较密集～密集
	千枚岩	川西北、甘南等	密集～极密集
	富含泥质(或风化后富泥质的)岩浆岩	福建等	较密集
	其他富泥质地层	零散分布	较密集

注:据丁锡祉,1984。

4. 构造效应

构造条件包括区域构造特征、坡地的褶皱形态、岩层产状、断层及节理的发育特征、岩体结构、区域新构造活动性等。地质构造对坡地块体运动有着多方面的影响。首先,断裂破碎带为块体运动提供了丰富的碎屑物质来源。因为某些岩性结构致密而又无裂隙的完整基岩,即使在坡度很陡的情况下仍然可以保持稳定。而岩性结构疏松、破碎的岩石就容易产生块体运动。其次,岩层的各种结构面,如层面、片理面、断层面、解理面、堆积层内的分界面及其底面、地下水含水层的顶底面以及岩基风化壳中风化程度不同的分界面等,常常构成滑动带或软弱面,特别是当岩层结构倾向与坡向一致,岩层倾角又小于斜坡的倾角时,最容易产生滑坡、崩塌。第三,控制了斜坡地下水的分布和运动规律,如含水层的数目、地下水的补给、排泄等。

一般来说,在区域构造比较复杂、褶皱比较强烈、新构造运动比较活跃的地区,经常发生各种块体运动。例如我国横断山脉地区、金沙江地区的深切峡谷,坡地的崩塌、滑坡极其发育,常见超大型的滑坡和滑坡群。

5. 地震效应

地震、大规模的爆破和机械振动,都会引起坡地应力的瞬时变化,从而影响坡地的稳定性。地震是诱发块体运动的一个重要因素。地震发生时会在斜坡内产生一种附加力，这种附加力的作用时间虽然同引起它的地震震动的持续时间一样，都是很短暂的，但它却可以达到由重力作用所产生的应力值的一半。震动还会破坏岩土体的结构和强度，减小颗粒间的黏结力，饱含水分的沙土在震动时还会产生液化现象。上述这些现象在地震震级高的情况表现尤为明显。

在地震的作用下，首先使坡地岩体结构发生破坏或变化，出现新的结构面，或使原有的结构面张裂、松弛，地下水的状态也有较大的变化；然后，在地震力的反复冲击震动下，岩体沿结构面发生变形位移，直至产生块体运动。由地震触发的块体运动，国内外均有大量实例。例如 1964 年美国阿拉斯加发生地震，安克雷奇市下伏有黏土层的由沙砾石组成的阶地上发生了一系列的滑坡。1960 年智利 8.5 级大地震时，形成了数以千计的滑坡，在莱尼赫湖发生的三次大滑坡，分别有 3×10^6、6×10^6 和 $3 \times 10^7 \ m^3$ 体积的滑坡体进入湖中，使湖水上涨 24 m，湖水溢出淹没了湖西 65 km 的瓦尔迪维亚城，水深达 2 m。其中最大的滑坡在 5 min 时间内移动了 300 m 的水平距离和总共 20 m 的垂直距离，整个滑动面的平均坡度约 4°。据统计，我国从 1949—1969 年共发生烈度在 10 度以上地震 5 次，每次都引起滑坡（占 100%）；烈度 9 度的地震 16 次，也是每次都产生大量的滑坡（占 100%），烈度 8 度的地震有 9 次，其中有 8 次产生滑坡（占 89%），烈度 7 度的地震有 9 次，其中有 2 次产生滑坡（占 22%）。一般 5～6 级以上的地震就能诱发崩滑灾害，但是由于地震波传播的速度和地震力的强度，还受到斜坡坡度、方向、岩性构造特征等因素的影响，因此地震和块体运动的关系具因时而异、因地而异的复杂性。根据我国的经验，地震发生时各类坡地的相对稳定程度各有不同（表 8-5）。地震以后常因降雨、融雪而发生滑坡或崩塌，这种情况比地震发生时所触发的滑坡、崩塌还要多。一般说来，在雨季或暴雨、融雪时发生的地震，同发型（与地震同时发生）的块体运动较多；旱季时坡地干燥稳定性高，同发型块体运动少而后发型（在地震以后很长时间才发生）块体运动较多。如 1976 年 5 月云南龙陵地震时，同发型滑坡很少，震后雨季时发生的后发型滑坡，占与地震有关的滑坡总数的 95% 以上。

表 8-5 地震发生时各类边坡的相对稳定程度

稳定程度	评价因素和指标				地下水埋深 /m
	坡度和土质		坡度和岩性		
	坡度	土质	坡度	岩性	
最不稳定	大于 25°	松散砂土、淤泥质黏土、冲填土	大于 50°	断层破碎带，岩石强烈风化，节理裂隙发育，且充填黏土	0～3
不稳定	10°～25°	黄土类土、黏性土、新的重力堆积	30°～50°	中等风化的岩石，裂隙间距 20～50 cm，裂隙中有少量充填物	3～10
相对稳定	5°～10°	粗沙、砾石层、含石土、密实的黏土、老的重力堆积	20°～30°	坚硬完整岩石，风化微弱，节理裂隙较少	大于 10

6. 坡形特征的影响

坡地的形态对坡地的稳定性有着直接的影响。坡地形态是指坡地的高度、长度、剖面形态、平面形态以及坡地的临空条件等。对于均质岩土质坡地而言,坡度越陡,坡高越大,坡地产生块体运动的可能性也越大。当坡地的稳定受同向缓倾滑动结构面控制时,坡地的稳定性与坡地坡度关系不大,而主要决定于坡地高度。坡地的相对高度直接影响崩塌发育的规模,相对高度超过 40~50 m 以上的松散物质组成的陡坡,才有出现大型崩塌的可能。此外,坡地的临空条件对块体运动也有明显影响。平面上呈凹形的坡地较呈凸形的坡地为稳定。同是凹形坡,边坡等高线曲率半径越小,越有利于坡地稳定。据某矿区的调查资料,对于凹形边坡,当坡地平面曲率半径为 60 m 时,稳定坡度角为 39.5°±9°,但曲率半径增大到 300 m 时,稳定坡度角为 27.3°±5°。

7. 植被的影响

在天然斜坡上,植被几乎是产生块体运动的环境中必然存在的要素,其特点又与气候有着密切的关系。很多地区斜坡上的天然植被都被人为地毁灭了,或者由次生植被所代替,恢复这些植被常常需要翻松土壤,有时还要灌溉,施肥等等。无论是植被本身,还是与其栽培有关的整个过程均对斜坡的稳定性均有影响。这种影响是多方面的,如植被增加了坡地的重量,植被的根系(特别是乔木和灌丛的根系)提供了一个固定松散物质和阻挡水流的相互连接的强大网络,植物根系进入致密的岩石时使其强度降低,植物通过根系的吸收和树叶的蒸腾作用对坡地的湿度、含水状况、温度等产生种种影响。这些影响对于块体运动来说有时是有利的,而有时是不利的。

实际资料表明,不管有着什么样的植被,在所有的气候带里,深层滑坡,首先是在近乎水平的地层中因下部岩层压碎引起的滑坡,均可能发生。生长的树林甚至会促进滑坡的产生,因为当滑动面位于地下深处时,植被对斜坡稳定性的不利影响可能超过有利影响。因为植被的根系无法到达滑动面,并且只能从土壤中吸收很少一部分物质,植被的生长乃是直接增加了深部滑动面以上部分的重量,从而逐渐降低斜坡总的稳定性。

反之,覆盖层中的薄层滑坡和环状滑坡主要分布在草被覆盖的地区。在许多地方都可看到表层滑坡是在森林或灌木丛伐尽之后产生的。显然,植被具有影响着斜坡的坡度和覆盖层最大厚度之间制约关系的特点。被根系加固的覆盖层与无植被时比较,可以达到更大的厚度,因此在植被毁灭和斜坡的含水状况相应改变之后,覆盖层便处于不稳定的状态。所以,草被对于斜坡稳定性的影响(较之裸露的边坡)总是有利的;而木本植被可以阻止块体运动的产生不超过一定的厚度,这一厚度取决于其成分、密度和树龄,其对坡地稳定性的影响可能有利,也可能不利。

8. 人类活动的影响

工业革命以来,随着科学技术的进步和人口的剧增,人类对于自然界的开发利用达到前所未有的程度。随着人类经济活动的增加,人类活动以多种方式增加了坡地块体运动的威胁。砍伐森林,破坏地表原生植被,使坡地裸露,造成发生在松散堆积层中的表层和浅层滑坡更加频繁和严重。进行各种工程建设时,由于人工开挖坡脚形成高陡边坡,破坏了自然斜坡的稳定状态,这是人为因素引起滑坡的重要因素。人工在坡顶堆积弃土、建设住宅,加大了坡顶载荷,促使块体运动的产生。不适当的爆破施工,造成地表水流的渗漏等,也都会导致岩土结构的破坏,减小抗滑强度,有利于块体运动的产生。

各种工程建设往往使边坡变得过陡。如铁路、公路路堑的开挖、采石或露天采矿作业、坡地上阶梯状住宅的建设等都属于容易诱发块体运动的人为因素。据统计,宝成铁路宝鸡至广元段共有 91 处滑坡,其中有 80 处(占 88%)是在施工期间,由于过分切坡,破坏了山体极限平衡,上部土体失去支撑而产生的。房屋建于不稳定或人为加陡的坡地上,无疑增加了坡地的重量,增加了作用于坡地土的剪切应力。此外,在坡地上建筑住宅、道路等均会促进块体运动的危险性(图 8-7)。在草坪上浇水,用易于腐烂的容器进行污水处理,地面上游泳池的建设等所导致的水分的向下渗漏,都增加了产生块体运动的可能性。虽然,已努力采取措施来限制在这些不稳定地区的各种开发活动,然一旦滑坡已被活化或触发,滑坡将持续进行达几十年之久。美国加利福尼亚的波图格斯河曲地区就是一个典型的例子。该地区产生滑坡的历史可以追溯到几百年前。20 世纪 50 年代,该地区开始了大规模的住宅开发。1956 年,在一个 1 km² 的区域产生滑动,虽然附近地区的坡度只有 7°,但在几个月之内移动距离达 20 m。块体中产生了裂隙,滑坡之上或附近的房屋遭到损坏或毁灭,穿过滑坡基部的一条公路不得不一再被重建。从那以后,块体运动一直持续了几十年,它虽缓慢但不停止,每年的移动距离约为 3 m,而在滑坡的某些部位移动距离达 70 m。是什么活化了滑坡原因尚不很清楚。大多数住宅利用污水池进行污水处理,增加地表水流渗透和流体的压力;在滑坡顶部的一条横穿滑坡的公路在建筑时的许多填土增大坡地物质的重量。

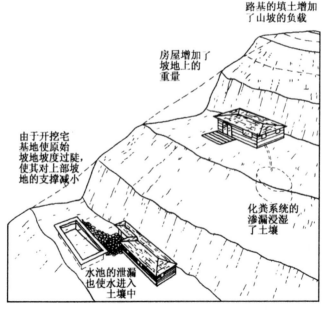

图 8-7   建筑和人类居住对坡地稳定性的影响

人类活动增大块体运动的危害性还表现在其他方面。耕作活动也增加地表水向松散物质和土壤的渗透,在具有下伏黏土层的地区,它将破坏岩土结构,当水分排干后可能导致崩落。人工水库不仅能诱发地震,也能促进块体运动的产生。随着水库的蓄流,水库周围岩石中孔隙水压力增大,而岩石的抗剪强度相应地减小。

三、块体运动类型

发生于坡地上的块体运动,按其作用的营力和运动特征,可以划分为崩塌、滑坡、蠕动、错落、泻溜等形式。

1. 崩塌

在陡峻的斜坡上,巨大的岩体、土体、块石或碎屑层,主要在重力作用下,突然发生急剧的倾倒、崩落等观象,在坡脚处形成倒石堆或岩屑堆,这种现象称为崩塌(图 8-8)。由于崩塌是一种运动的物质,并非总是与下部地面保持接触的自由下落运动,因此它的运动速度很快,一般为 5～200 m/s,有时可以达到自由落体的速度。崩塌的体积可以从小于 1 m^2 到若干 10^8 m^3。

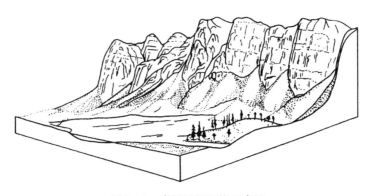

图 8-8 崩塌及倒石堆示意图

崩塌下落的大量石块、碎屑物或土体都堆积在陡崖的坡脚或较开阔的山麓地带,形成倒石堆或岩屑堆。它的范围大多不超过几百平方米,但有时也能形成面积达十多万平方米的巨型倒石堆,其平面形状大多呈半圆形或三角形,有时好几个倒石堆连接在一起或成带状。倒石堆的表面纵剖面坡度除与碎屑物质本身的休止角有关外,与其下部基坡的坡度大小也有很大的关系。

崩塌过程按照块体的地貌部位和崩塌形式又可以分为山崩、塌岸、散落等几种类型。山坡上发生的规模巨大的崩塌,称为山崩,其特征是规模大、速度快,大块崩落和小颗粒的散落同时进行,破坏力极大。河岸、湖岸、库岸或海岸的陡坡,由于水流的冲刷与海蚀,使岸坡基部被掏空,上部物质失去支撑而发生的整体塌落,称为塌岸。位于斜坡上的悬崖、危石、不稳定岩块或碎屑，主要因重力作用沿坡成群向下滚落呈跳跃式崩落的现象，称散落。

2. 滑坡

斜坡上大量的土体、岩体或其他碎屑物质，主要在重力和水的作用下，沿一定的滑动面作整体下滑的现象，称为滑坡。滑坡常发生在松散堆积层中，有时沿松散土层和基岩接触面滑动，也有沿岩层层面或断层面滑动的。滑坡的移动速度一般较缓慢，一昼夜仅有几厘米，但在一些特殊情况下，如遇到暴雨或大地震时，滑坡的移动速度也可以很快。

滑坡有自己独特的地貌形态，并构成了一定的地貌形态组合。一个发育比较典型的滑坡通常由滑坡体、滑动面、滑坡壁、滑坡台阶、滑坡舌、滑坡裂隙、滑坡鼓丘等要素组成（图8-9）。这些滑坡形态要素是识别滑坡和研究滑坡发展的重要标志。如根据滑坡壁的分布和滑坡体的范围，可以判断滑坡的存在和规模；根据滑坡壁的后期侵蚀破坏程度，可以判断滑坡发生的时间长短等等。

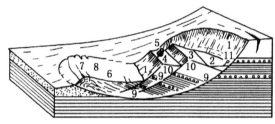

（a）块状图

1. 滑坡壁；2. 滑坡湖；3. 第一滑坡阶地；4. 第二滑坡阶地；5. 醉树；6. 滑坡舌凹地；
7. 滑坡鼓丘和鼓胀裂缝；8. 羽状裂缝；9. 滑动面；10. 滑坡体；11. 滑坡泉

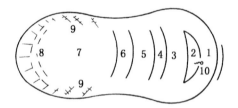

（b）平面图

1. 第一滑坡壁；2. 滑坡湖；3. 第一滑坡阶地；4. 第二滑坡壁；5. 第二滑坡阶地；
6. 第三滑坡壁；7. 滑坡舌凹地；8. 滑坡鼓丘和鼓胀裂缝；9. 羽状裂缝；10. 滑坡泉

图8-9 滑坡形态结构

滑坡的类型多种多样，根据不同的划分原则，滑坡有不同的分类体系。根据滑坡的物质组成，可将滑坡划分为黄土滑坡、黏土滑坡、碎屑堆积层滑坡和岩质滑坡四种。按滑动面与岩体结构面之间的关系可以划分为同类土滑坡，顺层滑坡、切层滑坡。按滑坡体的厚度可以划分为浅层滑坡（厚度为数米）、中层滑坡（数米到20 m）、深层滑坡（20 m以上）。根据滑坡的滑动年代可以分为古滑坡（发生在河流阶地侵蚀时期或稍后，目前稳定的滑坡）、老滑坡（发生在河漫滩时期而目前稳定或暂时稳定的滑坡）、新滑坡（发生在河漫滩时期具有现代活动性的滑坡）。按照滑坡体的体积可以分为小型滑坡（小于3×10^4 m³）、中型滑坡（$3 \times 10^4 \sim 5 \times 10^5$ m³）、大型滑坡（$5 \times 10^5 \sim 3 \times 10^6$ m³）和超大型滑坡（大于$3 \times$

10^6 m³）。按照滑坡的运动形式,可以划分为牵引式滑坡与推动式滑坡。

　　滑坡的发生与发展一般可以划分为几个阶段。首先是蠕动变形阶段。在这一阶段,斜坡内部某一部分因抗剪强度小于剪切力而开始变形,产生微小滑动。以后变形逐渐发展,直至出现地表水下渗加强,变形进一步发展,后缘拉张裂缝逐渐加宽深,两侧出现剪切裂隙(图 8-10),坡脚附近的土层被挤压,滑动面已逐渐形成,但尚未全部贯通。这一阶段经历的时间可长可短,长的可达数年,短的仅几天,但一般滑坡规模愈大,这个阶段愈长。其次是剧烈滑动阶段。在这个阶段,滑坡面已完全形成,滑体与滑床完全分离,滑动带抗剪强度急剧减小,裂隙错距加大,两侧羽状剪切裂隙贯通,滑坡前缘出现大量放射状鼓张裂缝和挤压鼓丘。位于滑动面出口处常有浑浊泉水渗出,预示滑坡即将滑动。在触发因素的诱导下,滑坡随即发生剧烈的滑动。滑动速度一般每分钟数米至数十米,持续约几十分钟。最后为渐趋稳定阶段。滑坡滑动之后,重力降低,能量消耗于克服前进阻力和土体变形,而抗滑阻力增大,因此下滑速度越来越慢直至趋于稳定。

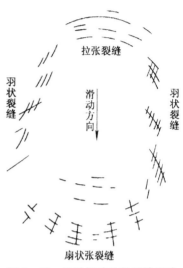

图 8-10　滑坡蠕动阶段裂缝系统

滑坡停息之后,在自重的作用下,松散的土石块又逐渐压实,地表裂缝逐渐闭合。这一阶段可持久数年之久。滑坡稳定后,如果遇到敏感的诱发因素,可以重新活动。

3. 错落

　　错落是指陡崖、陡坎、陡坡沿一些近似垂直的破裂面发生整体下坐的位移(图 8-11)。错落一般是当地较大范围内地貌演变的继续,尤以山区受地质构造的配套破裂面组合和河流切割造成的临空面为地貌发育的基础时,它是从属于由此而奠定的山体格局的变形现象。错落特征是垂直位移量大于水平位移量,错落破裂面的坡度一般均很陡,错落体比较完整,基本上保持了原来的结构和产状(图 8-11)。错落体在形态上呈阶梯状,常常只有一级,多级的较少。它们的后缘为几乎垂直的错落岩或错落坎。错落坎附近有大致与它平行的较顺直的裂缝。错落体的基部有挤压鼓丘等现象。

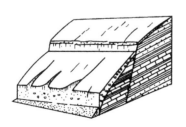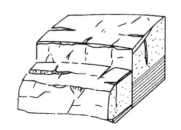

图 8-11　错落图示

　　错落的特性介于崩塌与滑坡之间,但它与崩塌和滑坡又有明显的区别。错落是沿一定的破裂面作整体位移,这一点与崩塌截然不同。错落和滑坡虽均有滑动面,但错落的后壁往往依附已有的破裂面,作用力来源于后部沿破裂面产生的重力的分力,并以垂直位移为主。而滑坡的后壁无已有的破裂面的控制,作用力来自中部主滑地段,以水平位移为主,水的作用较重要。

4. 蠕动

蠕动是指斜坡上的土体、岩体和它们的风化碎屑物在重力作用下,顺坡向下发生的缓慢的移动现象。蠕动最大的特点是移动速度较缓慢,从每年若干毫米到几十厘米,因此人们对蠕动一时难以察觉,但经过长期的积累,就能使斜坡上的各种物体产生变形,例如电线杆歪斜,树干弯曲,土墙或篱笆墙倾斜,地下管道破裂,大坝变形,公路、桥梁、建筑物被毁坏等(图 8 - 12)。

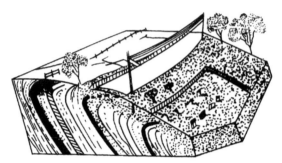

图 8 - 12　土屑蠕动形成的各种现象

(据 H. B.裴纪)

根据蠕动的规模和性质,可以将蠕动划分为疏松碎屑物蠕动与岩层蠕动两大类型。疏松碎屑蠕动是指斜坡上的松散碎屑或表层土粒,由于冷热、干湿变化引起体积胀缩,并在重力作用下发生的顺坡向下的缓慢移动。在温湿地区主要是因温差变化或干湿变化引起土粒或岩屑发生胀缩,而在寒冷地区冻融作用是引起土屑或岩屑蠕动的主要因素。岩层蠕动是指斜坡上的岩体在本身重力的作用下,发生十分缓慢的塑性变形或弹塑性变形。这种现象主要出现在页岩、片岩、千枚岩、黏土层等柔性岩层组成的山坡上,少数也可以出现在坚硬岩石组成的山坡上。

5. 泻溜

泻溜是以组成物质无序、紊乱的运动方式为特征的。泻溜就像流动的水一样,在运动过程中,块体内部的物质颗粒进行着相互混合。

泻溜中最为常见的形式是土溜。土溜是指碎屑物质被水浸湿后,沿坡向下缓慢流动的现象。它可以划分为融冻土溜和热带土溜两种。在冻土区,夏季温度上升时,冻土层表面融解,下部仍为冻结层,融解的土层如饱含水分,塑性大大增强,在重力作用下沿斜坡产生流动,称为融冻土溜。这种现象可以在很缓的斜坡上(3°～5°)上发生,它的运动速度很缓慢,但比岩屑蠕动要快一些。土溜作用在斜坡上可以形成许多土溜阶坎。在热带地区,由于降雨斜坡上的风化泥土润湿成泥浆,呈舌状向下伸展,称为热带土溜。

四、块体运动灾害

块体运动在地球上的每个自然带都能产生,因此它是自然环境中较为常见的地质灾害。块体运动或单独成灾,或作为其他灾害(如地震、暴雨、洪水等)的次生灾害而构成灾害链。在不同形式的块体运动中,崩塌、滑坡是造成灾害最主要因素,数百年来重大滑坡、崩塌、泥石流造成的灾害如表 8-6。

表 8-6 世界上重大滑坡、崩塌和泥石流灾害

时间	地 点	死亡人数/个	灾害原因
1512	布伦诺谷,瑞士	600	岩石滑坡在狭谷中形成天然堆石坝,二年后溃坝,洪水泛滥
1584	吐特阿依,瑞士	300	滑坡体掩埋村庄
1618	盲特柯塔,瑞士	2 430	滑坡
1806	柯尔多,瑞士	457	滑坡体掩埋村庄
1843	依达山,美国纽约	15	滑坡和泥石流
1881	依尔姆,瑞士	115	采矿引起岩体崩滑,毁房 83 家
1893	曲特黑姆,挪威	111	泥石流
1903	弗朗克,加拿大	70	岩体崩滑,毁灭大半个镇
1920	宁夏,中国	180 000	地震造成黄土窑洞崩滑
1936	诺弗吉特,挪威	73	岩体崩落,激起 74 m 高巨浪,泛滥成灾
1938	柯勃,日本	461	泥石流,毁房 13 万间
1943	四川叠溪,中国	2 500	地震触发岩土崩滑
1945	柯阿,日本	1 154	泥石流
1949	塔吉克斯坦,苏联	12 000~20 000	7.5 级地震引起滑坡、泥石流
1958	约卡哈玛,日本	61	泥石流
1959	玛迪森,蒙大拿,美国	28	岩体崩落毁坏营房
1963	瓦依昂特,意大利	2 600	滑坡体落入水库,水溢成灾
1964	阿拉斯加安荷拉奇,美国	114	滑坡,崩落,地震等
1966	威尔士,英国	144	采煤废石小山崩滑,116 名学生和 5 名教师死亡
1966—1967	巴西	2 700	滑坡、崩落、泥石流、洪水
1969	尼尔森,美国弗吉尼亚	150	滑坡、崩落、洪水

时间	地　　点	死亡人数/个	灾害原因
1970	瓦斯卡拉,秘鲁	18 000~21 000	7.8级地震时,山体崩滑,掩埋两个城镇滑坡
1971	金费安尼,加拿大	31	滑坡
1980	湖北远安盐池河,中国	300	崩塌毁坏一个磷矿
1981	四川,中国	300	暴雨引起滑坡,6万人无家可归,30余万人受灾,毁房7.4万间
1983	甘肃东乡县洒勒山,中国	277	滑坡,掩埋71户,毁田约2 km²
1983	长崎、九州,日本	333	暴雨引起大量滑坡、泥石流
1987	瑞文他多,厄瓜多尔	1 000	6.9级地震和暴雨引起岩土崩滑,4 000人失踪,损失15亿美元
1993	基多,厄瓜多尔	200	暴雨引起山崩,掩埋采金矿小村

注:引自闵茂中等.环境地质学.南京:南京大学出版社,1994.248

　　在日本,根据1958年所做的实地勘察,共查明有滑坡5 584个,面积达143 263 hm²,平均每年有4 000 hm²土地,78 900间住宅、218间校舍、500座神社受滑坡的危害。意大利已查明受滑坡威胁的地区占国土面积的1/3。据联合国的统计(1987年),仅滑坡灾害每年在全球造成的直接经济损失就超过50亿美元,每年平均有近600人死于滑坡灾害,在1925—1975年,美国的崩塌、滑坡等灾害造成的经济损失达750亿美元,其中滑坡对公路所造成的灾害每年就达1亿美元。在苏联,每年因滑坡造成的损失也高达数亿卢布之多。

　　由于我国所处的特殊的地质构造部位,山地面积占国土面积的2/3,块体运动造成的灾害频繁而严重。据统计,我国可能存在滑坡危害的地区占全国总面积的24.4%,每年发生的滑坡数以万计(图8-13)。滑坡造成“移山湮谷”“地移村埋”的事实在历史上早有记载。汉高后吕雉二年(186 B.C.)甘肃武都由于地震引起了滑坡,死亡760人,这是世界最早的滑坡记录,比欧洲有文字记载的滑坡记录要早749年。从1949—1990年,崩塌、滑坡等山地灾害至少造成100亿元的直接经济损失,毁坏耕地8.6×10⁴ hm²。我国铁路沿线分布大中型滑坡1 000余处,平均每年中断交通44次,中断行车800 h,经济损失7 480万元,每年投入整修费6 600万元。1981年秋季,四川、陕西南部一带连降暴雨,致使90多个县区发生滑坡约60 000处,受灾人数达30余万人,死亡300多人,毁房74 000间,损失之重为近百年所罕见。1982年7月四川省云阳县由暴风激发老滑坡复活而形成的鸡扒子滑坡,滑坡体土石方量1.5×10⁷ m³,其中滑坡前缘约2.3×10⁶ m³土石脱离原滑床坠入河槽,由长江北岸直抵南岸,最大滑距约120 m,毁坏房屋1 730间,经济损失600多万元。更为严重的是,由于大量块石坠入长江,在鸡扒子滩形成三道埂,河床淤高30 m以上,过水断面减小,阻碍航行,耗费了上亿元的整治费。湖北省秭归县境内长江西陵峡段的新滩是长江三峡段古今崩塌与滑坡规模最大、次数最多的江段,成为长江三峡著名的险滩。自公元100年以来,这里曾发生多次的岩崩和滑坡。1985年6月又发生了一次巨

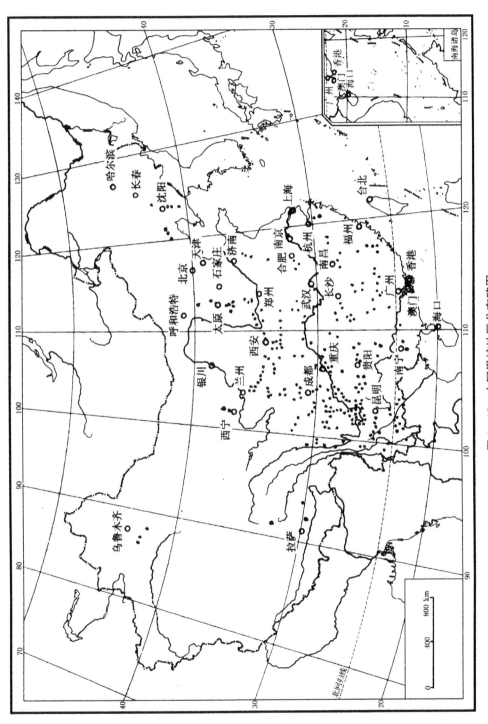

图 8 - 13　中国滑坡地区分布略图

（据张以诚等，1987）

型滑坡,滑坡体总量达 1.74×10^7 m³,其中堆积于河床中的滑坡体达 1.51×10^6 m³,使长江新滩江段在长达 950 m 的河床中平均堆积加高了 5 m。滑坡将新滩镇全部摧毁,幸预报及时,撤离措施果断,无人伤亡。但滑坡体进入长江造成高达几十米的涌浪,使停泊在新滩至香溪江中的 77 艘小型机船和木船全部沉没,船上人员 9 人死亡,并使位于江面以上 28.5 m 高处的块石浆砌的仓库被冲毁。据分析,若此次滑坡发生在葛洲坝水利枢纽修建之前,它将使长江三峡段航道堵塞,造成枯水期至少 120 天的断航。

值得引起注意的是,20 世纪以来由于城市化、人口膨胀、大规模的工程建设以及工程技术、机械设备的改进使得人类可以在全球范围内大规模地改造坡地。建造公路和铁路是人类活动直接引起滑坡的最常见的方式。大部分滑坡都发生在人为切割山坡和山地稳定结构设计不当的地方。由于征用修路土地费用日益高昂,所以有时所购置的长条地带非常狭窄,以致不可能有增强稳定性的余地。建造大坝以及开发人工湖和水库,可以创造出另一类会促使大量滑坡的环境。1963 年意大利北部的瓦昂特发生的灾难是有史以来完全由人类所诱发的最大灾难之一。当时体积多达 2.6×10^8 m³ 的滑坡体灾难性地倾入水库,激起巨浪其水头高度超过 100 m,且越过拱形大坝的,在大坝以下 1 km 的山谷内,水头仍有 70 m,尽管大坝未受影响,但其下游山谷里的 2 600 居民均在这次灾难中丧生。

五、块体运动的预报

自 20 世纪 60 年代以来,以滑坡预报为中心的块体运动预报问题越来越受人们的重视。这一方面反映了随着人类经济活动向山区的扩展,使得块体运动给人类带来的灾难日趋严重,人们迫切希望掌握有效地避免或减轻块体运动灾难的办法;另一方面,也反映出至今尚未出现权威性的滑坡预报理论和方法。真正地依靠科学技术,而不是依赖机遇预报滑坡活动的成功实例还是极其个别的。

1. 滑坡预报的种类

滑坡预报是个笼统的概念。在实际工作中,根据研究对象、范围和目的的不同,可以分为以下几类。

(1) 临滑预报。滑坡的临滑预报是指预先对数天内滑坡发生或活动时刻所做出的预报。即日常所说的滑坡预报。发布临滑预报,是在建立了正确的滑坡滑动模式,同时又具备了可靠的滑坡观测资料的基础上进行的。临滑预报是滑坡预报中难度最大的预报类型。因为滑坡类型不同、滑坡运动特征的差异等,都将使各个滑坡的临滑预报差别极大,同时,不同的区位对于临滑预报的要求也是各不相同的。

(2) 趋势预报。滑坡趋势预报是指对今后数月、数年、数十年甚至百年之内,滑坡将要发生或滑坡将要复活的预报。在进行滑坡趋势预报时,首先要判断滑坡体的现状稳定性,还要结合分析那些能够直接影响坡体或滑坡稳定性的(自然的或人为的)诱发因子,今后可以发生变化的时间和程度,预先判断坡体或滑坡失稳的时间。滑坡的趋势预报还可再分为短期预报(数月之内)、中期预报(数年之内)、长期预报(数十年之内)和超长期预报(百年之后)几类。

(3) 滑坡预报的精度。从表面上看,随着预报年限的增大,预报的准确率势必降低。但在实际工作中,凡需做出长时间预报的坡体或滑坡恰恰是需要加以深入认识、密切注视的。长周期的认识过程就是开展更为细致的观测和实验过程。最初所做的长周期预报的准确率较低只是暂时的现象,最终必将出现年限长而观测项目多、预报精度高的结果。所以,滑坡趋势预报是开展临滑预报的基础,临滑预报是趋势预报的继续和具体化。

从滑坡预报的内容来看,除了以预报滑坡发生时间或复活时间为主外,还应包括滑动范围、滑动规模、滑动方向和滑坡可能对自然环境和人类所造成的影响等方面的内容。

2. 临滑预报的实现途径

成功地实现临滑预报可以减轻或避免滑坡灾害,具有极大的经济效益和社会效益,因此它是人们多年来追求的目标。随着科学技术水平的提高,人们对块体运动规律性认识的日益深入,为成功地进行临滑预报奠定了基础。图 8 - 14 概括了实现临滑预报的基本流程。

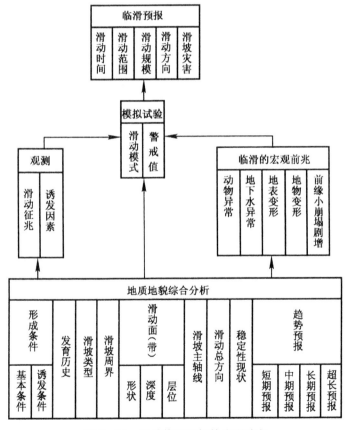

图 8 - 14　滑坡临滑预报的实现流程

(据陈自生,1990)

（1）滑坡的地质地貌分析。是预报防治的最基础的工作，分析滑坡的成因，找出形成滑坡的必要条件和触发因素。在此基础上，再结合坡体的地质地貌特征，能够得出可能发生滑坡或已经发生滑坡的结论。继而可以得到有关滑坡的发育史、类型、周界、主轴线、滑动总方向、滑动面（带）的形状、深度、层位、滑坡稳定性现状的结论，并做出相应的趋势预报。

（2）滑坡的动态监测。可以确定坡体的应力变化、应变过程、岩土的破坏机制和滑坡的滑移特征等，捕捉临滑前的坡体或滑坡所暴露出来的种种前兆信息，以及诱发滑坡的各种相关因素，其成果不仅表示出滑坡动态要素的定量数据，更重要的是体现出动态要素的演变趋势，有利于临滑预报，并为定量评估坡体稳定性和工程防治提供依据。目前，对滑坡的动态监测已从分散的单要素常规观测发展到多要素、主体全方位、自动和半自动遥测的网络监测。滑坡动态监测的内容包括地形变、裂疑缝形变、岩土位移、软弱层的压缩形变和收敛变化、地声、地应力、地下水位、地下水温、孔隙水压、泉水流量、地下水中敏感性离子含量、大气降水、地表径流、河流水位、地震等。如长江三峡链子崖危岩体的监测就是由岩体位移监测、全自动遥测监测、平硐监测、声发射监测、应力变化监测、地面倾斜监测和环境因素监测等系统组成。

（3）模拟试验和空间预测。滑坡的动态监测成果，只能提供滑坡的有关动态数据和发展演变趋势，还不能确切提供坡体或滑坡接近临滑状态的程度，更不能直观地显示出滑坡的临滑时刻，而滑坡的模拟试验则可以确定滑坡的滑动模式、坡体或滑坡处于临滑状态时的相关极限指标（警戒值），它是实现临滑预报的必要条件。试验的内容是利用土力学、岩石力学和岩体力学的试验技术和差热分析，X射线分析、扫描电镜等试验分析手段进行包括离心模拟、光弹性和光塑性模型、滑坡模型等物理模型的模拟实验和利用流变计算模型、极限平衡法、应力-应变分析法、偏微分方程法、工程图解法、赤平投影法等进行数值模拟试验。在此基础上，根据滑坡发生的必要条件和诱发因素，采用定性和半定量的多元回归分析、聚类分析、信息预测、因子叠加分析、优势面分析等方法，对某一特定地区滑坡发生的可能性进行空间预测。

（4）滑坡前兆现象的观察。前兆现象主要有以下几种：①地下水异常：地下水位和水质发生急剧变化，或流向、水压、水温发生改变，致使泉水突然干涸或出现新泉眼；或井水位的突然升降。②动物异常：动物行为异常，鸡、猪、牛、鼠、蛇、狗等惊恐纷纷奔叫逃窜。③滑坡地表形变：滑坡坡面开裂，出现环状裂缝，或坡面上岩石发出响声，地表倾斜等。④滑体上地物形变：坡体上建筑物开裂、倾斜、倒塌、沉陷等。⑤滑坡体前缘湿地增多：产生小型崩塌和块石滚落。

国内外以往都不乏成功的临滑预报实例，1970年1月，日本饭山线高扬山铁路隧洞进口边坡发生滑坡，破坏了铁路并使交通中断，但由于准确地预报了滑坡发生的时间（实际滑动时间与预报时间仅差6 min），未发生任何事故。1969年智利楚基卡玛塔发生滑坡，由于长期埋设仪器进行观测，于五个星期前就准确地预测到滑坡发生的日期。我国也分别对陕西魏家堡滑坡和卧龙寺滑坡、长江西陵峡新滩滑坡以及四川巫溪中阳村滑坡等做过较为成功的预报。以往成功的临滑预报实例，大致可以分为三类：①经验型的临滑预报，即根据宏观临滑前兆的突然出现，凭预报者自身的经验和感觉做出的临滑预报。②经验-数值型临滑预报,即根据有限的观测资料和大量的宏观前兆做出的临滑预报。③数值型临滑预报,即根据滑坡监测成果和滑坡模式做出的预报。

六、块体运动灾害的防治

国内外防治滑坡等块体运动的基本原则都是"以防为主"。因为在许多情况下,唯一能采取的解决办法是完全避开不稳定的地点。这种策略是最为安全的选择,特别是在附近可以找到更适合的地区时更是如此。再加上块体运动灾害的治理往往费时长、投资大,且常影响工程施工的安全和工期,所以对大型复杂的滑坡多采取绕避的防治原则,这样往往能以较小的代价换取较好的效果。对于确实无法绕避的或已具有较高开发程度的危险地区,经技术经济比较,确认有必要和可能处理时,则可采取有效的工程措施,进行综合治理。

不同类型的块体运动,有其不同的成因和形成机制。对于崩塌、蠕动或滑坡,治理的工程措施有所不同。如果错误地判断块体运动的类型,甚至反而会加剧块体运动灾害。例如,大型滑坡在急剧滑动之前,滑坡头部往往出现松弛崩塌,若误以为一般的崩塌,采用削缓边坡的治理措施,削去头部的抗滑段坡体,使抗滑力减小,则反而加速滑坡的发展。对滑坡体本身的治理,必须了解滑坡的类型及成灾机制,抓住主要矛盾加以综合治理。

治理滑坡灾害的方法很多,归纳起来可以分为以下几类:

1. 消除或减轻水对诱发滑坡的影响

水是绝大多数滑坡的触发因素,因此防治滑坡的一项重要措施就是降低岩体、土体中水的含量和孔隙压力。对地表水的排除可以采用在滑坡可能发展的边界以外,设置一条或数条环形截水沟,用以拦截坡地上部水流,以改变坡地径流的方向,避免其进入滑坡体内。在滑坡体上充分利用自然沟谷布置成树枝状排水系统,使水流得以旁引。如地形条件允许,可在滑坡边缘修筑明沟,直接向滑坡两侧稳定地段排水。整平夯实坡面,减少洼坑堵塞裂隙,铺设不透水材料,以减少地表水下渗并使其迅速流走。同时注意搞好坡地的植被覆盖工作(图 8 – 15,8 – 16)。

对于地下水的排除,则多采用开挖由泄水孔、渗井、渗入管、排水隧洞组成的排水系统或是建立垂直、倾斜、水平的排水孔系统,以降低地下水位和水压。

2. 改善坡地的力学平衡条件

滑坡产生的根本原因在于,坡体的滑动力大于抗滑力,因而破坏了坡地的力学平衡条件。因此,为了提高坡地的稳定性,可以采取以下措施来改善坡地的力学平衡条件。

(1)削坡。在已经明确了解到不规则斜坡是造成应力差异的主要原因,并可能导致滑坡的情况下,削缓坡地坡度,减小滑动体的厚度,可以减小滑动力。当边坡高度较大时,应将山坡阶梯化,以阻止累积坡长应力。

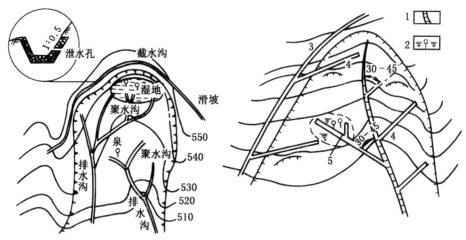

（a）　滑坡地区地表排水布置

（据张以诚等，1987）

（b）　滑坡体上的树枝状排水系统

1.自然沟的清理或铺砌；2.泉水与湿地；

3.截水沟；4.排水明沟；5.引水渗沟

图 8-15　滑坡地区地表和滑坡体上的排水

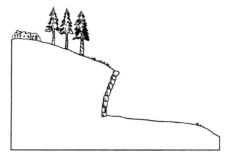

（a）原先渗入到土层的水触使坡地
物质运动推倒挡土墙；

（b）后来水通过管道排走使得
挡土墙保持稳定

图 8-16　改善排水通过减小负载和孔隙压力增强了坡地的稳定性

（据 C. W. Mongomery，1992）

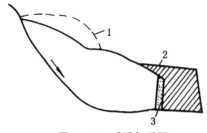

图 8-17　减重与反压

1.滑体削方减重部分；
2.反压土堤；3.渗沟

（2）减重与反压。减重就是挖除滑体上部的岩（土）体，减少上部岩土体重量造成的下滑力。反压则是在滑体的前部抗滑地段，采取加载措施以增大抗滑力（图 8-17）。它将使滑坡的外形得以改变，重心降低，改善滑坡的稳定性。据估算，如果将滑动土体积的 4% 从坡顶移到坡脚，那么滑坡的稳定性则可增大10%。减重与反压对于推移式滑坡较为适用，而对于牵引式滑坡，或坡地岩土体具有卸荷膨胀性等类型的滑坡都不宜采用。

（3）修建支挡工程。由于岩土体失去支撑而引起的滑坡，或滑床陡、滑动快的滑坡，采用各种支挡工程措施，可以改善坡地重力平衡，使滑坡保持稳定。

抗滑挡墙:这是目前最广泛采用的抗滑措施,它借助挡墙本身的重量,支挡滑体的重量,支挡滑体的斜余下滑力(图8-18)。这类工程对小型浅层滑坡比较有效。

抗滑桩:是指穿过滑体而固定于滑床的桩柱,用以支挡滑体的滑动力(图8-19)。它具有破坏滑体少、施工方便、节省材料和劳力等优点,因此在国内外广为应用。抗滑桩主要用于中、深层滑坡的治理。根据滑体的厚薄、推力大小、防水要求、施工条件等,抗滑桩的材料可选用木桩、钢桩、混凝土桩及钢筋混凝土桩。

图8-18 抗滑挡墙

(据张以诚等,1987)

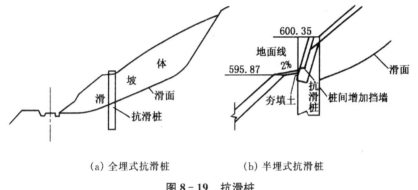

(a) 全埋式抗滑桩 　　　　(b) 半埋式抗滑桩

图8-19 抗滑桩

(据钅石轩,1990)

锚固和预应力锚固:在具有裂隙的坚硬岩石、平面层状的或不连续的节理结合的岩石组成的斜坡上,为了增强滑面的抗滑力,或为了固定松动的危岩,可以采用锚固或预应力锚固措施。其方法是在拟固定的岩体上钻孔,直达下部稳定基岩,在孔内插金属锚杆,孔口以螺栓固死在岩石上(图8-20)。该办法在阿尔卑斯山区和美国的许多岩石开挖地区,以及我国的水库边坡整治中,均被证明是行之有效的。为增加对岩石的压力,也可在孔口预加应力后,再予以固死。

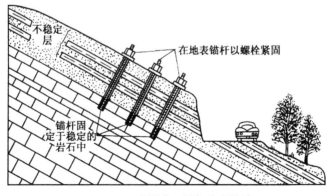

图8-20 安置岩石锚杆稳定坡地

(据 C. W. Mongomery,1992)

抗滑键：在具有明确的软弱滑动结构面的坡地上，为了提高沿滑动面的抗剪强度，可沿滑动面走向，垂直滑动方向设置抗滑键。通常多采用沿软弱面开挖平洞，平洞切入滑动面上下岩体，然后回填以混凝土和钢筋，形成混凝土抗滑键。抗滑键常布置于靠近滑坡顶部或在可以增强均一性和提高稳定性的地方。这在加利福尼亚的许多地方都使用过，并成功地阻止了美国维斯塔弗德滑坡的运动。在我国凤滩水电站，成功地治理了边坡的软弱夹层滑坡。

3. 增强软弱面(滑动带)的物理化学性质

对于具有软弱夹层或软土层的坡地，采用物理、化学的方法，改变岩土性质和结构，防止软弱面进一步恶化，以提高坡地的稳定性，也是治理滑坡的一种有效措施。通常用灌浆法、焙烧法及电渗法。

（1）灌浆法。采用水玻璃、铬木素、尿醛树脂、丙强等高分子材料配制的浆液，通过钻孔注入软弱层中，使其胶结、硬化和坚固，充填裂隙，并且能防渗阻水。而石灰加固法则是利用阳离子的扩散效应，由溶液中的阳离子，交换出土体中阴离子而使其保持稳定。

（2）焙烧法。利用滑动面之下人工开挖的导洞，将气态或液态燃料与空气压入混合燃烧室，再用气泵将燃烧后的高温气体(约 1 000 ℃)通过导洞压入地下焙烧土层，以提高其强度和耐水性。

（3）电渗法。利用电场作用而排除地下水的一种方法。将阴极和阳极的金属柱成行地交错打入滑坡体内，一般以钢或铁为阴极，铝为阳极，通电后水即发生电渗作用，水分从正极移向负极，负极为一花管构成，水分集中到该管后用水泵抽出，土则由于脱水而加固。这种方法仅适用于粒径为 0.05～0.005 mm 的土体的排水，且费用高，耐久性差，仅能作为临时措施。

参考文献

1. 湖南省水利水电勘测设计院.坡地地质工程.北京:水利电力出版社,1984
2. 山田刚二等.滑坡和斜坡崩塌及其防治.北京:科学技术出版社(中译本),1981
3. Е.П.叶米杨诺娃.滑坡作用的基本规律.重庆:重庆出版社(中译本),1986
4. 张以诚,钟立勋.滑坡与泥石流.北京:民族出版社,1987
5. 四川地理研究所.滑坡.北京:科学出版社,1975
6. 四川省地理学会滑坡专业委员.中国科学院成都地理研究所.滑坡分析与防治.重庆:科学技术文献出版社重庆分社,1984
7. 滑坡文集编委会,1984 第四集,1990 第七集.北京:中国铁道出版社
8. 林承坤.长江三峡与葛洲坝的泥沙与环境.南京:南京大学出版社,1989
9. Mongomery C W. Environmental geology. Wm. C. Brown Publishers,1992
10. Coates D R. Environmental geology. John Whiley & Sons. Inc.,1981

第9章

水环境与水资源

地球上的水体,在地球表层构成水圈,其主要由海洋、湖泊、河流、冰川、地下水体及大气中水体组成。所谓水资源主要指淡水资源,可用于工业、农业、日常生活的水。没有水,水资源缺乏,将会影响到人类社会的生存发展。水是人类最重要的资源。本章将地表水、地下水及大气水结合起来,讨论水的环境资源状况及对社会经济的影响。

一、地球上的水资源

水是地球上最普通的物质,同时亦是最重要的资源,其总体积为 1.41×10^9 km³,如果均匀分布在地球表面,则为厚度约 3 000 m 的水层。但这水体中 98% 是咸海水,通常称谓的水资源是指淡水,仅占 2%。而这淡水中极大部分为冰,堆积在极地与高山,其余大部分为地下水体,仅极小部分的淡水,存在湖泊、河流中,可供人们利用(表 9-1)。由此可知,淡水资源所占百分比极小,人们必须重视水资源的合理利用。从地质观点看,水是可更新的资源,但在短时期,从人类的社会经济活动过程看,水几乎是不可更新的,在一些区域水供应可能相当不足,水资源成为制约区域经济发展的头等障碍。

表 9-1　地球上的水体

	占总水量的比例/%	占淡水的比例/%	占未冻结淡水比例/%
海洋	97.54	—	—
冰盖、冰川	1.81	73.9	—
地下水	0.63	25.7	98.4
湖泊、河流			
淡水	0.009	0.37	1.4
咸水	0.007	—	—
大气中水	0.001	0.04	0.2

中国水资源的总量为 2 800 km³,人均占有水量仅 2 400 m³,只相当于世界人均占有水量的 1/4,居世界第 109 位。水资源的利用量及人均用水量均低于世界水平,而远远低于发达国家(表 9-2)。中国已经被列为全世界人均水资源 13 个贫水国家之一,因此,合

理利用极为宝贵的水资源,是全球的更是中国的重要任务。

表 9 - 2　世界水资源

大洲与国家	水资源量/a		利用量		
	总量/km³	人均量/km³	总量/km³	占水资源比例/%	人均用量/km³·a⁻¹
世界	40 673.0	7.69	3 296	8	660
非洲	4 184.0	6.46	144	3	244
北、中美洲	6 945.0	16.26	697	10	1 692
南美洲	10 377.0	34.96	133	7	476
亚洲	10 458.0	3.37	1 531	15	526
欧洲	2 321.0	4.66	359	15	726
大洋洲	2 011.0	75.96	23	1	906
美国	2 478.0	9.94	467.0	19	2 162
加拿大	2 901.0	109.34	36.15	1	1 501
英国	120.0	2.11	28.35	24	507
法国	170.0	3.03	33.3	18	606
中国	2 800.0	2.47	460.0	16	462
日本	547.0	4.34	107.8	20	923
印度	1 850.0	2.17	380.0	18	612

注:据1990年世界资源报告。

二、地下水体

1. 地下水

降水落到地表会下渗,重力将水向下牵引,一直至非渗透性岩层,或非渗透性土层。入渗水在非渗透性岩层上积聚,构成一个由水分充填了岩层或土壤中所有孔隙的饱水带或潜水带。饱水带之上的岩层(或土层)中的孔隙部分为水所充填,部分为空气所占,称为饱气带或潜流带。从逻辑上讲,所有占据地面以下孔隙间的水均为地下水,而实际上仅仅饱水带中的水才是能被利用的地下水。地下水与土壤水不同,土壤水是非饱和水,是土壤层中小孔隙或颗粒表面持有的水分。饱水带的顶面称为地下水面,它不受上面非渗透岩层的限制(图 9 - 1)。

地下水赋存于地壳的上层,通常深度在几千米以内,在地壳的深层或更深处,因岩层受到巨大的压力,压实作用将封闭所有可为地下水充填的空隙。

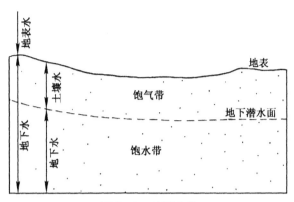

图 9 - 1 地下水体

潜水面并不总是位于地面以下,若潜水面与地面相交,则会出露地面形成泉、湖泊或河流。地下的潜水面并不像桌面那样平坦,它是随地表地形起伏以及地下渗透性和非渗透性岩层的分布而变化,潜水面的高度是变化起伏的。当输入水量大于输出水量时,例如降水季节或融冰雪季节,潜水面就高;而在旱季,大量使用地下水时,潜水面就下降,可获得剩余的地下水量亦少。地下水可通过渗透岩层(或土层)作侧向流动,使水从海拔高处流向海拔低处,从渗流丰富处流向渗流较小处,从地下水消耗量较小处流向地下水使用量消耗大的地区。这种使地下水再分配的渗流和迁移过程称为补给(recharge)。

各种岩层和土层的孔隙度与渗透率是各不相同的,若从井中提取地下水,井周围岩石的孔隙度和渗透率是供水量的关键,孔隙度控制了供水的数量。在大部分地区,地下水没有直接开敞的水体,而是利用岩石孔隙中包含的水。渗透率也控制了地下水提取的速度与补给速度。假使孔隙水均被紧紧地束缚在岩石上,不能被提取,那么地球上的孔隙水都会毫无使用价值。

储有足量的水并能较快地运移,并用作水源的岩层称为含水层(aquifer)。砂岩、粗碎屑沉积岩是良好的含水层,具有多孔隙和渗水性的其他岩层,如多孔隙的石灰岩,多裂隙的玄武岩、风化的花岗岩,也可成为含水层。岩层虽能缓慢地吸收水分,但其渗透率极低,称为隔水层(aquiclude)。隔水层是运移速率很低,不能成为提供水源的岩层。具有中等孔隙度和渗透率的岩层是弱含水层(aquitard)。弱含水层可储存数量可观的水分,但水的流动滞缓,页岩是常见的弱含水层。

2. 含水层的几何形态

地下水性状受地质条件和含水层几何形态控制。含水层上直接覆盖具有渗透性的岩层(或土层),称为非承压含水层(unconfined aquifer)。在非承压水层中筑井,井水面高程与周围含水层的潜水面一致,井中水需提取到地表。含水层之上是渗透性岩层,地表水可无障碍地下渗入含水层,即非承压性含水层可通过含水层之上整个区域的渗流作用获得水量的补给(图 9 - 2(a))。

当含水层的上部和下部均为隔水层或弱含水层所阻,则为承压含水层(confined aquifer)。承压含水层中的水处于压力之中,此压力来源于邻近的岩石或含水层内横向高程的差异。当承压含水层中水体自由溢出时,其水头可高于当地的潜水面(图9-2(b))。水面上升到承压水层的水面以上,称为自流系统(artesian system)。自流系统中的水可上升到地面以上,这种水体受水压力使水面抬升到的高度,不称潜水面高度,而称水势面(potentiometric surface)高度。这高度将高出承压含水层顶,也可高出地面。

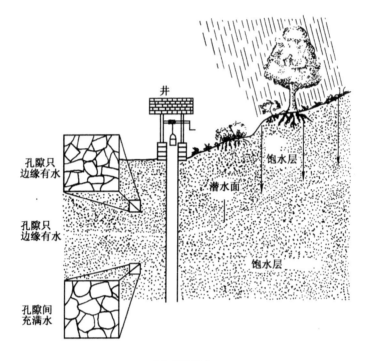

(a) 非承压水

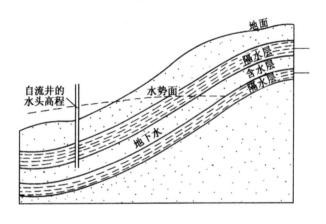

(b) 承压水

图9-2 地下水体形态

在透水性岩层中,局部的非透水性的透镜体或小块非透水层,可形成一个滞水面(perched waters level)(图9-3)。这局部的隔水层上是一局部的饱水带,其高程与区域的潜水面无关,可高出潜水面很多。在钻井作地下水贮量估算时,需要注意别为滞水层所迷惑,把它误作为区域潜水面,这将产生估算水量的巨大误差。

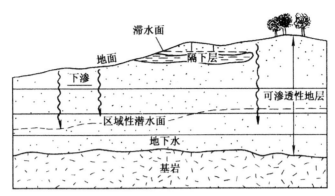

图 9-3 滞水面——形成高于地下水面的假象

地下水是流动的,虽然这种流动非常缓慢,在评价地下水可取性时,必须鉴别地下水的流动路线(方向)和补给区的位置。在紧靠补给区开采地下水,且开采水量的速率超过补给速率,含水层中贮存的水量将逐渐被用尽,使供水不足。若地下水的采水区远离补给区,采水在地下水流路的下游,则可采的地下水储量将会很大。同地表河流一样,地下水系统也有分水岭,地下分水岭两侧的地下水流路方向不同。地下水开采的含水系统的范围,均为分水岭所限定,地下分水岭亦可将同一含水层系统内的受污染水体和未受污染水体分隔开。

3. 抽取地下水带来的后果

随着一个地区社会经济的发展,抽取地下水的速度加大,当大于地下水的补给速率时,结果在非承压含水层中形成地下水漏斗(cone of depression),一种以抽水井为中心的圆形低水位面(图 9-4)。当一个区域有若干个抽水井,相邻的地下水漏斗互相重叠,使水井间的地下水位进一步下降,如较长期的抽取地下水,超过补给速率,区域性地下水位将降低。当一个地区,水井使用若干年后需加深水井,这表明该区域地下水位在降低。地下水漏斗现象同样可发生在水势面中,当抽取自流地下水的量超过补给速率时,水势面将降低。

这些是警告信号,因不可能不停地加深水井来抽取地下水,水势面也不能无限制地降低。在许多地方,很浅的深度就有非渗透性岩层,在单个含水层体系中,下部隔水层可能位于基岩深度之上,这样地下水只能在浅层中抽取,不能任意增加井深。地下水流速差异很大,其数值为每年几米至几十米。因此地下水的补给,尤其是对于具有有限补给区的承压性含水层的区域,需要数十年至数百年的时间。

现在已有很多地区,因过多地开采地下水面而临枯竭,这并非地下水不再补给,而是补给速度太慢,对人类社会经济活动而言,其补给速度之缓慢,以至于失去补给的意义。此外,人类活动可以减少地下水的自然补给,即使是非常缓慢的自然补给过程,也可以被破坏中断。

这方面最突出的是华北的京津唐地区。近些年大量开采地下水,其采水量已超过多年平均补给量,在北京、天津及唐山市区的地下水已形成区域性下降漏斗。北京市地下水漏斗区面积为 1 000 km²,北京郊区几县形成季节性漏斗。天津市漏斗的最低水位已达 −63 m。地下水位的下降引起地面下沉,下沉量超过 1.5 m 的面积达 58 km²。唐山市区

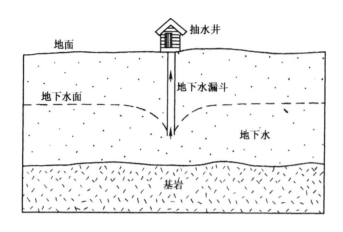

(a) 非承压水层中的地下水漏斗

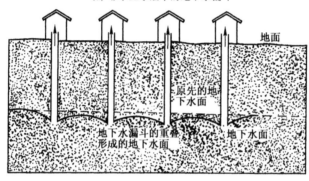

(b) 地下水漏斗重叠使整个地下水位下降

图 9-4　地下水漏斗

和矿区形成二个地下水漏斗,水位下降至-22.4 m。

压实作用与地面沉降,是地下水位下降派生的后果。因上覆岩层的重量,含水层孔隙不含水分而被压实致密。压实作用使含水层孔隙率降低,其持水能力永久性地减小,并可使渗透率降低。同时,下覆岩层的压实与沉降,使地面沉降,在大量抽取地下水的区域,可产生大面积的地面沉降。如上海市,至 20 世纪 60 年代中地面沉降量累计达 2.63 m,天津从 20 世纪 50 年代至 80 年代,地面沉降 2.3 m,最大沉降量达 18 cm/a。日本东京,自 20 世纪 40~80 年代已累计地面沉降达 9 m,年最大沉降量达到 75 cm。这些都是过量抽取地下水引起的。

意大利的威尼斯位于地面缓缓沉降的沿海低地,当地过量抽取地下水,加上世界性海平面上升,亚德里亚海岸构造下沉,使这沿海低地沉溺,成为世界著名的水上城市。地面沉降威胁着威尼斯许多历史性的艺术建筑。为挽救这些财富,已采取耗资巨大的工程措施。20 世纪 60 年代后期以来,已停止打井,控制过量使用地下水,该城市的地面沉降明显停止。但受海水淹没的灾害仍然存在。本书第一作者 1992 年 10 月 3 日正好在威尼斯开会,当时风雨交加,整个威尼斯被大浪高水位所淹没,街道曲折迂回均泡在脏水中(污水排不出,均漂浮在海面),代表们都涉着脏水,进入大厅会场。

防治这类地面沉降,主要用人工回灌方法,将地表水或人工自来水,用井孔灌注或地面渗入。上海市限制地下水抽取量,并每年向地下回灌 2×10^7 t 水,已成功地控制了地面下沉。同时,利用季节气候变化,冬季向深井灌注自来水,夏季抽出用作降温的冷水,夏季向地下注入暖水,冬季取出取暖用,开辟了回灌水多功能用途。墨西哥城亦采用回灌方式,使地面沉降量从每年 30 cm,降低到每年数厘米。

盐水入侵(saltwater intrusion)是沿海地区、抽取地下水的另一严重后果。当雨水降落在海洋中时,淡的雨水迅速与咸的海水混合,淡水消失了。而降落在陆地上的雨水,却不会与咸的地下水很快地混合,因岩石孔隙中的水分没有波浪海流的扰动混合作用,孔隙中水分是相当安定不易流动的。淡水的密度比盐水低,雨水渗入地下形成淡水透镜体浮在密度大的地下盐水层之上,如果地下水的用量与补给速率近似平衡,淡水透镜体厚度会保持不变。

当使用沿海地区的地下淡水过快,透镜体状的地下淡水变薄,含盐的海水向上移动充填淡水取走后的孔隙,在透镜状淡水漏斗之下,会出现盐水的“倒漏斗”。随着淡水供给的减少,原来靠抽取透镜体中淡水的水井,可能开始抽不到淡水,含水层中的咸水或海水侵入淡水层,淡水发生咸化这称为咸水入侵(图 9-5)。咸水入侵包括海水入侵导致含水层的破坏,水井废弃。区域性地下水源枯竭,农业及工业用水缺乏,严重的咸水入侵影响地表,可造成大面积区域性土壤盐碱化。防治咸水入侵的方法,主要是:加强地下水管理,限制淡水开采量,维持一定的淡水水位,使淡水、咸水之间维持均衡;人工回灌,用人工办法增加地下淡水的水头和流速,阻止咸水入侵;增设抽水槽,在沿着海岸线方向布置抽水井,定期抽水,抽出咸淡混合水排向海中,保证内陆一侧淡水层不被咸化。

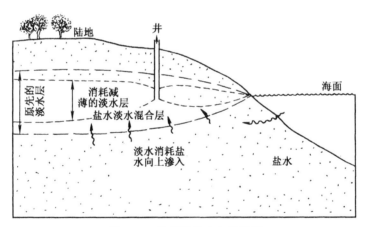

图 9-5 海岸带盐水入侵图示
地下水抽取量超过补给量时,盐水侵入淡水体系,形成倒漏斗

三、喀斯特及喀斯特水

喀斯特是指可溶性岩石地区特殊的地貌现象与水文现象。地下水和地表水对可溶性

岩石的破坏和改造,称为喀斯特作用。它包括了化学的溶蚀和沉淀过程,以及喀斯特区域流水的侵蚀和沉积,重力崩坍和堆积。这些作用所形成的地下形态和地表形态,称为喀斯特地貌。而喀斯特既是这特殊的形态,又包含了这特殊的作用过程。

喀斯特主要地貌类型是地表的洼地(盆地、平原)与峰林,地下的溶洞与地下河。两者之间常以喀斯特漏斗相联通。喀斯特漏斗为漏斗形或碟状封闭洼地,通常直径在100 m以内,是地表水沿节理裂隙溶蚀、塌陷而成,其底部常有落水洞通往地下。地表的洼地漏斗与地下管道相通,使地表水迅速渗入地下,并通过地下河排泄。因此,喀斯特区域河流转入地下,地表显得干旱缺水。

喀斯特水是喀斯特化岩体中的地下水,喀斯特区域缺乏地表水,而地下却储存着大量地下水及流通的地下河的水。所以,它是特殊环境的地下水体。

喀斯特水具有水平流动和垂直流动,可处于承压状态,也可具自由水面。喀斯特水的循环,主要有水的输入(大气降水,河湖水的渗入),岩体内水的储存与运移(喀斯特含水层或畜水体),水的输出。

喀斯特水按其储存、运移和岩体的构造,具有4种类型:①层间喀斯特水,主要是喀斯特岩层与非喀斯特岩层相间的区域,这类喀斯特水多为承压性质,倾向流动;②断层带喀斯特水,地下水运动方向受断裂带控制,沿断裂方向运动,局部亦受地貌影响;③裂隙喀斯特水,是富集于裂隙密集带的地下水,流量虽小但动态较稳定;④接触带喀斯特水,分布较多,在可溶性与非可溶性岩的接触带,或断层接触带,在接触带有利的汇水条件下,喀斯特比较发育,具有富水条件,常为地下河及泉水的出口。

四、水的质量

地表水圈中大部分水储存于海洋中,均为咸水。淡水仅占全球总水量的2%,却极大部分是固体的冰,保存于两极与高山区域。只有非常小的百分比是淡水,分布于地面及地下,而这些淡水也并非严格的淡水。通常认为很纯净的雨水,也含有多种溶解的化学物质,在空气污染的区域尤其如此。降水触及地面,即与土壤、岩石、生物、碎屑等相互作用,溶解更多的化学物质。因此,考虑水资源时,必须顾及水的质量。

1. 水质的测定

水质的表达方式有多种,常用的是浓度法,测定水中某种化学物质的含量浓度。另一种常用方法是总体水质的表示法,溶解固体总量(TDS),即水中所有已溶解固体化学物质浓度的重量。水利用的目的不同,对TDS的要求不同,也就是容许的水中杂质含量各不相同。饮用水的标准最高,TDS为500。对农业灌溉用水则TDS为2 000或更多一些。对有些与水化学有关的工业用水(制药、纺织等),所需水质比饮用水还要纯净(表9-3,9-4)。

表 9 - 3　生活饮用水水质标准

编号	项　目	标　准
	感官性状和一般化学指标：	
1	色	色度不超过 15 度，并不得呈现其他异色
2	浑浊度	不超过 3 度，特殊情况不超过 5 度
3	嗅和味	不得有异臭、异味
4	肉眼可见物	不得含有
5	pH	6.5～8.5
6	总硬度（以碳酸钙计）	450 mg/L
7	铁	0.3 mg/L
8	锰	0.1 mg/L
9	铜	1.0 mg/L
10	锌	1.0 mg/L
11	挥发酚类（以苯酚计）	0.002 mg/L
12	阴离子合成洗涤剂	0.3 mg/L
13	硫酸盐	250 mg/L
14	氯化物	250 mg/L
15	溶解性总固体	1 000 mg/L
	毒理学指标：	
16	氟化物	1.0 mg/L
17	氰化物	0.05 mg/L
18	砷	0.05 mg/L
19	硒	0.01 mg/L
20	汞	0.001 mg/L
21	镉	0.01 mg/L
22	铬（六价）	0.05 mg/L
23	铅	0.05 mg/L
24	银	0.05 mg/L
25	硝酸盐（以氮计）	20 mg/L
26	氯仿*	60 μg/L
27	四氯化碳*	3 μg/L
28	苯并(a)芘*	0.01 μg/L
29	滴滴涕	1 μg/L
30	六六六*	5 μg/L
	细菌学指标：	

编号	项　　目	标　　准
31	细菌总数	100 个/mL
32	总大肠菌群	3 个/L
33	游离余氯	在与水接触 30 min 后应不低于 0.3 mg/L。集中式给水除出厂水应符合上述要求外,管网末梢水不应低于 0.05 mg/L
	放射性指标	
34	总 α 放射性	0.1 Bq/L
35	总 β 放射性	1 Bq/L

注:据中国国家标准 GB5749-85。

表 9-4　中国农田灌溉水质标准　　　　　　　　　　　　单位:mg/L

序号	标准值＼项目		水作	旱作	蔬菜
1	生化需氧量(BOD$_5$)	≤	80	150	80
2	化学需氧量(COD$_{Cr}$)	≤	200	300	150
3	悬浮物	≤	150	200	100
4	阴离子表面活性剂(LAS)	≤	5.0	8.0	5.0
5	凯氏氮	≤	12	30	30
6	总磷(以 P 计)	≤	5.0	10	10
7	水温/℃	≤	35		
8	pH 值	≤	5.5～8.5		
9	全盐量	≤	1 000(非盐碱土地区)2 000(盐碱土地区)有条件的地区可以适当放宽		
10	氯化物	≤	250		
11	硫化物	≤	1.0		
12	总汞	≤	0.001		
13	总镉	≤	0.005		
14	总砷	≤	0.05	0.1	0.05
15	铬(六价)	≤	0.1		
16	总铅	≤	0.1		
17	总铜	≤	1.0		
18	总锌	≤	2.0		
19	总硒	≤	0.02		

续　表

序号	项目 标准值	作物分类	水作	旱作	蔬菜
20	氟化物	≤	2.0(高氟区)　3.0(一般地区)		
21	氰化物	≤	0.5		
22	石油类	≤	5.0	10	1.0
23	挥发酚	≤	1.0		
24	苯	≤	2.5		
25	三氯乙醛	≤	1.0	0.5	0.5
26	丙烯醛	≤	0.5		
27	硼	≤	1.0　(对硼敏感作物,如马铃薯、笋瓜、韭菜、洋葱、柑橘等) 2.0　(对硼耐受性较强的作物,如小麦、玉米、青椒、小白菜、葱等) 3.0　(对硼耐受性强的作物,如水稻、萝卜、油菜、甘蓝等)		
28	粪大肠菌群数/个·L^{-1}	≤	10 000		
29	蛔虫卵数/个·L^{-1}	≤	2		

注:中国国家标准 GB5084-85。

单根据溶解固体总量 TDS,还不能全面反映水质。与杂质数量相同重要的是杂质的类型。若是主要的溶解成分来自石灰岩含水层的方解石($CaCO_3$),即使水中的 TDS 高于 1 ml/L,这种水的口感也是好的,而且非常卫生。若溶解物质为铁和硫,即使是倾倒或漏入水中极少的合成化学物质,即使是 10^{-3} ml/l 或更少,亦为有毒。

另一水质特征值为 pH 值,水的酸碱度的量度。水为中性时,pH 值为 7,pH 值低于 7 为酸性,而大于 7 为碱性。在饮用水中还限定了某些细菌数的数量。

水中天然放射性元素的量亦是评判水质好坏的重要内容。放射性元素可对用水者产生放射性损伤。在大多数岩石中,常见的含水层岩石中,都能发现有铀,铀在自然界衰变,有几种衰变的中间产物,可以引起特殊的伤害。其一是镭,镭的化学行为与钙相似,易于集中于体内的骨骼和牙齿中。另一是氡,在化学上氡属于惰性气体,但其本身具有放射性,可依次衰变成其他放射性元素。氡从水中进入室内空气中,可引起空气污染。因镭与钙化学行为的相似性,可以让水通过水软化器除去镭。

2. 硬水

通过可溶性碳酸盐岩石地区(如石灰岩、白云岩等)的水称"硬水"(hard water),硬水含有大量的溶解钙和镁,当钙和镁的浓度达到 0.08～0.1 mL/L 时,即达到硬水的硬度。

众所周知,硬水与肥皂发生反应,阻止肥皂泡沫的产生,使水盆容器形成水垢,漂洗的衣服上有灰白色的肥皂垢。硬水或含有其他过量溶解矿物的水,也可将矿物沉淀在铅管或器具中,如水壶、蒸汽熨斗。因此,人们常需将硬水软化,采用添加的钠离子交换过程除去水中的钙、镁和其他离子。钠离子从供水软化器中的盐(NaCl)中获得补充。水的软化过程中主要的活跃成分是沸石,一种水合硅酸盐矿物。沸石具有非同寻常的离子交换能力,在离子交换过程中,较松地束缚于晶格中的离子,可与溶液中的离子发生交换。

地下水的水质差别很大,其纯净度可近似雨水,或者比海水还咸,其水质优良适于饮用的,被誉为矿泉水,亦可完全无利用价值。地表不同水环境的水质对比,可列表9-5。

表 9-5 地表水质对比

成分	浓度/10^{-3} ml·L^{-1}		
	雨水	河水(世界平均)	海水(平均)
SiO_2	—	13	6.4
Ca	1.41	15	400
Na	0.42	6.3	10 500
K	—	2.3	380
Mg	—	4.1	1 350
Cl	0.22	7.8	19 000
F	—	—	1.3
SO_4	2.14	11	2 700
HCO_3	—	58	142
NO_3	—	1	0.5

注:引自 C. W. Montgomery,1992。

五、大气水、地表水与地下水的补给循环

1. 降水与地表水

降水是地表径流的主要来源。海洋上空的水汽,通过大气环流带到陆地,又从陆地输向海洋,这就是水汽输送。在中国,水汽输送主要来自南方海洋区域,其水汽输入量占全国的42%。中国多年平均水汽净输入量约为 $2.4×10^{10}$ m^3,相当于中国河流的年平均入海径流量,也就是水汽的净输入,通过降水与径流入海量大体平衡。由于气候、地形的差异,降水的地域差异很大。中国多年平均总降水量为 $6.188\ 9×10^8$ m^3,相当于年降水深648 mm,是全球陆地平均年降水深(800 mm)的81%。东南多雨而西北干旱,400 mm 的降水等值线成为我国东部农业区及西北部牧业区的重要分界线。许多地区,尽管在湿润区域,降水量大,但人口密度大,增长速度快,远远超过地表水可利用的强度,使降水丰富区域仍感到缺水。

　　总体来说,地表水仍是最主要的水源,在大多数区域,城市用水、工业及农业灌溉用水,主要取自河流及湖泊,地下水源仅作为地表水源之外的一种补充。但在本节中仍要强调开发地下水的重要性。地下水是地球表层最大的非冻结的淡水水体,从总体上讲,地下水是地表水源的重要补充,在某些区域成为主要的水源。

2. 地下水与地表水的比较

　　河流及湖泊长期以来被用作未经处理的废水和生活污水的排放地,使地表水明显地不易用于饮用,尤其对于一个湖泊而言,如果污染物没有流走,或只有有限的淡水输入冲淡污染物,则即使污染物停止入湖几年、几十年,湖泊仍可呈污染状态。而另一方面,地下水运移过程中,经历了自我净化过程,地下水流经含水层,受到自然过滤,去除某些杂质,如泥沙细粒及细菌等。

　　在干旱地区,可供利用的地表水很少或几乎没有,而在地下深处可能有大量的地下水。利用地下水,使人们能在不适于居住的地区生活和垦种。本书作者曾访问过位于中亚干旱荒漠区的哈萨克斯坦的阿拉木图市,它坐落于天山北麓的茫茫大戈壁沙漠中。现有居民 120 万,据说 100 年前是牧民集帐之地,是 1917 年十月革命后才兴建的。该城市利用山前洪积扇中的地下水,使整个城市一片翠绿,宽阔的大马路,整齐的路旁绿树鲜花带,到处郁郁葱葱,配以雄伟、漂亮的建筑,令人赞叹不已,真是塞外江南,胜过江南。这全仰仗合理利用地下水的功劳。

　　地表水流有季节变化,干季时供水不足,水库、水坝可用来调节水量,雨季时蓄水以供干季使用。地下水同样亦可起调蓄作用,作为重要的补充水源。

3. 地下水的人工补给

　　人工补给地下水,是将地表水补给到地下水循环的有效办法。在适宜地区,设计人工补给盆地,在洪水期间,使拦蓄洪水,使拦蓄的地表径流缓慢地以较长的时间渗入地下。这样控制既分泄洪水流量,又增加地下水储蓄量。

　　我国华北平原黑龙港地区是个缺水区域,地表河流、湖泊缺乏,而利用地下古河道砂体,可将地表水人工补给地下水以调节水量。该区域是黄河以及漳河、清河等河道摆动变迁的区域,有一系列埋藏的古河道河床沙体,本书作者曾从事该地区河北省盐山县古河道砂体与地下水的研究。该县处于河北平原下沉区域的次一级隆凹过渡带上,第四纪沉积的厚度可达 350~500 m,其中全新世地层厚 30 m。全新世期间古河道沉积,随着地面下沉而被埋藏。通过大量剖面调查及数千个机井资料的整理分析,获得该县有 6 条东西向的浅层埋藏古河道及一条下层古河道。有些浅层古河道形态在地表仍可辨认,当地群众称"两旁高,中间洼,地下水流哗啦啦"。如图 9 - 6,古河道 I 长 27 km,宽 700 m,在地面为岗地,相对高出 1 m,沿古河道岗地的地表植被及农作物均较繁盛,古河道砂体厚 15 m,上部 8 m 为亚砂土和亚黏土,下部 7 m 为粉砂,单井出水量为 20~40 t/h,矿物度为 1.2~1.8 g/L。古河道 II 宽 400 m,主要为粉砂层,厚 15 m。古河道 III 宽度 2~3 km,厚度 15 m,是粉砂及粉砂夹细砂层,该层水量最为丰沛,水质最好,矿化度小于 1 g/L。古河道 IV、V、VI,沙体宽度均为 600~800 m,厚 15 m,矿化度 1 g/L 左右。

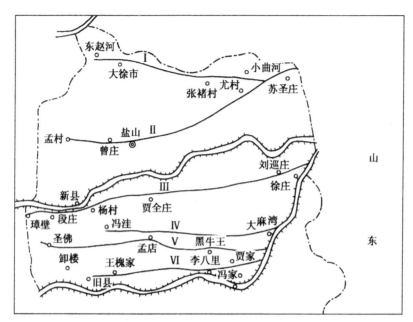

图 9-6 河北省盐山县境内古河道分布图

Ⅰ至Ⅵ为 6 条古河道的编号及位置

这 6 条古河道沙体的特点是:古河道主要埋藏在 0~15 m 深处,为粉砂、细砂,其矿物组成及颗粒形态与该县目前的地表河流:漳卫新河的河床物质相似。漳卫新河 1997 年河床宽 150 m,河深 4~5 m,最大流量 1 000 m³/s。古河道当时环境条件大体相似。

河北省盐山县位于华北平原东部,滨海地区气候偏干,年平均降水量 516.9 mm,而年平均蒸发量为 1 844 mm,是降水量的三倍。地表河道均系人工开挖的渠道,用于排洪、排涝。农业灌溉用水全靠地下水,按全县 467 km² 耕地作稳产田标准,需用水 2.1×10⁸ m³,利用地下水成为保证农业生产的重要水源。据研究,该县浅层淡水集中于古河道沙体。表层 6 条古河道面积 227.8 km² 地下水,储量 7.575×10⁷ m³。下层古河道一条,面积 181.3 km²,地下水净储量 1.45×10⁸ km²。全县古河道地下水净储量 2.21×10⁸ m³。古河道砂体疏松,渗透性强,持水能力强,水力坡度大,既有蓄水能力又有过水的优点。因此,可利用其接近地表,便于人工回灌的特点,利用丰水期丰富的地表水回灌古河道砂体,将古河道变成拦蓄浅层淡水的地下水库。据此研究方案,可有效地解决该县农业灌溉用水。

4. 城市化对地表水与地下水循环的影响

人口密度的不断增加,对水的需求量不断加大。城市化使得河道及地表径流的形成大规模受到改造,城市化改变了地表径流与径流的入渗比,因而也影响到地下水的水文状况。

城市化使得在地面覆盖了非透水性盖层——城市建筑物、沥青和水泥的道路、人行道、停车场等,切断了地表水与地下水的循环,导致地下水补给损失(loss of recharge)。

特别对承压含水层,因大部分面积上覆着隔水层,阻碍了地表水直接下渗,有效的地下水补给区很狭小,如果在这补给区上建了不透水的盖层,(图 9-7),则地下水补给被切断,加速地下水萎缩。

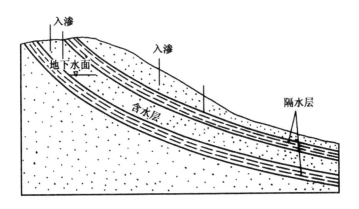

(a) 承压含水层补给区开敞

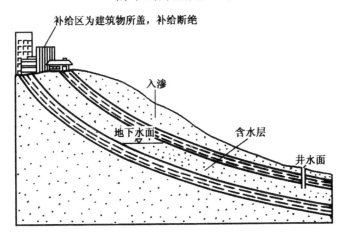

(b) 城市化后补给区为建筑物不透水层所覆盖

图 9-7 城市化对地下水的影响

城镇的发展,常填筑湖泊低地、湿地、滞水沼泽,而它们可以较长时间储水,成为渗流和地下水补给的重要水源,填湖造地、填建湿地,在其上构建各种隔水的建筑物,对区域地下水状况影响极大。例如,南京市区,20 世纪 50 年代有 300 余个湖泊、水塘,至今只留下几个公园中著名湖泊,众多的池塘小湖全都填为平地,为各种不透水的建筑物所盖。50年代南京市内有不少绿地,菜园亦多,城市化使其变为房屋、道路,因此,一到雨季,城市积水,主要街道可水深过膝。城市化减少了地表水的下渗,地下水补给减少,同时加剧河道洪水流量,使河流供水灾害逐年加剧。

六、水资源的合理利用与保护

1. 水资源问题

地球上水体的总量是 1.41×10^9 km³，而一般所利用的地表水，即河流、湖泊的淡水只占 0.01%，仅占地球上淡水总量的 0.37%。人类对水的需求量在迅速增长，原因是人口增加，加之人类物质文明的提高，人均用水量越来越多。目前全球每天提取淡水量将近 10 km³，年使用量是世界河流淡水量的两倍。河流水量参加水体的循环。太阳晒热地球，地表和海洋的水蒸发进入大气，这种湿气要传送很远距离才作为降水返回地表。在陆地部分，从地表流失或渗入地下，地表径流补充河流、湖泊，渗入地下的水被植物吸收后散发。由地层表面蒸发或下渗成地下水，河流将水再带回到海洋。地球上的水体进行着这类循环。

各种水体的循环速度不同，全球河流换水一次平均需 18～20 d；大气中水体，每 12 d 更换一次；而地下水需数百年或更长时间才更换一次。由于河水更换快，河流淡水贮量不足 2 000 km³，而全年的可用水量是 4 000 km³（表 9 - 6）。

表 9 - 6　各洲河流淡水量

	河流淡水贮量/km³	径流量/km³
亚洲	533	10 485
欧洲	76	2 321
非洲	184	3 808
北美	236	6 949
南美	946	10 377
大洋洲	24	2 011
总计	1 999	40 673

河流是最广泛利用的水源。河流中水来自降水，雨水可直接进入溪流，或补充地下水，或经过地下水过程，再排入河流。降水亦可是积雪，到春、夏季再进入溪流（图 9 - 8）。

在地球表面，以降水为补给的河流其面积约占 60%，供养着全世界 90% 的人口，这些河流生态系统不同，从湿润的赤道雨林，到干旱的沙漠。在中亚山区的山麓地带，以地下水为补给的河流称为卡拉索河(Karasus)，这种 Karasus 河水流量不大，但较稳定，是干旱区重要的水源。世界河流总径流量 $3.1 \times 10^4 \sim 4.7 \times 10^4$ km³，年变化不超过 60%。

从表 9 - 7 看出，南美洲河流水量最大，其径流模数(河流总径流量与流域面积之比)是全球平均数的 2 倍，而非洲是全球平均数的一半，亚洲、北美相当于全球平均数。地表径流量具有季节性变化，而地下水始终保持稳定，故地下水的储备十分重要。地下水补给河流，

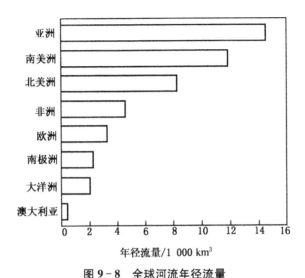

图 9-8　全球河流年径流量

(据世界资源报告 1994—1995,p.248)

其总量与河流总的径流量相似。在高纬度针叶林与温带混合林地区,地下水占总径流量的 40%~47%,四季常绿的赤道森林地区(热带森林)地下水补给占河流总径流量的 50%。

由于森林生态系统的集水能力较强,地下水补给占地表径流的比例较高,因而,森林区河流径流结构一般较稳定。森林砍伐可导致河流径流的重大变化。在潮湿的季节地表径流率较高,洪水多;旱季,河流枯竭的可能比较大。

被土壤吸收的并通过蒸发和植物蒸腾而排出的水分,或作为地下水储存的水分,是淡水的另一来源。

全球水资源也随全球环境变化而演变,当前全球变化的着重点是全球气候变暖,随之是海平面上升、全球降水分布的变化。据研究,全球地表气温上升 0.5 ℃,会使全球降水增加 10%,这些增加的降水主要在高纬度及低纬度区域,而中纬度反而会显得干旱些。这种估计,基于:①大气环境模式的预测研究,预测降水结构和数量。②地质时期气候的特征的对比。在全新世气候最宜时,其(即 6 200—5 300 BP)气温比今升高 1~2 ℃,当时高纬度年降水比今高 50~100 mm,低纬(撒哈拉)比今高 200~300 mm,而中纬度(欧洲、亚洲 50°~60°N,北美 30°~60°N)大部分地区降水减少。地表径流量有相似的变化,欧洲农业区比今少 50 mm,欧洲南部接近今天数值,欧洲北部森林—冻土带径流有显著增加,约 50~100 mm;亚洲东北部及日本海沿岸比今略低,北冰洋沿岸及森林草原带和森林带径流量比今高 50~100 mm,温带其他地区接近现代或略高;北美洲东南部森林地区及亚热带东部,径流量显著减少,约 50 mm,北部及南部将增加降水 25~30 mm;非洲无径流区域比现在减少,撒哈拉将较现在稍多,但仍干旱,15°N 以南径流量比今多 50 mm,北非、地中海将比现在多 50~100 mm。

用数学模拟预测全球变暖条件下水循环可能的变化,全球大气降水将增加 4%~12%,甚至在 40°~50°N 以北及 40°S 以南,降水可增加 40%。

显然,在考虑全球水资源时,必需注意到全球变化对水资源的影响及其程度。

2. 中国的水资源及利用

中国陆地国土面积 9.6×10^6 km²，高原、高山占 59%，山间盆地占 19%，平原占 12%，丘陵占 10%。西北内陆区域占陆地国土面积的 45%，是干旱少雨缺水的区域，农业全靠水利工程，无灌溉即无农业。而全国 90% 以上的人口和耕地集中在中国东部的季风区，这些清晰地表明了水资源与国计民生的关系。

河流是地表供水的主要来源，我国流域面积 100 km² 以上的河流有 5 000 多条，绝大多数河流在气候湿润的东南部，而气候干旱的西北内陆区域，河流比较稀少。全国河流入海的外流区占全国陆地面积的 2/3。

中国主要河流有长江、黄河、珠江、松花江、淮河、海河、闽江、钱塘江等(表 9-7)，大约有 80% 以上的人口和耕地集中在这些河流的中下流平原，它们是经济文化发达的区域。

表 9-7　中国主要河流

河　名	河长/km	流域面积/10^4 km²	多年平均径流/10^8 m³
长　江	6 300	180.8	9 755
黄　河	5 464	75.24	563
珠　江	2 214	45.3	3 360
松花江	2 308	55.7	740
淮　河	1 000	26.9	611
海　河	1 090	26.4	228
闽　江	541	6.1	629
钱塘江	428	4.2	364

我国有面积在 1 km² 以上的湖泊 2 300 个，其总面积为 71 000 km²，总贮水量 7.09×10^{11} m³，其中淡水贮量占 32%。外流区的湖泊，主要是淡水湖泊，面积为 30 650 km²，总贮水量为 2.15×10^{11} m³，其中淡水含量为 1.805×10^{11} m³，这些湖泊对河流径流有一定调节作用。内流区主要是咸水湖及盐湖，湖泊总面积 4 100 km²，总含水量 4.94×10^{11} m³，其中淡水 4.5×10^{10} m³(表 9-8)。

表 9-8　中国主要的湖泊

	湖　名	水面面积/km²	最大水深/m	容积/10^8 m³
淡水湖	鄱阳湖	3 583	16	248.9
	洞庭湖	2 740	30.8	178.0
	太　湖	2 420	4.8	48.7
	洪泽湖	2 069	5.5	31.3
	南四湖	1 268	6.0	25.3
	巢　湖	820	5.0	36.0

续　表

湖　名		水面面积/km²	最大水深/m	容积/10⁸ m³
淡水湖	鄂陵湖	610	30.7	107
	札陵湖	526	13.1	46.7
	滇　池	330	8.0	15.7
	抚仙湖	212	155.0	184.4
咸水湖	青海湖	4 635	28.7	854.4
	呼伦湖	2 315	8.0	131.3
	纳木错湖	1 940	35.0	768.0
	奇林错湖	1 640	33.0	492.0
	博斯腾湖	1 019	15.7	99

中国的现代冰川,分布在西北、西南高原、高山区域,主要是大陆冰川,具有降水少、气温低、雪线高、消融弱、冰川运动缓慢等特点。另有约占 1/3 的季风海洋性冰川,具有降水多、气温高、消融运动较强的特征。中国冰川总面积 58 700 km²,占全球冰川总覆盖面积的 0.36%。全国冰川的总储量约 5.03×12 m³,多年平均冰川融水量 5.63×10^{10} m³,是我国西部河流径流的重要组成部分。冰川融水径流对河流径流的年际变化有调节作用。一般湿润年份气温相对较低,冰川融水量低于正常值。而干旱年低气温相对较高,冰川融水量也就高于正常值。因此,冰川融水径流补给为主的河流,河流径流量的年际变化较小。

中国地下水资源总量为 8.3×10^{11} m³。地下水资源一般分为天然资源与开采资源,论及大区域地下水资源,常指天然资源,论及城市工农业供水时,主要指开采资源。

降水是地表水、土壤水、地下水的主要补给来源,我国多年平均降水量 6.12×10^{12} m³,即降水深 648 mm,降水量中约有 56% 消耗于蒸发,44% 形成河川径流。

全国河流年平均径流为 2.71×10^{12} m³,折合径流深 284 mm,其中包括地下水补给量约 6.78×10^{11} m³,冰川融水补给量 5.6×10^{10} m³,平均每年流入海洋和流出国境的水量为 2.456×10^{12} m³,占河川径流量的 90%。

表 9-9　中国分区水资源量

分　区	面积/10³ km²	降水量		径流量		地下水资源/10⁹ m³	水资源总量/10⁹ m³
		/mm	/10⁹ m³	/mm	/10⁹ m³		
黑龙江	903	496	447.6	129	116.6	43.1	135.2
辽河及其他河	345	551	190.1	141	48.7	19.4	57.7
海滦河	318	560	178.1	91	28.8	26.5	42.1
黄河	795	464	369.1	83	66.1	40.6	74.4
淮河及山东诸河	329	860	283.0	225	74.1	39.3	96.1
长江	1 809	1 071	1 936.0	526	951.3	246.4	961.3

分　区	面积 /10^3 km^2	降水量		径流量		地下水资源 /10^9 m^3	水资源总量 /10^9 m^3
		/mm	/10^9 m^3	/mm	/10^9 m^3		
东南诸河	240	1 758	421.6	1 066	225.7	61.3	259.2
珠江及华南诸河	581	1 544	896.7	807	468.5	111.6	470.8
西南诸河	851	1 098	934.6	687	585.3	154.4	585.3
内陆河	3 374	158	532.1	34	116.4	86.2	130.4
全国	9 545	648	6 188.9	284	2 711.5	828.8	2 812.4

注:据谢家泽,1990。

　　中国水资源的特点是:水资源总量不少,但人均占有量低,时空分布不均,总的说南多北少,因而,开发利用难度大。目前主要问题是:城市与农业缺水十分严重,全国有 300 多个缺水城市,日缺水 $1.6×10^7$ m^3。按资源缺水、工程缺水、污染缺水和给水设施不足缺水四类划分,前三种占城市总缺水量的 70%。农业每年缺水 $3×10^{10}$ m^3,8 000 万农村人口饮水困难。中国大部分城市和地区的淡水资源供给已受到水质恶化和水生生态系统破坏的威胁,全国 80% 左右的污水未经处理直接排入水域,造成全国 1/3 以上河段受污染,90% 以上城市水域污染严重,近 50% 的重点城镇水源地不符合饮用水标准。全国 2/3 的城市和部分农田以地下水为主要水源,目前开采严重超量,水位持续下降,漏斗面积不断扩大,地下水受污较普遍。

　　因此,加强水资源的研究评价、规划管理、合理的开发利用十分必要,为当务之急。

3. 水的使用与供应

　　人类的经济与社会活动中均需要水,我国的河流径流量 $2.71×10^{12}$ m^3,在世界上排第六位,但每年的人均占有水量为 2 474 m^3,仅为全球人均占有水量的 26%(9 360 m^3)。而我国河流径流量中 2/3 以上是洪水径流,作为洪水灾害及时排泄入海,不能使用,故人均可使用水量是很少的。中国 20 世纪 80 年代人均占有水量与美国 70 年代人均年用水量接近,所以,我国水的供应是很紧张的。

　　水的使用具有地域的差异,一般可划分为四个主要的用水类型:城市用水,包括城市和城郊家庭和某些工业用水;农村用水,包括农村家庭及牲畜饮用水;灌溉用水,也是农村用水,但其短期内用水量特大,是值得特别关注的;自供系统的工业用水。在美国这四类的用水量如图 9-9 所示。

　　从图 9-9 可清楚看出:工业用水占最大的比例,农业也是用水大户。自供系统的

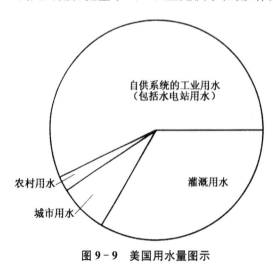

图 9-9　美国用水量图示

工业用水使用了一半以上的抽取的水,而几乎所有的废水又以液态水的形式返回到取水处或其他的循环中。这些工业用水(大部使用的地表水)又将使用过的废水倾回到河流或湖泊中,在美国这种工业用水消耗量为每天 $4.546\ 1\times10^{10}$ L,只占总水量的 10%,即 90% 的水量又返回水循环。而灌溉用水在美国每天需 3.77×10^{12} L,几乎是全被消耗掉,一部分是通过蒸发消失,一部分输水过程中泄漏损失。在美国灌溉用水中,40% 取自地下水。大部分蒸发的水分,被气流带到远离于灌溉区域以外,以降雨、降雪的形式降落,因此,这部分损失的水量对原地的地下水层的补给或地表径流没有贡献。所以,农业越发展,灌溉用水量越大的区域,地下水下降速度越快,地表河流也因用水过多而逐渐干枯。

这里我们用美国奥葛莱尔(Ogallala)含水层系作一实例,来说明地下水过量使用的危机状况。Ogallala 沉积岩含水层系广泛分布于美国的内布拉斯加、科罗拉多、堪萨斯、德克萨斯、俄克拉荷马等州,是一组砂岩砾岩层,含水量最大。Ogallala 组地层分布区域是美国最大、最重要的农业区之一,美国谷物饲料出口量的 25%,小麦、面粉和棉花出口量的 40% 来自该地区。该地区使用 Ogallala 含水层的地下水灌溉着 5.67×10^{10} hm^2 以上的土地,灌溉区的农作物产量是无灌溉区产量的三倍。

Ogallala 层中的大部分地下水形成于更新世大陆冰盖消融期,大部分地区地下水的目前补给是微不足道的。Ogallala 层中储存的原始地下水估计约为 2.66×10^{13} hm^2/m,但每年农民从 Ogallala 层中抽取的地下水比整个科罗拉多河的径流还多。1930 年时,Ogallala 组饱水层的平均厚度接近 20 m,目前则不足 3 m,地下水位下降量每年达 15 cm 到 1 m。总之,据说 40 年内 Ogallala 层中的地下水会被采空,尤其在地下水位下降迅速的地区,在不足十年内局部地层中的地下水就可能被抽干。

假使该地区再返回到旱作无灌溉农业,农作物产量将大大地减少。植被盛势的减弱可能导致部分地重现灌溉以前的灰尘滚滚的环境。在许多地方寻找市政用水的替代水源很不容易。德克萨斯和俄克拉荷马州的规划专家提出雄心勃勃的输水计划,用以作为解决问题的办法。德克萨斯州提出的各种供选择的方案,基本上都涉及跨流域调水,将目前汇入密西西比河的水运移到长条形高平原区。密西西比河从德州西北部穿过。俄克拉荷马州的综合水计划(Comprehensive Water Plan)将利用红河流域和阿肯色河流域的水。每个这种计划都将耗资数十亿乃至数百亿美元。这种规模的输水计划从讨论开始到完成,需十年或更长的时间。然而,在输水计划完成前,实际的缺水现象已出现在许多最需用水的地区。即使输水网络建成了,水的价格也将十倍地高于农民的产品在市场上的竞争力所能承受的价格。似乎没有容易的解决办法。正因为如此,解决缺水问题的进展也是极缓慢的。与此同时,对 Ogallala 组地层中地下水的使用,日复一日地保持不衰之势,使其在加速枯竭。

而更值得注意的是美国政府的政策,几乎没有采取有效的措施来限制对地下水的使用。种棉花要大量的水源,美国当地价格政策几乎是在鼓励加速开采地下水;税收政策是鼓励高平原地区农民使用地下水,实行耗用地下水的减税补贴,地下水用量越大,减税愈多,这些政策导致地下水加速枯竭。

同样,这里再以美国科罗拉多河为例,来说明一个流域用水的分配及地表水供应的危机。科罗拉多河流域包括美国西北七个州,即是气候干旱缺水的地区,20 世纪初就意识到要有个科罗拉多河用水分配的协议,1929 年正式通过科罗拉多河协议(Colorado River Compact),该协议分配给上游区域和下游区域每年 9.96×10^{10} m³ 的水。上游区域包括科罗拉多州、新墨西哥州、犹他州及怀俄明州,下游区域包括亚利桑那州、加利福尼亚州及内华达州。下游区域被允许每年增加 1.33×10^9 m³ 的水量,而协议中没有规定科罗拉多河最终流入墨西哥需保证的水量。随着经济的迅速发展,大坝水库拦蓄大量水以供灌溉。

水的大量使用引起了科罗拉多河流量减小和水质退化。流量减小的原因,一方面是因为水的调用,同时还因为这干旱区域内许多水库的蒸发损失。蒸发使溶解矿物浓度增加,另外,水流经可溶性岩层区域,也使溶解的矿物量增加。到 1961 年,流入墨西哥的水中 TDS 含量高达 2.7 ml/l,用这种水灌溉,使得一些农作物减产。为此,墨西哥政府提出严重抗议,因而,美国政府在美墨边界建一淡化厂,使供给墨西哥的科罗拉多河少量份额水的盐分得以降低。

按目前经济的发展要求,科罗拉多河 20 世纪初期分配给各州的水量是很不够的,当时测算的流量是很准确的,而且是计算了湿润气候季节的水量。开始一些年份,各州用水量不多,上游四个州只用了分配给他们水量的一半。随着人口增加及经济发展,干旱的下游三个州用水量剧增。加利福尼亚与亚利桑那州为用水量发生争执,而诉诸法院,结果,加州被迫减少科罗拉多河水的用量。现在,许多现象显示了水的需求量将会迅速增加。西部各州拥有多种能源,主要是煤和油页岩。从油页岩中开采燃料是耗水量很大的产业。煤和油页岩可能是露天采掘的,而美国新的法律规定露天矿区必须恢复植被,而这在雨水不足的干旱区将需要大量的水。能源行业已提出仅在科罗拉多油页岩区域,应拥有 1.33×10^9 m³ 的用水权。随着能源的开发,区域经济的发展,用水的矛盾将日益加剧,水从何而来,是摆在科罗拉多河流域的头等难题,也是其他许多供水量不足区域的头等难题。

4. 改善与扩大水的供应

改善水供应状况最基本的方法是保护水资源和合理利用水资源、跨流域调水以及水的淡化等。

保护水资源和合理利用水资源　加强水土保持,加强水源林的保护和建设,保护水源,防止水源污染,把污水处理回收利用与污染源的治理结合起来。对地表水、地下水进行全面的监测,科学调配、合理利用。加强节约用水的工作,在城市工业实行节约用水的管理与宣传教育;在农业灌溉方向,实行喷灌、滴灌与管道灌溉等节水技术,研究推广节水农业技术。

跨流域调水　短时期内,仅保护水资源不能解决供水的不平衡。跨流域调水,即将地表水从丰水的流域中输送到需水量更为迫切的流域中去,成为人们关注的问题。在美国,最早是 1913 年建设加利福尼亚洛杉矶高架渠道,从内华达山脉东坡向洛杉矶输水,每天输水 6.82×10^8 L。这是较邻近区域的供水工程。以后建设从科罗拉多河到南部加利福尼亚海岸地带的输水工程,是一条长度 300 多千米的输水隧道和运河。纽约市利用输水渠道将纽约州北部几个水库的水输入城市。现有一些计划将五大湖的淡水调到美国南部与西南部。将加拿大欠发达区域丰富的淡水,调到需水量巨大的美国和墨西哥,这些计划调水距离超过数千千米,耗资巨大(一个这样的计划,按北美水和能源公司计算需 1 000 亿美元),而且涉及有关地区间、国家间的政治问题,故大规模的流域调水计划亦难以实行。

我国西北广大地区年降水在 400 mm 以下,华北地区年降水 400~800 mm,而蒸发量均在 1 000 mm 左右,所以华北和西北广大区域是缺水的,本地水量远不足以满足城市和工农业的要求。华北和西北的河流水量较小,黄河平均年径流量 5.58×10^{10} m³,约为长江的 1/20,近些年来逐年减少,下游经常断流。而长江流域各河流的水一般是有剩余的,据估计尚余 $5\times10^{11}\sim7\times10^{11}$ m³,因此,20 世纪 50 年代末提出跨流域的南水北调,调用长江水系的剩余水量来补给华北和西北的不足。

南水北调的引水方案,从引水来源分为长江上游、中游和下游三部分,即西部、中部和东部三个地区。

西部地区南水北调,从长江上游引水,接济青海、甘肃等西部各省,引水路线方案有多种。主要有从玉树以上通天河引水经甘孜、阿坝到积石山入黄河,全线 1 700 km,需开挖 1 300 km。另一设想从云南省西部高原香格里拉县境内金河江引水至甘肃定西,全线长达6 800 km。或从云南丽江市内金沙江虎跳涧峡谷,筑 700 m 的高坝引水至甘肃岷县。这些方案均工程浩大,需筑多座高 150~250 m 以至 700 m 的高坝,开凿隧洞长达 50 余千米,尚难实施,但一直为人们所关注,并在积极研究中。90 年代调查研究提出"三江联调"方案,从通天河引水 1×10^{10} m³,雅砻江引水 4.5×10^9 m³,大渡河引水 5×10^9 m³。合计年调水 2×10^{10} m³,引入黄河,可增加黄河多年平均径流量 1/3,增加黄河的供水量 1/2,可为青海、甘肃、宁夏、陕西、内蒙古和山西发展灌溉农业 6×10^{10} m²,供应城市用水 9×10^9 m³,供应北京、天津、华北平原的用水。这项引水工程淹没与占地损失小,调蓄能力大,社会经济及生态效益均显著,但工程难度很大,投资巨大。

中部地区南水北调,从三峡水库引水至丹江口,穿过方城缺口经郑州,北上达北京,全长 1 600 km。方城—北京间利用京广运河,不需另行开挖,故实际开挖长度仅 600 km。其中工程较大的是从三峡水库引水到丹江口水库间 400 km 的一段,丹江口到方城 200 km 主要是土方开挖,工程较易。从三峡水库至丹江口是沿湖北西部山地的边缘。需在基岩中开挖渠道,要经过约 40 条河流及山谷,穿越这些河谷时都要修筑水库或渡槽,堤的高度多在 60~70 m,出三峡水库是黄陵背斜的山地,需挖长度近 10 km 的隧洞,过汉江时需筑渡槽。可见,中部地区南水北调亦是巨大的工程,但比起西部南水北调显然比较容易实现,而引水量可达 8×10^{10} m³,超过黄河年径流总量。另一近期的方案,是加高丹江口水坝,从丹江口引水,沿伏牛山和太行山平原开渠道输水,年调水 1.4×10^{10} m³ 供应唐白河平原、黄淮海平原中西部、北京、天津、河北、河南等约 1.5×10^5 km² 地区。该项工程的优点是水质好,能解决华北十几座严重缺水的大中城市的供水问题,但该工程沿程缺乏湖泊洼地,水库调蓄能力较弱。

东部地区调水工程,50 年代已有方案,并已逐步开始实施,主要是从长江下游引水,在江苏扬州市建巨大的抽水站,提取长江水进入京杭运河,逐级提水,经洪泽湖、骆马湖、南四湖,逐级提水,扬程高 65 m,至黄河,沿运河自流至天津。该工程计划抽水 1 000 m³/s,总供水量 1.92×10^{10} m³,供水范围为江苏北部、河北东部、山东等广大区域,涉及 24 个大中城市,其中有 18 座城市属于资源型严重缺水的城市。所以该工程是平地开渠并可利甩已有水利工程,投资少,工程效益显著。该工程方案的缺点,引水经东部农业地区,水质难以保证。

我国气候多样,水资源分配不均衡,跨流域调水将是解决北方用水的重要途径。但这些工程浩大,为世界上规模最大的调水工程,涉及区域环境问题、环境地质问题,十分繁杂,实施前需作全面认真的研究论证。

水的淡化　扩大水供应的另一可供选择的方法是改善现在可用水的质量,使之充分净化而能够利用。海水淡化尤其可使急需淡水的沿海地区利用浩瀚的海水。某些地下水含有的溶解物质浓度过高,目前不能用作供给水。净化含溶解矿物水的方法,基本上有二种,过滤与蒸馏。

在过滤系统中,水通过细小的过滤器或薄膜,筛分出溶解的杂质。这种方法的优点在于能够快速地过滤大量的水。一个大的城市过滤厂每天可生产几十亿加仑的净化水。缺点是这种方法对溶解矿物质浓度不高的水的过滤净化无效。抽取像海水那样高盐度的水,使之通过过滤系统,其将很快阻塞过滤器。因此,过滤方法对净化仅含适度盐分的地下水或湖水或河水是最有用的。

蒸馏包括加热或煮沸富含溶解矿物的水。蒸发出来的水汽是纯水,而矿物仍留在残余的液体中。这种方法绝对不用考虑溶解矿物浓度的高低,因此该方法对净化海水及低盐度的水很有效。蒸馏所需的热源,可以使用烧煤气或其他燃料的炉子,但大量使用这些燃料花费很高,太阳是一种可替代热源。阳光用之不竭且不用付费。目前已有了一些太阳蒸馏装置。因太阳热能是一种低强度的热能,其效能有限。如果需要蒸馏水的量大且快,那么被蒸馏的水必须浅浅地铺散在一个广大的区域,否则净水的产出率将会很慢。为供给一个大城市以足够的淡水,需要占地几千平方千米的太阳蒸馏装置,这当然是不现实的,难以大规模使用。

参考文献

1. 纽茂生.中国的水.中国水利报,1995-11-23~1995-12-9

2. 世界资源研究所等.夏堃堡等译.世界资源报告(1994—1995).北京:中国环境科学出版社,1990

3. 世界资源研究所等.程伟雪等译.世界资源报告(1996—1997).北京:中国环境科学出版社,1997

4. 中国21世纪议程,北京:中国环境科学出版社,1994.113~120

5. 水利电力部水文局.中国水资源评价.北京:水利电力出版社,1987

6. 水利电力设计院.中国水资源利用.北京:水利电力出版社,1989

7. 陈家琦.中国水资源的特点与问题.见:钱正英主编.中国水利.北京:水利电力出版社,1991.1~41

8. 谢家泽,陈志恺.中国水资源.地理学报,1990,45(2):21~219

9. 陈家记.河北黑龙港滨海平原全新世古河道研究.南京大学学报自然科学(地理学专辑),1990,(11):51~58

10. 任美锷,祁延年,朱大奎.中部地区南水北调渠线地貌调查报告.北京:科学出版社,1962

11. 洛叙六.南水北调中线工程概况.人民长江,1993,24(10):1~8

12. 刘颖秋.关于南水北调工程的论证意见和建议.科技导报,1996-05(10~14)

13. Bennett M R, Doyle P. Environmental geology:geology and the human environment. John Wiley and Son's LTD,1997.129~160

14. Montgomery C W. Environmental geology. WMC. Brown Publishers,1992

第 10 章

土壤资源

　　土壤,给人的印象是它到处都有,好像是一种不需要特别保护的资源。在多数地方,甚至在土壤侵蚀活跃的地方,人们的脚下似乎仍有大量的土壤。与土壤侵蚀有关的问题,如土壤肥力损失以及地表水体的沉积物污染,常被人们忽视,这些问题太微弱而不易受到注意。然而,土壤是一种必不可少的资源,我们所需食物的主要部分依赖于土壤。但是,随着人类活动扰动越来越多的土地,土壤侵蚀在越来越多的地方已成为重要而普遍的问题。本章我们将讨论土壤的性质及其形成,土壤侵蚀问题以及防治土壤侵蚀的一些策略。

一、土壤的形成

1. 土壤的性质

　　目的不同给土壤下定义的方式亦不同。工程地质学家将土壤极广义地定义为上覆于基岩之上的所有未固结物质。土壤学家将土壤严格限定为那些能够支持植物生长的物质,是具有肥力的,并将土壤与风化壳区别开。风化壳包括地表所有具有肥力或不具肥力的未固结物质,按常规,土壤基本上不被搬运离开其形成之地,而沉积物则为风、水或冰搬运到它地并再沉积。

　　土壤是由风化作用形成的,风化作用包括一系列促使岩石破碎的化学、物理和生物过程。土壤可直接发育于基岩,或者发育于被搬运的沉积物(如冰碛物)的进一步崩解产物。风化作用主要决定于气候。气候、地形、形成土壤的母质的物质组成和时间控制着土壤的最终组成成分。

2. 机械风化

　　机械风化是岩石的物理崩解,岩石的成分没有发生变化。在寒冷气候下,如温度在0℃上下波动,岩石裂缝中的水反复冻结扩大,尔后又融化缩小或流出裂缝,迫使岩石破碎。岩石裂缝中盐类的结晶具有同样的冰楔效应。在像沙漠一类极端气候条件下,温度的日较差很大,岩石白天的热膨胀和夜晚收缩可以产生足以使岩石破碎的压力,虽然对如此产生的压力是否真的足以引起没有裂隙的岩石的破碎尚存一些疑问,无论起因是什么,机械风化的主要效应是大块的岩石破碎成小块,从而增加颗粒的总裸露面积。

3. 化学风化

化学风化促使岩石中的矿物与水,溶解于水的其他化学物质或空气中的气体发生化学反应引起的矿物分解。不同的矿物所经历的化学反应类型不同。方解石(碳酸钙)易于完全溶解,在其原地没有其他矿物留下。方解石在单纯的水中溶解相当缓慢,但在酸性水中溶解迅速。许多天然水都具有弱酸性。酸雨或流经露天煤矿区的酸性径流酸性更强,溶解作用更迅速。事实上,在石灰岩及其变质产物大理岩被广泛用于室外雕塑和建筑石料的地方,酸雨溶蚀已成为一个严重问题。在常见酸雨的城市地区,方解石的溶解使精美的雕像被破坏,使许多建筑物被蚕食。

硅酸盐在一定程度上不易受风化作用的影响,且当其受到化学风化时留有其他矿物。长石主要风化成黏土矿物。含铁镁的硅酸盐遭受风化后残留下难溶的铁的氧化物和氢氧化物以及一些黏土,其他化学组分被溶解带走。残留的铁的化合物使许多土壤具有红或黄的颜色。在大部分气候区,石英抵抗化学风化的能力极强,仅微量溶解。下面列出一些代表性矿物的风化反应。

方解石的溶解(无固体风化残余,所有的离子均溶解于溶液中)

$$CaCO_3 + 2H^+ =\!=\!= Ca^{2+} + H_2O + CO_2(气体)$$

铁镁矿物的分解(风化残余矿物包括铁化合物和黏土)

$$FeMgSiO_4(橄榄石) + 2H^+ =\!=\!= Mg^{2+} + Fe(OH)_2 + SiO_2$$

$$2KMg_2FeAlSi_3O_{10}(OH)_2(黑云母) + 10H^+ + 1/2O_2(气体) =\!=\!=$$

$$2Fe(OH)_3 + Al_2Si_2O_5(OH)_4(高岭石黏土) + 4SiO_2 + 2K^+ + 4Mg^{2+} + 2H_2O$$

长石的分解(黏土是常见的风化残余)

$$2NaAlSi_3O_8(钠长石) + 2H^+ + H_2O =\!=\!= Al_2Si_2O_5(OH)_4 + 4SiO_2 + 2Na^+$$

黄铁矿的溶解(形成溶解硫酸 H_2SO_4)

$$2FeS_2 + 5H_2O + 15O_2(气体) =\!=\!= 4H_2SO_4 + Fe_2O_3 \cdot H_2O$$

以上各方程式中的 SiO_2 常被溶液所搬走。

从硅酸盐的形成环境可以推测许多硅酸盐对于化学风化的敏感性。假定有几种硅酸是从同一岩浆中结晶出来的,则形成于高温下的最不稳定或者最易被风化,在地表形成土壤的低温下形成的硅酸盐正好与此相反。岩石的化学风化倾向性取决于它的矿物组成。例如,形成于高温环境下且富含铁镁矿物的辉长岩,普遍比富含石英的花岗岩和低温下形成的长石风化迅速。

气候对化学风化强度有重要影响。有关化学反应的大部分均涉及水。水越多,化学风化越强。而且,大多数化学反应在高温下要比在低温下发生得更迅速。因此温暖气候比寒冷气候更有助于化学风化的进行。

化学风化速率和物理风化速率是彼此相关的。如果岩石是靠结合在一起的矿物颗粒维系的,如某些沉积岩,当这些矿物被溶解时,化学风化可以加快岩石的机械崩解,机械风化又增加了岩石的裸露面积,因为只有在颗粒表面矿物,空气和水才发生相互作用,所以机械风化也加快了化学风化。颗粒的表面积/体积比越高——颗粒越小——化学风化越迅速。棱角状岩块因风化而变成球形亦说明岩石表面易受风化。

4. 生物风化

生物风化作用可以是机械的或化学的。生长于岩石裂隙中的树根使岩石崩裂的作用就是一种生物的机械风化。从化学上讲,许多生物产生的化合物可以和矿物发生反应并使其溶解或分解。在暖湿气候里,植物、动物和微生物的发育不仅量大而且种类繁多。一般说来,机械风化仅在气候条件限制了化学风化和生物风化作用的地区——寒冷或干旱地区占据主导地位。

二、土壤的类型

1. 土壤剖面

机械、化学和生物风化,以及生活于陆地上的生物腐烂残余体的积累的结果是在基岩和大气之间形成一层土壤。这层土壤的剖面表现为颜色、组成和物理性质不同的层次。可辨认的土壤层数量及每层的厚度各有不同。图 10-1 为直接发育于基岩之上的基本的综合土壤剖面。剖面的顶部为 A 层,由风化最强烈的岩屑组成,是最直接地暴露于地表的土层。A 层含有的生物残体也是最多的,除非局部地下水位异常高。降水透过 A 层向下渗流,在下渗过程中,水可以溶解可溶矿物并将它们带走,这种过程称为淋溶(leaching)。因此,A 层也称为淋溶层(zone of leaching)。

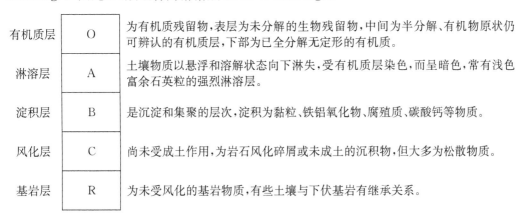

有机质层	O	为有机质残留物,表层为未分解的生物残留物,中间为半分解、有机物原状仍可辨认的有机质层,下部为已全分解无定形的有机质。
淋溶层	A	土壤物质以悬浮和溶解状态向下淋失,受有机质层染色,而呈暗色,常有浅色富余石英粒的强烈淋溶层。
淀积层	B	是沉淀和集聚的层次,淀积为黏粒、铁铝氧化物、腐殖质、碳酸钙等物质。
风化层	C	尚未受成土作用,为岩石风化碎屑或未成土的沉积物,但大多为松散物质。
基岩层	R	为未受风化的基岩物质,有些土壤与下伏基岩有继承关系。

图 10-1　土壤剖面图示

尤其是在较干的气候区,从 A 层淋溶出的许多矿物积累于其下的 B 层。B 层也称为淀积层(zone of accumulation,zone of deposition)。B 层土壤受地表过程影响稍小,来自地表的有机质混入 B 层中的也较少。B 层之下是主要由粗大的基岩碎块和极少的其他物质组成的 C 层。C 层与我们通常想象的土壤一点也不一样。基岩或母质本身有时也称为

R层。假使土壤剖面底部没有基岩，而是被搬运过的沉积层，同样可划为 A、B、C 层。

相邻土层之间的界线可以是清晰的，亦可是模糊的。有时候，一个土层还可以分成几个亚层。例如，A 层的顶部可以由含有机质特别丰富的顶土层组成，该层土壤含有机质如此的丰富可将其单独分出，称为 O 层。在 A 层和 B 层或 B 层和 C 层之间也可存在逐渐过渡的亚层。土壤剖面也可局部缺失一个或多个土层。

土壤剖面中所有的变化都是由成土过程的不同组合和成土母质的不同引起的。土壤的总厚度部分为当地成土速度的函数，部分为土壤侵蚀速度的函数。土壤侵蚀速率反映了风和水的作用、地形特点和人类活动的类型与强度。

2. 土壤组成

土壤的组成取决于成土母质的成分及风化作用。

机械风化仅使岩石破碎而不改变其物质组成。径流以溶解液的形式带走某些被淋溶的化学物质。而风和雨水极少增加化学物质。化学风化使岩石或土壤中化学元素净减少。那么成土母质的物质组成是土壤物质组成的一个控制因素。如果基岩或母质很少含有的某些重要植物所需营养成分，那么在其上形成的土壤中这些营养成分的含量亦少，即使这些土壤以前从未被开垦栽种过，种植农作物时仍需要使用化学肥料。与成土过程有关的风化作用的强度和平衡则决定了土壤中不同元素的进一步缺失的程度。风化作用对土壤也有影响。土壤的物理性质受其矿物特性、矿物颗粒的质地（粗或细，分选好或差，图形或棱角状等等）以及存在于其中的有机质的影响。

3. 土壤分类

早期的土壤分类强调土壤间组成成分的差异，因而主要反映化学风化效应。这种主要反映化学风化效应的分类方法基本上是依气候而定的分类法，将土壤分成二大类：铁铝土和钙层土。铁铝土（Pedalfe）该看成是湿润地区的典型土壤。气候潮湿的地方，土壤的淋溶作用广泛，淋溶后的残留物中富含铝和铁的氧化物和氢氧化物，而且黏土在 B 层中淀积。Pedalfer 一词来自拉丁语前缀 pedo—，意为土壤，和拉丁语词汇—铝（Alumum）和铁（Ferrum）。在我国铁铝土型土壤见于降雨量较高的地区，如华南地区。铁铝土是典型的酸性土壤。在气候较干燥的地方，如我国的西北部，淋溶作用不强烈，甚至相当易溶的化合物如碳酸铝仍保留在土壤中，尤其保留在土壤的 B 层中。干旱气候下形成的土壤称为钙层土（Pedocal）。碳酸钙的存在使得钙层土呈碱性。这种简单的土壤分类方案带来的一个问题是，严格采用该分类方案时，其描述的土壤必须是形成于恰当的基岩之上的土壤。举例来说，无论淋溶作用多广泛或风化作用多强烈，像纯净的石灰岩或石英砂岩一类缺乏铁和铝的岩石，风化淋溶后也不会形成富含铁铝的风化残余。因此，铁铝土和钙层土这两个名词一般可以笼统地表示受淋溶较强的土壤和受淋溶较弱的土壤。

现代的土壤分类已变得极其精细和复杂。各种的分类方案均考虑了现存土壤的组成和质地特点，形成土壤的基础类型、气候状况、土壤的"成熟"程度以及不同土壤层的发育程度。不同国家采用不同的分类方案。新的联合国教科文组织世界土壤图使用了 110 个土壤类型与亚类。实际上，这个分类方案还不是最复杂的，有的分类方案还要烦琐得多。

中国土壤分类,以土壤形成条件、剖面形态和理化生物属性划分为土类,为分类的基本单元,共划分出 41 个土类,又根据成土过程的共同特点,土类的共性归纳为 14 个土类系列(表 10－1)。

表 10－1　中国土壤分类简表

土类系列	土　类	土类系列	土　类
水稻土	水稻土	石灰土	磷质土　灰土 石灰土 紫色土
红　壤	砖红壤 赤红壤 红壤 黄壤 燥红土	棕栗土	栗钙土 棕钙土 灰钙土
褐棕土	黄棕壤 棕壤 褐土	漠　土	灰漠土 灰棕漠土 棕漠土
潮　土	潮土 绿洲土	风沙土	风沙土
黑　土	黑土 白浆土 黑钙土	暗棕壤	暗棕壤 漂灰土 灰黑土 灰褐土
盐碱土	盐土 碱土	高山土	黑毡土 草毡土 巴嘎土 莎嘎土 寒漠土 高山漠土
绵　土	绵土 垆土 黑垆土		
水成土	草甸土 沼泽土		

在美国,综合土壤分类,包括十个主要的土壤类型(表 10－2),又进一步细分为约 1 200 个土种。为了弄清所有这些土壤类型甚至土壤科学家也得使用参考书。某些土壤类型是具体的成土环境所特有的,因特有的成土环境形成独特的土壤性质,例如有机土属于沼泽土。有些土壤类型主要依据物理性质划分,如缺乏分层现象的新成土,因含有膨胀性黏土而上部土层混合的变性土。变性土现实的重要性在于膨胀黏土所引起的大量工程问题。另一方面,大部分氧化土和一部分老成土对农业有严重影响,尤其是大部分第三世界国家的砖红壤性土。

表 10－2　美国土壤分类中 10 类土壤的概要

名　称	概　要
1. 新成土(Entisols)	除了可能的耕作层外没有分层的土壤
2. 变性土(Vertisols)	因含有膨胀性黏土(湿时膨胀干时收缩干裂的黏土),而上层土层混合或翻卷的土壤

续　表

名　称	概　要
3. 始成土(Inceptisols)	极年轻的土壤,具有弱发育的土壤层次,淋溶不强或矿物变化不大
4. 旱成土(Ardosols)	沙漠和半干旱地区土壤,以及有关的盐土或碱性土
5. 软土(Mollisols)	草地土壤,通常富含钙,包括发育于富钙母质的森林土壤,其特点是具有富含有机质的厚的表土层
6. 灰土(Spodosols)	具有淡灰色 A 层,B 层含有机物质和从 A 层淋溶来的黏土的土壤
7. 淋溶土(Altisols)	包括大部分其他酸性土壤,它们的心土层中黏土含量高
8. 老成土(Ultisols)	与淋溶土类似,但风化更深入,包括部分砖红壤性土壤
9. 氧化土(Oxisols)	较之老成土风化更深入,包括大部分砖红壤性土壤
10. 有机土(Histosols)	沼泽类土壤

　　砖红壤(Lateritic soil)常见于许多发展中国家,并带来特殊的农业问题。砖红壤可看成为铁铝土的极端类型。砖红壤发育于气温高、雨量大的热带气候,因之受到强烈淋溶,在这样的环境下,甚至石英也可从土壤中溶解出来。砖红壤性土除不可溶的铁铝化合物外,极少含有其他物质。茂密的热带森林下的土壤普遍是砖红壤性的,这似乎表明砖红壤性土壤可以开发作为农田,它广泛分布于热带而有很大的潜力。然而,情况却相反,有以下两个理由。

　　砖红壤受到强烈淋溶是原因之一。甚至在植被茂密的地方,土壤本身含有的可溶性营养成分也很少。森林贮存着大量营养物质,但在土壤中却没有相应的营养物质的贮存。植被生长发育是靠早期植被的衰亡提供营养。随着植物的死亡和分解,其所含有的营养物质很快被其他植物吸收或被淋溶掉。如果清除森林去栽培农作物,那么大部分营养物质将随森林的清除而损失,留在土壤中以供应农作物营养的物质很少。热带气候区的许多土著人从事刀耕火种农业,他们砍伐丛林并加以焚烧以清除地面。被焚烧的植被中部分营养物质暂时进入表土层,但在几个生长季节里温暖的雨水引起的无情的淋溶作用又会使土壤变得缺乏营养和贫瘠。原则上,营养物质可以通过施用合成化肥而增加。但使用这种化肥要巨大的开销,而难以推广。

　　即使可以获得肥料,砖红壤仍然有自身的问题。砖红壤(Laterite)源自拉语词汇"砖头"。茂密的雨林保护着土壤使之不受太阳的烘烤,而各种各样的植物根的作用又使土壤保持良好的破碎状态。一旦植被盖层被清除,砖红壤性土暴露于炽热的太阳下,将会被硬化而具有坚实的砖一样的密度。这样坚实的密度将阻碍水的渗透或作物根的生长。种植农作物只能为土壤提供极少的保护且不能减缓土壤的硬化过程。五年或更短的时间内,刚开垦的农田可能会变得彻底地不能耕种。砖红壤可以烘烤成砖的趋向在某些热带地区还被加以利用,在那些地方硬化的砖红壤块被用作建筑材料。如何供养农作物生长的问题依然存在。唯一的办法常常是耕种几年以后再抛荒并开垦另一块林地以代替。日久,这样的做法常导致仅获得少量农田,而大片的雨林却受到毁坏。而且一旦土壤硬化且被弃耕,植被的恢复极其困难。

　　在印度支那柬埔寨丛林,有鼎盛于 16 世纪的高棉文明遗址,尚不清楚为什么高棉文明会消失,那个地区的砖红壤性土难于发展农业可能是一个主要原因(那个时代存在砖红壤的固化现象是明显的,硬化的砖红壤块曾被用作建造象吴哥窟一类的寺庙)。玛雅人向北迁移进入墨西哥,或许也是躲开砖红壤性土带来的问题。在非洲西部的塞拉利昂,由于不断砍伐森林作木柴,使裸露的土壤退化,已使土地承载力降低到估计为每平方千米 25人,而实际的人口密度已超过每平方千米 38 人。在南美洲,与采伐硬木材有关的森林砍伐部分地导致动植物栖息地的丧失,可能的特有物种的灭绝及动物多样性的减少,而这在某种程度上与砍伐后留下的寸草不长的砖红壤性土亦有关。今天拥有砖红壤性土的部分国家取得农业上的成功,仅仅是因为频繁的洪水在养分耗尽的砖红壤上沉积了新鲜的富含营养的物质的土壤。然而,在非洲和亚洲许多砖红壤地区,洪水带来许多问题,因此正在努力进行控制洪水或在慎重考虑有关洪水控制问题。而控制了洪水又带来了农业上的灾难。

三、土壤侵蚀

风化是岩石或矿物就地破碎分解的过程,侵蚀则涉及物质从一地到另一地的物理位移。土壤侵蚀由水和风的作用引起。雨水冲击地面促进土壤颗粒的破碎松散。地表径流和风一起将松散的土壤搬运走。风速越大,水流越快,所搬运的土壤颗粒越大,搬运的量也越多。因此,强风引起的侵蚀比较弱的风大,流动快的地表径流比流动缓慢的径流搬运的土壤多。这就意味着在其他各方面条件均相同的情况下,陡而无阻碍的坡地更易受到水的侵蚀,因为地表径流在这样的坡地上流动得更快。相应地,平坦而裸露的地面更易受到风的侵蚀。土壤的物理性质亦对其是否易受侵蚀有影响。

1. 土壤侵蚀的方式

土壤侵蚀主要方式有水流侵蚀及风蚀。在大面积范围内,地表径流引起的侵蚀可通过评估流域河流的泥沙量来判断。在小的区域,可采集径流并测定其泥沙含量。因为难以对风进行全面的监测,尤其是在不同的高度上风速不一样,所以风的侵蚀程度较难评估。一般说来,除了在干旱环境下,风的侵蚀远没有地表径流的侵蚀重要。实验室的控制试验可以被用来模拟风和水的侵蚀,从而测定它们的侵蚀效果。

我国西北地区,气候干旱,风对地面土壤层的侵蚀十分严重。近来我国政府已在尽一切力量,减少风沙侵蚀,但仍难控制。有关干旱区风沙侵蚀的研究成果文献很多,这里仅举一实例。西北的风暴沙尘可搬运到相距数千千米的南京市。1998 年 4 月 16 日中午,南京市刮起 5～6 级西北风,北方的风尘、沙尘袭击了南京。原来风和日丽,突然间刮起大风,天空灰蒙蒙能见度陡降,空气中充满着呛人的泥土味。行人不停地拍打落在身上的黄色尘土,房间内都散落了一层粉砂尘土。空气中悬浮颗粒的浓度达到 2.295 mg/m^3,高出正常浓度的 9.5 倍(高于 0.3 mg/m^3 为超标,高于 1.0 mg/m^3 为重污染)。这次尘暴非常明显起自西北干旱区、沙漠及黄土地区。新疆大风伴随着尘暴,继之内蒙古、宁夏、陕北有大风尘暴,随后北京尘暴数天,随之济南、徐州均受风尘袭击。北京尘暴过后下过一场春雨,街上一片黄泥汤,汽车、自行车及行人衣服,均黄迹斑斑。据统计,全世界风蚀物质吹扬带到海洋中每年达 1.6×10^9 t。

美国西部长期干旱地区,尘暴作用引起的土壤侵蚀亦十分显著。美国西科罗拉多州东南部、新墨西哥州东北部以及堪萨斯州和俄克拉荷马州的狭长地区的 404 800 km^2 的地域,是长期遭受干旱和尘暴的地区。30 年代这些地方的农业危机由下列因素的不幸组合而引起。这些因素是:开垦天然植被或过度放牧、干旱(持续多年降雨量少于 50 cm/a)、旷日持久的风(平均风速高于 15 km/h,风暴期间风速更高)以及不良的耕作习俗,包括对风的侵蚀这个潜在问题的忽视。以前在这些地区也曾有过干旱。但在 19 世纪晚期和 20 世纪的头几十年中,农业机械化使得耕地面积能迅速扩大,耕地面积从 1879 年的约 48 576 km^2 扩展到 1929 年的超过 404 800 km^2。耕地扩大后,随之而来的是不利环境条件所威胁的范围急剧增加。

1932 年开始的强烈的尘暴最鲜明地展现了风的作用。这种使太阳黯然失色的风暴被描述成“黑暴风”(black blizzard)。当风吹拂的尘土向东移动时,纽约降了黑雨(佛蒙特州降了黑雪)。1934 年 5 月,一场持续 36 h 的风暴吹起了 2 000 多千米长的尘云。呼吸被尘土闷塞的人,一部分死于窒息或“粉尘肺炎”,这种病与矿工因吸入岩粉而引起的硅肺病相似。到了 30 年代末期,在私人、州和联邦政府机构的共同努力下,改良耕作习俗从而减少风的侵蚀。加上降雨量回归到较正常的水平,使尘暴问题大为减少。然而,50 年代再次受到干旱的袭击,1954 年许多农田因风的侵蚀而受到破坏。在 1965 年干燥的冬季,强劲的风将尘土抬升到 10 000 m 高空,并将其中部分尘土向东搬运到远至宾夕法尼亚州。70 年代中期又有许多土地受到毁坏。近些年因干旱地区干旱季节广泛采用灌溉以维持作物生长,风的破坏程度实际上在一定程度上受到遏制。可是,一些重要的灌溉水源正在被快速地耗尽。未来一轮干旱和风相结合的作用期,可能会形成更强烈的破坏作用。

尘暴不仅是中国、美国关心的问题。在不到 200 年的时间里世界范围内较大的尘暴的发生频率增加了 10 倍。大气尘埃的增加主要是由于砍伐森林不断地扩大耕地所致。耕地的扩大使得更多的土壤暴露。温室效应使气温增高,人们都感到冬天变得暖和了,同时,对于农业,某些地区将会显得过分干燥,植被将枯亡,风的侵蚀将进一步加强。近些年来,由于干旱的侵袭,而使北非埃塞俄比亚发生饥荒的次数,不断增多。风对土壤的侵蚀的不断增强不仅仅是给人们生活带来不方便,更重要的是它影响了土壤肥力,从而影响未来世界的粮食生产。

在美国,土壤侵蚀总量为每年 40 多亿吨。美国有 1.67×10^6 km^2 农田遭受土壤侵蚀,估计平均的侵蚀量为每年 1 186 t/km^2,即每年被侵蚀的土壤的平均厚度约为 0.04 cm。处于建筑施工地区的土壤侵蚀速率可能三倍于此数值。在美国田纳西州西部的部分地区,在陡坡地上集约种植大豆和棉花,而又没有采取土壤保护措施,土壤的损失量每年可达 22 233 t/km^2。

土壤形成的速率极易受气候、成土母质的性质和其他因素的影响,所以很难估算土壤形成的成土速率。

这里,我们以美国西北部冰川作用区域为例,以冰川作用为成土作用的时间上限。那里原有的土壤都被冰川侵蚀殆尽。现在土壤的成土母质是冰碛物。在美国中西部的北部地区,温和而相当湿润的气候里,是在冰川作用之后 15 000 年间,温湿气候形成的土壤约有 1 m 厚。相应的平均成土速率为 0.006 cm/a。即使不考虑风的侵蚀,成土速率仍然不及农田土壤平均侵蚀速率的 1/6。此外,在许多地区和许多更抗风化的基岩上土壤的形成更缓慢。在美国中西部某些地方,受冰川作用的基岩上实际上没有土壤的形成。在更干燥的美国西南地区,土壤的形成很可能极其缓慢。因此,土壤侵蚀作用远比土壤的形成要快得多。

中国的土壤侵蚀是十分严重的。我国是一个多山的国家,山地丘陵占总土地面积的 70% 以上,全国耕地 50% 分布在山区、半山区,其中耕地有 33 万多平方千米。随着人口的大幅度增加,森林植被严重破坏,陡峭的山坡开垦为农田,水土流失就非常严重。据统计,全国水蚀面积 1.79×10^6 km^2,风蚀面积 1.2×10^6 km^2,每年流失土壤总量达 5×10^9 t。

黄河中游的黄土高原是我国水土流失最严重的地区,水土流失面积 403×10^5 km^2,每平方千米土壤侵蚀量达 3 000 t,沟渠密度每平方千米达 1.3~8.1 km。年平均输送到黄河下游的泥沙达 1.6×10^9 t,严重的土壤侵蚀使黄土高原支离破碎,沟渠纵横,地貌类型复杂多样,下面介绍两个黄土高原土壤侵蚀严重的地区。

昕水流域　位于山西省西南部,是典型的黄土沟渠侵蚀区。昕水河长 178 km,流域面积 4 326 km^2,地表为疏松的黄土,厚 100~200 m。流域年降水量 400~567 mm。年平均输沙量 2.688×10^7 t,6~9 月时期占 80%。该区域土壤侵蚀的特点是:沟壑密度大,溯源快,平均密度 5 km/km^2,每年沟头溯源 3 m,每年有 0.23 km^2 的平地变成沟壑。侵蚀方式主要是水力和重力侵蚀。坡面水流侵蚀,使土壤剖面变薄,肥力减退,沟蚀从缓坡地上的细沟、线沟发展为切沟,后为切深大于 200 m 的冲沟。在沟谷的黄土坡面上多发生崩塌、泻溜等重力侵蚀,在黄土层下部与红土隔水层间滑坡,最为强烈。经 30 多年的实测,重力侵蚀量每年为 4 600 t/km^2,占总侵蚀量的 51%。

六道沟流域　位于黄土高原与毛乌素沙地的过渡地带,是流沙覆盖的黄土丘陵区域。水蚀仍是主要的,其方式与其他黄土区域相似。特殊的是风蚀,地表的流沙受风力吹扬,侵蚀深度达 2.16 cm/a,折合为 3 000 t/km^2。在迎风坡,风蚀地表的细粒物质被风吹走,使地面砾化,出现大片沙砾劣地。该流域在沟间地(黄土梁峁的顶部)是片蚀,细沟侵蚀及风力吹蚀,沟谷中是崩塌、剥落、泻溜、滑坡,沟谷中的侵蚀强度是沟间地的 2.83 倍,而年平均土壤侵蚀量高达 15 000 t/km^2,就是这种强烈快速的侵蚀,将黄土高原的物质搬到黄河下游平原及注入黄渤海。

2. 土壤侵蚀的影响

土壤的形成需要很长的时间,土壤侵蚀使适于植物生长的表土损失,很难短时间恢复。土壤形成的速率,极易受气候、成土母质和其他因素的影响,所以很难估计土壤形成的速率。美国西北部曾受冰川作用的区域,冰川作用成为成土作用的时间上限,那里原有的土壤都被冰川侵蚀殆尽。现代土壤的成土母质是冰碛物,冰碛物较之坚硬的岩石易于风化。冰川作用之后在温和而相当湿润的气候条件下,经过了大约 15 000 年,冰碛物上形成的土壤有 1 m 厚,也即成土速率平均为 0.006 cm/a,这相当该区域农田土壤平均侵蚀速率的 1/6。在许多岩石、石砾区域,土壤形成的速率将更为缓慢,在干旱区域土壤形成将是极其缓慢。因此土壤侵蚀远比土壤的形成要快得多。

土壤的表层有机质和营养物质的浓度较高,肥沃的表土适宜于农业。而当土壤侵蚀时最先流失的恰恰是表土层。据估计,我国每年土壤侵蚀 5×10^9 t,相当于流失 4×10^7 t 化肥,也即中国一年的化肥产量。相当于 200 亿美元的化肥。此外,富含有机质的表土层,通常具有最适合农业的土壤结构,较易于渗透,水的入渗较迅速,比深层土壤含有更多的水分。

农田土壤侵蚀导致农作物产量下降和农业收入的减少,在美国田纳西州西部地区测定,表土层的流失使农作物产量减少了 42%。即使农作物生长所需养分由化肥供给,也会使作物的品质下降。表土侵蚀引起有机质和营养物质的流失,这将减弱土壤微生物的活动。土壤微生物的活动可以加快有毒农业化学物质的分解,减少土壤中农药和除草剂等有毒残余物的存留量。这些有毒化学物质中有许多可以引起土壤污染,也导致水污染。

土壤侵蚀另一个严重的影响是使大量泥沙沉积在河道湖泊中,阻塞河道,如黄河每年约有 $5 \times 10^8 \sim 1 \times 10^9$ t 泥沙堆积在下游河道,使河床日益淤高,成为地上悬河。土壤侵蚀引起湖泊淤积,湖面缩小。河流湖泊的阻塞使对洪水调蓄能力降低,易引起洪水灾害,这在我国是个十分严重的环境问题。

四、减少土壤侵蚀的对策

减少农田的土壤侵蚀其基本方法有两类:即降低侵蚀营力的速率;覆盖保护土壤使不受侵蚀。像收割作物以后将残梗留在田里,以及非经济作物生长季节里种植覆盖田地的牧草绿肥等植物。植物栽种后其根系有助于固定土壤,植物本身在一定程度上也保护着土壤。

1. 减缓风和水流的运动速度

风速或径流速度降低,它所携带的物质亦减少。因此,在田野中建设防风林带或种植防风篱笆,可降低风速减少风蚀。林带能降低风速还增加水汽,使土壤不致快速干枯易于风蚀。目前,在我国平原地区,广大农田多栽种了网格状的农田防风林带,作为农田的基本建设同步进行,其防风防止土壤侵蚀的效果是明显的。据实验,在农田防风林带,风速显著的减小,在防风林带向风一侧 5 倍于林带树高度的范围内,或林带背风面 25 倍于林带高度的距离内,风速可降低 20%。而在距林带高度 10 倍的距离内可降低风速 40%。当防风林成网格状,通过第一条林带风速降为原来风速的 62%,通过第二道林带风速降低为 58%,通过第三条林带风速降为 48%,显示出防风林带的效果十分显著。在农田中建防风栅栏、防风篱笆、防风林,亦并非使土壤运动完全停止,这可以从一些防风栅栏、防风林带边堆积的土脊看出,但防风林带植物阻挡了风蚀土壤颗粒向远处搬运,也易于将土脊物质重新收集撒回地中。

减弱水流最好的办法是改变坡地地形,筑成梯田。修筑梯田后,坡地成为水平的地块,减缓了水流速度,增强了土壤保水能力,作物的产量将提高 30% 至一倍。在我国山地、丘陵区域的农田,经千百年的努力,大多筑成梯田。梯田改变了坡形,增加坡长,改变了坡面水流流路,加强了渗透,达到了减低流速、减少坡面水流的目的,从而减少土壤侵蚀。

2. 植树种草,增加土壤覆盖

这些主要是生物措施。植被是生态环境重要组成要素之一,也是限制土壤侵蚀的重要因素。树林能增加降水,使土壤湿润,不易于侵蚀。地面水汽、雾遇到林木能凝结成水滴,降落到地面,这种作用在林带边缘特别明显。林地边缘可比空旷地增加降水量 50%,在林地内可增加降水量 20%。如我国雷州半岛,1949 年后大面积造林,降水较植林前增加 200 mm。植被降低、减缓地表径流,减少径流对土壤的冲刷。树冠使降水冲击地面的力量减弱。林地的枯枝落叶层吸收地表径流,使径流减少,一般能吸收的水量为枯枝落叶层自身重量的 40%～260%,这样枯枝落叶层减少径流起到涵养水源、防止土壤侵蚀的作用。林地的土壤较裸露的土壤更为疏松、孔隙多,含腐殖质多,水分容易被土壤层吸收和渗透下去,使地表径流一部分转为地下。在黄土高原子午岭试验,林地可减少年径流量的 30%～60%,降水量在 60 mm 以下,一般不发生径流。一定宽度的林带可将地表径流吸收,水流转入土壤层内。据试验,10 m 宽的林带可将 380 m 宽的坡地上的地表径流吸收 84%,86 m 宽的林带,几乎将流下的水全部吸收。生物措施包括植树种草,封山育林,交替地封山与放牧。在植树种草与封山育林中,注意发展经济作物及改善与保护生态环境。自然植被已严重破坏的地区,生态环境已恶化,造林成活率不高,则应根据该地自然环境特点与植被自身演化规律,先种植草本植物和灌木,而后再发展为乔木林。有些地区,如我国黄土区域,气候干旱,生态环境已相当恶化,则宜发展草本及灌木。对于农田,防止土壤侵蚀的有效办法是秸秆留地,以及栽种绿肥牧草等增加覆盖度。

3. 改变耕作方式

防止农田的土壤侵蚀,一个被广泛倡导的方法是采用最小耕作法进行农业生产。最小耕作法,不是在作物栽培前或收割后分别犁田,而是一次性犁田,在二次种植之间留下更多的先期作物的残体,在种植前不让土壤裸露。它的优点是早先种植的作物残体的覆盖固定效应,使风和水的侵蚀得到缓解,保留下来的作物残体可以改善渗流,并有助于土壤水分的保持。这种耕作方法也减少了劳动力和节省能源。但它也有缺点,作物残留含有杂草草种,隐藏了害虫,农药的残留量也增多。这些化学物质浓度较高,会增加土壤及水体的污染,残留于土壤中的化学物质亦会影响到以后栽种的作物。

在坡地上实行平行于等高线的耕作方式。缓坡地不做梯田的地区,沿着等高线耕作,在斜坡耕地形成一些小型的脊状隆起地形,使地表径流不易沿斜坡直接下泻,这种耕作方式减少土壤侵蚀,也使坡地土壤易于保持水分,促进作物提高产量。

参考文献

1. 黄瑞农主编.环境土壤学.北京:高等教育出版社,1987

2. 中国 21 世纪议程.北京:中国环境科学出版社,1994.142~151

3. 中国科学院南京土壤研究所.中国土壤.北京:科学出版社,1978

4. 世界资源研究所等.程伟雪等译.世界资源报告(1996—1997).北京:中国环境科学出版社,1996

5. 中国科学院冰川冻土沙漠研究所.吐鲁番县群众防风治沙的经验.中国林业,1977,(3)

6. 张丽萍.吕梁山土壤侵蚀成因规律及发展趋势研究.山西师大学报,1995,9(1):57~61

7. Montgomery C W. Environmental geology. Wm. C. Brown Publishers,1991.233~252

第 11 章

矿物资源

地壳的大部分由不足一打的元素组成。实际上,八个化学元素构成了 89% 以上的地壳。许多元素,包括工业金属和贵重金属、化肥的必要成分、可作为能源的元素,如铀,在地壳中的含量并不丰富,而对人类社会却至关重要。这些元素中的一部分在大陆地壳岩石中的平均含量极少:铜 0.006%、锡 2ppm、金 4ppb。显然,许多有用元素必须从极不典型的岩石中获得。本章主要描述不同种类的岩石和矿物资源,并讨论中国和世界矿物资源的供求状况。

一、矿　床

1. 定义

相对于普通岩石,富集有足够高浓度的有价值或有用金属,从而使之在经济上有开采价值的岩石,称为矿石。可以用金属的富集系数来描述具体的矿床:

矿中某一金属的富集系数＝矿中该金属的浓度÷该金属在陆壳中的平均浓度

富集系数越高,矿石越丰富,提取一定量的金属所需开采的矿石量越少。

总的说来,具经济价值的采矿所需的最小富集系数与其在地壳中的平均的浓度成反比,即,如果普通岩石已经含有相当丰富的某种金属,那么就不需要进一步地富集,使对该金属的开采具有经济价值。反之亦然。像铁和铝一类的金属,它们分别约占陆壳平均重量的 6% 和 8%,因此只需四位和五位的富集开采就可以获得利润。而铜的含量须相对于普通岩石高出约 100 倍,而水银则需要富集达到平均浓度(0.8×10^{-4})的 25 000 倍,少数极有价值的元素,例如黄金,例外于这一规则,因为黄金的价格是如此的高,只要能获取少量的黄金也值得开采大量的矿石。黄金的价格是每盎司几百美元,只要矿石中黄金的含量比其平均浓度 4ppb 高几千倍即值得开采,平均浓度和获益开采所需的富集系数之间关系,进一步表明相对较丰富的金属(例如铁和铝)的可采矿床比稀有金属的可采矿床多,而且其储量相应地也高,这是一个普通的规律。

所采矿物或金属的价值及其在具体矿床中的含量,是决定采掘具体矿床是否获利的主要因素。经济价值对世界需求十分敏感,如需要增加,价格随之增长,含量不够大的矿

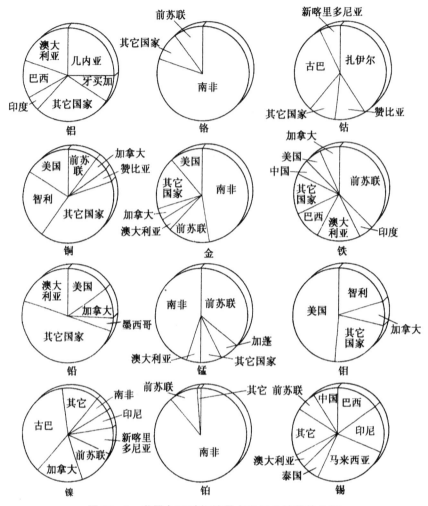

图 11-1　世界各国矿物储量占世界总储量的比例

床也可以开采,价格下降则导致那些在经济上处于获利与不获利边缘的矿点关闭。一个新的富矿的发现可以使其他的贫矿丧失竞争力。开采特定矿体的可行性亦取决于含有用金属的矿物,因为矿物影响提取纯金属所需的费用。如果铁在一种矿床中是以氧化物存在的,在另一种矿床中以硅酸盐形式存在,而在第三种矿床中以硫化物的形式存在,那么即使这三种矿床含有相等浓度的铁,其开采的经济效益也是不相等同的。

2. 分布

根据定义,矿石在一定程度上不是普通岩石。因此,已知的经济矿床在世界上分布是很不均匀的(图 11-1)。美国控制着世界上已知钼矿的 60% 左右以及约 40% 的铅。美国是主要铝的消费国,用量约占世界总产量的 40%。实际上美国国内并没有铝矿。澳大利亚和几内亚各控制世界铝矿的 1/3。赞比亚和扎伊尔两国拥有约一半已知的有开采价值的钴矿。泰国和马来西亚拥有的锡矿占世界的比例很大。南非控制着世界近半数的已知的金和铂以及 75％的铬。我国拥有世界 3/4 的钨矿。世界各国家之间矿物分布有着巨大差异,这就影响到世界矿物资源的供求关系。

二、矿床类型

有经济价值的岩石和矿物矿床的形成方式多种多样。下面仅阐述部分成矿过程。

1. 火成岩和岩浆矿床

岩浆活动形成几种不同类型的矿床。某些火成岩,仅由于它们的组成,含有高浓度的有用硅酸盐或其他矿物。如岩石是粗粒的,有用矿物以大的,特别是独立的晶体出现,则矿床具有特别的价值,罕见的粗粒岩浆侵入体称为伟晶岩。在某些伟晶岩中,单个晶体的长度可以超过 10 m。长石是陶瓷工业的原料,常见于伟晶岩中。许多伟晶岩亦富含不常见的元素。采自伟晶岩的稀有矿物包括电气石和绿柱石,电气石可用作宝石,其晶体可用作收音机元种。当晶体质量差时,绿柱石可用以提炼金属铍;如果透明色正的晶体,绿柱石可被用作海蓝宝石和绿宝石。

其他有用矿物可以在冷凝中的岩浆房内因重力作用而富集。如这些矿物的密度比岩浆大则结晶时下沉,比岩浆小则上浮,而不是在固化中的硅酸盐岩浆中保持悬浮态,从而形成厚层而便于开采(图 11 - 2)。铬铁矿(金属铬的一种氧化物)和磁铁矿(一种铁氧化物)的密度都很大。在具有适当的全岩成分的岩浆中,结晶过程中这些矿物可以富集在岩浆房的下部。

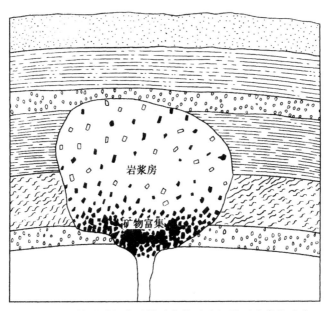

图 11 - 2　结晶过程中重的矿物的重力沉降形成岩浆矿床

重的贵金属,如金和铂,也可以在岩浆结晶过程中富集,然而,因这些贵金属价值极高,即使它们被分散于整个火成岩体中,只要其浓度足够高,也具有开采价值。对金刚石来说也是这样。金刚石稀少的一个原因是它们只能在极其高的压力下才能形成,例如发现于地幔中的金刚石,然后被迅速地带到地壳中。金刚石主要采自金伯利岩的火成岩中。金伯利岩来自地幔物质,以管状侵入体的形式存在。即使仅有少量达宝石级的金刚石,散布于大规模金伯利岩中,因它的价值极高也值得开采。

2. 水热矿床

并非所有与岩浆活动有关的矿床均形成于火成岩体中。岩浆中含有溶解的或附着的水和其他液体。尤其在结晶的后期,液体可以从冷却中的岩浆逸出,夹带着溶解盐、气体和金属,通过裂隙和孔隙渗入围岩。这些热的流体能够从它经过的岩石中淋溶出其他金属。最终,这些流体冷却并将其溶解的矿物沉积下来形成水热矿床。

沉积的具体矿物因水热流体成分的不同而各有差异,但就世界范围而言,存在水热矿床中的矿物有许多种:铜、铅、锌、金、银、铂、铀及其他矿物。因硫是岩浆气体和液体的常见组分,所以矿石中的矿物常常为硫化物。例如,铅矿中的铅在硫化铅(PbS)中,锌见于硫化锌(ZnS),铜则见于多种铜和铜铁的硫化物中($CuFeS_2$、CuS、Cu_2S等)。

水热流体并不全都来自岩浆。有时循环着的地下水受到附近岩浆的加热,溶解、富集并再沉积形成有价值的金属水热矿床。成矿的液体也可能是岩浆液体和非岩浆液体的混合。而有些水热矿床距离岩浆源很远,它们可能是变质成因的。

矿床的形成与岩浆活动、变质活动之间的关系表明,水热矿床和火成岩矿常常分布在岩浆活动强烈的地区—板块边缘。南北美洲火成岩成因的铜矿和钼矿的分布,明显地反映出主要是在岩浆作用活跃的板块边缘(图11-3)。

用深潜器在洋脊考察,科学家已经发现,水热流体沿着洋脊海底涌出,它们冷却时沉积为硫化物矿床。在海底悬浮硫化物组成的黑云从水热孔中涌出,许多这样的水热孔被成称为"黑色的烟固"。红海海底的多金属泥可能是这样产生的,红海是扩张发展中的洋盆,一个扩张的裂谷带。

3. 沉积矿床

沉积过程也能形成有经济价值的矿床。有些沉积矿床直接以化学沉积岩的形式沉积下来。例如层状沉积铁矿,称为条带状铁建造,富铁层(主要为赤铁矿和磁铁矿)和富硅酸盐层或富碳酸盐层交互成层。这些大型矿床可以延伸数十千米,其大部分均相当古老。它们的形成可能与地球大气圈的发育有关。有一种假说,初始大气圈缺乏自由氧,在这样的条件下,来自陆地岩石风化的铁极易溶解于海洋中。随着光合生物开始产生氧,这些氧就与溶解铁发生反应,引起铁的沉积。如果大多数大型铁矿是以这种方式形成的,漫长的时代过去了,当时地表化学与现在完全不同,所以,现在的环境不可能形成这类铁矿。

其他沉积矿床可以从海水中形成。海水含有多种溶解盐和其他化学成分。当局部浅海中的海水蒸发后,这些矿物沉积在蒸发岩矿床中。某些蒸发岩的厚度可达几百米,普通钠盐,矿物学上称为岩盐,就是常见的采自蒸发岩矿床的一种矿物,其他矿物包括石膏和

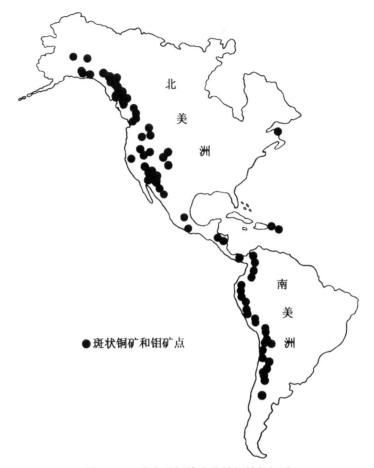

图 11 - 3　分布于板块边缘的铜铁与钼矿

金属钾和镁的盐类。

4. 其他低温成矿过程

河流亦在矿床的形成过程中起作用。河流很少是矿物的最初形成地。但是河流沉积常常是按粒径和密度分选的沉积物。分选作用沿河道富集某些抗风化的重矿物。海岸环境中的波浪作用也能引起沉积的分选和矿物的选择性富集。由水的机械作用而富集的矿床，称为砂矿。其他矿物被水溶解或被水流带走，而有用矿物从当地岩石中风化出来，被搬运，受分选并富集(图 11 - 4)。例如金、金刚石和氧化锡就是采自砂矿中的砂和砾石的矿物。人们砂金矿中淘金，就是利用重力将水中高密度的金和其他矿物分离出来。

风化作用过程中淋溶掉无用矿物，留下富集的有用金属的风化残余物，也能形成有用矿物的矿床。例如，热带气候条件下，强烈淋溶形成了砖红壤性土壤，这种土壤中，除铁和铝外所有的矿物都被淋溶了，留下富含铝和铁的化合物。目前开采的许多铝矿，就是风化残积型的铝土矿，红壤性风化才使铝富集成为矿床的。砖红壤的含铁量一般没有前述的最富的沉积铁矿高。然而，随着最富的沉积铁矿逐渐采尽，铁矿床越来越少，而从砖红壤开采铁和铝就将有经济价值了。

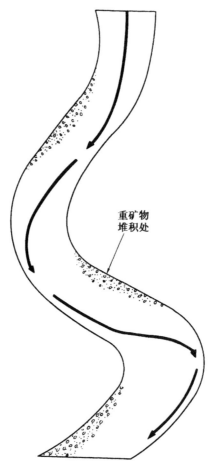

重矿物
堆积处

图 11-4 河流冲积砂矿的形成

5. 变质矿床

变质作用产生的热量和压力所引起的矿物学变化,也能形成具有经济价值的矿床。石墨可用于制作"铅"笔,在电池中用作润滑材料,它的高熔点特性还可用于许多方面。而石墨常采自变质矿床。石墨由碳组成,煤也是富含碳元素的。煤矿受变质作用而形成石墨,是石墨的一种成矿方式。石棉不是一种单一矿物,而是一组纤维状硅酸盐的统称。富含铁镁矿物的火成岩,在水的参与下受变质作用可以形成石棉。石棉矿物现在已很少用于绝缘,但其抗热耐火特性仍然有价值,尤其是石棉矿物罕见的纤维特性可以被利用,将其织成防火衣服。

三、矿物资源

许多矿物和岩石均具有经济价值。本节将概述其中主要的一部分,讨论它们的分布和用途。

1. 金属

"矿物资源"一词通常首先让人想到金属,最大量使用的金属是铁。铁是最普通的金属。几乎所有的铁矿均被用来生产铁,制成各种钢产品。铁主要采自古老的沉积矿床,如我国河北宣化的宣龙式沉积铁矿,是震旦纪海进过积中沉积形成的,矿层稳定质量较好的大铁矿。但也从某些砖红壤以及富含磁铁矿的某些火成岩体开采铁矿砂。

铝是另一种相对普通的金属,是第二位被广泛应用的金属。铝在金属中以质轻出众,与其强度耦合,使之在运输和建筑业中尤其有用。铝还被广泛地用于包装,尤其是用作饮料罐。铝是地壳中第三位最普通的元素,但地壳中的铝最常见于硅酸盐中,而从硅酸盐中提炼铝极端困难,大部分进行商业开采的铝来自铝土矿,一种富铝的砖红壤,铝以氢氧化物的形成存在于其中。从铝的氢氧化物中提炼铝耗能很大。在美国从铝土矿生产金属铝所用的电能,占全国电力的 $3\%\sim4\%$,可见炼铝耗能之多。

一些重要的金属,例如铜、铅、锌、镍、钴,存在于硫化物矿床中。硫化矿物经常属于水热矿床,也可在火成岩中富集。铜、铅和锌也分布于沉积矿床,某些砖红壤中等程度地富含镍和钴。显然,这些金属有多种富集方式,并成为具有经济价值的矿床。因铜是优良的导电体,主要被用于电力、建筑和运输业。铅主要应用于电池生产业。在铅的许多其他用途中的一项是许多焊锡的成分,并被用于绘画和陶瓷。锌镀于钢罐(误称为"锡罐")外层可防止其被氧化锈蚀。锌还被用来生产黄铜和其他合金。

所谓贵金属——金、银和铂——具有大多数金属所缺乏的特殊性能与功能,但它们也有一些独特的实际用途。金不仅用于珠宝装饰、艺术和商业,而且用于电子工业和牙医科学。金的抗脱色性更有价值。在我国制成金铂,用于各种包金的装饰。银主要用于摄影材料(例如胶卷),银还被广泛地应用于电子工业。铂是一种优良的催化剂,可以促进化学反应,用于汽车的废气控制系统,另外用于石油和化学工业、电子工业和医学。所有的贵金属均为原生金属,最常见于火成矿床或水热矿床。银也常构成硫化矿物。金和银常是开采其他金属,像铜、铅和锌时的副产品。这些较丰富的金属矿中常常有少量的贵金属。

2. 非金属矿物

开采硫化矿物的另一副产品是非金属硫。硫也可以在精炼石油时提取,还可以从火山沉积和蒸发岩中提取。硫有时为纯的原生硫,从源自火山孔的烟气中沉积出来。硫主要用于制造工业所需要的硫酸。

有几种重要的矿物是从蒸发岩矿提取的。最丰富的是石盐或称岩盐,主要用于提取钠和氯。石盐就是由钠和氯组成的,所以也称钠盐。其次盐可以直接用作路盐,在较高纬度多雪的地区,冬季将钠盐撒在积雪的公路上,促使积雪融化,或将石盐加工生产其他盐类用作路盐。石盐还有许多低数量的应用,包括调味用的食盐。石膏是另一种蒸发岩矿物,是生产硬石膏、波特兰水泥和建筑用壁板必不可少的原料。其他包括磷酸岩石和富钾的碳酸钾是制造化肥的主要成分。

黏土不是一种单一矿物,而是一组层状水合硅酸盐,通常由风化作用在低温环境下形成。黏土矿物的多样性使之具有多种用途。从精细的陶瓷工业到生产黏土管道和其他建筑材料、铁矿的处理以及石油的钻探均需应用黏土。在钻探石油过程中,将黏土和水(有时和其他矿物)相混合以制造"钻探泥浆"用于润滑钻头。黏土的低渗透率也使它能够封闭钻探时遇到的多孔岩层。

3. 岩石资源

岩石、沙和砾石的使用量十分巨大。各种金属和矿物的用量与岩石、沙、砾相比则微不足道。在中国目前正处于大建设的时期,沙、砾的用量非常巨大。据调查仅在珠江三角洲河床中,个体经营者挖取河床沙每年达 $5×10^7$ m³。在美国 1989 约有 $9×10^8$ t 沙和砾石用于建筑,尤其是用于混凝土中。另有 $1.2×10^9$ t 的碎石用于充填和其他用途(如石灰岩用于水泥制造)。这就相当于美国每人有几吨的岩石产品,此外还有 $3×10^7$ t 较纯净的沙用于工业,尤其是用于制造玻璃和磨料,纯石英砂几乎都是二氧化硅(SiO_2)玻璃的主要成分。另有 $1.2×10^6$ t 的标准尺寸石料和镶面石被用掉——板岩用于铺路石,其他各种好看的或经久耐用的岩石,如大理石、花岗岩、砂岩和石灰岩用作纪念碑和建筑物的面料。

四、矿物资源的消耗与储备

随着全球经济发展,最近几十年内,许多矿物资源的世界消耗量急剧增加,多数矿物世界的需求增长率在 40、50 年代为每年 20%,到 70 年代为 10%,80 年代以来增长速率下降,这可能同世界经济状况有关。随着全球经济的复苏,需求量可能将有所增加。

表 11-1 给出了一些矿物资源的世界储量,开采期限的预测。此表反映出即使消费水平维持在 1989 部的水平,多数矿物资源只能维持几十年。假若全球经济发展,出现 20 世纪中叶矿物资源迅速增加的要求,则将出现普遍性资源短缺的危机。

表 11-1 全球性矿物的产量与储量

矿　产	产量/10^4 t	储量/10^4 t	预测开采年限/a
铝土矿	11 100	2 530 000	228
铁矿石	10 400	16 200 000	165
铜	971	38 700	840
铬	1 320	113 300	85
钴	4.2	364	87
铅	380	7 700	20

续　表

矿　产	产量/10⁴ t	储量/10⁴ t	预测开采年限/a
锰	2 650	90 000	34
镍	92.5	5 400	58
锡	23	410	20
锌	774	16 200	21
金	2 100	46 200	22
银	15 400	308 000	20
铂	594	61 600	104
硫	6 440	154 000	24
石膏	10 520	260 000	25

注：据 C. W. Montgomery《环境地质学》，第 261 页。

　　上列的预测是全球总的状况，实际上各矿物的分布是不均衡的，产地与消费地域并不一致，随着国家边界、政治等因素，使这些资源并非哪里需要，何时需要均可供给使用的，这使得资源的分配更加不平衡（表 11-2）。中国是矿物资源比较丰富的国家，但亦有一些资源不足或比较缺乏。而像美国人口只占世界的 5%，而多数矿物的消费量占到全球的 20%～35%，为了保护国内资源的储备减缓国内矿物资源的枯竭，美国大量从国外进口矿物资源。也有的重要矿物，如铬和锰，铬是生产不锈钢的重要成分，锰是生产钢材的重要原料，在美国几乎全赖进口。

表 11-2　一些矿物的产量与消费量

矿产	国　家	年产量/10⁴ t	年消费量/10⁴ t	预测开采年限/a
铁矿石	中　国	23 466	22 277	
	巴　西	15 100	4 496	
	澳大利亚	12 053		
	美　国	5 565	6 303	
	全世界	98 879	97 042	152
铜	智　利	211		
	美　国	179	267	
	中　国	43	98	
	全世界	952	1 108	33
铝	澳大利亚	4 173		
	中　国	726	131	
	美　国		540	
	全世界	11 102	2 020	207

矿产	国　家	年产量/10^4 t	年消费量/10^4 t	预测开采年限/a
铅	澳大利亚	52		
	中　国	38	21	
	美　国	37	137	
	全世界	226	534	23
锌	加拿大	100		
	澳大利亚	94		
	中　国	90	61	
	美　国	51	112	
	全世界	689	695	20
镍	苏　联	24	6.4	
	加拿大	15		
	中　国	3	2.7	
	美　国		13.7	
	全世界	80	88	59

注:据《世界资源报告 1996—1997》(中译本),第 329～330 页。

矿产储量的含义与经济成分有关,随着已探明储量的被采尽,供求规律促使矿物价格抬升。这将使目前不具开采价值的矿床,亦被认定为可开采的储量。矿物处理技术的改进,成本降低亦会使矿物储量增加。其结果是开发品位越来越低的矿床。采矿活动将翻动更多的岩石土壤,采矿将带来更多的环境问题,有更多的环境地质工作需要去研究解决。

五、将来的矿物资源

在未来几十年里,世界的矿物需求不可能减少,保持目前的需求状况不变也不可能。即使技术发达国家限制对矿物的需求,而发达国家的人口只占世界的少部分。如果发展中国家的经济在发展,他们的人民达到一定的生活水准,甚至他们的生活水准还较大多数工业国还有相当差距,也将需要大量的矿物和能源。另外发展中国家也是全球人口增长最快的国家,如需求不能得到切实的削减,则供应必须增加或扩大。因此,除了传统的矿物分布区以外,寻找新的矿产地开发新的矿物资源,或者要更好地保护现有矿物资源,使之维持的时间更长,成为十分迫切而艰巨的任务。

1. 矿物勘探的新方法

现在容易找到的一些矿床大致都已经被发现。进一步找矿就要采用多种新的方法。

地球物理为找矿提供了带动。岩石和矿物的密度、磁学性质和电学性质各不相同,因此地下岩石类型或分布的变化,所引起地表测得的重力场或磁场,以及岩石导电率的微小变化。某些矿床就可以用这样地球物理方法探测。铁矿的勘探可以作为简单的例子,因为许多铁矿都有很强的磁性,大的磁异常可指示地下铁矿体的存在与规模。放射性是另一种用以探矿的性质,可以用盖革计数器确定铀矿位置。

地球化学探矿是另一种正在不断获得认可的方法。化探的形式有多种,某些研究基于土壤在一定程度上,能反映成土母质的化学性质。例如,发育于富铜矿体上的土壤,其本身相对不同于周围的土壤,可能富集了铜。大范围土壤化学调查有助于准确确定钻探点。有时也可以取植物样品来代替土壤样品,某些植物倾向于积累特定的矿物,使这些植物成为哪些矿物高含量的敏感的指示物,甚至土壤气体也能提供矿床的线索。水银是一种极易挥发的金属,已经发现有高浓度的水银气体充填着水银矿上的土壤孔隙的实例。化探亦用于石油的勘探。

遥感方法正变得更为精密,成为极有价值的探矿方法。遥感方法依靠探测、记录和分析波传导能量,例如可见光和红外辐射,而不是依据直接的物理接触和取样。航空照片是一种遥感,卫星影像是另一种遥感。遥感,尤其是卫星遥感可以快速而有效地扫描广阔的区域,探测那些不能实地勘探或不能使用陆基车辆进行勘探的崇山峻岭地形区,或气候恶劣的地区,以及由于政治原因的陆地上限制进入的地区,最著名最广泛的陆地卫星摄像系统,是 1972 年陆地卫星(landsat)。

陆地卫星以这样一种方式绕轨道运行,使得其影像由地球的每个部分所组成。每个轨道以前一轨道稍稍偏移使得轨道上观察到的区域与前一次轨道观察景象重叠。每颗卫星每天环绕轨道运行 14 圈,覆盖整个地球需要 18 d。

陆地卫星上的传感器,并不探测地表反射能量的所有波长。它们对可见光谱中的绿色和红色波长以及红外波段尤其敏感(红外线是不可见的热量辐射,其波长较红色光的波长稍长)。传感器并不拍摄传统意义上的照片。之所以选择绿色、红色和红外波长是因为植物对绿色和红外光线反射最强。不同的植物、岩性和土壤反射不同波长辐射的不同部分。在不同的条件下,甚至同一物体会产生稍有不同的影像。潮湿的土壤的影像,不同于干燥土壤的;富含泥沙的水,看上去不同于清澈的水,特定的植物种类可以反射不同的辐射谱,取决于植物从土壤中积累的微量元素种类,或植物生长的繁茂程度。陆地卫星影像是有力的制图工具。从陆地卫星影像上可以辨别的最小物体约为 80 m 大小,这可以说明分辨率的高低。多张影像可以组合成覆盖全国或整个大陆的镶嵌照片。

卫星图像可用于地质制图、判别地质构造和资源探测。卫星图像配合了地面调查所收集到的各种信息,则图像的解译就特别有用。比如涉及到植被,最好在成像时进行地面实况调查。将不能进入区域的陆地卫星影像与已经过直接填图和取样的其他区域的影像进行比较,影像特征的相似性可用于其他未做直接调查区,推测该区域的地质和植被状况。

最后,地质思想的进步在探矿中也起作用,板块构造理想的发展已帮助地质学家认识到,具体的板块边缘类型和该处矿床之间的联系。这样认识可以指导对新矿床的寻找。例如,因为地质学家知道钼矿常发现于现存的板块俯冲带,就能够从逻辑上,在其他现存的或过去的俯冲带上勘探更多的钼矿。此外,对许多大陆曾一度相连的认识(图11-5),也可以为寻找更多的矿物指示可能的区域。如已知某类矿床赋存于一个大陆的边缘附近,在曾与之相连的另一大陆的相应边缘,也可以找到类似的矿床。如果某个造山带富含某种矿石,似乎在曾与之相连的另一大陆存在对应的山脉,同类的矿床可以赋存在相应的造山带。对南极洲可能存在有经济价值的矿床的推测,也是基于这样的推理。

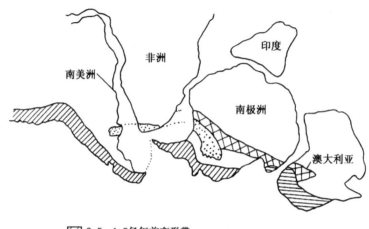

0.5~1.5亿年前变形带
1.5~2.5亿年前变形带
2.5~4.5亿年前变形带
4.5~6.0亿年前变形带

图11-5　恢复大陆漂移以前的陆块,从已知矿床可推测发现新矿床

现以南极洲为例,来说明矿物资源的环境影响问题。南极大陆是地球上最冷、风最强劲的大陆,面积为 1.33×10^7 km^2。南极洲的大部分终年为冰覆盖,在冬季为浮冰群所隔离,浮冰群可扩展到大陆外 1 400 km。南极大陆上的部分土壤被认为是世界上独一无二的。南极洲的陆地上的生命只有一些微生物、地衣、苔藓、水藻和真菌及少数节肢动物。然而,周围的南大洋却充满生命,包括鸟类、海豹、鲸、枪鸟和部分鱼类,以及充当它们食物的更简单的生命形式。南极大陆为许多鸟类和海豹类提供繁殖场所。

直到目前,大部分地区的厚冰盖一直限制着对南极洲的地质考察。现在只发现一些煤层和铁矿床,也有铜的矿化作用和其他经济矿物,如石墨、绿柱石和云母。但是经其他南半球大陆产矿区外推,表明也有可能发现石油和天然气、铬铁矿以及铂族金属。

在南极洲开采矿物或石油,可产生的影响与在其他大陆上进行相应活动产生的影响是一样的,但对南极洲影响的严重性可能更大。在如此恶劣的气候里,已生存于存活极限的许多生命形式,可以被人为破坏的环境压力所破坏,生物用作繁殖场所将减少,如其中部分为采矿或矿物处理工作所占用和或扰动,那么动物数量可能降低,水污染可以大量减少南大洋中生物的丰富性,并降低南大洋的生产力。因为在南极大陆环境里风化过程太缓慢,一旦土壤被破坏就不易重新形成。

世界对矿物的需求量,尚不足以激励在像南极那样困难(且昂贵)的条件下,进行矿物开发。如果要在南极洲开发矿产,必须特别谨慎对待这一独特环境和对多样的生命形成的负面影响,要尽量使这些影响减少到最低程度。

2. 海洋矿物资源

人们也不断地考虑在非常规的地方寻找矿物。特别是海洋能够为某些矿物的短缺提供部分解决途径。海水本身含有溶解在其中的所有化学元素。然而,海水所含的绝大多数为溶解石盐或氯化钠。大多数所需金属的浓度极低。为获取少量的铜和金之类的金属必须处理大.量的海水,成本特别高,尤其是现有的技术尚不足以有效地提取海水中的金属。有几种类型的水下矿床具有较大的潜力。

末次冰期期间,因大量的水固化在冰盖中,世界范围内的海平面比现在低。现在淹没于水下的大陆架的大部分地区,曾经是干燥的陆地。流出大陆的河流流经裸露的陆架进入大海。假如河流所在的地区存在恰当的源岩,这些河流就有可能形成有价值的砂矿。随着冰的消融和海平面的上升,陆架上的砂矿床被淹没于水下。寻找和开采这些矿床可能花费巨大且困难,但随着大陆地下矿床被采尽,陆架上的砂矿床就可能非常值得寻找。据统计,目前世界 96％的钻石,90％以上的金红石,80％的独居石,75％的锡石和 30％的钛铁砂都产自海滨和海底砂矿。如泰国的砂锡矿,澳大利亚的金红石砂矿、锆石砂矿及南非的金刚石砂矿等,在世界上均占主导地位。在我国沿海浅水区已发现有 100 多个具工业价值的海滨砂矿床,例如辽东的金刚石、砂金矿,山东的砂锡矿、金红石、独居石,华南的钛铁矿、金红石等。这些均是提炼钛、铬、锆、铌的重要矿物资源。

沿海底扩张脊形成的热液矿床是所需金属的另一可能来源。在许多地方,成矿物质的量太小,而且其上海水的深度使得开采这些物质的花费太高,以致目前尚没有开采的可能。然而,亦有些海区,例如红海多金属泥,含有足够浓度的金属(铜、铅、锌、锰、铁、铀、钍等)。一些勘探工作正在进行,引起一些矿物资源公司对开采红海多金属沉积物的兴趣。沿着美国俄勒冈和华盛顿州岸外海岭,已经沉积了成千吨富锌和银的硫化物,而且水热活动仍然继续着。在大西洋和印度洋海脊发现几十处海底热液多金属矿,矿床总体积达 4×10^7 m^3。在东太平洋加拉帕戈斯海岭发现一个长 1 000 m、宽 200 m、厚 35 m 的巨型热液矿床,其矿床体积达 8×10^6 m^3。如基本上全部回收其金属,其价值达 40～50 亿美元,所以这种海底热液矿床,将是潜在的巨大的矿产资源。

锰结核是分布最广泛的海底矿物资源,锰结核是直径约 10 cm 的团块,主要由铁锰矿物组成。锰结核还含有较次要的,但经济价值更高的矿物铜、镍、钴、铂和其他金属。实际上,开采锰结核次要金属的价值比锰结核本身可能具有更大价值。已在许多深海底发现锰结核,在那些沉积速率足够低,而不至于掩埋锰结核的地方也有它们的存在。目前取回海底锰结核的成本,要比在陆地上开采同样的金属的成本高,而且从几千米深的海下获得锰结核所要的技术问题尚有待解决。锰结核代表着非常巨大的金属资源,已为许多国家所关注。现在,在大洋底已发现 500 多处铁锰多金属结核的分布地,经探测三大洋具开采价值的区域有 16 个。其中太平洋夏威夷以南,水深 3 200～5 900 m 的海底有一片面积为 1.08×10^7 km^2 的富矿区,其可采储量为 100～1×10^{12} t,整个太平洋的量达 1.7×10^{12} t,而全球三大洋的海底资源量达 3×10^{12} t。另外,在太平洋水深 300～300 m 的海岭,海岭顶部和斜坡上,有一种具经济价值的富钴结壳,它富含锰、钴、镍、铜、铂及稀土金属。这些都是很有前景的潜在的矿产资源。估计，可在 21 世纪 20 年代进行商业性开采，以代替日益枯竭的陆地资源。我国从 1976 年开始国际海底区域的深海资源调查，1981 年起对太平洋一个铁锰结核富矿区进行调查，1991 年申请对该矿区的调查开发获联合国批准，取得 1.5×10^5 km² 的矿区作为详查研究的开辟区。按国际规定，需放弃一半开辟区，最终获得 7.5×10^4 km² 的深海矿区。我国对这些矿物资源具有专属勘探权，并具有今后商业开放的优先权。

3. 矿物资源保护

对资源的总需求可能会增加，但对那些特别稀少的单一物质的需求或许会缓解。一种方法是制造替代物。对某些方面的应用，以较丰富的金属替代非常稀少的金属。用一种金属去替代另一种金属，减少对被替代金属的需求，而对替代金属的需求却增加了，资源短缺问题的焦点转移了，但问题依然存在。另外，常常使用非金属替代金属。许多这类非金属都是源自石油的塑料或其他物质，但是石油的供应也是有限的。有些方面以陶瓷或纤维产品来替代金属。不过，对于特殊应用所要求的物理的、电的或其他性质仍然需要使用金属。

重复利用是扩大矿物资源最有效的途径。金属总的使用量可能会增加，但如能发现可以重复利用这些金属的方法，则从矿石中提取的新金属将会按比例减少。目前世界上已对部分金属进行广泛的回收利用。世界范围内对金属的再利用尚未得到广泛的开展，部分原因是技术问题，回收成本过高。像美国这样资源消耗极大的国家，许多金属的储量均很有限，重复利用成为扩大这些金属储量最重要的措施（表 11-3）。重复利用的优点还在于减少废物排放量，减低了新的采矿活动所引起的更多的土地受扰动的程度。

表 11-3 美国的金属回收利用(重复利用的占消费量的％)

金属	1985	1986	1987	1988	1989
铝	16.4	15.2	15.6	19.5	21.6
铬	24.9	20.7	24.0	22.5	20.9
钴	5.7	15.2	14.1	14.0	14.5
铜	23.5	22.3	22.7	23.4	24.9
铅	50.3	50.1	54.7	56.4	60.3
锰	0	0	0	0	0
镍	27.2	25.3	24.6	32.3	34.4
铂族	38.6	42.7	54.2	52.1	72.1
锌	5.5	7.0	8.1	8.8	9.5

并非所有金属都同等程度地便于回收利用。那些最利于回收利用的金属是，以纯金属形式被使用且具有较大个体的金属，例如铜管和铜钱、电池中的铅、饮料罐所用的铝。这些单一金属易于回收，并对它们纯化，再利用所需的改造工作量最小。从能源的角度

看,回收利用铝有许多好处:回收废铝生产的铝的耗能量仅为从铝土矿提炼铝所耗能量的1/20,从而获得了节约能源与减少成本两方面的益处。

如果复杂的工业产品中混有不同的物质,提取单一金属则更困难、花费更大。设想从冰箱、洗衣机、割草机或电视机中分离出不同的金属,将是何等复杂。即使技术上可行的,所需的物力财力也太多,而无法与新产品竞争。只有在极少数情形下,因回收的金属有足够的价值,回收工作才是值得的。

合金亦带来独特的问题。像美国,每年使用数千万吨的钢,其中部分确实是回收利用的废品。然而,钢不是单一的化学物质。它是铁与一种或多种其他元素熔合而成的,并且成分不同的钢有具体不同的用途。加入铬以铸造不锈钢,钛钢、钼钢或钨钢是高强度钢,合金的成分是某项具体用途的关键,那就不能仅仅把废钢投入回收炉取得钢材。每种不同类型的钢都必须单独回收利用。分别采集和分别回收不同钢材,将是一件复杂、困难的工作,往往成本过高而难以实行。

某些物质并不是用于单独的物体。化肥中的钾和磷被播撒在田野上,不能回收。用于融化冰雪的路盐从街道上冲失进入土壤和排水沟。汽油中的铅(现已逐渐停止生产)随废气排入大气,显然这些物质不能回收利用。

鉴于上述的一些原因,希望所有矿产物资都能被回收利用是不现实的。矿物资源量很大消费量亦大的国家,都在尽力回收利用金属,像美国所耗费的一些金属将近半数已经是废料中回收的。一旦回收利用得以实施,那么其经济效益、社会效益与环境效益均是很大的。

六、采矿对环境的影响

采矿和矿物处理活动以多种方式影响环境。矿区本身就改变了周围环境。地下矿和地表矿对环境影响各不相同。

1. 地下采矿

地下矿一般不如地表矿那么显眼。它们扰动紧邻主要矿井的相对较小的地表区域,挖出的废石可以堆积在矿井的进口附近,但对大多数地下矿中,坑道是尽可能紧随矿体延伸的,这样可使移出的非矿体岩石的量减到最低程度,从而亦使采矿成本降到最低。采矿活动结束时,可以封死矿井,矿区常恢复到采矿前的状态。然而,当坑道支柱腐烂掉,或地下水通过溶解扩大地下洞穴时,地表下存在废弃多年的地下矿井有时会坍陷。有时采矿结束后很长时间才出现坍陷现象,以至于旧矿井的存在已被完全遗忘。

2. 地表采矿

地表采矿活动指挖坑露天采矿(包括采石)或剥离露天采矿(strip mining)。大的三维矿体位于近地表时,采用挖坑露天采矿。矿坑中的大部分物质是有价值的矿产品,采掘后再进行处理。因此,挖坑采矿永久地改变了地表形态,在矿区留下一个个凹坑,因挖坑而裸露的岩石开始风化,并可向地表径流释放污染物,其污染程度取决于矿体的性质。

剥离露天采矿大多用于煤的开采,铁矿的露天开采规模也十分巨大,例如我国海南岛的石碌铁矿,每年开挖 4×10^6 t 矿石,已连续几十年。澳大利亚西部露天开采的铁矿规模更大。当所采物质成层分布且与地表近于平行时,剥离露天采矿是最常用的方法。剥去上覆的植被、土壤和岩石,采走煤或其他物质,废石和土壤堆成许多废石堆。废石堆的破碎物质具有较大的表面积,非常易受侵蚀和化学风化。废石堆对径流的化学和沉积物污染普遍存在。植被的恢复十分困难,只能逐渐地重新出现坡陡而不稳定的坡地上。目前我国已有一定的法规控制露天采矿,要适合环境保护要求,对露天矿区要实行恢复植被或复垦。复垦工作通常涉及平整矿区,整平废石堆并提供坡度较缓的地面。恢复土壤,复植草本、灌木或其他植物。如果若有可能,施肥和或浇灌矿区以帮助植物生长,如果这些努力成功的话,结果将会是采矿活动的痕迹被消除,环境能得以恢复。

3. 矿物提炼过程

在从矿石提炼金属的过程中,也会引起严重的环境问题。矿石处理一般要压碎或磨碎矿石。残留的细粒废物或尾砂,最终在处理工厂附近堆积起来,受到风化并被冲走,很像废石堆的情形。矿石中的微量元素也会残留在尾砂中。尾砂快速的风化可以淋滤出有害的元素,例如砷、镉和铀,这取决于矿床的性质。有害元素将污染地表水和地下水。如果尾砂中含有铀而又未做处理,将含铀尾砂作为填料或用在混凝土中,导致有放射性的建筑的出现。在这些建筑物危及居住使用,最终甚至要拆毁重建,造成巨大浪费。

矿物处理过程中使用的化学物质通常也是有害的。例如,从金矿中提炼金普遍要使用氰化物。采用熔炼法从矿物中提取金属,可以随着废气和沙尘释放出砷、铅、汞和其他潜在的有毒元素,这取决于所涉及的矿石种类和废物扩散控制。硫矿的处理也释放硫的氧化物气体,这些气体会形成酸雨。高浓度的氢化物气体可以破坏附近的植被,矿物处理、提炼过程是重要的潜在的污染源。目前,在世界范围内不同程度地受到这些公害的危害,这是需要着重研究解决的环境问题。

参考文献

1. 世界资源研究等.程伟雪等译.世界资源报告(1996—1997).北京:中国环境科学出版社,1996

2. 陈毓川主编.迈向 21 世纪的中国海洋地质事业.北京:地质出版社,1997

3. 陈毓川,朱裕生等.中国矿床模式.北京:地质出版社,1993

4. Bennett M R, Doyle P. Environmental geology-Geology and the human environment. John Wiley & Sons Ltd,1997

5. Montgomery C W. Environment geology. Wm. C. Brown publishers,1992

第12章

能 源

　　原始人类最早使用的唯一能源是他们所吃的食物,随后是木柴。木柴燃烧产生的火,供给能量用以烧熟食物,获得热量、光和保护自己不受食肉动物的侵害。随着狩猎社会发展成为农业社会,人类开始利用动物提供的能量——马的力量或牛的力量。当时对能量的总需求极小,这些畜力就可以满足需要。随着社会的发展,动物的劳动为机器所取代,并产生了复杂的技术,对工业品的需求也上升了。所有这些因素又极大地推动了人类对能量的需求,并刺激了对新能源的研究。首先是木柴,然后是化石燃料。至今化石燃料仍在能量消费中占主导地位。

　　化石表示所有古生物的遗体或遗迹。化石燃料则是由曾经活着的有机物遗体形成的那些能源,包括石油、天然气、煤、油页岩和焦油砂提炼燃料。形成化石燃料的初始物质不同,以及生物体死亡并埋于地下之后,这些初始物质所经历的各种变化不同,使得各种化石燃料间物理性质有差异。

　　化石燃料的消耗量很大,除煤以外,石油、天然气等储量仅够全球几十年的消费。煤的燃料有许多环境问题。因此,需要有新的替代能源,主要是核能、水能、太阳能、地热能、风能等。

　　世界能源的消费一直呈上升趋势。据统计,全球 1993 年的能源比 1973 年增加了40%,而这 20 年能源的总消费增加了 49%。而各类国家间存在着差异,其中发达国家消费了一半以上的能源,而生产仅占 1/3,发达国家是依赖能源进口来促进经济发展;发展中国家这 20 年间,能源的消费已增加了三倍,但它们的能源消费量仍不到全球的 1/3(图12-1)(表 12-1)。

表 12-1　世界各国(地区)不同部门的能源利用

国家 (地区)	用于各部门的能源比例/%						能源密度[①]	
	工业	运输	农业	商业	住宅	其他	工业	农业
中　国	64	5	5	3	19	3	66	8
中国香港	37	36	0	16	10	2	7	
中国台湾	56	21	3	6	10	5		
韩　国	43	20	3	3	33	2	12	3
日　本	46	24	2	9	12	7	5	3
印　度	53	25	3	1	13	4	33	2

续　表

国家 （地区）	用于各部门的能源比例/％						能源密度①	
	工业	运输	农业	商业	住宅	其他	工业	农业
美　国	30	35	1	12	18	4	12	6
加拿大	37	26	2	14	18	3	15	9
巴　西	39	37	5	5	10	4	10	6
法　国	31	29	2	20	15	3	7	5
苏　联	46	15	10	10	14	5		

注:据《世界资源报告 1992—1993》。
①能源密度:MJ/美元的工业生产总值;MJ/美元的农业生产总值;MJ＝百万焦耳

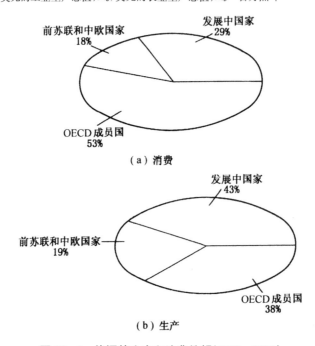

图 12－1　能源的生产和消费份额(1973—1993)

（引自《世界资源报告 1996—1997》）
OECD 即经济合作与发展组织成员国

一、石油与天然气

1. 石油和天然气的形成

石油并不是单一的化合物,而是由多种液态碳氢化合物组成,也存在有气态碳氢化合物(天然气)。甲烷(CH_4)是天然气中最常见的化合物。有机物质转化成液态和气态碳氢化合物的机理尚未完全清楚,这里仅讲述其转化过程的主要特征。

一个大型化石燃料矿床的形成初始需要大量有机质的堆积,有机质富含碳氢。另一个条件是有机碎屑很快被埋藏,使它与空气隔绝,从而生物作用引起的腐败或与氧的作用不至于破坏有机质。

海洋中大部分地区微生物十分丰富,这些生物体死亡时,它们的尸体沉到海底。大陆架浅海区靠近陆地,来自陆地侵蚀的沉积物堆积迅速。在这样的地区,满足了石油形成的初始条件:有丰富的有机物质,有沉积物的迅速堆积。石油和天然气就是这种被堆积埋藏的海洋微生物所形成。目前分布在陆地上的油田,发现其地下沉积层大多属于海相沉积。

随着埋藏过程的继续,压力随着上覆沉积物或岩石重量的增加而增大,温度随地下深度的增加而增加,有机质开始发生变化,大而复杂的有机分子分解成较简单、较小的碳氢化合物分子,碳氢化合物分子的性质随时间和持续增加的热量、温度的变化而变化。在石油形成的早期阶段,矿床主要由较大的碳氢化合物分子(重碳氢化合物)组成。这种重碳氢化合物很稠,具有近似于沥青的特点。随着石油的逐步形成,以及大分子分解的继续,继而形成"轻"碳氢化合物,稠的液体转变成较稀薄的液体。润滑油、加热油和汽油就是从较稀薄的液体中提取的。到了最后阶段,石油的大部分或全部分解成很简单、很轻的气体分子,即形成天然气。石油成熟过程的大部分时间是处在 50~100 ℃温度范围内。高于这些温度,残余的碳氢化合物基本上全是甲烷,随着温度的进一步升高,甲烷亦会随之被分解和破坏(图 12-2)。

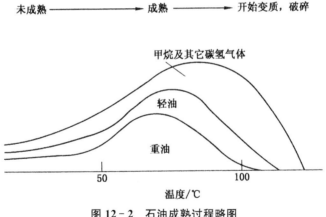

图 12-2　石油成熟过程略图

各个油田生产的原油常含有独特的碳氢化合物的组合,这取决于碳氢化合物的形成历史,精炼过程将不同类型的碳氢化合物区分来用于不同的用途(表 12-2)。在精炼石油过程中,通过裂化处理可将部分较重的碳氢化合物分解成小而轻的分子。裂化可以从由较重化合物组成的原油中生产符合需要的较轻的化合物,如汽油。

表 12-2　石油、天然气的主要产品

石油、天然气	产 品	主要用途
较重的碳氢化合物	蜡（如石蜡） 重（残余）油	制蜡烛 船舶、电厂和工业锅炉用的重的燃料油
	中油	煤油、柴油、航空油、电厂、家庭和工业锅炉用
	轻油	汽油、苯和螺旋桨驱动的飞行器用航空油
	罐装煤气 （主要是丁烷 C_4H_{10}）	主要用于家庭
较轻的碳氢化合物	天然气（主要为甲烷 CH_4）	家庭/工业及电厂用

2. 油气的迁移

一旦固态的有机质转化成液体和气体，碳氢化合物可以从其形成的岩石中迁移出来。油气要成为有经济价值和实际用途的矿床，必须有油气迁移。生油岩石主要是低渗透率的细粒碎屑沉积岩，从生油岩石中提取大量的油和气是很困难的。尽管生油岩石的渗透率低，但在漫长的地质时代里，油和气是能够从它们的源岩中迁移出来，并能通过渗透率较大的岩石。岩石中可以拦蓄流体的孔隙、空洞和裂隙通常充满了水。大部分油和所有的天然气的密度均比水低，因此油气可以上升，通过可渗透岩石中充满水的孔隙作侧向迁移。

除非受到非渗透性岩层的阻挡，油和气可以一直上升到地表，在许多已知的油气渗漏地，油和气逸入空气或海洋或在地面上流动。这种天然渗漏是自然界自身的一个污染源。天然渗漏的油和气并不是用作燃料的碳氢化合物有效的来源。

在石油、天然气矿床中，最有经济价值的矿床是那些集中有大量油气，且油气被围限在非渗透性岩层中的矿床（图 12-3）。油和气在储油层中聚集，要在较小体积的岩石中发现大量的石油，储油层应当多孔隙的，也应相对可渗透的，这样一旦油井钻入储油层，油和气可以轻易地流出。如果储油层天然可渗透性较低，可以使用炸药，人工使之破裂，或用高压水或气，增加油和气从储油层中流出的速率。

形成石油、天然气需要多长时间还不完全清楚，至今，还没有在年龄小于一二百万年的岩层中找到成为矿床的石油，所以推测油气的形成过程相当缓慢。即使油气形成过程只需几万年（在地质上是很短的一段时间），世界油气被用掉的速度，远比形成新的石油供应基地的速度要快得多。因此，石油和天然气属于不可再生能源，人类掌握的可供使用的能源是很有限的。

3. 石油和天然气的供应和需求

同矿物的估计一样，能源供应量比较保守的估计是已知的储量，即在现有技术条件下，有经济价值、可供开采的"探明"储量。较乐观的估计是总的资源量，包括储量、已知的目前技术上不可行或开采费用太高的矿床以及一定量的有希望被发现和采掘的物质。与矿物的估计一样，对能源储量的估计也受价格波动和技术进步的影响。

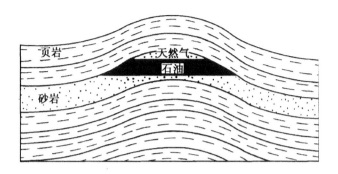

（a）褶皱圈闭

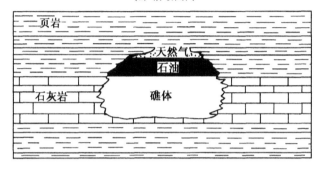

（b）石油在左珊瑚礁体中聚集

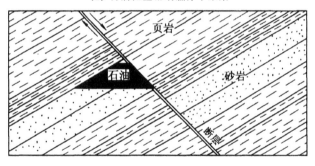

（c）断层圈闭

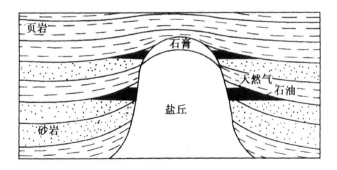

（d）盐丘圈闭

图 12 - 3 石油圈闭类型

通常石油使用的单位是吨或桶(1桶≈1/7 t)。目前石油在世界能源生产总量中占40%,每年大约生产220亿桶。天然气产量约2.4×10^{12} m³,全世界已消费掉的石油超过4 000亿桶,估计的剩余储量接近8 000亿桶(图12-4)。人们注意到,已消费掉的4 000亿桶中的一半,是在过去的十年左右时间里用掉的,这说明问题的严重性。此外,随着技术的进步,全球对油气需求量将会继续增加。

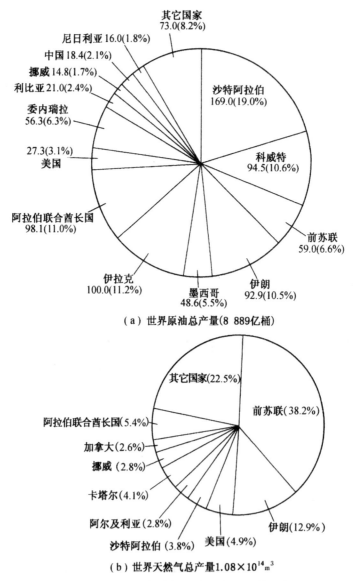

尼日利亚 16.0(1.8%)
其它国家 73.0(8.2%)
中国 18.4(2.1%)
挪威 14.8(1.7%)
利比亚 21.0(2.4%)
委内瑞拉 56.3(6.3%)
27.3(3.1%) 美国
阿拉伯联合酋长国 98.1(11.0%)
伊拉克 100.0(11.2%)
墨西哥 48.6(5.5%)
伊朗 92.9(10.5%)
前苏联 59.0(6.6%)
科威特 94.5(10.6%)
沙特阿拉伯 169.0(19.0%)

(a) 世界原油总产量(8 889亿桶)

其它国家(22.5%)
前苏联(38.2%)
阿拉伯联合酋长国(5.4%)
加拿大(2.6%)
挪威(2.8%)
卡塔尔(4.1%)
阿尔及利亚(2.8%)
沙特阿拉伯(3.8%) 美国(4.9%)
伊朗(12.9%)

(b) 世界天然气总产量1.08×10^{14}m³

图12-4 世界石油、天然气的探明储量(据美国能源年报,1988)
图中数字为产量,括号内为所占百分比

石油的供应和需求在世界上的分布极其不均。一些人口少、技术落后而石油丰富的国家(如利比亚),石油的生产量可达到其消费量的50倍或100倍。另一个极端情形是像日本一类的国家,高度工业化却缺乏能源,甚至连一点石油的储备也没有。像美国石油消费量就占到世界石油消费总量的 1/4 强,每年消费石油约 60 亿桶,其中 45% 需国外进口,加拿大需要 35% 的进口石油。我国石油年产量已达 1.6×10^8 t,但仍需约 30% 的进口石油;我国天然气年产量约 1.3×10^{10} m³,目前在积极勘探扩大天然气产量的同时,仍需开辟国外气源,进口天然气。

全球石油、天然气的供应与需求,与其资源量密切相关。资源量的估计与石油、天然气的地质因素及世界经济因素有关。目前石油生产充足,油价较低,但世界石油的资源量还是有限的。世界石油的产量增长会达到顶峰,然后逐渐下降。大概油田开发生产到该地区石油资源量的一半时,其生产量最大,然后产量逐渐下降。美国的石油生产就遵循此规律。世界石油生产亦将按此规律进行。世界石油生产量的低峰何时出现,国际上有二种估计:一种认为在 1998—2002 年出现石油生产的顶峰,以后产量将逐步下降;另一种乐观的估计,全球石油生产的高峰在 2010—2025 年。多数专家认为,对世界石油生产不能过于乐观,原因是:①对石油资源储量的估算偏大,特别是对中东石油储量估算偏大。②多数专家认为地球上大多数油田已发现,无论是经济原因或技术改进等因素,都不会使今后再发现大量新的油田。

石油占能源供应量的 40%,石油生产达到顶峰,并不意味着很快将耗尽。高峰后几十年,石油生产仍将继续,只是产量下降,这时其他能源逐步替代。石油产量下降产生的影响也是深远的,主要是:①油价上涨将影响整个能源价格上涨;②以油为燃料的运输工具价格上涨(飞机、轮船、火车、汽车);③工业成本增加,发展中国家工业化将在昂贵的能源下进行,竞争更为激烈。

全球未来能源消费量的估计,有几种方案。一个是世界能源委员会的方案,它反映了世界多数专家的观点。在中等的经济增长率情况下,世界石油、天然气和煤的供应量将大幅度增加,认为 2020 年的消费量将在 1990 年的基础上,增长 84%,这时 CO_2 排放量将增加 73%。从环境角度考虑,所以要大规模提高能效及鼓励天然气(清洁能源)及再生能源的利用,最终使 2020 年世界能源总消费量将在 1990 年的基础上,再上升 30%。另一个可供参考的是美国能源部的方案。它依据美国能源生产与消费的经验,考虑到全球经济技术许多基本依据的不确定性及结果的变动范围,它预测 1990—2010 年,这 20 年间能源消费将增加 36%。目前国际上关注对保护环境有利的替代能源,但替代能源能起多大作用,尚难预测。

未来的展望 有一种观点认为,随着石油和天然气供应的减少,价格随之上涨,这将加速人类对新油田的勘探,还会发现新油田,因此不会真的把石油、天然气都用光。但大部分尚未勘探的地区,不可能再找出巨量的石油,因为火成岩和大部分变质岩形成过程中的高温可以破坏有机物质,石油一般不会形成在这些岩层中。这类岩石孔隙不多或不具渗透性,因此,除非是破裂带,它们一般是储油条件很差的岩石。陆块的基部下伏的主要是火成岩和变质岩,多半没有希望找到石油。在这类火成岩、变质岩地区勘探,效果都不好,成功的希望很少。另外,1970 到 1980 年间,石油的价格翻了四番,但美国石油的探明储量仍在减少。这表明石油价格上涨并不一定能带动新油田发现,也并未导致石油产量成比例的增加。此外,世界上一些主要的石油公司已开始转产,成立派生出一些石油、天然气以外的其他能源公司。这也反映出油气资源的紧缺状况,解决资源短缺比较有效的办法是增加石油的回采率。

正在发明一些从已知矿床中增加石油产量的技术。油井最初产油所需用的泵抽最少,或是原油自己"喷出",因为石油和相关的气体承受着上覆岩层的压力,这就是初采。当石油流出速度渐小以至断流时,将水泵入储油层充填空的孔隙,并将更多的石油漂浮到井区,这是再采。初采和再采一起可平均采出石油圈闭中 1/3 的石油,虽然这个数字随石油的物理性质和特定油田储油层的不同而有很大的变化,但平均说来,每一圈闭中 2/3 的石油被留在了地下。因此增大回采率的方法就显得十分重要。

增大回采率包括多种方法。用炸药甚或高压水使岩石破裂可以增加岩石的渗透率。用高压将二氧化碳气体压入油层,可挤出较多的石油。可将热水或蒸汽泵入地下使厚而黏稠的石油增温,从而使之流动,这样易于开采。也有用清洁剂或其他物质分解石油,使回采率增加的。

但是这些增加回采率的方法,均加大石油开采成本。使用这些方法,主要是七八十年代石油价格上涨引起的。按当代的技术,采用增大回采率方法,可以打出最初位于储油层中的另外 40% 的石油,这将使石油储量大量增加。增大回采率方法的另一优点是可以应用于传统方法开采已废弃的老油田,也可用于新发现的油田。然而增大回采率,可能会加剧地面沉降,或地下水污染之类的问题。

深层密封天然气和其他替代气源在地下数千米之处,因那里环境非常炽热,以致所有的石油均被分解为天然气。这类天然气承受着来自上覆岩层的巨大压力,可以溶解充填于岩石孔隙间的水中,很像二氧化碳溶解于一瓶苏打汽水中,将这种水抽至地表就像打开了瓶盖,压力被释放,气体冒着泡儿涌出。大量的天然气可能存在于这样的地内密封带内(geopressurized zones)。这类具有潜在开采价值的天然气,最近估计有 4.2×10^{12} 到 42×10^{12} m^3。

开采这些地内密封天然气要有特殊的技术。钻探如此深且压力高的气田,技术上是困难的,且花费巨大。此外,溶解天然气的许多液体是很咸的水,在地表随意弃置将会破坏地表水水质,最有效的处理方法是将这些咸水再泵入地下,而这样做的费用很高。但是,从另一个方面看,热液本身可以作为地热能源的补充,地内密封天然气在未来可能会成为重要的补充能源。

科学家正在对利用破裂技术,从"紧密"(低渗透率)砂岩中和含气岩中采取天然气。这些研究项目仍处于实验阶段。与地内密封天然气一样,这些岩石中可回采气体的数量尚不能确定。据对美国落基山砂岩层及阿巴拉契页岩层的测算,估计含天然气 1.7×10^{11} m^3 $\sim 2.4 \times 10^{12}$ m^3。

4. 石油、天然气资源的保护

保护石油、天然气是一潜在的延长剩余供应的重要途径,已引起越来越多的关注。

全球能源的生产和消费都处于上升的趋势,1993 年与 1973 年相比,20 年间全球能源生产增长了 40%,能源总消费增加了 49%。而各国情况有很大差异。如经济发达国家,消费全球 53% 的能源,而生产仅占 38%,发展中国家消费量仅占 29%,而生产了全球 43% 的能源,即发达国家是能源进口国,而发展中国家是能源生产国,但其消费量也在逐年增加。这 20 年间,世界产量增加了 60%,天然气增加了 140%,按此消费水平,已发现的石油可满足世界 40 年的需求,天然气可满足 60 年的需求。

能源的保护可以为替代能源赢得必要的时间,可见的将来世界能源消费量不可能显著地减少,而是随着各国经济的发展,将逐步增加能源的消耗量。因此,石油、天然气资源保护就成为对国际社会经济发展至关重要的措施。

5. 石油泄漏问题

石油泄漏已成为严重的环境问题。石油泄漏包括天然泄漏与人为泄漏二类。从可渗透岩层中天然泄漏进入海洋的石油每年约为 6×10^5 t。以下所讲的石油泄漏主要是人为造成的。油轮货仓中溢出进入海洋的石油,对海洋有污染,而且是海洋石油污染的重要来源。人们所关注的石油泄漏是二种大量的突然的灾难性的泄漏:近海油井钻探过程中出现事故造成的泄漏,海上油轮失事引起的泄漏。虽然作为水的污染源,从体积上讲石油泄漏没有随意处置废油所引起的石油污染重要,但石油开采和运输过程中有很大的负面影响。平时人们常听到偶然的大量的灾难性的石油泄漏事件,十分惊人,但有更多的漏油事件新闻媒体未做报道,比如在美国海域及其附近,每年的漏油事件可有一万起,年漏油总量达 $6.82\times10^7\sim1.14\times10^8$ L。

随着更多的大陆架被获许钻探,钻井事故已越来越多地被关注。正常情况下,钻井均被衬以钢套管以防止石油的侧向渗漏,但有时在套管安装完成前石油就已找到了汇溢的路线,这种情况曾于 1979 年在美国 Santa Barbara 出现过,泄漏的石油形成了 200 km^2 的油膜。再就是钻井工人可能意外地钻进高压油储导致油的突然喷出,像 1979 年墨西哥湾一次石油泄漏事件,喷出的油有 4×10^6 L 之多。

油轮灾难一直有潜在的逐渐变大的倾向。现在最大的超级油轮能运输二百万桶(约 3×10^5 t)石油,迄今最大的一次海上石油泄漏是 1978 年在法国 Portsall 附近失事的 Amoco Cadiz 油轮引起的,用于清除可以回收的 160 万桶石油所需费用达 5 000 多万美元。数年之后在该地区仍能感到负面的环境影响。

1991 年的波斯湾战争,表明战争可以成为另一大量石油泄漏的可能起因,它破坏了重要的输油管和炼油厂设施。

出现石油泄漏时,因油比水轻而浮在水上,最轻而最易挥发的碳氢化合物开始蒸发,使泄漏油的体积略有减少,却污染了空气。随后因阳光和细菌的作用,开始缓慢的分解过程。数月之后,漏油的量可减少到最初时的 15% 左右,余下的主要是黏稠的沥青团块。这些沥青团块可以再保存数月。石油对海洋生物是有害的,当水鸟的羽毛浸到石油时,无法飞行,会被淹死,石油可以大量杀死鱼类和贝壳类生物,并能严重地破坏海滨游览胜地。

石油泄漏以后怎么办? 在风平浪静的海区,如果漏油面积不大,可以用悬浮障碍物将其圈围起来,并用特殊设计的"撇油船"撇取泄漏的石油。这种撇油船每小时可以从水面撇取 50 桶石油。亦有尝试用泥炭、苔藓、木材刨花甚至鸡毛汲取石油的。大规模的石油泄漏或风浪大的海区的漏油是个较大的问题。1967 年 Torrey Canyon 号油轮在英格兰 Lands End 岸外毁坏时,试用了好几种策略都不成功。首先是试图烧掉泄漏的石油。当这一方案实施时,易燃和易挥发的组分已经挥发掉了。这个方案是将航空油倒在漏油上并投掷炸弹引燃! 但这种火燃方案并不能真正奏效,并且火烧漏油会造成空气污染。一些法国工人用白垩吸收并使石油沉入海底。象白垩、砂、黏土和灰之类使它吸油后沉入海底,这样可以有效地移去海面的漏油,但这些油却对海底的海洋生物有害。此外,沉入海底的石油,以后也有可能重新分离出来再浮到水面,在英国曾将大约 $4×10^6$ l 的清洁剂,混合到漏油中,期望石油的分解过程加快,但结果表明清洁剂对某些生物体也是有害的。

试用了许多清除漏油的方法,但没有一种方法是明显有效的。这样的经历很典型。最好的对环境为良性的清除漏油的方案,是开发一种"噬油"的微生物。这种微生物将以漏油为食物从而彻底地清除它。目前科学家正在试图开发适合的细菌种属,但对于较大的石油泄漏引起的问题,暂时还没有好的解决办法。

下面介绍一个美国阿拉斯加处理漏油的事例。阿拉斯加输油管道通到 Valdezl 港,油轮从 Valdezl 港再将石油运到其他地方的炼油厂。该处是多种野生动物的家园,从大的哺乳动物(鲸、海豚、海獭、海豹和海狮)到鸟类(秃鹰、鸬鹚、加拿大鹅及许多其他种类)、贝类(蟹身、蛤、牡、砺)和鱼类(其中鲑和鲱鱼在经济上尤为重要),许多动物在这海岸平静地生活着,在港区、航标灯座、浅滩上,都有海狮、海豹在栖息。

1989 年 3 月 23 日清晨,装载了 120 万桶原油的 Exxon Valdez 号油轮在该港口处 Bligh 岛触礁了。结果导致了美国海域最严重的一次石油泄漏,事故发生后未能及时救助,在 12 h 内,估计有 $4.64×10^7$ L 的石油溢出,最终散布于约 2 331 km^2 的水域。

撇油船回收的石油相对很少,事故发生以后三周,仅回收了漏油的 5%。化学分散剂也不很成功,燃烧油的努力亦未奏效。事故发生后四天,石油和水相互作用而乳化成黏稠的奶油冻样的物质。这样的物质难于处理,因太黏稠而不能撇取,也不能有效分解或烧毁。

泄漏的石油使数万只鸟和海洋哺乳动物死亡或染病。Valdezl 每年的鲱鱼汛期被取消,鲑鱼的产卵场所受到威胁。当其他办法失败时,似乎只有长期而缓慢的降解才能消除掉泄漏的石油,因泄漏的石油量大且阿拉斯加温度寒冷,前景很差。在寒冷的气候里,那些有助于石油分解的微生物的生长和繁殖均缓慢。很可能泄漏的石油将长时间保存在那里。

当时美国科学家做了一个耗资 1 000 万美元的处理漏油的试验,科学家们沿 Sound 数千米的海滩播撒一种化肥溶液。这种化肥溶液是用来促进天然存在的"吞噬"石油的微生物的生长的,从而将有助于石油的分解。这项试验取得了很大成功。二周之内,经处理的海滩明显比未经处理的海滩清洁,最初有人担心化学物质仅机械地分解石油,但进一步的试验,配合实验室实验,均证实微生物帮助下的分解过程确实存在。5 个月以后,经处理的海滩的那些微生物比未处理海滩的要多。当然,这种方法也存在缺陷,在石质海岸因波浪将化肥溶液冲离海岸而无效。另外,当石油污染深入海滩砂的深层时也将失效。但利用微生物来处理泄漏石油将是一项很有前景的方法。

二、煤

在发现并广泛使用石油和天然气之前,木柴是最常用的燃料,随着 19 世纪初期工业时代的开始,开始使用煤。然而煤既笨重麻烦又脏,处理和燃烧都不方便,所以当液体和气体化石燃料可以获得时,煤有点不受欢迎,尤其对于家用更是如此,而随着石油和天然气供应的日益减少,人们又重新注意到煤的作用。

1. 煤矿的形成

煤不是由海洋生物而是由陆地植物遗体形成的。沼泽环境中植物生长茂盛,且有水覆盖倒下的树、枯叶和其他碎屑。因此沼泽环境是成煤早期阶段特别适宜的环境。成煤过程需要缺氧环境,在缺氧环境中没有或几乎没有氧气,因为氧化过程可以破坏有机质。

在适宜条件下,最早形成可燃产物是泥炭,泥炭可在地表形成。现在在地球上可见到泥炭正在形成。进一步的掩埋,加上更多的热量、压力和时间,有机质逐渐脱水,将松软的泥炭转变成软的褐色的煤(褐煤 lignite),之后又转变成较硬的煤(烟煤 bituminte 和无烟煤 anthracite)(图 12-5)。随着煤硬度的增加,其碳的含量亦增加,因此,燃烧一定量的煤所释放的热量也增加了。因此最硬的含碳量高的煤(特别是无烟煤)因其潜在的能量产出成为最为需要的燃料。然而,和石油的情形一样,煤所有承受的热量是有限的,过高的温度会导致煤变质成石墨。

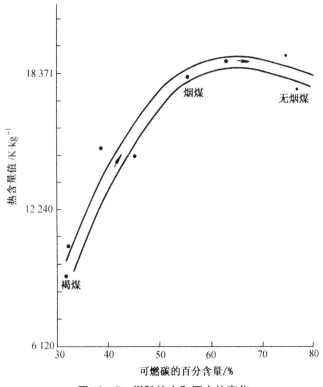

图 12-5　煤随热力和压力的变化

较优质的煤类似于石油,所需的形成时间显然要比一般的煤的形成时间长,因此,煤也被看成一种不可再生的资源。然而世界煤的供应表明,煤是一种比石油的储量大得多的资源。

2. 煤的储量和资源

影响煤储量估计的不确定因素要比影响石油和天然气的少。煤是固体,因此它不会迁移,因而煤矿发现于形成煤的沉积岩中而不必到火成岩和变质岩中去找。煤赋存于界线确定的地层中,这种地层较之地下油气储层易于制图,而且因为煤是由陆地植物形成的,而陆地植物直到四亿年前才开始广为分布,所以不必到更古老的岩层中找煤。

估计世界煤储量约为 1×10^{12} t,总的煤资源量估计超过 1×10^{13} t。我国煤资源丰富,预测资源量为 4.5×10^{12} t,仅次于俄罗斯、美国,居世界第三位。目前年产量 1.3×10^9 t,为世界第一位,按此速度,可持续开采 500 年。煤成为中国最主要的能源,占全国能源消费量的 70% 以上。美国煤的供应亦很充足,它拥有世界煤储量的近 30%,可开采的煤超过 2.9×10^{11} t。美国总的煤资源量约为可开采量的十倍,而且大部分煤仍然未被使用和开采。目前,煤提供了美国约 25% 的能源消费。当美国已用掉近一半的石油资源时,所用的煤只占其煤拥有量的一小部分。只要计算一下煤储量,如果煤能作为唯一的能源,美国的煤可以在目前的能源消费水平上满足其 200 多年的能源需求,作为其他能源的补充,煤矿可以维持许多世纪。

3. 扩大煤的使用范围的方法

用煤的主要限制因素是因其是固体而不能直接用于大部分现代化运输工具,如汽车和飞机。再如煤过去曾是驱动火车的主要燃料,但当更干净的燃料可获得时,燃煤的蒸汽机车就不受欢迎了。对于家庭供热来说,煤既脏且不方便,这也是煤被石油或天然气代替的主要原因。因此,在现在的技术条件下,煤不可能在各个方面的应用中,简单地成为石油的替化物。

在高温下促使煤和氢气或蒸汽反应,可以将煤转化成液态的或气态的碳氢燃料——汽油或天然气。这种转化过程称为气化(当产品为气体时)或液化(产品为液态燃料时)。气化和液化过程的目的在于将煤转化成可以烧得更干净、更易挥发的燃料,从而扩大煤的应用范围。

(1) 气化。具有一定规模的商业性煤的气化已有 150 年的历史。在天然气普遍使用以前,煤的气化产品,是城市居民的主要燃料。欧洲人对气化技术的开发一直持续到 20世纪 50 年代,目前在美国等发达国家只有实验性的煤的气体工厂还在运转。

煤的气化过程产生的是一种由一氧化碳、氢和少量甲烷混合而成的气体。燃烧这种混合气体所获得的热量,仅为燃烧等体积天然气所产热量的 15%~30%。低的热值使长距离运送这种煤气不合算,一般都是在哪里生产就在哪里使用。目前已有生产热值等同于天然气的优质气的煤的气化技术,但较之天然气,尚显得不太经济。改进气化技术的研究仍在进行之中。

在地下就地气化煤炭,就地气化产生的煤气,可以直接供应城市居民和工业动力。它的优点是:减少了土地扰动、减少水的用量、减少空气污染和产生于地表的固体废物。但也有一些缺陷需要防治,如可能导致的地下水污染和被气化煤层上的地面沉陷。地下气化对于薄层煤矿或开采需扰动大量土地的煤层提供一个可利用的途径。

（2）液化。和煤的气化相似,煤液化成液体燃料的历史亦很长。第二次世界大战期间,德国人用他们丰富的煤炭生产汽油,南非有一个煤矿的液化工厂现在仍在生产汽油和燃料油。煤的液化技术有许多种,液体燃料产品在经济上无法与传统的石油竞争。在 80 年代之前,多数国家商业性煤的液化都靠政府政策的支持。而 80 年代以来技术进步,已使煤矿的液化生产成本减少了 60%,并改善了液化产量约 70%原煤可转化为液体燃料。世界煤的储量非常巨大,所以,这种技术发展对改变能源结构,提供充足的能源,具有很大意义的。

4. 燃煤的环境影响

煤带来的主要问题是与煤的开采和使用有关的污染。与所有化石性燃料一样,煤燃烧时产生二氧化碳,且煤释放单位能量所产生的 CO_2 要比石油和天然气多得多。CO_2 对环境潜在一些有害影响,同时是引起温室效应使地表增温的主导因素,另外,燃烧煤是产生硫的污染源。

（1）煤中的硫。煤炭的含硫量可以超过 3%,一部分硫以黄铁矿(FeS_2)的形式存在,一部分则包含在煤自身的有机物质中。当硫和煤一起燃烧时将产生含硫气体,主要是二氧化硫(SO_2)。这些含硫气体是有毒的,对眼睛和肺的刺激特别大。含硫气体也与大气中的水发生反应形成硫酸,这是一种很强的酸,随后这种硫酸又以酸雨的形式降落下来。降落到河流和湖泊中的酸雨能杀死鱼类和其他水生物。酸雨能够酸化土壤,阻碍植物生长,酸雨能溶解岩石。酸雨问题严重的地方,建筑物和墓碑明显受到腐蚀。

石油也含有源自有机质的数量可观的硫,但在精炼过程中可以除去大部分硫,所以燃油释放的含硫气体仅为烧煤产生的含硫气体的大约 1/10。在燃煤前也可以从中除去部分硫,但除硫过程费用高而且仅部分有效,特别是对有机质硫有效。或者,也可用一种特殊的去硫装置,在烟囱中捕获含硫气体,但这一过程也是昂贵的,而且也不是绝对地有效。从环境质量角度讲,低硫煤(含 1%或更少的硫)较之高硫煤更为需要,这有两方面的原因:低硫煤对空气质量的威胁较小,其次如果在燃煤前或之后必须除硫,低硫煤所需除去的硫的量较少,因此可以更便宜地达到更为严格的排放标准;另一方面,许多低硫煤常常是劣质的煤,这就意味着产生同量的能必需烧更多的煤,目前这种困境尚未得到解决。

（2）煤灰。烧煤亦产生大量的固体废物。煤燃烧后残留的煤灰一般占原来体积的 5%～20%。煤灰主要由不可燃的硅酸盐矿物组成,也含有有毒金属,如果和废气一起排放,煤灰会污染空气,如果用烟尘捕获装置或限制在燃烧炉中,这些煤灰仍然需要处理。如果煤灰露天放置,那些具有大的表面积的细粒煤灰可以迅速风化,有害金属可以从中淋滤出来,从而引起水污染。煤灰同样会引起沉积物污染。因此,对这一废物处理的重要性不可低估。在我国一个烧煤的电厂,装机容量为 1×10^6 kW,则一年要烧煤 2×10^6～3×10^6 t其煤灰年产一般为 2×10^5～6×10^5 t,这么多的固体废物,目前尚没有明显安全的地方处置。

（3）煤矿开采产生的灾害与环境影响。采煤也会带来一系列的环境问题。矿区可能倒塌;矿工可能因吸入尘埃而患黑肺病;赋存于许多煤层中的天然气体存在着爆炸的危险;最近的证据进一步表明煤矿工人因吸入放射性气体氡增加了患癌症的危险。氡气是煤层周围岩石中铀的自然衰变产生的。采煤方法也在不断变换,50 年代约 20% 的地表开采,到 80 年代地表采煤超过了 60%。我国也正在逐步扩大地表开采的比例。

剥离采煤所涉及的具体问题是煤中的硫。并不是从周围岩石中把每一点煤都采出来的。部分煤及其所含的硫被遗留在废石堆中。页岩常与煤层互层,硫在页岩中也是常见的。废石中的硫可以和水及空气发生反应形成含硫酸的径流,因植物在酸性条件下生长得不好,这种径流通过阻碍植物生长,甚或毁灭植物从而使矿区的植被恢复过程变缓。酸性径流也能污染空地和地表水体,杀死湖泊和河流中的水生植物和动物并污染供应水源。极酸的水也能特别有效地从土壤中淋漓或溶解某些有毒元素,进一步增加了水的污染。露天煤矿区,和其他煤矿区一样,能够被改良,但除了平整土地再种植物外,也常常要回填原来的顶土层(如果被保存下来的话)或回填新鲜的土壤,这样的话富硫的岩石就不会被裸露地弃置于风化作用特别强烈的地表。矿区大量的废石堆积,形成不稳定的人工地貌,堆石的坡地不稳定,在雨季可形成滑坡、泥石流。目前最好的办法是将矿区废石回填,或人工覆盖,使其改造成接近天然的平缓地形,如人工山丘等,并加以恢复植被的绿化。当然,这是非常艰巨的花费昂贵的工程。

废弃的浅层地下煤矿区会发生地面塌陷。这种塌陷一般呈坑形或槽形,坑和槽可能比所采的煤的厚度要深。地面塌陷可以滞后于采矿几年或数十年,是随着支撑结构的腐烂,及地表水通过风化作用使岩层变软而发生的。水和氧溢出废弃的煤矿时,残余的煤可以自燃。80 年代中期,据美国矿务局估计在 80 年代有 250 多个矿区在燃烧。地下煤的燃烧可以导致更多的塌陷、更多的塌陷坑并使助火的空气增多。一氧化碳和有毒的含硫气体冒出地面。这样的矿火不容易扑灭。从地表向地下倒水会增强某些矿火的火势。原则上封死所有的坑、巷道和其他能容空气达到火焰的孔道是可以闷熄矿火的,但矿区工程的几何形态和裂隙是如此的复杂,以致确定并封死每一个空气通道是不可能的。因此,这样的矿火可以燃烧数年,甚至二三十年,扑灭矿区地下燃烧,成为一项耗资巨大,且十分艰巨的工作。

三、油页岩与焦油砂

1. 油页岩

油页岩是沉积岩但不一定是页岩,而且油页岩中的碳氧化合物不是油,油页岩中有可能用作燃料的是蜡质的称为油母岩的固体。油母岩是由植物残体、藻类和细菌形成的。必须将油页岩压碎并加热以蒸馏"页岩油",随后像由原油生产各种液态石油产品一样,页岩油再需进一步的精炼。

油页岩现在并未成为重要的能源,原因是开采油页岩经济上不合算。开采油页岩要处理巨大体积的岩石,才能得到小量的页岩油,即使含油量很丰富的油页岩,1 t 油页岩只能产出约 3 桶页岩油,这就无法与石油竞争。其次是水资源问题。目前的处理技术需要大量水,生产一桶页岩油需要 3 桶水。另外是废石处理问题。开采油页岩本身有巨量的矿体废石,提取到的页岩油却极小。除了提炼后的油页岩废石外,尚有母岩、开挖中的废石,一般要比原来所采岩石体积大 20%～30%,这些压碎的废石及矿坑要回填覆盖处理,均提高了开采成本。因此,目前各国均很少开采油页岩。如我国著名的广东茂名油页岩矿,开采提炼油页岩多年,现该企业主要转为提炼石油。美国拥有世界已知油页岩的2/3,估计储量为 2～5 万亿桶,但目前尚未大量利用。据专家估计,在可见的将来亦不会大规模开采,其主要原因是,开发油页岩要解决水资源、废物处理和矿区土地改良等难题。所以,油页岩是世界上一种潜在的能源。

2. 焦油砂

焦油砂是含有极稠的半固态的焦油样石油的沉积岩。据说焦油砂中重油的形成方式和形成物质的种类与较轻的石油是同样的。焦油砂可以代表极不成熟的石油矿,其中的大分子的分解没有进行到形成较轻的液态和气态碳氢化合物阶段,或者较轻的化合物已经迁移走了,残留下这种稠密的物质。焦油太黏稠而不能流出岩石。与油页岩类似,目前为了提取石油,也必须将焦油砂采出,压碎并加热。然后提出的石油再被精炼成各种燃料。

焦油砂同样可以引起与油页岩有关的许多环境问题。因焦油散布在整个岩石中,要取得一定量的石油必须开采和处理大量的岩石,许多焦油砂都是近地表矿床,所以所用开采方法一般是剥离露天开采,再焦油砂处理过程需要大量的水,而且处理后的废体积比原来焦油砂的体积大。焦油砂生产的负影响随产量的增长而增大。世界著名的焦油砂床,是在加拿大西部阿萨巴斯卡湖与埃德蒙顿市之间广大区域,其焦油砂含有几千亿桶石油。从焦油砂中提炼的石油可满足其石油需求的 1/3。加拿大石油资源总量为 13 840 亿桶,而焦油砂的石油资源达到 12 430 亿桶,几乎占到 90%。现在有一种生产合成燃料的技术,即从油页岩、焦油砂提炼石油,以及由煤加工成液体和气体燃料。然而,由于成本较高,还难以大规模推广。

四、核　电

1. 裂变与铀矿地质

核电是原子核裂变过程中获得的电能。裂变是原子核分裂成较小原子核的过程,这一过程伴随着能量的释放。在自然界中,自发裂变的同位素很少,250 多个天然同位素中约有 20 个自然裂变。另有一些原子核可以被诱发裂变,可以使天然可分裂的原子核的分裂速度加快,从而使能量释放速率增加。现代核电反应堆中最常用的可裂变原子核是具有 92 个质子和 143 个中子的铀同位素^{235}U(图 12 - 6)。

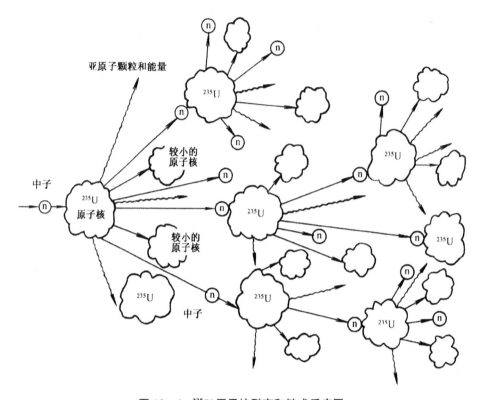

图 12-6　^{235}U 原子核裂变和链式反应图

图中,中子轰击^{235}U,使其成为二个较小的原子核和其他中子,以及亚原子颗粒和能量,被释放的中子又引起其他^{235}U 原子核裂变

用另一个中子轰击^{235}U 原子核可以诱发裂变。^{235}U 原子核分裂成两个较轻的原子核,并释放出中子和能量。新释放的某些中子可以诱发附近的其他^{235}U 原子核裂变,随之在裂变时又释放更多的中子和能量,因此这一裂变过程在链式反应中不断继续下去。

持续而适量释放能量的受控链式反应是,以裂变为动力的反应堆的基础(图12-7)。释放的能量给通过反应堆核心循环的冷却水加热。从反应堆核心输出的热量,通过一个热量转换器,传输到下一个产生蒸汽的水环。随后,蒸汽被用以驱动涡轮机以产生电。

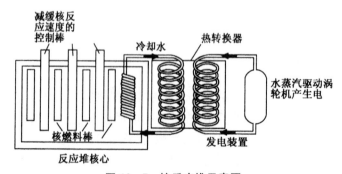

图 12-7　核反应堆示意图

普通的铀并不能维持链式反应。天然的铀中只有 0.7% 是^{235}U。必须对普通的铀进行处理以使^{235}U 的含量占到总量的百分之几，达到反应堆级的铀。随着核反应堆的运转，^{235}U 原子被分裂和破坏，因此最终燃料中的^{235}U 被耗尽，必须加入新的富含^{235}U 的铀。

世界上 95% 的已知铀发现于沉积岩或沉积变质岩中。重要的铀矿常见于砂岩中，含铀岩石的风化及随后地下水对铀的迁移和沉积形成沉积岩中的铀矿。

许多地壳岩层中铀的含量较少。花岗岩和碳酸盐岩是富含铀的岩石。这些岩石在近地表环境下风化时，所含的铀进入溶液中，铀在富氧环境中尤其可溶。随后含铀的溶液渗入并加到地下水系统。当含铀溶液通过砂岩一类的可渗透岩石时，可能会遇到化学上的还原环境。胶结砂岩的黏土中丰富的富碳有机质或硫化物矿物等因素，均可能产生还原环境。在还原条件下铀的溶解度很低。溶解的铀便在这样的还原带中沉淀并聚集。随着时间的推移，大量含铀地下水缓慢地透过这样的还原带，形成沉积的铀矿。所以，铀矿常在沉积岩的砂岩体中。

2. 铀供应的限制因素

铀的世界储量很难估计，因为铀是战略性物资，具有一定的保密性。像美国铀的估计量随价格而波动，经处理过的氧化铀（U_3O_8）的价格变幅较大，按计算，若 U_3O_8 每千克 66 美元，则储量为 1.52×10^5 t，资源量为 1.322×10^6 t，若每千克 220 美元则储量为 7.96×10^5 t，资源量为 4.165×10^6 t。美国现有约 120 座核电站，假使核反应堆技术没有改进，不进口大量的铀，美国铀矿提炼的^{235}U，可在几十年内用尽。目前世界上核电厂多、消耗铀数量大的国家，除了加拿大以外，大多依靠进口原料。俄罗斯是供应铀的主要国家。

尽管^{235}U 是天然存在的最丰富的同位素，但不是裂变反应堆唯一的可能燃料。当数量上更为丰富的^{235}U 的一个原子吸收一个中子时，^{235}U 转变成可裂变的^{259}Pu。^{238}U 占天然铀的 99.3%，反应堆级富铀的 90% 以上，反应堆内链式反应过程中，因自由中子到处运动，部分被^{235}U 原子捕获形成钚。可以对用过的核燃料再处理以提取这种钚，进而使之纯化成未来的核反应堆燃料，也可使余下的铀中的^{235}U 再增加。图 12-8 说明了对用过的核燃料再处理，将会如何改变燃料循环。燃料再处理并回收钚和铀估计相当于富铀总量的 15%。

再生反应堆（breeder reactor）能够使新燃料的生产增加到最大程度。和用^{235}U 的传统的"燃烧器"一样，运转过程中再生反应通过反应堆核心中持续的链式反应产生有用的能量。此外，再生反应堆被设计成可以利用维持链式反应所不需要的多余的中子。它们在再生反应堆中被用来由恰当的物质生产更多的可裂变燃料，如^{238}U 生产^{239}Pu，或者生产^{233}Th。^{233}Th 源自普通的^{232}Th。再生反应堆能够合成比它产生电时实际耗用多的核燃料，以供未来使用。

再生反应堆技术，比常规的水冷却反应堆更为复杂。其核心冷却剂是液态金属钠，并在很高的温度下工作。建造再生反应堆的费用，将比建燃烧器反应堆高得多。在美国建设一座再生反应堆的费用将近 100 亿美元。再生过程也是缓慢的，初始运转以后数十年才能达到平衡点。

达到平衡点之后产生燃料量将超过所耗用的燃料量。如果选择使用核裂变持续到下

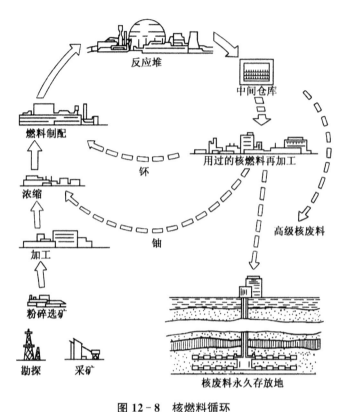

图 12 - 8 核燃料循环

(据 C. W. Montgomery,1992)

本图为核燃料循环与再处理的核废料的核燃料循环

一个世纪,则再处理用过的燃料,并使用再生反应堆是必要的。但是像美国这样的发达国家,目前尚没有商业性再生反应堆,而且世界上也只有少量再生反应堆在运转。原因是建造再生反应堆造价太高。

目前,似乎有一种反对核电建设的趋势。比如,在 70 年代早期,就有人预言到 2000 年美国 25% 的能量将由核能提供。1989 年底,美国拥有运转着的核电厂 110 座(全世界有 433 座),其中 1 座处于建设初期,10 座处于建造的不同阶段。然而,在过去的 15 年里,取消的核电厂建设计划远远地超过建设新电厂的订单。自 1978 年以来,甚至没有新的订单,并且有几家公司决定用煤作为它们新电厂的动力而不采用核裂变。1989 年,110 个核电厂生产的电量仅占美国所消费电量的 19%,或占消耗的总能量的 7%。世界范围内,对核能的依赖差异很大。在拉丁美洲和非洲核能只占其电产量的 1% 或 2%,而在西欧即占到 30% 以上。

核电厂确实比燃煤电厂的燃料和运行成本要低。核电厂运转所需的少量燃料亦便于存贮以备突然事件或运输延误的干扰。不过,核电厂的建设费用要比燃煤电厂高,而且现在需要更长的时间去规划、建设和获得许可(核电厂需 9～12 年,燃煤电厂需 6～10 年),这些经济和时间因素的消极影响更大。加之世界各国公众都有一种反对核电厂的建设的倾向,使得转而倾向于选用煤作燃料。能量需求增长的减小亦进一步减少了对任何一种新的发电设施的需求。

现在国际上又有一股使用煤的趋势,像美国拥有足够的煤炭,因此可以用煤替代裂变能量去发电数十年。用煤替代裂变能的运动似乎目前正在进行之中。但是,用煤作燃料,还有一些重大的环境问题需进一步研究解决。

3. 核反应堆的安全状况

对使用裂变能的主要的担忧是核反应堆的安全性能。在正常运转过程中,核电厂释放出极少的辐射,据说这样的微量辐射是无害的。但许多人对事故引起的核反应堆毁坏,造成的危害表示担忧。

最严重的是所谓的冷却剂损失事件,在这样的事件中,流向核反应堆核心的冷却水被阻断,随之核心的过热将可能导致核心溶化(core meltdown)。核心溶化时燃料和核心材料将转化成熔融态物质,这种熔融物质可能会将包容它的建筑熔出一条通道而流出,因此向周围环境释放出高强度的辐射。冷却剂的部分损失、并伴有核心的 35%～45% 熔化事件曾发生于美国三里岛核电站。

核电厂不论使用多久,或者即使冷却剂完全损失,核反应堆也不会像原子弹那样爆炸。炸弹级的核燃料,必须是可裂变的同位素 ^{235}U 更为浓缩富集,以保证核反应的强大和迅速。不过,发生于核反应堆内部的普通爆炸,可使包容反应堆的建筑以及反应堆核心破裂,从而释放出大量的放射性物质。切尔诺贝利核电站事件,引起许多人对核反应堆安全性能的担忧。

核电厂选址是另一个问题。核电厂若选在靠近城市区域的地方,使更多人置于潜在的事故的危险之中。将核电厂建在远离需要能量的人口中心,则将使许多的电力在传输过程中受到损失,传输损失将占到所产电力的近 10%。核电站需要冷却,常常要靠近水源,使用大量的水。万一发生不幸事件时,又可能使水受到污染。核电站需要在地壳特别稳定的区域,要远离断裂带,在查出有断层的区域,均不宜建核电厂。

下面着重介绍美国三里岛核电事件及苏联切尔诺贝利核电事件。

美国三里岛核电厂的第二机组开始商业性运转不到三个月,1979 年 3 月发生于三里岛核电泄露事件,使该电厂报废。其原因是复杂的,但主要还是操作错误。

原因起自一名管道修理工偶然关闭主核心机构的冷却水供应装置。该电厂的系统自动响应,关闭了核反应堆和发生器,并开启了备用冷却系统。但是,事先有人已经关闭了备用系统中的两个活门,致使备用系统无法工作。因缺乏充分冷却随着核心机构温度的上升,水压力也同样上升,直到触发了一个减压活门,使得剩余的冷却水开始排入反应堆的安全建筑中。另一控制系统自动工作,开启另一应急冷却水供应装置。但反应堆的操作人员就错误地立即关闭了这一应急供水装置。他们没有指示核心冷却水实际水位的仪器,也无法知道减压活门已被击开。他们错误地认为核心得到的冷却水太多了而不是太少,因此决定关闭紧急供水装置。与此同时,水通过减压活门不断地从过热的核心中排出。

铀燃料棒受热过度。许多铀燃料棒破裂了,将大量的强放射性物质释放,进入排出的冷却水中。随着具有放射性的水在安全建筑中的积聚,一个水泵将其抽入到邻近的建筑中,而这一建筑根本不是用来存放强放射性物质的。放射性气体迅速从事故现场逸出,构成这地区严重的核泄漏灾害。至今,这一核电厂仍然关闭着。十多年的清理工作之后,反应堆内部仍受到破裂的燃料棒放射性碎屑的污染。某些区域自然太"热",从放射性角度来说,就是放射性太强烈而根本不能进入其中进行清理。用机器人来做那些最危险的工作。清理和处置放射性物质的总费用已超过 10 亿美元。最难以解决的问题是,在清理过程如何处置受放射性物质污染的 9.55×10^6 l 的水。三里岛核电事件在美国引起了关于对核裂变的安全性和需要性的关注。

切尔诺贝利核电事件,发生于 1986 年 4 月 26 日,这一事故在规模和区域影响上都要比三里岛核电厂事故大得多,并加深了人们对核工业安全性的许多担忧。起因是核反应堆核心受热过度,发生了爆炸和核心熔化事件。初始的核心过度受热起因于电能跳跃,从备用状态跃升到反应堆容量的 50%,失去控制的链式反应随之发生。随后是引起爆炸。很可能是漏洞导致水和蒸汽击打反应堆核心,炽热的石墨产生了氢气,而氢气是具有高爆炸性的。随之爆炸毁坏了应急冷却系统,而且妨碍了减缓反应的控制棒的插入。

大量的放射性物质从反应堆建筑中逸出,随大气环流漂荡于斯堪的纳维亚半岛和东欧。官方报告这一事故直接导致 31 人死亡,203 人因急性放射病而被送医院,13.5 万人被疏散。健康影响减少到最低程度的预防措施有,例如,一些人服用大剂量的天然碘以试图饱和甲状腺(甲状腺富集碘),从而防止甲状腺从来自反应堆的放射空中吸收放射性碘。这次事故所引起的损害及人类健康方面的后果多年来仍未能搞清楚,部分是因为这些后果要在接受放射性辐射后很长时间才出现,部分是因为放射性影响并不总是可以区别于其他作用物的影响。三里岛及切尔诺贝利核电事件,引起人们对核电安全的关切,采取的措施有:在设计上改善反应堆的安全性能,操作人员的严格培训,以及提高技术水平与职责等。

4. 核电的环境及危害问题

放射性废料问题　生产裂变所产生的放射性废料,具有辐射危害及废料处理问题,首先,放射性无法消除,它不能采用化学反应、加热等方法,对放射性物质进行处理,使它不具备放射性,它不同于其他有毒物质,无法处理分解。其次,至今为止还没有发现地球上任何地方,能被隔绝安全存放核废料。目前处理方法均属探索之中,核废料的存放也是暂时的,且存放地点日益趋于饱和。

核电厂有它特殊的废料问题,裂变过程中产生的原子碎屑和中子对核反应堆核心和结构的轰击,使一些结构材料部件具有放射性,并且改变了其他物理性质,减弱了这些部件的结构,到了一定程度,核电设施要停止运转,报废销毁,大部分放射性部件要送到放射性废物处理场。这是一项昂贵的开支,并将长期支付的费用。在美国已有停止运转的核电厂,宾夕法尼亚的 Shipping-port 核电厂运转了 20 多年,即需停产。80 年代末,已有 8 个反应堆退役,预计每个反应堆的折毁和处理费用将超过 2 亿美元,并需花费十年或更多的时间。据估计到 2000 年美国将有 20 个核电反应堆退役。

核电厂危害问题　核电厂运转的危害到底有多大?各种能源有着不同的危害,但并非即刻很容易明了的。可以说没有一种能源是无害的,问题是有些是可以接受的危害,被公众理解的。生活在核电厂周围的居民处于危险之中,同样生活在大坝下游的居民亦处于危险之中,但人们照常正常地生活着。表 12-3 给出正常运转的各类能源电站,每年可能的事故死亡人数。每年死于交通事故、火灾等灾害的人数,可获得精确的数字,而核电的危害有的不甚了解,其后果常引起人们过分的担忧。

表 12-3 各类能源电站每年可能的事故死亡人数

能 源	采集	处理/运输	电厂	总计
煤地下开采	1.7	2.32	0.01	4.0
煤地表露天开采	0.3			2.6
石油	0.2	0.13	0.01	0.4
天然气	0.16	0.03	0.01	0.2
铀	0.2	0.01	0.01	0.2

5. 原子聚变

原子聚变是裂变的相反过程。聚变过程中两个或更多个较小的原子核结合形成一个较大的原子核,并伴有能量的释放。太阳中,简单的含有一个质子的氢原子核聚变成氦。从技术原因考虑,在地球上较重的氢同位素氘(原子核含一个质子和一个中子)和氚(一个质子和两个中子)的聚变较易取得。图 12-9 表示了相关的聚变反应。聚变的优点因氢是水的组成成分,所以非常丰富。实际上,海洋中含有大量的氢,是根本用之不竭的聚变燃料的供应者。氘仅占天然氢的 0.001 5%,即使考虑到这一稀少性情形亦然(氚更为稀有,可能不得不用较为稀少的金属锂来生产。然而,聚变反应所释放的能量的量级如此之大,以至于这不成为一严重的障碍)。聚变反应的主要产物氦是一种无毒性、化学性质为惰性的无害气体。聚变反应堆可能会有中等放射性的轻的同位素副产物,但它们较之裂变反应堆产物的危害性要小得多。

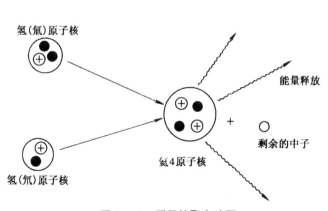

图 12-9 原子核聚变略图

聚变是一种较之裂变远为"清洁"的核能形式,但为何不利用它? 主要原因是技术,或者说缺乏技术。为促成聚变反应,参加反应的原子核必须在极其高的温度下(至少数百万度)被拉得极为靠近。热气体的自然趋向是膨胀而非收缩,并且没有已知的物理材料可以耐受如此高的温度以包容参加反应的原子核。实验室聚变实验所试用的方法是精细而又复杂的,不仅涉及用强磁场包容聚变材料,而且要用激光对冰冻的反应物芯块迅速加热。最佳的实验结果是,实验人员已能获得几分之一秒所需要的状态,促成聚变反应所需的能量已超过聚变反应释放的能量。肯定地说,目前的技术尚不允许建造受控的大量的聚变,可以用作商业性聚变反应堆电厂。

该领域的科学家估计在裂变成为商品之前,尚需经历数十年艰苦的研究过程。一些预测,一座商业性聚变发电厂将耗资数百亿美元。然而,聚变的相对清洁(较之裂变和化石燃料发电)和丰富的燃料供应,至少对于 21 世纪来说,聚变具有诱人的前景。不过,聚变只是一种局限于电厂发电提供能源的方法。

五、水 电

瀑布或流水的能量千百年前就被利用,并一直延续至今。现在主要用于发电。中国的水力发电资源甚为丰富,理论的水能蕴藏量为 7.76×10^8 kW,相应的年发电量为 5.92×10^{12} kW·h,可开发的水能资源为 3.78×10^8 kW,相应的年发电量为 19 200 kW·h,均占世界第一位。至 1988 年,我国水电的装机容量为 3.27×10^7 kW,水电年发电量 1.092×10^{11} kW·h。中国水电开发速度较快,但水电利用程度仍较低,开发的装机容量仅占 8.6%,按年发电量计,仅开发 5.7%,今后发展水电的潜力仍很大。水电生产的必要条件是大体积的水和水的快速运动。如今,水电的商业性生产一般是在流量大的河流上建坝,储蓄大体积的水,需要时再放出,使发电并不受流量的季节性变化影响。

水电是一种极其清洁的能源。当水流经发电设备时,水不会受到污染,无化学物质加到水中,也不会产生任何溶解的或空气携带的污染物。发电过程中水本身不会被消耗,水仅是通过发电设备而已。只要河流继续流动,水电就是可再生的。但是,水电开发也有限制因素,水电资源只能就地开发,不少地区水能资源丰富,但当地经济欠发达影响了水能的充分开发利用,有的要建长距离的输电工程。另外水电站的电力随河流流量而变化,水电站随着河流的枯洪季节发电量随之变化。

由于水电开发具有上述特点,世界各国均优先开发利用。法国、日本、意大利等国家,水能资源有限,其他动力资源也不多,早期即对其水能资源进行开发,当开发到较高程度后转而发展煤电、油电或核电,以及抽水蓄能电站,所以这些国家的水能资源开发程度虽高,但水电发电量在总发电量中的比重到一定时期以后逐步递减。挪威、加拿大、巴西其水能资源很丰富,其他动力资源相对较少,故集中力量开发水电。挪威水电开发一直保持较高的势头,水能资源开发程度和水电发电量在总发电量中的比重都很高。加拿大和巴西在 70 年代至 80 年代修建了一批装机容量在 2×10^6 kW 以上的巨型水电站,水电装机

容量增长较快。美国 1/3 的发电厂是水电厂,其水电装机容量为世界第一位。俄罗斯自
20 世纪 60 年代起在叶尼塞河及安加拉河修建了装机容量为 $4 \times 10^6 \sim 6.4 \times 10^6$ kW 的大
型水电站,水电的装机容量为世界第二位。现全世界能源消费中,水电占 15%(表
12-4)。

表 12-4 世界各国水能资源开发程度(1986)

国家	水电装机容量		水电年发电量		可开发水能资源 /10^8 kW·h·a^{-1}	水能资源开发程度以电量计比例/%
	/10^4 kW	占总装机容量比例/%	/10^8 kW·h	占总年发电量比例/%		
美 国	8 415	11.6	2 964	11.4	7 015	40
苏 联	6 214	19.3	2 157	13.4	10 950	20
加拿大	5 680	57.7	3 107	66.3	5 352	58
巴 西	3 770	84.2	1 826	90.5	12 000	15
日 本	3 515	20.2	866	12.8	1 280	68
中 国	2 754	29.4	945	21.0	19 230	5
挪 威	2 342	98.9	959	99.4	1 210	79
法 国	2 280	24.7	609	17.7	630	95
意大利	1 786	31.8	412	21.7	506	90
印 度	1 597	29.2	538	26.5	2 800	19
瑞 典	1 581	47.7	607	43.9	950	72
西班牙	1 443	41.1	263	20.5	675	49
瑞 士	1 151	75.6	326	59.3	320	
奥地利	1 042	66.0	312	70.7	492	63

注:据顾文书,1990。

中国水能资源总量是丰富的,但地区分布不平衡。按流域讲,长江流域可开发的水电
将占全国的 53%,其次是黄河占 6%,珠江占 6%,另外西南国际河流占 11%,西藏外流河
流占 15.4%。按地区讲,水能主要集中在西南地区,东部沿海经济比较发达的东北、华北
和华东三个地区,其水能资源合计只占全国可开发水能资源的 6.8%。华东地区人口密度
大,水能资源的开发受到水库淹没的制约,不能充分利用。东北地区待开发的大型水电站
资源中相当大的一部分位于国际河流上,其开发需要通过国际谈判才能确定。华北地区
严重缺水,水资源的开发要首先满足供水的需要。中南地区的水能资源较东部丰富,占全
国可开发水能资源的 15.5%,经济也比较发达,对水电开发比较有利。西北地区可开发水
能资源占全国的 9.9%,其中黄河上游干流是主要的开发水电的区域,到 80 年代末已开发
了相当大的一部分。西南地区集中了全国可开发水能资源的 68%,绝大多数巨型水电站
资源都位于这个地区,由于地区经济发展水平的限制,以及其他一些原因,只开发了极小
部分(表 12-5)。而中国水能利用在中国能源利用总比例中亦较小。按 1988 年统计,煤

在中国能源利用中占 73%,石油、天然气占 22%,水电占 4.5%。而水能资源非常丰富,因此中国开发利用水电的潜力很大。

表 12-5 中国水能资源分区统计表

地区	装机容量/10^4 kW	年发电量/10^8 kW·h	年发电量占全国比重/%
全国	37 853.24	19 233.04	100
华北地区	691.98	232.2	1.2
东北地区	1 199.45	383.91	2.0
华东地区	1 790.22	687.94	3.6
中南地区	6 743.49	2 973.65	15.5
西南地区	23 234.29	13 050.41	67.8
西北地区	4 193.77.	1 904.93	9.9

注:据顾文书,1990。

在水电开发水坝建设中也存在一些问题,包括水库的淤塞,动植物栖息地的破坏,蒸发引起的水损失,以及有些时候甚至可能诱发地震等灾害。各种能源风险的评价也必须考虑水坝破裂的可能性。像在美国,有 1 000 座以上的水坝(并不是所有的建成坝均用于发电)。在 20 世纪内已有几十座水坝破裂造成巨大灾害,除坝龄和不合理的设计或建造质量低劣外,水坝破裂的原因包括地质本身。断层区通常以低地形出现,因此河流常常沿断层区流动。随后建在这样的河流上的水坝就穿过了断层区。该断层区可以是活动的或因水充填水库而又重新活动。不是所有其他合适的地点都对水电大坝是安全的。

拥有大量电力潜能的其他地点不适合或不能够被开发。水坝的建筑可以破坏独特的野生动物栖息地或对濒于灭亡的生物种构成威胁,可能毁坏风景区的外观或改变其自燃特征。一些计划沿美国科罗拉多河另建一些水电大坝的建议受到激烈的反对,建坝将涉及水库的水淹没到大峡谷中。科罗拉多大峡谷是美国著名的风景区,雄伟的大峡谷地貌是美国最受欢迎的观光区。除非电力传输效率得到提高,许多可能的建水电站地点,只因为距人口中心太远而使得建水电站不太实际。在建设水电站的同时,综合开发的观点越来越受到重视。即将建设大坝水库与水电防洪、灌溉、交通、娱乐等结合起来,并尽量减少负面影响。

由于各种原因,水力发电也有一定程度的限制,不会大量地发展,这种干净、廉价、可再生的能源肯定能继续提供中等程度的能量消耗,在未来的 21 世纪,水电提供的能源将大体与现在所提供的能量相当。

六、其他能源

1. 太阳能

太阳能的优点　地球获取的仅是太阳辐射能量的一小部分,许多能量被大气反射或散射。即便如此,到达地表面的太阳能远远地超过目前和可预见的未来全球的能源需求量。据说,太阳将持续发光大约 50 亿年,较之不可再生的资源如铀或化石燃料,太阳能资源是用之不竭的。阳光普照地球,而使用起来也没有开采、钻探、抽取或土地的扰动等等问题。阳光是免费的,它不受任何私人机构或政府部门的控制,也不受禁运或其他政治的干扰。使用太阳能实际上是没有污染,它不会形成有害的固体废料,也不污染空气或水,也没噪音。就目前多数对太阳能的应用而言,太阳能均是就地而用的,这样可避免传输损失。所有这些特征使得太阳能成为未来十分诱人的选择。不过,太阳能使用中亦存在一些制约性问题,暂时难以克服。

阳光是一种非常分散的资源。到达地球的太阳能以多种方式被分散,部分被反射到宇宙空间,部分给大气、陆地和海洋加热,驱动洋流和风。太阳供给引起蒸发所需的能量,从而维持了水循环;它通过光合作用使绿色植物生产食物。原则上,所余下的太阳能仍然能满足整个人类的能源需求而绰绰有余。然而,太阳能是散布于整个地球表面的。太阳能是种极其分散的资源,如果要利用大量的太阳能,太阳能收集器必须覆盖广阔的区域。随天气条件的变化,每天各地区太阳光的强度也是可变的。太阳能利用能做出的贡献有两个方面,即加热空间和发电。加热空间与发电在美国约占能量消费的约 2/3。

被动太阳加热 太阳对空间加热是直接将阳光用于保暖,并结合使用某些装置以收集和贮存多余的热量用于没有阳光的时候。这是被动太阳加热家庭的基础。房屋的设计应当允许在较冷的月份里从南面和西面的窗子里进入最大量的光线。这样的太阳加热,不仅加热室内的空气而且加热室内其他材料,包括房屋结构本身。专门用于储存热量的介质包括水、大木桶、水箱,甚至室内游泳池中的水,以及石头、砖块、混凝土或其他用于房屋建筑的致密固体。这些东西提供了在必要时放出热量的热片。被动太阳加热设计的另外常见特征,包括宽阔的屋檐(以便在较热的月份阻挡太阳光,因为夏季太阳在空中的位置比冬季高所以是可行的)以及百叶窗(以使在漫长的冬夜帮助窗户隔热等等)。

在热带、亚热带太阳能加热本身已很充足,而在纬度较高的比较寒冷而多云的地区,太阳能加热不足,需要备用其他加热系统,也需要用传统的燃料。据估计,在美国不同的地点大部分家庭加热需求的 40%～90% 可以由被动太阳能加热系统提供。建房时就设计被动太阳能采集技术装置并将其安装入建筑物中,这样比较经济,而当已建成的房屋再安装太阳能装置时,往往费用太高,此外,超绝热会加剧室内的空气污染。

主动太阳能加热 主动太阳能加热系统常常涉及太阳能加热水的循环(图 12 - 10)。平坦的太阳能收集器是充满水的浅箱子,带有玻璃面以允许光线进入以及一个黑色衬里以吸收光线并帮助加热箱中的水。循环温水直接进入贮水箱,或者进入热量交换器。通过热量交换器一箱的水得以加热。太阳能加热的水可以提供空间加热以及热水供应。如果房屋中已经使用了热水加热装置,则加入太阳能收集器并不要极大的花费。将太阳能收集器架在房顶上,则没有占用土地的问题。这一方法对于城市成排的房屋或办公室和空旷的农村家庭同样实用。

太阳能发电 通过光产生电,或称为太阳能电池,用太阳光直接生产电。太阳能电池没有移动的部件,并且和太阳能加热系统一样,工作期间也不放射污染物。多年来,太阳能电池一直是卫星和少数电力线路难以架设的边远地区主要的电力来源。限制太阳能电

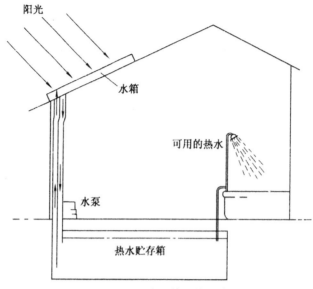

图 12-10　太阳能加热系统

池使用的主要因素是成本费用,单位发电容量的费用要比以化石燃料或原子核为动力的发电厂高数倍。高额费用原因是技术,太阳能电池并不是很有效,还需要半导体工业的巨大进步,另外是规模较小,还不能达到批量生产的经济效益。现在商业上可获得的最好的太阳能电池也仅约 20% 有效,也即每平方米产电能仅 50 W 或者更少。换句话说,要维持 100 W 的灯泡照亮则至少需要二平方米的太阳能接收器,而且太阳要一直照耀。一个 100 MW 的电厂将需要二平方千米的接收器。这说明土地利用和用于制造太阳能接收器的矿物资源均是一个大的限制。

　　贮存太阳能电力也是一个比贮存热量更为复杂的问题。对于单个的家庭来说,电池就足够了。对较大规模贮存电力,其贮存太阳能电力的装置有两部分,一是太阳能发电,即利用太阳电力将水分子分解为氢和氧,然后再使氢和氧重新结合,在这过程释放能量;二是利用这能量,即太阳能,将水泵到高处贮存着,需要电力时,再让水流回低处,用以产生水电。通过这种方式将太阳能电力转换贮存。

　　使用太阳能在环境上是无害的。但,建造太阳能设备将产生许多环境问题。太阳能电池用的可是有毒物质,如镓和砷。这些有毒物质已经给开采和半导体工业制造阶段带来健康危害。如该行业扩展到太阳能电厂规模,则危险性极大地增加。太阳能接收器场地需要用许多材料,一个 100 MW 的太阳能电厂估计需要 $3×10^4 \sim 4×10^4$ t 钢,5 000 t 玻璃和 $2×10^5$ t 混凝土。而一座核电厂约需 5 000 t 钢和 50 000 t 混凝土。燃煤电厂所需材料的就更少。

　　安放如此巨大的太阳能接收器方阵需要征用和扰动大量的土地,接收器方阵存在可以改变蒸发和地表径流形式。这些考虑在沙漠地区尤为关键。从太阳光入射角度和持续性考虑,沙漠地区是安放太阳能接收装置最理想的场所。建造活动亦会扰动沙漠地表并加剧侵蚀。

所以,综合来看,空间加热似乎是最佳地利用太阳能、对环境负影响最小的方式。太阳能空间加热所需的材料与常规技术要求是等同的,并且可获得丰富的免费能量,以及工作中没有污染都是巨大的益处。

2. 地热能

地球拥有巨大的热量,其大部分是地球早期历史时期遗留下来的,部分是由地球中放射性元素衰变而不断产生的。慢慢地,这些热量被释放出来,地球逐渐地冷却下来。但在正常情况下,地表热量散失的速率太低以至于无法觉察到,当然不能利用它了。地表热量的散失,大体是一年时间,一平方米的面积上地表散失的热量,可以使约 9 L 水加热到沸点。

地热资源　从地幔上升进入地壳的岩浆将异常炽热的物质带到近地表处,岩浆的热量将加热在附近循环的地下水(图 12 - 11)。这是产生地热能(geothermal energy)的基础。受岩浆加热的水体可以间歇泉和热泉的形式逸出地表,指示地下浅处热源的存在。有关地下深处存在炽热岩石的更为精细的证据,使用地表灵敏的热流测量和热流率测量。热流率即热量从处于冷却之中的地球中传导出来的速率,高热流率通常指示地下较浅深度的高温。高热流率和最新的岩浆活动同步,并且常常与板块边界有关。因此,地热能被大量开采的地区大多均沿着或邻近板块边缘。

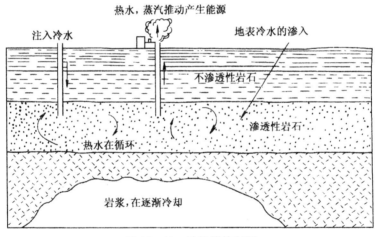

图 12 - 11　地热能的利用

地热能的应用　地热能的利用主要取决于地热类型。一些地方地下水是温暖的但不足以转变成蒸汽。地热的水温 50～90 ℃可用于家庭住宅的加热,用这类温水直接在整个房间循环以使它们加热。冰岛和俄罗斯的一些地方就是这样做的。

有些地热区热量极大,以至于水转变成了蒸气。与常规燃料生产的锅炉蒸气一样,地热蒸气可以驱动发电机产生电力。在美国,最大的地热发电厂是加利福尼亚的间歇泉,该电厂自 1960 年以来一直运转着,目前拥有近 2×10^{10} W 的发电能力,尚计划为这一综合体创办另一些工厂。1988 年,美国的间歇泉和其他 6 个较小的地热区共发电 1×10^{10} kW·h。意大利、日本、墨西哥、菲律宾和其他地方也使用其他蒸气系统。目前,全球范围内约有 40 处地热电力得到了积极的开发。

地热发电在经济上比常规方法发电更有竞争力。利用地热蒸气基本上也是无污染的。岩浆热源的某些硫化物气体虽可混合入地热蒸汽，但比燃煤产生的硫化物要少得多，一般不产生污染问题。此外，也没有其他燃料所有的灰尘、放射性废料或二氧化碳问题。目前了解的问题只是常常会含有大量可以堵塞或腐蚀管道的溶解化学物质，一旦自由流散可以污染当地地面或地表水体。另外，抽用地下热水，会有地面沉陷问题，像新西兰的 Wairake 已测量到每年近 0.4 m 的沉陷。现用回注水来解决沉陷问题。

虽然地热发电的环境问题很少，但也有一些限制因素制约了其潜力。首先，每一地热田只能使用一段时间，平均为数十年，这是因为岩石导热不良所致。就好像受太阳烘烤的岩石，暴露于太阳的岩石表面感觉上是热的，但热量不能传导到岩石内部，一段时间里背面仍然是凉的。同样，当热水或蒸汽从地热田中抽出时，留下的空间被较凉的水充填。这种凉水必须先加热才能利用。开始加热过程是迅速的，而后这种加热过程变得越来越慢，直到无法获得循环加热的热水而利用。岩浆的热量是并没有被用尽，但它向可渗透岩石的辐射热量是很缓慢的。可渗透岩石得到充分再加热以继续正常的运转需要一段时间。近些年，美国加利福尼亚间歇泉的蒸汽压力已迅速减小，迫使一部分发电能力被闲置。

地热电力的第二个限制因素是，地热资源是不能移动的，地热电厂只能建在有地热资源的地方。石油、煤或其他燃料可以被运移到急需电力的人口中心区。地热电厂必须建在热的岩石所在的地方，大多数大城市远离主要的地热资源，它们生产的电力的长距离输送在技术上是不实际的。

适合建地热电厂的地方是板块边缘，它仅是地表的一小部分，而且多数地方是难以到达的，如海底洋中脊。另外，板块边缘区并不具有丰富的循环地下水，甚至那些确定含有丰富地下水、且可以到达的地区也不能被开发，这些均是限制因素。美国黄石国家公园是世界上地热区中热显示浓度最高的地方，但因其风景价值和独特性，几年前已做出决定不在那里建设地热电厂。

替用地热源 板块边缘以外的许多地方地热流稍高于正常水平，这些地方地下岩石的温度随深度的增加，较之普通陆壳中的岩石上升得更为迅速。即使在普通的地壳中，岩石温度随深度以 30℃/km 增加或更大一些，即使没有较多的地下水，这一地区也可被称为热干岩体(hot-dry-rock)型潜在地热资源。为利用这些热岩体，深钻到有利用价值的高温层，再从地表向深层泵入水，以诱导水循环。据估计热干岩体地热田可汲取的热量要比天然热水和蒸汽地热田多十余倍，这仅仅是因为前者比后者更为广泛。但开发利用热干岩体的地热资源，尚在实验阶段。因此，地热能量的开发可能只在适合区域作为补充性能源。

3. 风能

因为风最终是太阳提供能量的，风能被认为是太阳能的一种变体。像阳光一样，风能是清洁的，可无限再生的。在某种程度上利用风能的历史已逾 2000 年。在中国利用风车提水、磨粉、加工粮食。荷兰的风力磨坊也是很著名的。目前风车被最广泛地用于抽取地下水以及为单个家庭农场发电，亦作风力发电。

风力是取之不尽，使用方便，是适合当前经济技术条件而无污染危害的能源。海岸是风资源最丰富的区域，而沿海岛屿缺乏燃料与淡水，可以风力灌溉农田、发电，用这能源淡化海水，解决海滨城镇与岛屿淡水匮乏的问题，其意义重大。1994 年全球风力发电装机容量已达 3.7×10^6 kW，比 1993 年增加 22%。

风力发电是靠风能推动风机叶片旋转发电的。风能大小取决于风速，风能与风速的三次方成正比。风速相差一倍，风能相差 8 倍。风速相同情况下，低空密度大，风能也大。目前我国使用风力机有效风速范围是 3.0～20.0 m/s。以江苏为例，沿海累年平均最大风速为 18 m/s，沿海滩地平均有效功率密度为 110～140 W/m^2，有效风速时达 4 000～5 000 h；海上 10 km 范围内，平均有效功率为 200～300 W/m^2，有效风速时达 5 000～7 500 h，占全年总时数（8 760 h）的 57%～86%，这对 1 000 多千米长的苏北平原海岸是一项重要的自然能源。若提水灌溉，在 4 级风的推动下，每小时可提水 100 m^3，自动迎风机调查，8 级以上大风可自行停车。欧洲、荷兰、丹麦等国皆重视发展使用风力能源，美国在内陆沙漠区开发此项。现代大规模风力发电是选一个风速大区，安装几十台、几百台风机，实现集中风能转换为电能。风电场多选高地、山口、海岛区建立，海岸、海岛建立风电场是解决海岸能源短缺、开发清洁能源的重要途径。计划到 2000 年，我国风电场可达 25 个。广东省南沃岛大力发展风能利用，不仅岛上用电，还向大陆供电，成为新能源示范岛，可发展为能源基地。

目前，大规模风力发电的费用要比常规发电贵一些，因为风力发电目前尚不是批量生产，而技术上的改进，提高效率，而降低费用，仍有可能。

风能的局限性和太阳能是一样的，风能是分散的，不仅在二维上而且在三维上分散。它通过大气传播开去。风也是不稳定的，区域性和地方性风速多变。因为风力发电量随风速的立方而增加，较之平均风速所显示的潜在风能，潜在风能供应的区域性变化更为重要。

即使在平均风速大的地方，也不总是吹强风，这就带来了和太阳能电力一样的风能贮存问题，而这一问题尚未解决。可能，当风力条件有利的时候，风力发电可作为常规发电的补充。

高处风力强盛又更持久。高的风车，可以提供更多的能量而较少有贮存问题。不过，建造如此高的风车技术上更为困难，且需要大量的材料。

风能的最终潜力尚不清楚。当然，风力提供的能量远比我们利用的多，但大部分风能不能被利用。大部分商业性风力发电涉及需建设风力场（wind farms），即在有利的多风地点集中许多风车用以提供风能。利用风能电力的限制则包括专用于风车阵的地区面积，以及在电网中没有超额损失情况下电力所能传输的距离。风车必须被分散开，否则它们将会阻挡彼此的风流。若每平方千米放置四辆风车，要生产 1 kW 电厂所能生产的电量需要约 250 km^2 的土地。不过，土地需求并无须专用于风力发电设备，种植和饲养家畜、大平原区的公共活动可以在同一块土地上与风力发电同时进行。然而风能贮存问题依然存在。

4. 海洋能

此项是指海水所具有的动能、势能与热能，包括潮汐能、波浪能、海水温差与盐度差之能源。这些均是清洁的、无污染的再生能源,可是目前均处于研究开发阶段,潮汐发电已有较多的实验性、商业性电厂。

据估计,全球海洋潮汐能蕴藏量约 $10 \times 10^8 \sim 27 \times 10^8$ kW,我国大陆沿岸线的潮汐能源是 1×10^8 kW,可开发利用的装机容量为 2×10^7 kW,年发电量在 5×10^{10} kW·h 以上,而且集中于能量消耗大而最缺乏能源的华东沿海。钱塘江潮汐能的蕴藏量为 3.96×10^6 kW,可发电 100 亿度,超过葛洲坝水电站的能力。潮汐发电,规律性强,不受枯水季节影响,不淹没农田或搬迁村镇,更无战争或地震毁坝而造成灾害之虞。我国已在浙江的玉环、江厦、温岭、象山,山东乳山,江苏太仓,福建长乐、平潭,广西龙门港等处建立了 9 个小型潮汐电站,为沿海提供了电力并积累了经验。发展潮汐发电站,需调查研究与规划,解决防淤、排淤、防海水腐蚀、防生物附着繁殖以及与火力电站并网等问题,使长期有效运转。

1972 年建立的浙江玉环海山潮汐发电站,位于浙江乐清湾内。该处为全潮、双库、单向电站,即可在全潮汐同期进行有涨潮水库,以贮存不同潮汐水位时流入的水量,利用这落差能量发电。该处平均潮差 4 m,最大潮差 7 m,两台发电机 125 kW,发电 40 万度,供全岛 4 000 户照明与农业用电,与火力发电并网,每度电 0.5 元,他们用正负电极解决腐蚀及涂料防生物附着,运行良好,获联合国颁发的"发明创新科技之星"奖。乐清湾江厦电站规模最大,该处位于乐清湾口,潮差最大达 8.3 m,是单库双向电站,涨潮纳入水库利用水位差发电,落潮返回乐清湾,也有水位差用以发电。装有 5 台机组,总容量为 3 200 kW,年发电量 1 亿多千瓦小时。德国朗斯河上的潮汐电站是世界最大的,它潮差 13.5 m,双向水坝长 750 m,装有 24 机组,总容量是 10 000 kW,年发电能力为 5×10^8 kW·h。

目前的潮汐电站主要利用涨潮与落潮的水位差来发电,是最具现实意义与发展前景的海洋能利用方式。另外,潮汐产生潮流在河口海峡、湾口其流速可达 1 m/s 至 3 m/s,按测算当潮流的截面积为 1 m^2,流速为 2 m/s,一年可产生 2×10^4 kW·h 电力。利用潮流动力发电的潜力很大,目前尚在研究试验阶段。

我国波浪能蕴藏达 1.5×10^8 kW,目前主要用于航标灯,如上海与广州等地使用波浪能发电供港口航标灯能源,亦可用以解决海岛能源。

南海水深平均 1 000 多米,全年海水温度为 $25 \sim 28$℃,与深层水温相差 20℃,因海底地形起伏大,在南海诸岛周围海域形成海底上升流,它不仅将海底丰富的营养盐 N、P 带至上部海水形成渔场,而且可利用上升流冷水温差发电,供给南海诸岛电力,尤其是淡化海水之用。这对开发海洋岛屿意义重大,尚需解决台风影响等工程技术问题。

利用河口区海水盐度的渗透压力差发电始于 70 年代,日、美、以色列、瑞典等国在研究应用。

当前,世界上能源的消耗主要依靠石油、天然气,分别约占 40%、20%。而已知石油和天然气储备已被大量开采,其供应很可能在几十年内用尽。煤的储量极大,对煤仍将有很大的依赖,但它亦带来一系列环境与技术问题。现在已有许多替代能源,但它们各有自身的特点,各有优缺点,没有能够像石油、天然气那样有广泛的使用场所。这其中核电将是一项重要的补充。其他一些对环境无害的能源,当前主要是技术上改进,成本降低,使能进入商业开发,这可能仍需一个漫长的过程。

在能源利用上,合理配置能源使用,将是十分重要,在目前到可见的将来这段时间内,石油、天然气、煤及核电仍将是商业应用的主要能源。同时,在不同场所使用不同的补充能源,如利用太阳能加热空间(房屋的空调、热水使用),风能、海洋能作为补充能源使用于海岛、高山、草原、远离城市的边缘地区。

参考文献

1. 世界资源研究所.程伟雪等译.世界资源报告(1996—1997).北京:中国环境科学出版社

2. 世界资源研究所.张崇贤等译.世界资源报告(1992—1993).北京:中国环境科学出版社

3. 世界资源研究所.夏堃保等译.世界资源报告(1994—1995).北京:中国环境科学出版社

4. 顾文书.中国的水力发电.见:钱正英主编.中国水利.北京:水利电力出版社,1991.169~214

5. Montgomery C W. Environmental geology. Wm. C. Brown publishers,1992

6. Skinner B J, Porter S T. An introduction to earth system seience. John Wiley & Sons,1995. 445~470

7. Bemshtein L B. Tidal power plants. Seoul: Korea Ocean research and Development Institute,1996

第 13 章

大气污染

一、大气污染的现象与性质

1. 大气污染现象

1999 年 5 月 30 日、31 日,整个南京笼罩在茫茫"烟雾"之中,一缕缕雾气不断地钻进住宅房间,许多市民感到这种烟雾浑浊,令人眼睛酸痛,受刺触流泪,身体感到闷热不适,浓密的雾霾还影响飞机起降,南京机场的导航系统是国内最先进的二类盲降系统,可是31 日整个上午飞机不能降落。这次烟雾,即为大气受悬浮颗粒污染所致。据监测,南京空气中悬浮颗粒物浓度为 0.88 mg/m³,严重超标,全市污染指数达 315 点,呈重度污染状态(南京平时为 50~60 点左右)。该次大气污染的原因是城市粉尘废气、市郊农田大面积焚烧秸秆,加以当时偏东气流带来的海洋水汽,当时气压场比较弱,风力小,高压的下沉气流将空气中灰尘、细砂、汽车尾气以及工业污染产生的化学杂质等笼罩在近地面层,形成霾及浮尘天气。

1948 年 10 月 26 日,美国宾夕法尼亚州 Donora 清晨,浓雾笼罩了天空,次日雾气更盛,烟雾聚积不散,当天下午,能见度仅达一街之宽,空气中弥漫着令人恶心的臭味,29日,患气喘等肺部疾病的居民开始感觉到呼吸困难。越来越多的居民开始恶心、焦虑、咳嗽、头痛、腹部不适。浓雾持续了 5 天。共有将近 6 000 人受到损害,其中 20 人死亡。

Donora 是一个工业城镇,拥有钢铁厂、金属线厂和硫酸厂。该地的空气中含有氧化物、氯气、硫化氢、二氧化硫、氧化镉等有毒物质和煤灰、粉尘等。这些物质一般直接排放到大气之中,并不会产生灾难性的后果。但由于不利气象条件的配合,导致产生严重的大气污染事件。

更严重的大气污染发生在伦敦,1952 年 12 月初的四天里,由于气象因素,伦敦上空积聚了家庭和工厂燃煤产生的含硫烟雾。这场灾害性的污染事件,使 3 500~4 000 人死亡,更多的人致病。当然,这种突发事件是极少发生的。在地球上,特别是城市及其附近的区域,这种逐渐增加的污染对健康的威胁是很难预测的。

大气污染造成的损失很大,并不仅限于健康方面,据估计在美国每年直接损失达 160亿美元,包括净化土壤的十多亿美元,对谷物和牲畜的损失达五亿美元。

我国目前以煤为主要能源,大气污染问题还较严重。几乎所有城市都有烟尘污染问题,冬季北方城市尤为严重。全国 CO_2 排放量逐年增长,造成南方大面积酸雨区。控制煤烟型的大气污染将是主要的,其次是控制机动车辆的排放。

2. 物质在大气中的滞留时间

空气主要含有三种成分:氮气占 77%,氧气占 23%,惰性气体约占 1%,其他成分总共不到 1%。

物质在大气中的循环滞留　就像化合物在海洋中的循环与滞留,也可以估计气体或微粒在大气中的滞留时间(表 13-1)。氧气通过植物的光合作用加入大气中,通过需氧生物的呼吸、溶于海洋、参与岩石风化和燃烧而损耗。它在大气中的滞留时间约为 700 万年。

CO_2 的循环更复杂　它通过火山喷发、呼吸和燃烧作用释放入大气,又通过光合作用和溶于海洋之中损耗。在海洋中碳酸盐的沉积使其进一步消耗。大气中 CO_2 的浓度约 0.35 ml/L,远小于氧气浓度,其滞留时间相应较短,大约只有四年。

惰性气体包括氩、氦、氖,其滞留时间几乎是无限长,因为它们难以发生化学反应,很难通过自然过程迁移。氮的地球化学循环比较复杂,它在大气中的总体滞留时间还不清楚。与很多合成的水体污染物一样,由人类活动产生的大气污染物的变化与滞留时间所知甚少。

表 13-1　元素与气体在大气中的丰度和滞留时间

物　　质	平均丰度/重量比	估算的滞时间
N_2	0.776	4.4×10^7 a
NH_3	6×10^{-6}	3~4 个月
N_2O	2.5×10^{-4}	12~13 a
HNO_3	非常低,尚无数据	2~3 个星期
O_2	0.231	7×10^6 a
CH_4	1.6×10^{-6}	3.6 a
CO_2	3.5×10^{-4}	4 a
CO	0.1×10^{-6}	1~2 个月
SO_2	0.2×10^{-6}	几小时或几天
H_2S	0.2×10^{-6}	几小时
H_2SO_4	1×10^{-6}	几天
汞	1×10^{-9}	60 d
铅	3×10^{-9}	2 个星期

注:据 C. W. Montgomery,1992。

二、大气污染的类型和来源

大气污染物主要是气体或粉尘(极细的固体颗粒)。主要的气体污染物是碳、氮、硫的氧化物。其来源有自然的和人为的。自然的污染多为暂时的、局部的,而人为造成的污染源通常是时间长,范围广。目前所谓大气污染主要是指人为的即工矿企业排放的,交通运输排放的以及城市居民烧燃排放的。工业是大气污染的主要来源。燃煤发电厂,钢铁厂,化工厂,水泥厂等均要燃烧大量燃料,是造成大气污染的重要来源,表 13-2 列出了工业部门向大气排放的主要污染物。目前工业所用燃料,主要是煤和石油,表 13-3 列出燃烧煤与石油的废气产生量。

表 13-2　工业向大气排放的污染物

工业	工厂类型	向大气排放的污染物
电力	火力发电厂	烟尘、二氧化硫、氮氧化物、一氧化碳
冶金	钢铁厂	烟尘、二氧化碳、一氧化碳、氧化铁、粉尘、锰尘
	炼焦厂	烟尘、二氧化碳、一氧化碳、硫化氢、酚、苯、萘、烃类
	有色金属厂	烟尘(含有各种金属如铅、锌、铜……)、二氧化硫、汞
化工	石油化工厂	二氧化碳、硫化氢、氧化物、氮氧化物、氯化物、烃类
	氮肥厂	烟尘、氮氧化物、一氧化碳、氨、硫酸气溶胶
	磷肥厂	烟尘、氟化氢、硫酸气溶胶
	硫酸厂	二氧化硫、氮氧化物、一氧化碳、氨、硫酸气溶胶
	氯碱厂	氯气、氯化氢
	化学纤维厂	烟尘、硫化氢、二硫化碳、甲醇、丙酮
	农药厂	甲烷、砷、醇、氯、农药
	冰晶石厂	氟化氢
	合成橡胶厂	丁二烯、苯乙烯、乙烯、异丁烯、戊二烯、丙烯、二氯乙烷、二氯乙醚、乙硫烷、氯化钾
机械	机械加工厂	烟尘
	仪表厂	氯、氰化物、铬酸
轻工	造纸厂	烟尘、硫酸、硫化氢
	玻璃厂	烟尘
建材	水泥厂	烟尘、水泥灰尘

表 13-3　煤、石油燃烧产生的废气量

污染源	污染物	1 t 燃料或原料产生废气量/kg
锅炉	粉尘、二氧化硫、一氧化碳、酸类和有机物	5～15(燃料)
汽车	二氧化氮、一氧化碳、酸类和有机物	40～70(燃料)
炼油	二氧化硫、硫化氢、氨、一氧化碳、碳化氢	20～150(原料)
化工	二氧化硫、氨、一氧化碳、酸、溶剂、有机物、硫化物	50～200(原料)
冶金	二氧化硫、一氧化碳、氟化物、有机物	50～200(原料)
矿石处理加工	二氧化硫、一氧化碳、氟化物、有机物	100～300(原料)

汽车、飞机、火车、船舶等交通运输工具,燃烧汽油、柴油,是城市污染的重要来源,特别是汽车尾气。目前全世界约有 2 亿辆汽车,每年排出一氧化碳 2×10^8 t,铅 4×10^4 t。

北京市有机动车辆 400 万辆,使得北京大气长期处于污染严重状态。

工业、交通运输及居民生活均燃烧大量煤、石油等,由于煤和石油中含有碳、氢、氧、硫、氮等有机物和一些金属元素,燃烧中产生一氧化碳、硫氧化物、氮氧化物、碳氢化合物、烟尘金属及其氧化物,这些都是污染大气的有害物质。据统计,全世界每年排入大气中的有毒气体达 6.14×10^8 t(图 13-1)。

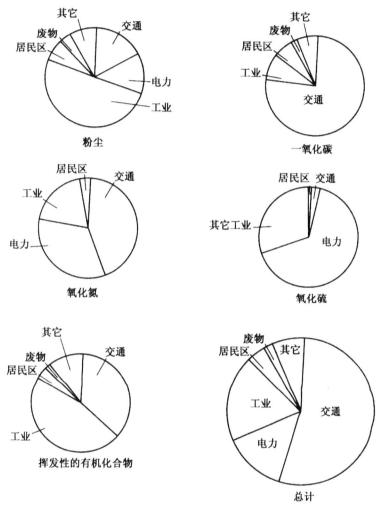

图 13-1 大气污染的原始来源

1. 粉尘

粉尘(particulate)包括煤灰、烟尘、燃料燃烧的灰尘,工业生产排放的垃圾,以及其他植被燃烧产生的固体,现在把飘浮在空气中各种不同粒径的液体以及固体微粒,将其总量称为总悬浮颗粒物(TSP)。目前全世界人类排放粉尘量的估计为每年 3.5×10^7 t 至 1.8×10^8 t。而世界经合体与发展组织估计每年粉尘排放量为 5.9×10^7 t,地球上许多自然过程也产生粉尘,如火山喷发,自然发生的森林火灾,沙漠区风力的吹扬,海洋表面蒸发产生微盐粒等等。总的来看,人类活动产生的粉尘远远小于自然过程产生的粉尘,人类活动产生的粉尘只占 1/10,而且这两种粉尘在大气中的滞留时间都不长,一般在几天或几周内就沉积下来。只有很少的情况,例如剧烈的火山喷发将极细的火山灰送入高空中,它们能在空气滞留数年之久。通常情况下,粉尘污染只是一个局部问题,发生在靠近排放源的地区,持续时间很短。

粉尘污染问题的性质主要与产生污染的粉尘的特性有关。显然,无论什么成分的浓烟都使人难以看见。在工厂产生的粉尘大量飘落的地区,就要花费许多人力资金去清除这些粉尘。很多岩矿粉屑被人体吸入后能产生致癌物质。例如,煤灰能增加粉尘中重金属和铀的成分。控制粉尘污染是健康和美学的双重问题。

2. 含碳气体

在人类环境中,含碳气体(carbon gases)主要指 CO 和 CO_2。CO_2 本身并不是污染物质,CO_2 存在于大气中,是植物生长不可缺少的,在中等浓度下(0.35 ml/L),对人体也没有危害。它是含碳燃料充分燃烧的最低产物:$C+O_2=CO_2$。

这样,通过化石燃料的燃烧和需氧生物的呼吸作用,CO_2 不断释放到大气中去。

过去曾经认为,自然界的地球化学过程能使大气中的 CO_2 含量保持恒定,海洋就像一个巨大的"沉淀"池,暂时过量的 CO_2 都会被溶解并以碳酸盐的形式沉积,保存于海底。现在看来并非如此。前面讲过,近 100 年以来,由于化石燃料的大量燃烧,大气中 CO_2 浓度已增加了 10%。每年约有 2.64×10^{10} t 人类活动形成的 CO_2 进入大气之中,其中 2.23×10^{10} t(84%)来自工业活动。美国是排放 CO_2 最多的国家,占全球排放量的 22%,其次是中国占 11.98%,俄罗斯占 9.4%,日本占 5%。按人均 CO_2 排放量亦是美国最高,人均排放量每年 19.1 t,中国的 CO_2 排放量按人口平均仅为美国的 11.9%,还没有到美国那种危害程度。CO_2 的日益增多,将产生温室效应,增加大气的温度。它的主要危害是导致全球冰盖融化,海面上升,以及气温升高,这些都对农业干旱产生影响。

尽管 CO 的体积远小于 CO_2,但它的危害性极大。CO 主要是氧气供应不足时,含碳物质不充分燃烧时形成的:$2C+O_2 = 2CO$。每年人类环境中约有 1.93×10^8 t CO 排入大气之中,几乎都是化石燃料燃烧的产物。它们存在的时间并不长,几个月之内,CO 就和 O_2 反应生成 CO_2。事实上,人类活动产生的 CO 远少于自然产生的。尽管如此,人类活动产生的 CO 对于局部地区仍是一个严重威胁健康的因素。

CO 是一种无色、无臭的气体,它对动物的毒性在于它在血液中替换红细胞携带的氧气,红细胞的主要功能就是在血液系统中输送氧气。CO 分子能够取代氧在红细胞上的地位,它与红细胞的结合能力比 CO_2 更强。这样就降低了血液的输氧能力。随着 CO 在血液中的增多,细胞(特别是脑细胞)开始缺氧,最后导致整个机体的死亡。由于 CO 难以察觉,而脑部缺氧一般使人昏睡,因此通风不良的地方很容易由于 CO 中毒导致死亡。

CO 并不是永远保持在血液之中。如果有人是 CO 轻度中毒,将他移到空气新鲜的环境中,CO 将逐渐减少,但是大脑受到的损伤不可能完全复原。关键是要及时发现 CO 中毒事件,及时处理。在大量燃烧而空气流通不畅时,CO 很容易积累到有害的浓度。

大气中 CO 的主要排放源是汽车。在交通流量很大的城市地区,CO 中毒事件时有报道。这就要求净化汽车的排气,使燃烧尽可能充分。另外,假使引擎产生了 CO,说明燃烧不完全,在浪费能源。充分燃烧产生 CO_2 释放的能量,是不充分燃烧产生 CO 释放能量的 3 倍。应当尽可能地使燃料多释放能量,使 CO 的排放量能够降低或者消除,但不管做多大的努力汽车排放的 CO 仍是一个问题。

3. 含硫气体

人类活动产生的含硫气体(sulfur gases)主要是 SO_2,每年要排放 1.5×10^8 t,其中 2/3 来自燃煤的工厂和供热系统,其余来自石油的提炼和燃烧。一般煤的含硫量为 1‰~5‰,石油的含硫量为 0.8‰~0.2‰。我国煤是主要的能源燃料,所以大气中 SO_2 主要来自煤的燃烧。实验证明,经过一二天 SO 影响的红萝卜根系重量将减少 90%。SO_2 释放入大气中后,几天内就与水蒸气和氧气反应生成硫酸(H_2SO_4),这是一种强酸,腐蚀性很强。它们多以酸雨的形式降落,增加地面的酸性径流。只要硫酸滞留在空气中,就会对肺和眼睛产生刺激。

4. 含氮气体(nitrogen gases)

大气中的氮氧气体的地球化学性质十分复杂。由于氮气和氧气是空气中最主要的成分,在发动机和焚烧炉的高温状态下生成氮氧化物(主要是 NO 和 NO_2)。NO 在血液系统中的作用类似于 CO,不过它一般达不到有毒浓度。经过一段时间,NO 与氧气反应生成 NO_2。NO 在空气中与水汽结合生成硝酸(HNO_3),这种酸具有刺激性和腐蚀性。

每年由各种燃烧产生的 NO_2 大约有 5×10^7 t,不到自然界产生的 1/10。然而,人类环境产生的 NO_2 集中在城市和工业区,就常会产生严重的问题。

NO_2 最大的危害是生成光化学烟雾,有时也叫洛杉矶烟雾。形成光化学烟雾的关键因素是高浓度的氮氧化物和强烈的光照。可能发生几十种化学反应,主要是阳光作用下 NO_2 分解成 NO 和游离氧原子,后者与 O_2 生成臭氧(O_3),这种单质氧由三个氧原子组成一个分子。O_3 对肺有强烈刺激性,对于有肺病或在受污染空气中锻炼呼吸的人危害极大。O_3 在低于 10^{-3} ml/L 的浓度时就能产生明显的危害,它还抑制植物的光合作用。O_3 在地面上有 NO_2 和光照作用时才能产生,因此一般在交通繁忙的城市里,当夏季光照充足强烈时,常会发生 O_3 超过标准含量,构成危害。

5. 臭氧

既然 O_3 如此有害,为什么人们还非常关注"臭氧层"可能遭到的破坏呢?这是因为在地面附近,由于 O_3 对动植物具有危害性,的确是一种污染物,在距地面 15 km 以上的高层大气中,太阳辐射的紫外线使 O_2 反应生成 O_3。O_3 能吸收过量的紫外线,从而保护了地面。紫外线辐射能导致皮肤癌,因此过多地接受日光照射对身体是有害的。由于臭氧层的存在,大大降低了这样威胁,联合国环境组织的科学家们估计,平流层的臭氧减少 1%,将导致皮肤癌发病率增加 3%,使人体黑色素增多,产生白内障而失明的增多,还能导致基因突变和免疫系统损伤。

高层大气中的 O_3 能被高空飞机排放的废气破坏,也能被冰箱中的氟利昂制冷剂破坏。当前,正在努力降低制冷剂的用量或用其他物质替代。目前我国已生产不用氟利昂的制冷冰箱,不久将全部取代氟利昂制冷。从 1934 年起,全球共生产了 $1.63×10^{10}$ t 氟利昂,其中 90% 已进入大气之中。美国 1974 年生产氟利昂 $8.16×10^8$ t,而到 1981 年减少为年产氟利昂 $6.35×10^8$ t。现在虽然高空飞机还很少,但它们对 O_3 浓度的影响仍值得关注。

平流层中的 O_3(30°至 64°N,包括中、美、俄及欧洲的大部分)减少了 1.2%～3%,冬季 O_3 层更稀薄。

臭氧层是位于地表以上 10～50 km 的高空,臭氧的分布随季节和纬度而变化。靠近赤道的地区由于光照强烈,O_3 的合成速度最快。一般来说,在一个垂直空气柱中,O_3 的含量随纬度增高而增加,即向极地方向 O_3 的含量增加,这是由 O_3 的自然合成与分解的平衡以及大气环流模式决定的。

1985 年,科学家在监测大气化学时发现南极上空的臭氧层厚度变薄。从 1970—1985 年,O_3 的平均含量以每年 10 月份数值为准,已减少了 1/3 还多。很快,这种现象被命名为"臭氧空洞"。

在空洞区的大气中活性氯化物浓度都很高,它们一般来自氟利昂的分解产物。这样南极上空的"臭氧空洞"成为人类活动破坏了 O_3 层的一个证据。后来的观测发现,低纬度平流层中的 O_3 也有所减少,各种研究更证实了氟利昂消耗 O_3 的作用。

联合国环境组织发起,协调各国达成一项减少氟利昂的使用量的协议,到 1999 年减少 50%,尽管科学家们还不能确信,减少氟利昂是否能彻底停止大气中 O_3 的破坏,但至少是有利于 O_3 的保存。另外,现在又发现其他一些含氯化合物也可能导致 O_3 分解。除非这些物质,包括氟利昂不再排放,否则 O_3 的损耗还将继续。

6. 铅污染

铅是一种可以极大减少的空气污染物。排放进大气的铅基本上是汽车发动机的产物。本来铅不是石油的原始成分,从 40 年代开始,四乙铅作为一种抗爆剂开始添加到汽油之中以提高机器的持久性。

铅是一种易于在人体内累积的重金属。它的危害很广,包括高浓度下对大脑的损伤。神经系统低度铅中毒能导致情绪低落、神经质、冷漠,还有其他一些心理混乱,使学习能力下降。汽车尾气造成的急性铅中毒尚未见报道,不过,生活在城市中的儿童经常呼吸含铅空气,摄入含铅颜料,使血液中铅浓度很高。据估计,5%～10% 的城市儿童都有铅中毒。目前我国城市汽车开始采用无铅汽油,将大大降低了铅污染。

7. 室内污染物

人们主要在工业发达城镇的街道上接触到污染的空气,科学家们越来越多地认识到家庭和办公室内空气污染的危害。有些危害是矿物造成的,例如石棉,由于石棉防火性极佳,被广泛用作天花板的建材。完整的石棉板材是无害的,但碎裂的石棉纤维被人摄入后能致癌。

为了应付燃料供应短缺和费用的增加,我们在提高能量的利用效率时也产生其他一些危害。例如,泡沫塑料隔热层在固化过程中会释放大量的甲醛。甲醛是一种刺鼻的液体,常用作生物解剖体的浸泡液,很多装修了这种材料的房屋均会有严重污染,最终将再设法拆除。严格密封就意味着一旦有害气体从裂隙中渗入房中,浓度就会不断积累,这气体包括烟雾(来自火炉、加热器)、煤气、烟草的 CO 和氡。

氡是一种无色、无味、无嗅的气体,具有放射性。在自然界中,它是铀和钍衰变的产物,数量较少。氡本身具有放射性,它的衰变产物也是具有放射性的铅、铋等金属,它们附着在粉尘上,一旦吸入并滞留在肺部,很容易致癌。游离在大气中的氡危害性很低。当它在建筑物内聚集时,威胁就大为增加。在西方国家,建筑物房间常常是封闭的,室内氡辐射的平均剂量是其他的有自然辐射剂量的五倍。密封房间内氡浓度可高出 200 倍,远高于铀矿的浓度。据西方国家环保部门估计,每十个房间中就有一个的氡浓度过高,需要加以改建。所有房间都密封的话,将导致数万例新的肺癌发生。据在美国统计,房屋内当前平均的氡浓度状况下,由氡辐射产生肺癌而致死的概率是 0.4%,即 250 人中有一例。在氡浓度较高的情况,死亡概率和吸烟致死的相当。

这些氡从何而来? 土壤、岩石以及用混凝土、砖块筑起的建筑物中存在很多铀和钍,它们衰变产生了氡(图 13 - 2)。由于氡是气体,它很容易通过密封的墙壁渗入房间,或从未铺筑的土壤中逸散出来,也可以从砖石墙壁上发散出来。从含水岩层中渗入地下水的氡可经过水泵进入房屋之内。各地的地质情况和房屋的建筑形式决定了氡危害的程度。

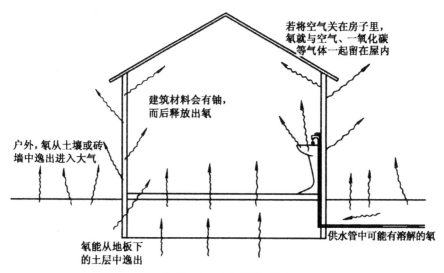

图 13 - 2　室内氡的来源

考虑到在房屋内可能聚集的各种空气污染物质,专家们建议在建房时,为提高能效而采用隔热层时,也设计新的设施既能通风又能储能。居住在非常密闭的房屋之中的人最好请当地的专家检测一下屋内的空气质量。因此我国的房屋建筑物普遍利用自然光,自然通风,比西方国家密封的建筑更适合环保的要求。

三、酸 雨

1. 酸雨的性质

酸雨(acid rain)的酸度是由 pH 值来衡量的。pH 值与溶液中氢离子(H^+)浓度成反比。中性液体 pH 值为 7,如纯净水;pH 值越低,溶液的酸性越强,醋和柠檬酸等家用酸的价值一般是 2～3。碱性溶液,例如氨水,pH 值大于 7。自然界的降水由于溶解了一些气体,如溶解 CO_2 形成碳酸 H_2CO_3,使天然降水一般略具酸性,其 pH 值为 5.6。酸雨就是酸度远大于正常值的酸性降水。尽管空气中的很多气体都参与了酸雨的形成,但一般关注的是能够反应生成硫酸的硫化气体所形成的酸雨。

酸雨能污染水源,使动植物损伤或致死,并侵蚀建筑物。酸性水更易于从土壤中溶解有毒金属元素,将其搬运到地面或地表水源,并降低土壤进一步中和酸的能力。从湖底沉积物中渗出的酸性水溶液有大量养分,加剧了藻类污染。尽管酸雨是由于大气污染所致,但其结果总要造成水体污染。由于当前科学观测及科学数据不足,使酸雨影响的范围以及它的成因如何治理,一直都是争论的焦点。酸雨形成中包括酸的物质或可能酸化的物质种类很多,这些酸性物质来源于自然界或人类活动。通常认为污染大气中的 SO_2 和 NO_2,分别能转化为硫酸和硝酸,在酸雨形成中,硫酸更为重要,例如,在南京市的观测,降水中硫酸和硝酸之比约为 5：1。从世界范围观测到的酸雨,主要是 SO_2 和 NO_2 氧化形成的酸性物质所形成的。

2. 降水酸度的区域差异

在大量排放含硫气体的工业区的下风区,降水的酸度特别大,这一观测结果要求人们首先控制硫的污染。但人类环境产生的硫在硫循环中的确切功能还不很清楚。

例如,人们对于 SO_2 和类似的含硫化合物的自然背景值并不清楚。在远离工业硫污染的地区,净水的酸度大约是 5.6,这是空气中的 CO_2 溶于水形成碳酸的结果。近期研究表明,由于大气中其他化学反应的参与,降水 pH 值的背景值可能更低,由于各地条件的差异,不同地区之间变化也较大。自然降水的 pH 值可以低到 5,然而,全球的大气都不同程度也受到了人类活动的污染。因此,很难获得完全未污染大气中的降水的化学成分并用它来评定人类环境的影响。从总量上说,海洋的浪花飞沫使溶于其中的含硫矿物进入大气的数量比人类活动增加的要多。也许人类环境的硫只是加剧了现有的局部地区的形势。最近人们开始对存在于大陆冰盖中的数十万年前的大气样品进行研究,这对于了解人类活动对大气化学长期影响很有意义。

事实上,在城市及其邻近地区,内燃机产生的 NO_2 形成的硝酸,使降雨的酸度增加。对降雨中硫酸的关注,反映了一个事实,即排放含硫气体的固定污染源是很容易控制的。因此,人类活动产生的硫酸对全球的影响是人类可以控制的,最终涉及一些政治与经济问题。

酸雨降落地区的地质情况对酸的作用有很强的影响。酸雨和岩石之间的化学反应很复杂。农民们很早就知道有些岩石和土壤参与反应能生成酸性的水,有些却是碱性。例如,石灰岩利于使水体呈碱性,有时用来中和酸性水。降落在灰岩地区的酸雨一般就被中和了。相反地,花岗岩及其风化形成的土壤一般是酸性的,它们不能缓冲酸雨的影响,在这些地区降落的酸雨会使地表和地下水的酸度更高。当然,地质情况并不能消除存在的问题。不过,酸雨对地表的影响,只是不同地表岩层的区域会使酸雨对地表水体酸性加强或受到中和。在我国北方,降水酸度保持正常水平,因为 SO_2 被沙漠吹刮来的碱性粉尘颗粒所中和。而中国南方,酸雨日益严重,尤其是四川、广西、湖南、江西和广东广大地区,酸雨的面积已超过国土面积的 29%,降水的 pH 值达到 4～4.5(图 13-3),相当于北美、欧洲酸雨最严重的地区。

目前,发达国家每年向大气层排放 7.65×10^7 t 产生酸雨的物质,酸雨随气流运动。美国产生的污染物造成了酸雨,飘流到加拿大东部降落下来,加拿大政府对此深为关注。这些地区下伏的岩石和土壤均为非碱性的对酸性降雨都很敏感。在欧洲中部和英国的工业形成的酸雨降在斯堪的纳维亚的芬兰、瑞典、挪威等国。从而酸雨成了国际间共同关注的政治问题。

3. 酸雨的危害及防治

酸雨的危害主要是对人体健康的影响,酸性物质及甲醛、丙烯醛等物质会损害人的皮肤及眼睛。酸雨酸化地表水体,使鱼类受害。如美国纽约州中西部有 214 个湖泊,30 年代均有鱼类,至 20 世纪 70 年代,受这工业区产生的酸雨的影响,湖水 pH 值均在 5 以下,极大部分湖泊鱼类绝迹。酸雨影响树木森林生长,影响土壤成分,危及动植物生长。当 pH 值小于 4 时,酸雨导致大豆、粮食明显减产。酸雨使土壤中有机物金属等转化为有害的无机物,并进入水体。酸雨还腐蚀建筑物等。防治酸雨的办法主要有:节约能源以及改善燃烧条件,减少废气的排放,控制 SO_2、NO_2 逸散,如洗煤、烧煤中掺加石灰石,改变烧煤为其他清洁能源的燃料。

在准确评定酸雨的影响之前,需要对各种未污染环境中的自然界水化学性质有更多的了解。例如,现代技术能从气体成分和组合情况来确认硫的排放,由此研究得出,向大气中排放 SO_2 是有副作用的,但最近的研究表明 SO_2 的排放与酸雨的生成没有直接关系。这结果使科学家大为惊讶。

酸雨的消极作用是已经肯定的,相关的现象酸雪甚至酸雾的危害也越来越为人知。在硫化气体排放量降低的地区,河湖的水质就有所改良,而对于硫的排放还需要更好地控制。

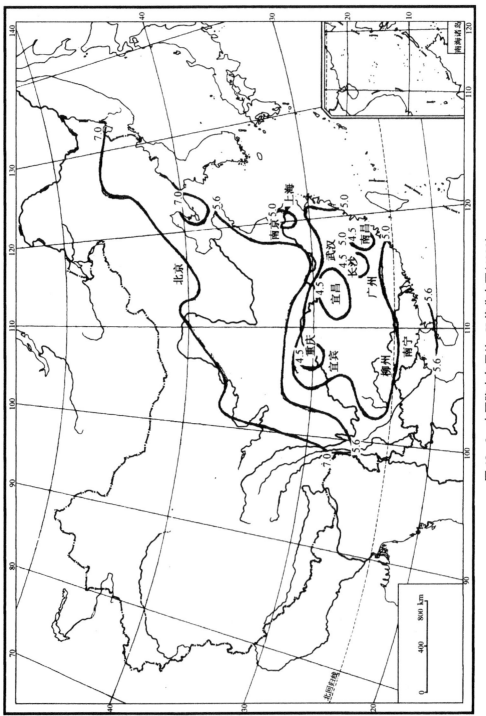

图 13-3 中国降水年平均 pH 值分布图(1993)

四、大气污染与天气

1. 逆温

当空气稳定污染物不易扩散时,大气污染问题往往会加剧,常见的就是逆温现象(图 13-4)。在大气的底层,气温随高度增加而降低,每升高 100 m,气温平均递减 0.65℃。因此,山顶的日照虽然更强烈,但气温却较低。在逆温情况下,地面以上一定高度存在一个暖层,即从地面向上随高度增加而气温下降,而后出现一暖层,在暖层内温度上升,而高度再升高大气温度又降低。逆温的形成有许多情况:①辐射逆温,是地面长波辐射冷却而形成的。在晴朗无风的夜晚,地面强烈辐射,地面大气迅速冷却,而上层大气降温较慢,而

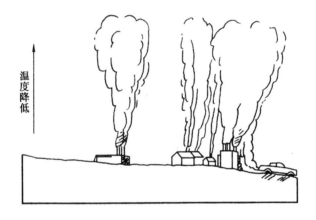

(a)正常天气,温暖的污染气体上升,升到冷的大气层

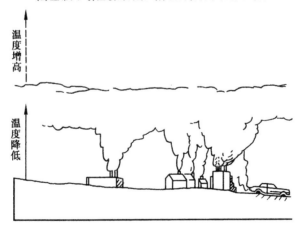

(b)逆温时,温暖的污染气体上升,被盖在一层暖气层之下

图 13-4　逆温对大气污染的影响

形成逆温。②锋面逆温，是暖空气运动，运移到冷空气之上，形成冷暖相交的锋面，如果锋面上下暖冷空气的温度差较大，则形成逆温。③地形逆温，是局部地形条件引起的。在山谷盆地中，晚上冷空气较重，沿山坡流动，聚集在山谷底部，上部有暖气流通过，也不会透过山谷中停滞的冷气团，由此形成下部冷空气上部是一层暖气层。很多大气污染物在排放出来时都比周围空气热（汽车尾气、工厂烟囱的烟气等等），热空气比重较轻，因此一般情况下，较热的污染气体从冷空气中上升并在上部逐渐扩散，如果存在逆温现象，暖空气层覆盖在冷层之上，较热的污染气体仅能上升到热空气层的底部，在那里，污染气体的比重没有上部空气轻，也就不再上升，这样它们被局限在近地面的空气中，并在那里聚集。有时冷暖空气的交界十分明显，可以看到污染空气有一个平坦的顶界。前面提的宾夕法尼亚州的 Donora 发生的污染事件就是逆温诱发的。

20 世纪六起严重的大气污染事件都与逆温有关，小的污染事件就更多了。当然，即使不存在逆温现象，大气污染也会对健康造成危害，但逆温却使污染物浓度大大增强。而且，一旦形成逆温，由于近地面冷空气密度较大，很难越过上部较轻的热空气。逆温现象可能持续一周甚至更长时间。

特定的地形对形成逆温现象特别有利（图 13-5）。美国洛杉矶就处于这样的环境之中，太平洋吹来的冷空气受山脉阻挡，插入大陆的暖空气之下。美国宾夕法尼亚的 Donora 位于一条山谷，当暖锋通过脊平面时，冷空气仍滞留在山谷之中，形成逆温。德国蕴煤丰富的鲁尔山谷在 1984—1985 年这一冬季，受到长久的逆温造成大气污染，许多学

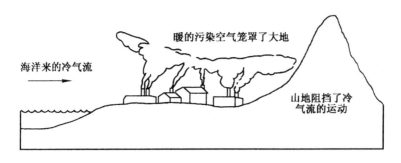

(a)向海开敞的山坡地形

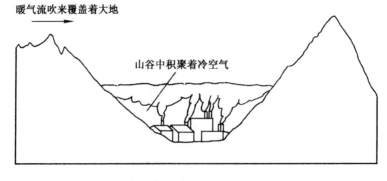

(b)山谷地形

图 13-5 地形对逆温的影响

校和工厂被迫关闭,私人汽车也禁止使用,一直持续到空气重新洁净。在大多数天气状况下,除了等待逆温现象自行消失,别无办法。

2. 对气候的影响

有些天气状况,例如逆温,能影响大气污染的程度;反过来,大气污染也能改变天气条件,例如降低能见度,改变气温,增加雨水的酸性等。这在粉尘造成的大气污染中表现特别突出。在有凝结核存在的情况下,水蒸气凝结很迅速。云雾形成的原理是,极细的固体凝结核在湿润的空气中扩散,水气围绕这些凝结核凝结。粉尘污染物能够起到类似的作用。

在美国密歇根湖的西南方是个工业区,有芝加哥市等工业城市以及钢铁工业为主的印第安纳州的加里和哈蒙德市。这些工业区的烟雾正向东北方向吹过湖面。起初,这些烟雾几乎难以察觉,随着水蒸气的凝结,开始出现云雾,最终形成雪晶。密歇根湖大片降雪区就位于污染烟雾从西南方向向东北延伸的直线地带上。这说明大气污染引起降水的变化,当然这些降水是受污染的酸性降水。

大气污染排放的污染物对全球或地区性气候发生影响,主要是通过燃烧促使大气中 CO_2 含量增加引起的。燃烧使大气中 CO_2 浓度增加,破坏了自然界 CO_2 的平衡,以后发生"温室效应"。CO_2 吸收太阳的短波辐射,同时也吸收地表发出的长波红外辐射,大气中 CO_2 浓度增加,使大气吸收入射与逸散的能量而使地面增温。所以 CO_2 含量随着 19 世纪后期工业社会的来到,全球能源燃烧量急剧增加,从 1880 年的 0.284 ml/l 增加到 1980 年的 0.33 ml/l,这使得地球表面气温升高。

五、大气污染的控制

控制大气污染,需从控制污染源着手,减少污染物的排放量,保证大气环境的质量,并以立法来制定出各类环境的大气质量标准,按区域类型实行大气环境的管理。

1. 大气环境质量标准

为了有效地防治大气污染,除了采取技术措施控制污染物的排放,人们还学会运用法律手段保护大气环境。最早在公元 1306 年,英国国王爱德华一世颁布诏书,禁止伦敦的制造业和工匠,在国会开会时烧煤,以防燃煤烟气影响开会。这是世界上有史料记载的最早的防治空气污染的法律。1661 年,英国出版了世界上第一部环境保护著作《驱逐烟雾》,对世界大气环境保护立法产生了积极推动作用。美国于 1884 年颁布了《煤烟法》,在全国范围控制煤烟污染,成为世界上第一部全面控制煤烟污染空气的环境保护法律。我国运用法律和行政手段防治空气污染,最早的记载是 1736 年,清朝乾隆皇帝下旨,命令当时的琉璃厂迁到北京城外,以减少北京城区的煤烟污染。

我国政府一直重视环境保护。1982 年公布了《大气环境质量标准》,1987 年颁布了

《大气污染防治法》简称《大气法》等一系列大气环保的法规。《大气法》的宗旨是"防治大气污染,保护和改善生活环境和生态环境、保障人体健康、促进社会主义现代化建设的发展"。《大气法》规定了各级政府为防治大气污染必须遵循的原则,规定了环境保护部门的职能、责任和权力,也规定了企事业单位必须承担的法律义务,等等。使大气污染防治走上法治的道路。

为了实施法律的规定,必须制定相关的法规、各种具体的监测标准,大气质量标准是其中最为重要的法规标准。我国大气环境质量标准分为三类:一类区为国家规定的自然保护区、风景旅游区、名胜古迹和疗养地点,执行一级标准;二类区为城市规划中确定的居民区、商业交通居民混合区、文化区、名胜古迹和广大农村等,一般执行二类标准;三类区是大气污染程度比较严重的城镇和工业区以及城市交通枢纽、干线等,一般执行三类标准(表 13-4)。

表 13-4　我国大气环境质量标准

污染物名称	取值时间	浓度限值/mL·m^{-3}		
		一级标准	二级标准	三级标准
总悬浮颗粒	日平均①	0.15	0.30	0.50
	任何一次②	0.30	1.00	1.50
飘　尘	日平均	0.05	0.15	0,25
	任何一次	0.15	0.50	0.70
二氧化硫	年日平均③	0.02	0.06	0.10
	日平均	0.05	0.15	0.25
	任何一次	0.15	0.50	0.70
氯氧化物	日平均	0.05	0.10	0.15
	任何一次	0.10	0.15	0.30
一氧化碳	日平均	4.00	4.00	6.00
	任何一次	10.00	10.00	20.00
光化学氧化剂(O_3)	小时平均	0.12	0.16	0.20

注:①"日平均"为任何一日平均浓度不许超过的限值;
②"任何一次"为任何一次采样测定不许超过的浓度限值,不同污染物"任何一次"采样时间见有关规定;
③"年日平均"为任何一年的日平均浓度均值不许超过的限值。

为了对比参考,下面列出美国的一些大气质量标准。在 20 世纪 70 年代中期以前,美国和加拿大至少有 14 种不同的大气质量指标。但都不能明确地表示出污染空气对健康的危害程度。1975 年,决定建立一套与影响健康的程度相关的指标系统,其成果就是制定出污染程度指标(PSI)。

该指标系统将大气污染等级划分为 0 至 500 不等。五种主要污染物——CO、SO_2、O_3、NO_2、粉尘(飘浮的固体微粒,即 TSP)分别建立各自的污染程度指标。对于每种污染物,PSI 值为 100,相当于该物质在大气中的正常值。高于这一水平就对健康有害。PSI

对每种污染物的不同浓度造成的危害都划分了等级:100~200 为"有害健康"200~300 为"非常有害";大于 300 则为"危险"。表 13-5 简要列出了 PSI 值与相应的浓度。各单项污染物 PSI 的最高值视为大气的综合质量水平。例如,如果 O_3 的 PSI 值"非常有害",而其他污染物"基本正常",总的空气质量就是"非常有害"。在对大气质量进行监测的地区,PSI 值对于潜在的健康威胁就给出了一个直观的描述。

表 13-5　美国污染程度指标(PSI)

指标值	大气质量水平	污染物指标					健康影响
		TSP	SO₂	CO	O₃	NO₂	
500							
	显著有害	1 000	2 620	57.5	1 200	3 750	有害①
400	紧急情况	875	2 100	96.0	1 000	3 000	
300	危险	625	1 600	34.0	800	2 260	
200	警告	375	800	17.0	400	1 130	很不利于健康②
100	NAAQ	260	365	10.0	160		不利于健康③
50		75	80	5.0	80		良好
0		0	0	0	0		很好

注:①有害,PSI 值在 400~500:
由于疾病或衰老而过早死亡。健康人表现出反常举止。
所有人应留在室内,紧闭门窗,尽量减少运动和外出。
有害,PSI 值在 300~400:
某些疾病会诱发过早死亡。健康人活动能力降低,有些病症加剧。
老年人与患者应留在室内避免机械运动。在某些污染物情况下避免户外活动。
②很不利于健康,PSI 值在 200~300:
心脏病与肺病患者病症明显加剧,活动能力降低,健康人广泛受影响。
老年人与心脏病或肺病患者应留在室内并减少机械运动。
③不利于健康,PSI 值在 100~200:
适应能力差的患者有些病症会加剧,健康人群会受影响。
心脏病与呼吸系统病的患者最好减少机械运动和户外活动。

2. 空气污染物排放的控制

随着经济建设的发展,燃料消耗量大幅增加,向大气中排放的空气污染物也日益增长,严重危害到空气质量,由此,世界各国均在研究提出控制空气污染物排放的方法。

日本等经济发达国家,控制大气污染经历三个阶段:第一阶段,解决尘埃问题。工业以燃煤为主,日本 20 世纪 60 年代颁布《煤烟控制法》,指定控制地区,其硫氧化物浓度为 0.22%,降尘控制为 0.6~2.0 g/m³。控制区从 1963 年的 7 个,到 1968 年扩大为 20 个,以后均逐渐在扩大。同时,指定煤烟产生的设备,对主要的大型设施实行技术改造,采用除尘设备,以石油代替煤为主要燃料等措施。第二阶段,解决二氧化硫问题。以石油代替煤以后,所用石油(主要是中东石油)含硫量较高,大多含量为 2%~3%,重油中硫含量达 2.5%,使硫氧化物上升,造成二氧化硫严重污染。解决办法是用 K 值控制,即单个烟源根据其排放口高度,其容许排放量:

$$Q = K \cdot 10^3 \cdot H^3$$

式中：H 为单个烟源的有效高度；

K 为该地区的排放量系数，K 值是根据各地的污染程度、地理条件而定。其 K 值越小 Q 值也越小。为使 K 值达到控制的标准(使 K 值较小)，就要减少 Q 值，或增大 H 值。若地区的污染程度加剧，则要进一步减少 K 值。所以，K 值的确定是要不断修正的。确定 K 值的原则，污染严重，人口密集地区对 K 要求严格。对新建设施要求严格。K 值控制就有效地控制了工业采用低硫燃料，脱硫装置或加高烟囱。K 值控制是逐个控制单个源的污染排放量，而未能控制整个地区的排放量。故还需实行总量控制。该方法是利用各种空气质量和当地气象地理条件，环境气象数据等，研究计算得出该区域容许排放总量或环境容量。据此，按各企业的职责与分担的份额，计算出各企业容许的排放量。这就是总量控制法。在日本，按上述 K 值法与总量控制法对 SO_2 污染的控制与治理经历了 17 年，取得明显的效果。第三阶段，解决氮氧化物的污染问题。主要是汽车废气的控制及工厂氮氧化物的控制。

我国空气污染物排放的控制与经济发达国家相似，也经历三个阶段：第一是浓度控制。即以国家空气质量标准所规定的，污染物地面浓度为基准，控制污染物的允许排放量。而后是排放量控制，按照中国国情做出规定值，即 P 值，它是源于 K 值，而考虑的因子较多，优于 K 值。第三个阶段是总量控制，研究确定一个区域内允许排放的各种大气污染物的总量，并按该区地理气象和污染源分布结构等具体条件，按一定的环境目标控制量，合理分配给每一个污染源，以达到整体上控制污染物排放量。这是前两个阶段所使用方法的发展与完善，现正在实行中，效果良好。

3. 控制污染物排放的技术

颗粒物的控制技术。主要是安装除尘装置，其除尘效果取决于颗粒的动力学性质、集尘方法和集尘器的结构。

机械除尘器是利用机械力(重力、离心力)将粉尘从气流中分离出来达到净化目的的装置，其中最简单、廉价、易于操作维修的便是沉降室。携带尘粒的气流由管道进入宽大的沉降室时，速度和压力降低，这时较大的颗粒(直径大于 40 μm)则因重力而沉降下来。沉降室法主要用于加工工业，尤其食品加工和冶金工业，安装在其他设备之前，作为预处理装置。另一种设备是旋风除尘装置，其原理是使气流在分离旋转时，尘粒在离心作用下被甩往外壁，沉降到分离器的底部而被分离清除。这种方法对 5 μm 以上尘粒去除效率可达 50%～80%。

湿式洗涤器是一种采用喷水法将尘粒从气体中洗涤出去的除尘器，这种除尘器能除去直径大于 10 μm 的颗粒，如果采用离心式洗涤分离器，其去除率可达 90% 左右，这种方法的缺点是能耗较高，同时存在污水处理问题。

过滤式除尘器有着较高的除尘效率，其中最常用的袋式滤尘器，对直径 1 μm 颗粒的去除率多接近 100%。它是使含尘气体通过悬挂在袋室上部的织物过滤袋而被除去。这种方法效率高，操作简便，适应于含尘浓度低的气体，其缺点是维修费高，不耐高温高湿气流。

静电除尘器的原理,是使所有尘粒通过高压直流电电晕时,吸收电荷的特性而将其从气流中除去。带电颗粒在电场的作用下,向接地集尘筒壁移动,借重力而把尘粒从集尘电极上除去。其优点是对粒径很小的尘粒具有较高的去除效率,且不受含尘浓度和烟气流量的影响,但设备投资费用高,技术要求高。

二氧化硫治理技术,包括燃料脱硫(目前主要是重油脱硫)和烟气脱硫。重油脱硫采用加氢脱硫催化法,使重油中有机硫化物中的 C—S 键断裂,硫变成简单的气体或固体化合物,而从重油中分离出来。含硫量较高的重油首先进行脱硫处理,再提供给不设烟气脱硫装置的工厂,大型企业一般安装烟气脱硫设施。

烟气脱硫可分为干法和湿法两种:湿法是把烟气中的 SO_2 和 SO_3 转化为液体或固体化合物,从而把它们从烟气中分离出来;湿法脱硫主要包括碱液吸收法、氨吸收法和石灰吸收法等。

光化学烟雾的治理技术　造成光化学烟雾的一次污染物主要是氮氧化物和碳氢化合物。主要来自汽车排放的废气,炼油业等工厂排放的氮氧化物。汽车排气主要来自发动机汽油燃烧。控制汽车废气的技术措施是改善进气系统,确保混合气体完全燃烧,减少一氧化硫、碳氢化合物和氮氧化合物的排放;改善燃料状况使排气净化,进行排气处理,进一步去除尾气中的有害物质。工厂排放的氮氧化物的去除方法主要利用吸收剂吸收废气,应用金属铂等作为催化剂,以 H_2 和 CH_4 等还原性气体作为还原剂,将烟气中的氮氧化物还原为 N_2,也有用金属铂的氧化物作为催化剂,以氨、硫化氢和一氧化碳等为还原剂,选择最佳脱硝反应温度,使得还原剂仅与烟气的氮氧化物发生反应,使之转变为无害的 N_2。

4. 汽车尾气排放

汽车尾气排放是当代造成大气污染的极其重要的因素。目前,我国及世界各国对汽车排放的尾气中 CO 和碳氢化合物的含量作了限制,作为降低大气污染的一项措施。许多汽车制造厂都使用催化设施来适应这一要求。在催化转换器内,催化剂(多为铂或铂族金属)增强氧化过程,使碳氢化合物和 CO 生成 CO_2 和水。这过程中催化剂十分有效。它们使汽油中微量的硫反应生成硫酸,也增加了 NO_2 的产出。这些气体的排放会由于催化剂使用而增加。使用了催化转换器的车辆排放的硫酸低于燃煤电厂的排放量,但汽车尾气是密集排放,对呼吸有更大的刺激性。NO_2 对环境的影响是十分轻微的,但 NO_2 也需要细心加以处理。

燃料的节约是十分有效的方法。一定里程内车辆耗油量的减少,也就减少污染大气的排放物。在美国,规定的节油标准一年比一年严格,1985 年为 9.73 km/l,偶尔有新车的节油标准超过了这一指标。例如,1981 年,新车平均节油能力是 5.5 m/l,而标准是4.8 m/l。然而,该年有车辆平均节油仅有 3.4 m/l。而且 80 年代中期开始的油价下跌,使得大量燃料效率低的汽车也广为流行,有些汽车制造厂开始发现它们很难达到新的节油标准。但是,节油的里程要求仍是应当不断严格执行的规定。1986 年要达到 5.3 m/l。最近若干年,无铅(低铅)汽车的使用,使大气中放射性铅的含量明显地减小,CO、SO 以及 O_3 在极地也减少。

3. 大气环境的管理

我国政府已颁布了《中华人民共和国环境保护法》(1979)《大气污染防治法》(1987)等一系列环境保护的法规,同时,也先后公布了《环境空气质量标准》《大气污染物综合排放标准》等一系列环境质量标准与污染物排放标准,为大气环境的管理提供可遵照的法律与技术依据。

大气环境的管理是政府行为,由各国政府及政府机关来执行,是通过政府的法规、政策、行政命令等方式来实施管理。大气污染物总量控制也是行政管理手段,从区域大气环境质量的总目标出发,考虑到各个排污染的情况及区域大气环境条件,计算制定污染物总量控制及各个污染源分配的排放份额,把各排污点纳入区域总体的允许范围内。这项管理工作十分复杂、十分重要,必须由政府来实施。管理中亦要运用经济方法,对造成污染的单位都要承担治理污染的责任,对超标排放要按其超标数量处以经济上的处罚。管理中要限制污染大气的生产企业,同时要鼓励无污染生产技术的开发。有效的大气环境管理是控制污染的最基本措施。

参考文献

1. 蒋维楣,黄世鸿,柴政洪著.大气污染预测与防治基础.北京:海洋出版社,1991

2. 莫天麟编著.大气化学基础.北京:气象出版社,1988

3. 李宗恺,潘云仙,孙润桥编著.空气污染气象学原理及应用.北京:气象出版社,1985

4. 沈觉成编著.大气环境评价方法.北京:气象出版社,1989

5. 世界资源研究所.程伟雪等译.世界资源报告(1996—1997).北京:中国环境科学出版社,1996.357~374

6. 国家环境保护局.中国跨世纪绿色工程规划.北京:中国环境科学出版社,1996

7. Montgomery C W. Environmental geology. Brown Publishers,1992.369~386

8. White I D, Mottershead D N, Harrison S J. Environmental systems. Chapman and Hall,1992.209~212

第 14 章

水污染

前面讲过,地球上全部水体中,大陆地表或地下的各种淡水不到全球水体总量的1‰。湖泊、河流、人口聚居区附近的浅层含水层等,这些是最容易受到人类活动影响的储水场所,许多已受到污染。而潜在的有害水体污染,其数量和范围更令人吃惊。这一章里,我们将对水体污染的主要类型及现有问题的性质作一考察。的确,尚有大量的地表和地下水并未受到人类活动的污染,因为其中大多数远离人类聚居区,但是在最容易获取的水体当中,大多数水质明显下降。

一、基本概念

任何自然水——降雨、地表水、地下水——都含有溶解的化学物质。其中一些物质对人体健康或其他生物产生损害。这些有害物质,有的是通过自然界的过程进入水体的,有的则是现代工业和农业生产造成的,也就是人类自己活动的产物。

1. 地球化学循环

在水环境之中,所有的化学物质都要参与,和岩石循环相类似的地球化学循环。当然,现在不是对所有的水环境中物质循环都很了解,但这种循环的确是存在的。例如自然界的钙的循环(图14-1)。钙是分布广泛的常见岩石的主要成分。通常情况下,由于碳酸钙的溶解或含钙硅酸盐矿物的分解,使得岩石中风化出来的钙质溶于地表水或地下水,并可能注入海洋。其中一部分钙构成海洋生物的壳体,在生物死亡后生物壳体的方解石,可能沉积于海底。有些钙从溶解态析出,形成石灰岩沉积,这在温暖的浅水域尤为典型,其他的含钙沉积物也可能沉积下来。在以后的循环过程中,随着时间的推移,这些沉积物将固结成岩,发生变质作用,或被来自地幔的岩浆同化混染,或重新返回大陆地壳,并有次一级循环同时发生。例如,在热的海水中,或者在活动洋脊的新生海底玄武岩的热液作用下,来自地幔的钙质直接渗入大洋中,沉积之后,这些钙质又可能重新进入地幔,有些溶解下来的风化产物被输送到大陆水体中(如潟湖)可能又直接沉淀在沉积物中。

2. 滞留时间

在钙循环中,有几个重要的钙质储藏所,包括地幔、大陆地壳的岩石、海洋石灰岩沉积

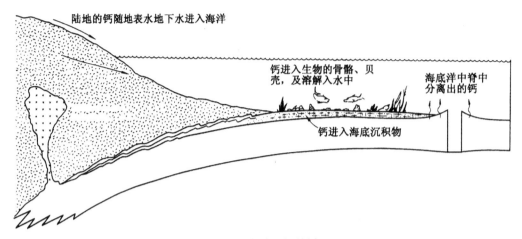

图 14-1　自然界钙的循环

（据 C. W. Montgomery, 1992）

和溶解大量钙质的大洋。滞留时间就是钙循环经过每个储存场所的快慢的变量,其具体定义由下式给出:

$$滞留时间 = \frac{容量}{汇入速率}$$

滞留时间是指某种具体物质在某一储存场所的滞留时间,容量是指储存场所对该物质的容量,汇入速率是指该物质进入这储存场所的速率。一种溶解物质的容量反映了该物质在储存场所达到饱和,并开始析出之前的最大浓度。从实践性的观点来看,滞留时间也可描述成某种物质在一个系统（或储存场所）中驻留的平均时间。这个定义实用性很强。特别是对于那些容量不是由一种特定储存场所能限制的物质（如大陆地壳）,或那些在储存场所中滞留一段时间,并未达到饱和就沉淀出去的物质。

可用一个日常的事例来阐明滞留时间概念。假设一家旅店有 100 个单间,有些旅客只住 1 晚,有些要住几个星期。平均来说,每天有 10 位旅客结账离店,又有 10 位新旅客来登记住宿,那么该店旅客的滞留时间就是:

$$滞留时间 = \frac{100 \text{ 人}}{10 \text{ 人} / \text{天}} = 10 \text{ 天}$$

也就是,旅客在该店平均要住 10 天。

在图 14-1 的各种储存场所中,海洋中的滞留时间可直接计算出来。钙在海洋中的容量主要受方解石的溶解度所控制。如果溶解的方解石超饱和,部分就会结晶析出。汇入速率可由注入海洋的所有大河中溶解的钙总量估算出来。最后算出钙在海洋中的滞留时间大约有一百万年。换句话说,钙离子在海洋中从进入海水到沉淀析出的平均时间是一百万年。

不同元素在大洋中的滞留时间相差很大（表 14-1）。例如,钠汇入海洋的速率仅次于钙,而海洋对钠的容量却远大于钙。氯化钠非常易溶,是海洋中溶解的主要盐类;它通过富黏土沉积物的吸附而迁移。因而,钠在海洋中的滞留时间较钙为长,达 1 亿年。与此相反,铁在现代海洋中不易溶解,它的滞留时间只有两百年:铁进入海洋以后很快就会沉淀下来。当然,随着化学元素、储存场所、容量和汇入速率的不同,滞留时间都会有差异。

表 14-1　一些元素在海洋水体中的滞留时间

元素	浓度/10^{-6}	滞留时间/a
氯	18 980(1.9%)	68 000 000
钠	10 540(1.0%)	100 000 000
镁	1 270	12 000 000
钙	400	1 000 000
钾	380	7 000 000
溴	60	100 000 000
硅	3.0	18 000
磷	0.07	180 000
铝	0.01	100
铁	0.01	200
镉	0.000 11	500 000
汞	0.000 03	80 000
铅	0.000 03	400

引自 C. W. Montgomery,1992。

人类活动可能会改变这种自然模式,主要通过改变汇入速率来进行。以钙元素为例,大量开采石灰石用于,农业中和酸性土壤和作为建筑石料与生产水泥等等,将增加受风化作用的含钙物质的总量。在高纬度多雪的国家,钙盐常用来撒在路面上使积雪融化,它们将逐渐溶于地面水流而迁移,这些影响可能还不足以改变物质在大洋这类巨大储存场所中的滞留时间。但是,对于湖泊或河流之类的水体,它们可以改变循环的速率,可能经过一次循环就能使某种物质的浓度有所增加。

3. 滞留时间与污染

原则上讲,人们可以讨论自然系统中一些更复杂的化学物质的滞留时间,包括合成化合物。由于目前对合成化合物在水环境中的变化还不是十分清楚。使这问题的复杂性又有所增加。在估算最近才生产的合成物质,在不同储存场所中的滞留时间时,没有足够长的自然背景时间可供参考。有些物质能迅速分解成其他化合物,其滞留时间很短,但是多数成分的分解速率很慢或至今仍不了解。因此,许多合成化合物的最终变化也不清楚。由于存在这些不确定性,对于工业污染的严重性进行评估就十分困难。

在一个特定系统中,如果污染物的滞留时间已知,我们就知道了污染物在这些储存场所造成危害的持续时间,以及污染物迁移出该系统的速率。如果这些物质没有分解,那么从一个系统迁移出的物质进入其他系统后仍然是一种威胁。

4. 点状和非点状污染源

污染源可细分为点状和非点状两种。点状污染源,顾名思义,是污染物在固定地点排放的污染源:下水道出口、钢铁厂、沉淀池等都属此类。非点状污染源的范围十分广泛,例如农田里流出的含有化肥的径流、废弃露天矿场的酸性水体、用于融化路面降雪的氯化钠和氯化钙溶于水后形成地面径流等等。作为潜在的污染问题,点状污染源很容易确认,也易于系统化监测。对一个单个下水道出口的水质进行评价非常简单。而在一个区域内进行区域性水体取样得出该区域代表性的水质情况,就十分困难。

在一个区域内发现了水污染问题,要确定水污染的来源也很困难。当仅有一种污染物质时,可以通过分析污染物的全部化学特征,来判定污染源,但这种情况很少。不同的污染源,城市污水、工厂的废水、农田的含某种化肥的灌溉水——各种成分都有特定的混合特征,在有些情况下,常常分析受污染水体的混合比例,按照它们的相似性来判定这一类污染源(表14-2)。

表14-2　美国非点状污染源对地表水污染造成的污染量　　　　单位:10^6 t/a

污染物来源	全部悬浮固体	BOD	氮	磷
农田	1 870	9.00	4.30	1.56
牧场	1 220	5.00	2.50	1.08
森林	256	0.80	0.39	0.09
建筑工地	1.97	无	无	无
采矿区	59	无	无	无
城市径流(仅指管道污水)	20	0.50	0.15	0.019
农村道路	2	0.004	0.000 5	0.001
小型饲养场	2	0.05	0.17	0.032
垃圾填埋场	无	0.30	0.026	无
环境背景值	1 260	5.00	2.50	1.10
总和	4 886	20.65	10.04	3.88

注:引自C. W. Montgomery,1992。

5. 地下水污染

点状或非点状污染源造成的地下水污染都有很大的危害,因为它看不见,不易被发现,有时已经历很长时间仍未发现。城市使用的井水需要做定期的水质检测。而私人的饮用井水常常会嫌麻烦,也不愿花钱去检测,特别是当他们不知道有潜在的危险存在时。还有许多情况,由于污染物是通过岩土的渗透进行转移的,并不是通过地表流水而迁移,它从污染源进入用作饮用水源的含水层很缓慢。这样,在一个系统中,从一处进入的污染物在其他地点的地下水中出现时,就有一段较长的时间间隔。而喀斯特地区发生的地下水污染,能够随着流水的迅速宣泄以很快速度扩散。

有些时候,相关的工业和人类活动已从人们的视野和记忆中消失了数十年,它造成的地下水污染才表现出来。例如,很久之前倾弃于土壤层的化学物质,可能经过多年还没有渗入含水层。即使找到了污染源,但受污染的范围太大了,不可能进行彻底清除。许多老的、废弃的有毒废物倾倒场地都存在这个问题。非点状污染源,例如农田,造成的地下水污染也容易广泛扩散而难以处理。

二、工业污染

1. 一般概念

每年科学家都要合成数百种新的化合物。新的化学物质的增加是如此之快,对它们的安全性进行检测的速度远远赶不上发明它们的速度。为了"证明"一种化学物质的安全性,必须在生命循环的每一阶段对主要的生物种类——包括人类——进行各种剂量的测试。很明显,无论从时间、财力还是实验室的条件来看,这些都不可能实现。因此,通常发现一种新的化合物后,只在实验室中对少量代表性的动物进行实验,由此近似地认为这些化学物质是无害的。至于它们对其他生物会不会造成伤害,只有当这些生物在环境中受到这些化学物质的影响之后才能知道。很明显要想有绝对的安全只有停止开发新的化学物质,但这将使人类社会痛失许多良药,以及许多对人类生活非常有用的物质。在美国,一个委员会列了一份清单,包括 66 000 种药品、杀虫剂和其他工业化学物质,结果发现其中 70% 完全没有毒性分析数据;仅有 2% 有健康损害评价。根据美国化学会的记录,从 1957—1990 年新合成物质中经鉴定在册的仅占 10%。因而,对这么多物质进行完全的毒性评价已是一项刻不容缓的任务。

2. 无机污染物

在众多工业废物中,人们特别注意有毒金属。制造业、采矿业和矿产加工业都增加了这些物质向环境的输出,并使局部地区的浓度增加到有害的程度。各种工业排放的常见金属污染物列于表 14 - 3。

表 14 - 3　工业废水中主要的微量金属

工　　业	金　　属
采矿与矿石加工	砷、铍、镉、铅、汞、镁、铀、锌
冶金、合金	砷、铍、铋、镉、铬、铜、铅、汞、镍、钒、锌
化学工业	砷、钡、镉、铬、铜、铅、汞、锡、铀、钒、锌
玻璃制造	砷、钡、铅、镍
纸浆与造纸工业	铬、铜、铅、汞、镍

续　表

工　业	金　属
纺织工业	砷、钡、镉、铜、铅、汞、镍
化肥工业	砷、镉、铬、铜、铅、汞、镁、镍、锌
石油精炼	砷、镉、铬、铜、铅、镍、钒、锌

注：引自 C. W. Montgomery,1992,第 353 页。

汞元素是一个典型例子。在自然界,岩石和土壤中含有微量的汞(12 ppb),它们风化后进入水体,水中汞的浓度也只有几个 ppb,或进入空气中,它低于 1 ppb,随后迅速沉淀下来。水中的汞慢慢进入沉积物中。由于汞的溶解性很低,它在海洋中滞留时间大约是 8 万年。

汞是一种重金属,这一类重金属包括铅、镉、钚等元素。重金属元素的一个共性是,易于在吸收它们的生物体内聚积。因而,它们的浓度将随着食物链在生物体内逐渐增加。有些海藻体内重金属浓度高于周围水体 100 倍。吞食这些藻类的小鱼体内浓度就更高。以此类推,以鱼为食的鸟类和哺乳动物体内的重金属浓度就更高。

在多数自然环境中,由于水和土壤中的重金属浓度原始值很低,生物体内的累积度并不很严重。而人类活动扰乱了自然循环,这就构成了污染问题。重金属采矿与加工业能显著地加快重金属从岩石中分化出来,并进入环境中。这些工业还向一些水体排放重金属浓度很高的废液。

现在,有关重金属毒物的危害性的证据已经很完备了。1953 年,日本的 Minimata 附近存在一个大量排放含汞工业废液的污染源。在日本人的饮食结构中,鱼类占很大比例。鱼类从水中摄取汞,处于食物链顶端的鱼类,含汞浓度高达 0.05 ml/l。到 1960 年,日本由于汞中毒事件,43 人死亡,116 人受到永久性损伤。

从此,政府禁止食用在食物链上级别较高的鱼类,因为这些鱼类含有过高的汞。汞作用于人体的中枢神经系统和大脑,能导致失明,使触觉和听力丧失,产生神经质、颤抖等多种病症,甚至死亡。当上述症状明显地表现出来时,人体所受的损害已经无可挽回了。其实,汞中毒造成的危害在这之前已经被人们所认识了。制作毛毡帽时需使用汞,使制帽匠常发生汞中毒。所以有些学者指出,《爱丽斯漫游奇境记》(Alice in Wonderland)中的疯帽匠(Mad Hatter)表现出的特异的颤抖反应,是那一时期帽匠的典型特征。他们经常接触毛毡,导致慢性汞中毒。

汞也被用作杀菌剂。伊拉克在 1971—1972 年间发生了一场饥荒,饥饿使农民吃了用汞处理过的谷种,而没有把它们用来种植。结果 500 人中毒死亡,大约 7 000 人受到伤害。当然,并不是所有形式的汞都有害。它的一些合成物用在医药上。牙医用来补牙的"银"其实是汞银合金。主要是以甲基汞形式存在的汞具有剧毒。

汞不是唯一的有毒重金属。铅中毒、镉中毒事件主要发生在日本,大量富镉矿渣倾入河流,河水用于灌溉稻田或作家庭用水。许多人因此得了疼痛、呕吐的怪病,这是典型的镉中毒症,表现为疼痛难忍、呕吐,还有许多令人不适的症状。钚也是有毒金属,它涉及放射性废料的处理问题。

工业上广泛应用的一些非金属元素,如果对人类无害,但也会对水生生物造成潜在威胁。例如,氯在城市水处理与污水净化工厂得到广泛应用,用来杀死细菌,或在发电厂用来破坏微生物以防它们腐化管道。随废水排放出去的氯,能使藻类死亡,鱼类数量减少。

工业废酸一直是相当严重的污染问题。矿区的酸性废液仍是地表水及地下水严重的污染源,特别是煤矿和硫矿区。

关于石棉矿的毒性,直到人类活动将其排放进环境以后很久,才被人们所察觉。多年以来,以其良好的防火性能被用作天花板和其他建筑材料。石棉开采、加工过程中的废物直接倾入各种水体中,以前一直以为石棉是惰性无害的矿物。当石棉具有致癌性广为人知的时候,石棉工人受损害的时候,以及一些公共饮用水含有石棉,而使用这些水已有几十年的历史。这种长期持续的危害造成的影响仍在探索之中。由于石棉可能造成的危害受到越来越多的关注,石棉的产量已不断下降,但以前生产的石棉的滞留效应及其处理仍是一个难题,这一类无机污染物的危害性表现得十分滞缓,这就意味着,也许需要几十年的测试才能揭示这些物质的危险。而长期的测试代价太高,一般很难实行。因此工业无机污染物的解决仍是个难题。

3. 有机合成物

每年新合成的化学物质主要是有机合成物,一些含碳化合物。数万种的这类化合物,有自然形成的也有人工合成的,作为杀虫剂和除草剂广泛使用,并广泛进行各种工业生产。它们对生物的效应,随各自的成分不同而异,有些可以致癌,使水质恶化不能饮用。还有些像重金属一样能在生物体内积聚(表 14-4)。

表 14-4　人和其他生物体内残留的有毒有机化合物

	年份	DDT (1972 年禁用)	狄氏剂 杀虫剂 1974 年禁用	PCBS (聚氯二苯 1977 年禁用)
人类	1970	8.09	0.23	不详
	1973	6.09	0.22	79.8
	1976	4.68	0.15	98.1
	1979	3.14	0.11	98.2
鸟类 (密西西比地区)	1972	0.37	0.02	0.66
	1976	0.25	0.05	0.23
	1979	0.17	0.05	0.11
	1982	0.13	无	0.14
鲑鱼 (密歇根湖)	1970	19.19	0.27	无
	1973	9.96	0.27	18.93
	1976	5.65	0.30	18.68
	1980	4.74	0.34	9.93
	1984	2.20	0.38	4.48

注:据 C. W. Montgomery,1992,第 355 页。

石油溢漏就是一种有机合成物污染。每年轮船的舱底污水的倾泻,城市在暴雨时形成的含油径流造成的油类污染,地下储油池和输油管线也会发生渗漏,油田的钻探泥浆和盐溶液也会被原油污染。在美国,平均每年渗漏进河流的油类超过 1×10^7 gal。另一类有机化合物污染是塑料工业。氯乙烯挥发物具有致癌性,而水中微量的氯乙烯有多大危害还不清楚。聚氯二苯(PCBS)在近 20 年来一直用作电力设备的液体绝缘材料和增塑剂(提高塑料柔韧性的一种成分)。实验结果表明动物体内的 PCBS 能导致生殖障碍,肝胃损伤和其他问题,1977 年美国禁止生产 PCBS。但已经生产了大约 9×10^8 lb 的 PCBS,一部分已排放入水体,并残留在水中。

4. 热污染

发电厂排出多余的废热,造成热污染。发电厂和一些工厂排放的冷却水是最主要的热污染源。

冷却水吸收的热量中,只有小部分被有效地回收利用。仍然暖热的冷却水被排放回原来的水源,大多是放回河流中,并用新鲜的冷水来更新于冷却。排放工业冷却水,使河水温度升高,可能超过河流水温的季节变幅,而且这些河段水温总比邻近水域的温度高,鱼类和其他冷血动物,包括很多微生物,只能在特定温度范围生存,温度过高能导致生物全体灭亡。温度少许的增加将使现存生物平衡发生变化。例如,绿藻的适宜生长温度是 $30 \sim 35 ℃$,蓝藻是 $35 \sim 40 ℃$。较高的温度利于蓝绿藻的生长,对鱼类及其他生物产生危害。许多鱼类在略低于其生活环境的水温下产卵,温度升高少许几度也许对成年鱼类生存没什么危害,但严重影响鱼类产卵,使这水域中鱼类总量减少。另外水温的变化将改变水化学性质和化学反应速度,还影响溶解气体的浓度。

在排放之前将冷却水贮藏于冷却塔中可大大减低热污染。但是,即使使用了冷却塔,排放的水温度仍然较高,热污染的范围还受时空的限制。它没有向水中增加任何长期存在的,或可长距离搬运的物质,只需减少废热排放,就能使随热污染而产生的其他污染问题立即减轻。

5. 有机质问题

一般来说,有机质问题范围很广,包括河流中沉积的枯枝腐叶和池塘中沉积的藻类。在水污染问题中,数量最大、问题最多的是人和动物排泄的废物,饲养场和其他畜牧活动产生大量的动物废物。食品加工厂是其他含大量有机质废水的排放源。

下水道污水和大量污水混合时最初并没有被污染,而在城市里,家庭污水、工业废物,还有经常性的降水在街道上汇聚的雨水,最终都汇入城市下水道系统。而且,管道污水净化厂一般设在地表水体附近,以便排放处理过的污水。当污水并未彻底净化时,地表水污染就会加剧。

有机质水污染可传播疾病,还引发其他的水污染问题。经过一段时间,有机质将被微生物特别是细菌分解。如果水中含有丰富的氧气,分解过程将由嗜氧生物以耗氧方式进行,因而降低水中溶解氧的供给。当溶解氧最终被耗尽时,厌氧分解作用将产生多种有毒气体 H_2S 与 CH_4。厌氧分解使水中氧气耗尽,鱼类在水中要靠氧气才能生存,没有溶解氧就没有鱼类。当溶解氧耗尽时,水就成了"死水",尽管厌氧细菌和一些植物可以继续生存,甚至更加繁盛。

水体中的有机质含量通常用生化需氧量(Biochemical Oxygen Demand)来代表,简称BOD。一个系统的 BOD 值,就是在有氧分解条件下,将水中全部有机质分解完毕所消耗的氧气总量。有机质越多,BOD 值越高。水体的 BOD 值可能远高于其中的溶解氧含量。随着氧气的消耗,为保持化学平衡应有更多氧气溶解进来,但是,恢复氧的速度常滞后于氧气的消耗。在一条河流上,一个有机质污染源下游河水中,溶解氧的含量随距污染排放点距离的远近而变化,在靠近污染源的地方氧迅速消耗,向下游逐渐恢复。在湖泊和水库等静水体中,容易发生氧的持续性消耗。流水的混合和循环性能较好,易于和空气接触而吸收较多的氧气。过剩有机质的分解不仅消耗氧,还向水中释放多种化合物,其中有硝酸盐、磷酸盐、硫酸盐。硝酸盐和磷酸盐都是植物养分,它们在水中大量存在将刺激植物生长,包括藻类。这一过程称为藻类污染,发生此过程的水体称富营养化水体。藻类污染是藻类过量生长,水面上布满黏稠的藻类漂浮物,接着就会发生水质恶化。藻类接近水面因光线良好而繁殖特快,这些藻类死亡后,沉到水底,又增加了水中的有机质含量,提高了 BOD 数值。随着它们的分解,又向水中释放养分。这种过程也是在静水中特别发育,因为静水底部,水体难以迅速循环到表面吸收氧气,所以,一些湖泊池塘中藻类污染发展特快。因此,有机质产生的水污染是个很复杂的问题。将有机废物处理后,分解为简单化合物排入水体,仍可增加水中养分。除生活废物、人畜排泄物影响水体富营养化外,日常使用的洗涤剂中添加的磷酸盐(使水质软化以增强去污能力),也是促使水体富营养化的物质。总的来说,最好的污水净化处理,也难以将磷酸盐、硝酸盐这些水中养分彻底去除。

三、农业污染

1. 化肥

农业生产的水污染主要是由于过量的施用化肥。化肥的三大基本成分是硝酸盐,磷酸盐和钾盐(N、P、K)。当化肥施用于土地后,并不会立即被植物吸收。这些肥分必须呈溶解状态才能被植物吸收,也就是它们能溶于地表或地下径流。随后,这些植物养分会加剧藻类污染问题。含化肥的水流影响湖泊的富营养化。在美国,富营养化程度最高的州正是农业地带,艾奥瓦州,107 个接受测验的湖泊 100％地出现富营养化,其次是俄亥俄州,119 个湖泊中 84％是富营养化的。在我国湖泊富营养化现象也较严重,主要是湖水中N,P 等营养元素过多,使湖水中自养型生物(藻类)大量繁殖,湖水透明度下降,耗氧量增加,下层水的溶解氧消耗过程加剧。在中国 131 个经过监测,对湖泊的富营养化状态进行评估,结果贫营养化湖泊仅 10 个,占调查湖泊的 7.6％,而富营养化湖泊 67 个占 51.2％,其中不少属于重富营养化湖泊,而在农业发达地区湖泊几乎均已富营养化。如太湖、巢湖、白马湖、高邮湖、阳澄湖以及城市中湖泊,南京玄武湖和莫愁湖、杭州西湖、嘉兴南湖等31个调查的城市湖泊,全部富营养化,其中11个达重营养化。中国农业区的大型湖泊均处富营养化,或接近向富营养化湖泊过渡。

将化肥用量降低到最小限度,配合使用低扩散性化肥,可以减轻其危害。周期性地种植豆科植物(包括豌豆、蚕豆、三叶草等)可替代氮肥,豆科植物的根瘤菌能在土壤中固化氮气,减少可溶化肥的使用。

使用动物粪便之类的天然农家肥,并不能消除水体的水质污染问题和含化肥径流。农家肥是一种有机质废物,将提高水体中 BOD 值,增加养分导致藻类污染。同样,饲养家畜,特别是商业性饲养动物,排放的废物废水也是一个主要的污染源。对这些垃圾的一个积极的解决办法,就是充分利用它所产生的沼气(CH_4)作燃料。在我国农村已较广泛地试行,将农村有机垃圾生产沼气,使天然农家肥无害地处理,又产生燃料供农村使用,这种办法非常经济可行。

2. 除草剂和杀虫剂

除草剂与杀虫剂都是农业上的主要污染源。现在使用的这些物质绝大多数是前面"工业污染"中所说过的复杂有机化合物,对人或其他生物具一定毒性。美国农民每年要用掉 5×10^8 lb 的除草剂和杀虫剂,其中 90% 是合成的有机化合物。在 1979—1981 年间,这些合成除草剂的使用量就增长了 40%。

DDT 的失败仅仅是所谓的"化学农药奇迹"失败的开始。近年来,人们发现,很多广泛使用的农药对人、动物和其他生物都有毒副作用。事实上,有些农药的毒性比禁用的DDT还强。原来以为很多农药能迅速分解,在环境和食品中滞留时间很短,但事实上,有些农药特别稳定,随着很多现代化学农药的合成,这些化合物的长期变化和影响并不很清楚,也很难确定含杀虫剂和除草剂的水流的危害程度。

农药本身也不是一个单一的问题。在生产过程中,使用的很多化合物本身具有毒性,而且很稳定(如二氧化物)。如果把农药的常规用量降至预防剂量使用,可以减少上述的潜在危险。只有当减少农药用量会使作物产量下降时才使用农药。不过从长期考虑,这种办法更具有经济效益,至少害虫和杂草不会在农药刚施用时立即就产生抗性。

各种非化学杀虫法已越来越多地被人们采用。有些方法只针对一种害虫。例如,有一种黄蜂的幼虫对人畜无害,能寄生在番茄的无蛾幼虫体内并将其杀死。有一种细菌能侵袭杀死数种螟虫,在食物中也不会有化学物质残留,但对人类、哺乳动物、鸟类、鱼类会引发一种不明病症。

另外,还有一些广泛应用的方法。其中一种方法是对大量害虫进行辐射照射使其失去生殖能力,再将其放回野外。假设交配数目不变,下一代害虫的数量会有所减少,因为有些交配有不育害虫参加,而使生育能力丧失。诱捕害虫法是用精心合成的雌虫气味,诱杀雄虫。这些办法能降低合成化合物的需求,保护环境。

在所使用的杀虫剂中,DDT 的兴衰是很有意义的。在此专门就 DDT 的环境问题做些叙述。

在 20 世纪 30 年代,发明了 DDT 这种化合物,用作杀虫剂。它在二战期间首次得到广泛使用,消灭虱、扁虱和传播疟疾的蚊子,减少了很多痛苦和死亡。第一位发现 DDT 的杀虫性能的科学家,Paul Muller,由此获得了诺贝尔医学奖。农民们大量喷洒 DDT 雾剂以消灭农田害虫。这种化学药物被当作消灭害虫的万灵药。

问题开始接踵而来。其中之一是整个昆虫群体开始对 DDT 产生抗性。每次施用 DDT 时,那些自然抵抗力较强的昆虫的存活率大于整体的存活率。下一代昆虫由于遗传影响,具有抗性的昆虫比例增加,再次喷洒 DDT,昆虫的存活率更高。如此下去,昆虫产生了抗药性,结果 DDT 的用量越来越大,又使昆虫产生更强的抵抗力。昆虫的生殖周期较短,上述过程在几年内就能够完成。

起先,人们也发现 DDT 对热带鱼类具有毒害性,但并不以为然。因为人们相信 DDT 在环境中会迅速地彻底分解,事实亦非如此。据估计,在已经生产的 1×10^6 t DDT 中,有 2/3 至今仍在起作用。同重金属相似,DDT 也是一种累积性的化合物,它具有脂溶性,易在人和动物的脂肪中积聚。没有被 DDT 毒死的鱼,将积累的 DDT 转移到食鱼的鸟类体内。于是引发了另外一个致命的副作用,DDT 能破坏钙的新陈代谢。它对鸟类的影响是鸟卵的壳非常薄而易碎。由此产生的鸟类群体的灭绝,不是因为成年鸟被毒死,而是因为没有一个鸟蛋能在孵化过程中保存下来。知更鸟吃了含 DDT 的蠕虫使体内毒素积累,于是整个种都濒临灭绝。

有关 DDT 对鱼类、鸟类、昆虫具有毒性的数据越来越多。在美国自 1972 年起禁用 DDT,世界各国大多已禁用 DDT,不再生产这类杀虫剂。禁用 DDT 以后,一些野生动物的数量恢复到正常水平。目前 DDT 这类杀虫剂只是很小量地使用,或作为应急农药,短时间、临时性的对付突发性害虫。

DDT 在抵抗昆虫传播疾病方面是非常有效的。能不能使用 DDT,它的利大还是弊大,应该说许多情况还不清楚。但目前是否应当严格限制 DDT 使用,随着科学家发明出更多的新物质或发现了老物质的新用途,这一类涉及环境的问题会越来越多。

3. 农业对地下水的污染

工业污染、农业污染影响到地表水与地下水污染。地下水污染源包括污水池、粪池、城市废物场、矿山,以及使用化肥农药的农田、灌溉的农田、城市废水等等。地下水污染主要是上述污染源的污染物直接渗入地下水层,亦可是开采地下水不当引起的污染,如开采中不同含水层串层污染,开采地下水使外围咸海水入侵,也可以是人工回灌不洁净水引起污染。

地下水是地层中的水体,它一般不接受地表污染源的直接侵入。地表污染物进入地下,通过饱气带才进入含水层。由于饱气带及隔水层的保护,地下水渗透速度较慢,受污染的过程非常缓慢,在很长时间里,污染只局限在局部,很难大范围扩散,但亦难以发现监测。地下水污染最明显的特点是:地下水一旦被污染,很难再恢复污染前的状态,在污染源被除掉以后很长时间(也许几年,几十年),污染溶液渗入饱气带,水流通道及含水层,仍会受到这些部位积留下来污染物的污染,所以地下水污染后很难净化。

四、水污染的处理

水污染在世界、在我国均日趋严重,我国地表水与地下水均受较严重的污染,由于水污染使国民经济受到很大损失,据我国政府公布的资料,1989 年全国水污染直接经济损失为 377 亿元。随着经济发展,城市建设、工业农业的发展,水污染的范围、程度及经济损失还在增大。水污染的控制与治理,已提出许多方法,积累了一些经验。下面根据一些最基本的原理,介绍一些较为有效的处理方法。

1. 地表水污染的处理

对地表水的观测、取样、监测要比地下水迅捷得多。地表水,特别是静止水体,需要进行积极的处理以促进水质恢复。减少污染物的进入是极为重要的第一步。

(1) 挖泥疏浚。很多水体污染物,包括磷酸盐、PCBS 之类的有毒有机物,还有重金属,都能被水体的细粒物质吸附在表面。经过长期积累,底部沉积物含大量有毒化合物。从原理上讲,这些沉积污染物质在长期没有新的污染物质输入时,仍可能重返水体。用疏浚的办法将受污染沉积物全部清除出去,可以从水体中消除隐患。但这些污染物还要进行处理,一般是填埋。

疏浚工作一定要非常小心,尽量不要将极细粒物质搅动起来又悬浮于水中。悬浮的细颗粒物具有很大的表面积——体积比例,吸附在颗粒表面的污染物浓度很高。而且,如果悬浮颗粒物在水中保持一段时间的悬浮状态,水体混浊度的增加会对水中生物产生危害。我国城市附近的湖泊、水系大多已被污染,治理上,除了控制污染源,对排污超标的工厂企业限期处理,使排水达标或关闭,利用清洁水源引水冲洗稀释受污的水体。同时,要进行疏浚工程,将污染的底泥挖去。在杭州西湖成功地疏浚底泥,引水冲刷稀释污染的湖水,使其净化,同时配合恢复附近植被,改善水环境。西湖治理污染水体是成功的。目前太湖正在分区实施水体清洁工程,包括对污染较严重的区域疏浚,挖去湖底受污染的淤泥。昆明滇池正在制定改善污染水体的计划,包括疏浚一部分污染的底泥。疏浚底泥去除污染体的效果较好,但工程费用较大,一般每立方米需人民币数元,工程总量一般在几百万立方米或更多。

美国 20 世纪 70 年代初对 Trummen 湖中含养分沉积物的疏浚也相当成功,因为它实际上是把养料循环从沉积物中清除出去,从而抑别了藻类污染。与此同时在美国进行的疏浚工作,主要是对有毒废物进行清理。1974 年,250 gal 的 PCBS 被倾倒在西雅图附近的 Durwamish 航道里,该工程是从航道中疏浚 4 m 厚的受污染的底泥,成功地挖出了 PCBS 220~240 gal。对已污染的底泥除疏浚外,也可采取隔离法或化学法进行防止污染的处理。

防止底部沉积物中污染物的逸出,是采用隔离层将其整体或部分与水体隔离。在范围不大的水体,例如潟湖、小湖泊和小水库,可在沉积物上盖一层塑料膜,上覆沙层使其固定。这种处理方法虽然有效年限不长，但还是被广泛采用的。压实的黏土层渗透性很弱，尽管从原理上讲还具有渗透作用，但仍被采用。

化学处理法，是向沉积物中加入铝、钙、铁的盐类物质，改变其化学环境，固定磷酸盐，从而抑制藻类污染。一般也是在较小的湖泊中施行，它能降低水体中的藻类污染，抑制藻类生长。与使用合成物质破坏藻类的费用相比，这种方法更简便实用，然而，处理不当就会对鱼类产生毒害作用。化学处理每隔两三年就要进行一次。

(2) 换水换气。换水净化多用于处理有毒废物的溢漏。具体方法随要处理的有毒物质而异。1974 年在美国新泽西州有一种有毒的有机化学除草剂，从一个公园冲洗进入附近的 Clarksburg 小湖。许多鱼类被毒死，以该湖为水源的当地野生动物也处于危险之中。同时通过地下渗透，也通过湖水从地面上向 Delaware 河注入，污染有可能向地下水和 Delaware 河扩散的危险。当时制定了一个换水净化的计划。主要是让湖水经过过滤装置，使含除草剂的湖水流经活性炭过滤器后，有毒的除草剂基本上被清除了。经以后检测，地下水未曾受到污染，两年之内，池中鱼类又开始繁盛起来。人工供气适用于湖水缺氧的情况。有几种可向湖水供氧的办法，例如在湖底产生空气或氧气气泡，它们向上浮出整个水体，可向缺氧的深层水供氧。采用增氧机，即机械地搅动湖水，造成湖水循环，使底部湖水与上部湖水交换，以便直接从大气中溶解氧气。这些是在长江三角洲的鱼池中常用的办法，供氧可使水体从厌氧环境转变成嗜氧环境，对鱼类生存好处很大。

(3) 湖水治理、水质恢复的实例。北美伊利湖沿湖分布着许多工业城市，它们向湖中排放大量城市污水和工业废物，使湖水缺氧，富含污染物和藻类。至 20 世纪 60 年代，伊利湖被认为是"死湖"。伊利湖的治理与水质恢复，可为我们提供一实例，因我国一些著名淡水湖如太湖、滇池，都面临着湖水严重污染，需进行治理与水质恢复工作。环绕伊利湖，有汽车工业城底特律、石油与钢铁城克利夫兰、玻璃和钢铁工业城托莱多和伊利市的造纸工业，以及布法罗的化工业。这是美国最密集的大工业城市带。60 年代末，环湖居民中美国一方约有 900 万人，通过下水道设施，向湖中排放部分处理过的污水，还有 200 万人使用沉淀池设施，产生的废物有可能进入湖中。

伊利湖的形态和地理位置使它非常容易受到污染。尽管湖面很大，但湖水的体积很小，与废物排放量相比更是如此。湖长约 400 km，宽约 80 km，平均水深仅 20 m。有些污染现象早在 20 世纪 20 年代就被观察到了。捕鱼量的减少标志着湖泊开始全面恶化。问题变得越来越糟，到 70 年代初，附近几个州，震惊于情况的严重性而采取了行动。沿岸各州禁止使用含较多磷酸盐成分的清洁剂。严格控制工业废物进入湖内，城市管道在排放之前进行更彻底的净化，由此减少了将近 5×10^7 lb 磷化物的排放。

现在伊利湖的水质开始恢复，湖面上藻类的萎缩。溶解氧气已充分复原，有些鱼类已重新在湖中生息。关闭了十多年的湖岸也重新开放。当然，为治理伊利湖采取了周密的措施，有可能恢复被污染了的水质，但仍很难达到原先的天然状态。

2. 地下水污染的处理

地下水污染的特点是地表污染转向地下污染，需要经过较长的时间，地下水污染一时不易发觉,而一旦污染后,治理十分困难。受污染地下水水体的水质恢复,最好的途径是制止污染,或减少继续排污,然后等待水体中已有的污染物,自然析出或分解,这对受污染的地下水的处理是经济的,技术上也可行的。对地层中地下水水质监测,要有足够的井位网,因此监测与治理均较复杂。

(1) 定点净化(in site decontamination)。当污染的性质和范围很明确时,才可能对受污地下水进行就地处理。处理方法一般是定点的,并针对特定的污染物实施。对于无机污染物,例如重金属,可使用固着化的方法。在受污染地区开井,注入化学物质使有毒物质沉淀,从而保持稳定状态。净化后的地下水可抽取出来使用。

生物分解,对很多有机化合物都能起作用,因为其中多数有机化合物能被微生物分解。在个别情况下,可以加氧或添加养分,刺激微生物生长,或引进别的微生物分解特殊的化合物,以加速生物净化过程。这种方法并不能清除所有的有机物,有时某些残留物能使水质变味变臭。但是大多数的重要有机污染物可通过生物作用分解清除。

抽取地下水以后,通过各种方法净化使用。使用地下水时将抽取出来的地下水,通过调整其酸度(pH值),将无机污染物分离出来。加碱可使很多重金属以氢氧化物的形式沉淀下来。这些金属也能以硫化物或碳酸盐形式沉淀,其溶解性也很弱。上述所有方法都会产生含有毒金属的固体沉淀物,需要进一步处理。

正如微生物可用来净化定点的有机污染一样,细菌作用也可以分解抽取出的地下水水井的有机质。可以将有机质与水大量混合,净化后将生物成分沉淀或滤出。也可以将有机质附着在固体基质上,让受污染水流过,使水净化。

(2) 空气离析法(air stripping)。包括一系列措施,使挥发性有机污染物散发到大气中,从而将其从水中分离出来。这种方法的具体实现过程不尽相同,不过每种过程都要在水面上吹风换气,然后将气体分离。进入空气中的污染物还要用相应办法处理。

活性炭广泛用作过滤材料,吸收溶于地下水的有机化合物。当然,这些材料失去活性后还要处理。

(3) 地下水处理的实例。在美国科罗拉多州丹佛附近,1943年起,含有多种有机和无机化合物的废水向湖泊、水池中排放,造成该区域地下水污染。这一地区浅层地下水面距地表以下仅2~5 m。该层地下水广泛用于灌溉农田及牲畜饮水。50年代初期,开始有几起农作物受害事件。为了防止污染扩散,1956年建成了沥青防护底层,但经过一段时间,沥青层开始渗漏,地下水中已有的污染,并在不断扩散。到70年代早期,又有作物与牲畜受损事件发生,政府开始调查。他们检测出很多有毒有机化合物,浓度达到百万分之十;有些出现在城市井水中,政府下令停止排放污水,清除现有污染。由于地下水的污染已经广泛扩散,治理的办法是将污染物限制在污染源附近。其办法是从污染点向外四周建筑黏土质的隔水墙(图14-2)。在隔水墙靠污染源一侧开井抽取受污染的地下水,用各种方法,包括过滤、化学氧化、离析空气、活性炭过滤等,对污水进行净化。净化后的净水再从隔水墙的另一侧注入含水层。污染源外围的地下水流态仅受少许影响,而内部水源附近的污染却大为减轻。这项工程耗资巨大,到1984年共化2 500万美元,用于这小区域的地下水净化工程,其效果是好的。这也说明,地下水污染,在特定条件下也能成功地进行控制与净化。

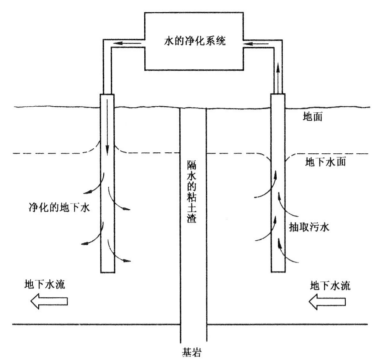

图 14-2 地下水抽水净化系统

3. 污水处理的生态学方法

据我国环境公报,1992 年全国废水排放量为 3.665×10^{10} t,经处理的城市污水不足 10%,工业废水经处理的占 32%,也即极大部分废水未经处理,直接排放入江湖海洋中。如果全部采用传统的二级生物处理,需要兴建污水处理厂,建设费用耗资在 1 000 亿元以上,每年需投入上百亿元的运行管理费。这是目前国力难以承受的。下面介绍生态工程处理污水的技术方法。

(1)水生植物处理污水技术。水生植物处理是将一种或几种水生植物,栽植于浅水池塘,使污水通过此浅水池塘,并停留较长时间,通过多种机理,包括同化和贮存污染物,向根区输送氧和为微生物提供活的载体,使污水得到净化。

这些水生植物是植株的部分或整体都浸在水中,并能适应水环境的植物。目前试验较成功的有凤眼莲(又名水葫芦、水风信子)、浮萍、水花生、芦苇、宽叶香蒲、水葱等,其中应用最广的是凤眼莲。美国佛罗里达州已有用凤眼莲每天处理几百万立方米的污水净化设施。凤眼莲每天每平方米可去除 BOD_5(5 日生化需氧量)42.82 kg,氮 9.92 kg,磷 2.94 kg。荷兰的污水处理厂,用香蒲和浮萍处理生活污水,停留 10 天以上,BOD_5 可去除 79.8%,总氮去除 95%,大肠杆菌去除 98%。水生植物对有毒物质有很强的吸收分解净化能力,如水葱可在浓度高达 600 mg/L 的含酚废水中正常生长,每 100 g 水葱经 100 h 可净化一元酚 202 mg。1 hm^2 凤眼莲一昼夜可吸收酚 100 kg。水生植物对重金属有极强的富集能力。如凤眼莲在汞 0.1×10^{-6}、铅 0.5×10^{-6}、镉 0.1×10^{-6}、铜 0.2×10^{-6}、砷 0.2×10^{-6}、铬 1×10^{-6} 的混合污水中生存,对这种毒物都具有一定的吸收富集能力,富集倍数为几十、几百到上千倍。利用水生植物处理污水时,由于塘中可产生大量的植物体,加以综合利用,是实现污水资源化的重要途径。所有水生植物都可以作为能源,通过发酵产生沼气。以凤眼莲为例,按每公顷产 600 t 计算,可产生沼气 748 m^3,折合标准煤 2 241 kg。大多数水生植物可以作肥料。相当多的水生植物可以作为饲料。

水生植物处理污水的技术,主要用于城市污水、生活污水,以及工业废水的处理。在美国加利福尼亚州的圣迭戈,建成了日处理 3 785 m^3 城市污水,出水水质能供饮用的水生植物示范工程。在该州的加的夫和黑库存莱斯两市,分别建造日处理 1 330 m^3 和 3 785 m^3 的"太阳能水生植物系统",BOD 和 SS(悬浮物)去除率都大于 85%,氨氮去除率 65%~83%,总氮去除率 45%。但磷酸盐去除率仅 10%左右。美国 EXXON 石油公司在得克萨斯州海湾城,用 10 hm^2 面积的凤眼莲塘处理石油化工和化学复合废水。美国建在密西西比州的一座处理机械包装废水的小型设施,塘深只有 0.38 m,塘内种有凤眼莲、破铜钱和浮萍,它们全年运行,而在夏季和冬季占优势。进水 TSS(总悬浮物)47.70 mg/L,在夏季出水中降为 5.8 mg/L,冬季降为 1.5 mg/L,BOD 从 35.5 mg/L 分别降到 6.2 mg/L 和 3.0 mg/L,效果稳定可靠。

20 世纪 80 年代以来,我国兴建水生植物塘处理工业废水,涉及多种工业废水。1981年浙江绍兴钢铁厂建造了一座 0.13 hm^2 面积的凤眼莲塘,用以处理焦化废水,经生物脱酚设备的出水,和焦油车间内地面排水等废水,进水流量 582 m^3/h,停留时间 6 h,进水中焦油含量约 3~5 mg/L,酸 2~3 mg/L,氰 1~2 mg/L,出水的焦油、酚和氰分别达到 0.1、0.01~0.02 和 0.01~0.02 mg/L,酚和氰的去除率达到或者大于 99%。

1986 年南京大学为常州针织总厂,利用凤眼莲处理化纤印染废水,建造的凤眼莲池面积 428 m^2,经过全年运转,证明凤眼莲池是一项有效的三级处理设施。对于具有 COD(化学需氧量)200~300 mg/L,色度 128 倍以下水质的印染废水或预先经过混合处理后的废水,停留时间 2.5~5.0 天,可使色度降低 64.5%~66.9%,BOD_5 去除率 35.6%~64.7%,COD 去除率 23.6%~44.2%,对总氮、总磷和有机碳总量都有相当的去除效果,大肠菌群数显著受到抑制。

江苏省植物研究所等 1991 年对金陵石油化工公司炼油厂经隔油、浮选和曝气处理后的废水,在该厂两个并联的稳定塘(各长 150 m、宽 25 m、深 1 m,有效总容量各 3 750 m^3)中,向一个塘中引种凤眼莲,另一个塘作为对照,不种凤眼莲。凤眼莲塘能较显著地提高炼油废水出水的水质和透明度,去除率为:酚 34.0%,COD 21.7%,BOD 58.3%,油 62.2%,出水口水体透明度增加 7.8 cm(对照塘只增加 1.2 cm)。

利用水生植物处理生活与工业废水,显然是一项很有发展前景的技术。该项技术的缺点是处理装置占用地面积较大,废水在装置中停留时间较长,影响到效率与成本,这些尚需进一步研究改进的。

(2)湿地处理污水的技术。湿地处理是将污水有控制地投放到湿地上,湿地的土壤经常处于水饱和状态,生长有芦苇、香蒲等沼泽生植物的土地上,污水在沿着一定方向流动过程中,在植物和土壤的作用下得到净化。湿地处理系统分为,自然湿地与人工湿地二类。自然湿地处理污水开始较早,但至今应用不多。目前主要是应用人工湿地,这种湿地处理系统是由一条沟槽或"床"组成,底部为不透水材料以防渗漏,床内填充土壤或有孔介质支持挺水植物生长。所用的介质包括岩石或碎石(直径 10～15 cm)、砾石及各种土壤。天津市还使用炉灰渣,将炉灰渣单独使用或按不同比例混合使用。床的深度必须由所选用的植被种类来确定,一般为 30～80 cm。人工湿地结构如图 14-3。

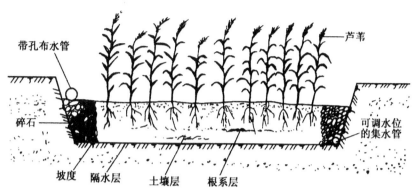

图 14-3　人工湿地污水处理系统

在该系统中废水水平地通过介质,水在与介质表面和植物根区表面进行接触时,被微生物降解和物理学/化学过程所净化;至于挺水植物的直接吸收和分解污染物的作用,则是第二位的,主要的是提供了微生物栖息场所。维管束植物向根茎周围充氧,同时又有均匀水流,减衰风速,抑制底泥扬起和避免光照,防止藻类生长等多种作用,依靠整个湿地生态系统综合发挥净化功效。

美国国家航天技术实验室,于 1987 年在密西西比州建立和运行了 15 年的一处人工湿地处理系统,在石块滤床上栽植的是芦苇、香蒲等植物,能在 12～24 h 内,将生活污水中的 BOD 浓度从 110～50 mg/L 减少到 10～2 mg/L;还能将工业废水中的一些"优先控制污染物"如苯、甲苯、二甲苯等快速去除,在 24 h 内,苯可从 9 mg/L 降到 0.05 mg/L。美国科学家认为,主要是因为系统中的微生物与植物根系之间,存在着一种共生关系,对降解和去除污水中 BOD 和有机毒物起到协同作用。

美国自 80 年代末期以来,兴建了多处人工湿地系统,用以处理煤矿酸性排水。其中田纳西流域管理局在亚拉巴马州的东北部,自 1985 年起,在精煤废渣蓄水区浅渠中,约 1 hm² 面积上,人工栽植灯芯草、香蒲等植物为主的多种挺水植物,建成了人工湿地,其引入的排放水的 pH 值平均 6.0,进水流量 30～106 L/min,废水中含总铁 80 mg/L,总悬浮固体超过 98 mg/L。水质监测的结果表明,经人工湿地处理的第一年,废水中溶解氧增加到接近 8 mg/L,总铁平均降低到 1.1 mg/L,总锰 2.8 mg/L,总悬浮固体 2.8 mg/L,pH 值升高到 6.1,效果很好。显然,人工湿地技术应用的前景广阔。

我国大港油田最近已兴建了面积达 46.7 hm² 的污水湿地处理工程,日处理油田生活污水 $7×10^4$ m³,其第一期日处理 6 000 m³ 的工程已于 1992 年底建成,开闸放水运行。国家环境保护局华南环境科学研究所,1990 年在广东深圳市宝安县,已与当地共建日处理生活污水 3 100 m³ 的人工湿地污水处理场,并与稳定塘串、并联混合组合,系统出水水质优于三级处理的出水水质。人工湿地处理在我国虽才起步,但发展前景是很好的。

参考文献

1. 陈静生主编.水环境化学.北京:高等教育出版社,1987

2. 中国 21 世纪议程.北京:中国环境科学出版社,1994

3. 世界资源研究所.张崇贤等译.世界资源报告(1992—1993).北京:中国环境科学出版社,1993

4. 丁树荣主编.绿色技术.南京:江苏科学技术出版社,1993

5. 王苏民,窦鸿身主编.中国湖泊志.北京:北京科学出版社,1998

6. Montgomery C W. Environmental geology. Brown Publishers,1992

7. Bennet M K, Doyle P.Environmental geology——geology and the human environment. John Wiley & Son Ltd,1997

第15章

废物处理

在工业化社会,高消费的同时,意味着产生大量废物。在我国,工业固体废物每年产生量约 6×10^8 t,城市生活垃圾约 1×10^8 t,这些已构成严重的环境污染。如东北一个工厂,产生的铬废物浸出液污染了地下水,使工厂周围 1 800 口民用水井受污染而报废。目前全国有 200 多个城市陷入垃圾包围之中。粗略估计,全国每年固体废物造成的损失约为 300 亿元。在美国每人每天平均产生 1.5 kg 垃圾,美国全年产生的固体废物约 4×10^9 t,每天供水量约 1.29×10^{11} L,绝大部分将成为污水,最终排入河湖海洋,而工业废水中的液体废物浓度就更高。如何处置日益增多的放射性废料,也是一个难题。对各种废物进行安全、适宜的处理,以最大限度地减小环境污染,已成为当今人类面临的急需解决的难题。

一、固体废物

1. 概述

固体废物是指在生产、消费、生活和其他活动中产生的各种固态、半固态和高浓度液态废物。主要有工业有害废料、放射性废物,生活垃圾和一般废旧物质。农业生产中亦产生大量的固体废物,如作物秸秆,农业粗加工的各种废物,家畜、饲养场的粪便废物等等。在发达国家废物统计中,农业的废物约占一半,在我国农业废物所占比例更大,但它较分散,尚未顾及总的处置安排。随着经济发展社会进步,处置这巨量的农业废物也将是头等大事。目前农业废物分散的不适当的处理,已严重影响环境质量。比如焚烧收获后的麦秆稻草,使大气严重污染等。

采矿业是固体废物的重要来源,它产生大量尾矿矿渣、泥沙碎石。当表层矿产开采以后,尾矿和泥沙之类的废物就地堆放。这些废物数量巨大,无法长途运走或掺杂处理。在它们的风化产物中,金属离子或硫酸根成为水质污染的一大来源,这取决于岩性。常用的处理办法是用黏土覆盖,以减弱快速的风化作用。此外,在开采金属矿产时使用的一些有害化学品,也需要像其他一些工业废物一样进行特殊处理。

工业废物的数量也十分巨大。在工厂附近,往往堆放了占地面积比工厂面积大得多的工业废物,对它无法处置,人们束手无策,任其堆放几年几十年。一些化工企业尤其如此。目前我国工业固体废物累计堆存量已超过 60×10^8 t，占地 5.5×10^5 hm²，其中占用农田 3 700 hm²。许多工业废物毒性很高，多数是不安全的，对公众有害的废物，须做适当处理。

城市垃圾一般是无害的，但它包含有大量有机质，腐烂后将发臭，污染空气和水体。现在城市垃圾中也包含各种有毒物质，如有腐蚀性的清洁剂、消毒剂、杀虫剂等，这些也是潜在的污染源。我国现有城镇人口约 3 亿，平均每人每年产生的生活垃圾约 440 kg，并以每年 8%～10% 的速率在增加。目前城市垃圾中无机的不可燃的成分逐年增多，约占 60%。

2. 城市垃圾的露天堆放与填埋处理

城市垃圾是一些多种废物的混合体，包括残剩食品、家庭废物、废塑料、废纸、废棉毛织物、废金属、废玻璃、木块、炉灰、建筑废料以及污水等，它们的复杂性是各种废物混在一起，某种处理的方式、方法对某些废物适用，而对其他一些废物并不适用，这就增加了垃圾处理的难度。

露天堆放垃圾是最简便、最节省财力，也是使用最多的传统方法。露天垃圾场既不美观，也不卫生，臭气冲天，引来老鼠、昆虫和其他有害动物，还有火灾隐患。地表水在垃圾中渗流时溶解了其中的有害化合物，并通过地面或地下径流排出。风力或水力可以运移一些垃圾碎屑。垃圾堆中还会散逸一些有毒气体。而且，露天堆放垃圾，占地很大。目前我国大部分城市四郊布满了垃圾场，露天垃圾场已包围了城市。因此，露天堆放垃圾是一种不安全的处理方法。它是当前处理城市垃圾的主要方式，就连美国这样经济发达国家，大部分垃圾也是露天堆放。

在 20 世纪 70 年代，美国 3/4 的城市垃圾是靠露天堆放。到 80 年代停止使用露天垃圾场已成共识，但仍有近半数垃圾露天堆放。至今，美国至少还有数十万个垃圾场。

露天垃圾场的危害较多，进一步发展就是选择合适地形，将垃圾填埋。通常是选择洼地、山谷、海湾等低地填埋垃圾。在堆放一层垃圾后。将一层垃圾压实，上面覆盖一层黏土。这层泥土可阻隔害虫，限制垃圾的扩散，整个低地堆满后，在顶面铺一层厚的泥土，使有毒气体液体很少渗漏，则这堆埋场可以利用，开辟为公园、牧场、停车场、绿地等。像香港调景岭海湾，城市垃圾在湾顶填埋后，压实覆盖上黏土层，开辟为住宅区。前方继续填埋垃圾，再行压实覆盖黏土，后方已建立了几十层高的住宅群。美国伊利诺伊州的 Evanston 城，将城市垃圾堆成一座小山，开辟为滑雪场。加拿大一些在城郊垃圾场，堆埋后改建为高尔夫球场。

在设计不当的垃圾填埋场，污染物会以各种方式散逸出来。由于隔绝空气，产生的气体会有所不同，但和露天垃圾场一样，填埋的垃圾在分解过程中会释放出气体。最初都是进行好氧过程，生成二氧化碳或二氧化硫之类的气体。当氧气耗尽，就会释放甲烷或硫化氢等气体。如果覆盖的泥土具有渗透性，这些气体就可以逃逸到大气中。因此，密封垃圾填埋场有两个作用：降低污染；回收利用所生成的甲烷。当气体的累积使得压力过大时，就需要从精心构筑的排气孔或其他什么孔隙排放出来。如果回收甲烷的量不多，利用起来并不经济可行，一般就在排气孔直接燃烧以分解其有毒成分。

表 15-1　城市垃圾填埋场渗出液的溶解物质

溶解物质	浓度/10^{-3} mL $\cdot$ L^{-1}
铜	0～9
铁	0.2～5 500
铅	0～5
镁	0.06～1 400
氮(硝酸根)	0～1 300
磷	0～154
锌	0～1 000

注:引自 C. W. Montgomery,1992。

　　如果垃圾填埋场下伏有透水层,渗出液(流经垃圾堆并溶有化合物的水体)将溢出,污染地表或地下水。如果区域潜水面在一年中的部分时间,到达垃圾填埋场的底部,就会造成渗出液的扩散,所以,现在新的垃圾填埋场,均设有下伏隔水层。人们越来越多地认识到地下水污染的危害性,于是更多地考虑垃圾填埋场的选点与设计。理想的地点是位于地下水位之上的不透水岩土层(多为黏土含量高的土壤,沉积物或沉积岩)。如果下伏岩土层渗透性太强,就用塑料类隔水物质,或先垫一层隔水性好的黏土,以阻隔渗漏的液体。

　　如果垃圾填埋场下部被低渗透物质阻隔,而上覆层渗透性很好,又会引发另外一个问题。表层渗下的水将积聚在低洼的填埋场,就像一个巨大的水盒,渗出液最终将溢出而污染周围的环境。因此,在垃圾填埋场的顶面与底层都要用低渗性物质阻隔,以降低可能渗漏的危害。也可以把积聚的渗出液泵吸出来,不过这又引发了一个污水处理问题。在干旱地区由于降水稀少,渗出液污染问题并不严重。

　　在已完全填满的垃圾填埋场上,植物的生长是有毒化合物扩散的一种奇妙途径。植物根系吸收水分的同时也吸收了溶于水中的化合物,其中一些具有毒性。由于这种潜在的危害,在利用垃圾填埋场做牧场或耕地时也应加以考虑。

　　露天垃圾场和垃圾填埋场都要占用土地。如果垃圾填埋场的垃圾能填埋三米深,那么每十万人一年产生的城市垃圾要占用大约六亩土地。对大城市来说,这意味着相当可观的地产被占用。当然,用作垃圾填埋场的土地以后可作他用,但必须不断地寻找新场地来掩埋垃圾。与此同时,污染物的增加和扩散又对土地提出要求。中国城市生活垃圾堆放在城市四周,历年存放量已达 60 多亿吨,200 多个城市陷入垃圾包围之中,严重损害城市环境卫生,阻碍城市发展。目前中国城市粪便无害化处理率仅 28.3%,生活垃圾无害化处理率不到 2%。现正逐步从垃圾露天堆放向洼地填埋发展,同时推行城市垃圾减量化和资源化,曾计划到 2000 年,所有城市都要建立符合环境要求的生活垃圾填埋场或焚烧厂,使全部垃圾得到处置。

3. 焚烧

　　焚烧作为一种处理垃圾的方法,部分地解决了垃圾填埋对空间的要求。然而,这种方法也不是十全十美的,因为垃圾燃烧时会释放大量的二氧化碳污染大气。在中等温度时,焚烧会产生一些有毒气体,气体随垃圾性质的不同而不同。例如,塑料燃烧时会产生氯气和氯化氢气体,两者都具有毒性,甚至会产生剧毒的氰化物。而含硫有机物燃烧时要释放出二氧化硫气体,等等(表 15 - 2)。

表 15 - 2 城市垃圾焚烧后的产物

产 物	占总量比例/%
固体(粉尘、灰烬)	22
水蒸气	64
其他气体	14
其他气体的组成(不含水蒸气)	
氮气(N_2)	79.6
氧气(O_2)	14.3
二氧化碳(CO_2)	6
一氧化碳(CO)	0.06
氯化氢(HCl)	$5\times10^{-6}\sim5\times10^{-4}$
氮氧化合气(NO、NO_2、N_2O)	9.3×10^{-5}
二氧化硫(SO_2)	2.2×10^{-5}

注:引自 C. W. Montgomery,1992。

近年来,垃圾焚化技术有了很大进步。现代的高温焚烧炉,温度高达 1 700 ℃,能将一些复杂的有害成分分解成简单的低毒物质,主要有 CO_2 和水蒸气。但是,基本的化学元素能保持原状,像铅、汞类易挥发的有毒元素可能随燃烧废气逸散。很多城市垃圾即使在高温下也难以焚化,它们必须在焚烧前分拣出来用其他方法处理,一般是填埋。一些不易挥发和燃烧的有害物质将在灰烬中富集。如果这些残留物威胁性很大,还要进行类似于工业有毒废物的处理。这使垃圾处理的费用有相当可观的增长。

最高级的焚烧炉每燃烧 1 t 垃圾要耗费 2 000 美元。它主要用于分解量少而毒性很高的工业废物。简单一些的城市燃烧炉处理 1 t 垃圾仅花费 75 美元,它对在彻底处理垃圾之前,通过焚烧木材、纸张之类的易燃物以减少垃圾总量而非常有用。

焚烧处理法的另一个好处是,燃烧产生的热能可以回收利用。欧洲许多城市运用焚烧炉的热量作为发电的能源已有多年了。节省土地、增加能源的综合效益,使越来越多的国家开始采用焚烧处理垃圾的方式。1985 年,日本家庭生活垃圾中的 26% 被燃烧;瑞典垃圾燃烧的比例是 51%,瑞士更高达 75%。美国推广这种方法很缓慢,主要因为有充足的石油供应。1985 年,美国垃圾中仅有 3% 被燃烧处理。

不过,有些美国城市已经在很好地利用焚烧炉产生的可观的能量。在阿肯色州的 North-Little-Rock 城,几乎无地可作垃圾填埋场时,已转向焚烧处理垃圾,以焚烧炉为能源的蒸汽动力,节约了燃料,并使垃圾填埋场的土地需求降低 95%。在堪萨斯州的堪萨斯城,美国 Walnut 公司用木屑和锯末替代天然气用作蒸汽锅炉的燃料,既处理了垃圾,还可将多余的暖气有偿供给当地居民。由于这些附加的效益,人们越来越多地采用焚烧垃圾处理方式。

4. 海洋倾废

近十几年来发展了在开阔海中用船载焚烧炉处理垃圾方法。焚烧后剩余的不燃物就直接倾倒于海中。这种方法用来贮存处理特别危险的化学废物。美国环境保护部门肯定了这种处理方法,认为:"由于处理地点远离受污染地区,对环境影响很小,而且分解物也能被大洋吸收",还强调指出海上焚烧炉"不必安装陆上焚烧炉所必备的防扩散装置",而在经济上十分可行。这种方法的吸引人之处完全取决于各人的观点。其实燃烧增加的 CO_2 究竟来自陆地还是海洋并不重要,都要增加大气中 CO_2 的含量。的确,向海中倒泻固体灰烬远离了人们的视野,但只要有毒物质未曾烧掉而继续存在,终将增加海洋的污染,而人们对海洋出产的食物的需求正不断增长。

有些地方的城市垃圾,未经预先焚烧而直接向大洋倾倒。很明显,这样增加了对海水污染的威胁。有时被上升流卷起带回海岸的垃圾还要多于沉向海底的。近十年来,越来越清楚地了解到未经处理就向海洋直接倾泻废物的危害性。因此,在许多国家和地区,已认识到向海洋倾废的潜在危害,而明文禁止向海洋排污倾废。

当前向海洋倾倒废物的主体是被疏浚的沉积物,即为了增加库容或提高通航能力,从水库或通海航道中挖掘出的沉积物。它们看来无甚害处,只不过脏一些而已。但其中也有一些有毒化合物并未溶于水中,而是吸附在沉积物颗粒表面。因此,河口区域的疏浚物向海中倾倒,意味着倾倒整个流域集聚起来的污染物。当淡水中的沉积物被疏浚并抛到盐水中时,吸附其上的化合物会随着水化学条件的变化而重新溶解,造成污染威胁。

5. 有机物的处理

在固体废物处理问题中,也尝试用各种方法降低废物的净体积。焚烧分解大部分垃圾,留下极少量残留灰烬。另一种减少垃圾体积的方法是压缩。可在家中用垃圾压缩机进行,也可在大型城市垃圾压缩工厂进行。但这种方法使一些可回收的物质无法再利用。垃圾中的有机物质,食物的残留物等,曾用来喂猪,用猪来处理垃圾中的有机物。在中国及欧美国家均有一段这样的历史。直至 20 世纪 50 年代发现,这种吃垃圾长大的猪是极不卫生的,能使食用垃圾的猪的人产生一系列疾病。因此,从 50 年代开始,垃圾喂猪的办法就被否定了。

有机垃圾的堆肥处理,使有机物质成为很有用的农家肥。动植物残体可在微生物作用下部分分解,形成富含养分的棕色团粒状物质。沤好的肥是上好的土地添加物,可改良土地结构,提高持水性,增加土地肥力。制造堆肥,在我国已有悠久的历史,农村中广泛使用,消化了农业垃圾废料。近些年,浙江农民进城收集城市垃圾,运到农村做堆肥用。在新西兰的奥克兰市,从 1960 年开始建造这种堆肥设施,已转向用堆肥处理有机垃圾。奥克兰市通过销售肥料来使这机构运转,堆肥时必须把玻璃、金属等物质挑拣出来。通过堆肥,可使被掩埋的垃圾体积减小 15%。

6. 回收

减少垃圾总量可用回收和重新利用的办法。玻璃是用石英这种抗风化性极强的矿物,而不是什么稀有物质制成的,但它很难迅速分解。回收利用一个玻璃瓶仅花费新制一个的1/3。玻璃的成分变化很大,因此,与合金相类似,碎玻璃不能不加区分地回收和再加工,而是对玻璃瓶要善于使用,重复使用。

对饮料瓶的分类收集,以防止随地乱扔。在美国一些州,通过强制性法令来管理饮料瓶,路边丢弃的减少了84%。美国现在能回收10%的玻璃瓶,瑞士、荷兰等国回收率将近50%。

纸张也能广泛地回收。美国使用的纸张有25%是回收再造纸,日本的比例达50%。当某一种纸张——新闻纸、计算机输出纸等——能够大量收集时,纸张的回收利用就相当简单而有效。这就限制了因油墨不同的纸张,在重新加工时必须加以处理。印刷的、涂蜡的或贴塑的各种纸张的混合物,虽然能够再利用,但处理加工很困难,也不经济。美国是1975年开始发起回收废纸的。现在每年回收223 000 t高级纤维素,相当于近四百万棵树,节省了7.4亿美元的垃圾处理费用。而且,用再造纸浆造纸比重新伐树木造纸节省能源达60%。

塑料仍是个难题,它的难分解性使它得以广泛使用,但废弃时又特别难以分解,除非加以高温焚烧。有些低级塑料在阳光、风化或微生物作用下,经过一段时间就会分解,不过它们只适宜作短期用途。回收塑料的另外一个麻烦,类似于不同类钢铁的回收:混合有各种成分的塑料,在重新加工时工艺上困难较多,现在的办法是制成混合的塑料。可以制作塑料管等粗笨的制品。亦有将不同的塑料用品分类收集,以便分类回收利用,当然花费的费用较多。废物回收是治理废弃物的一项重要的发展方向。在我国已制定专门的政策与计划,加强废物回收。计划到2000年建立起全面的科学回收利用方案,使工业固体废物的综合利用率达到45%～50%,乡镇企业固体废物综合利用率比1990年提高15%～20%。主要有害废物的无害处理率达到10%～20%,其中化学工业有害废物的综合利用率达到50%以上,使我国固体废物的回收利用得到良性发展,基本上能控制这部分有害废物的污染。

7. 废物污染的一个实例

"有毒废物"不是明确的术语,泛指有毒的致癌性的工业废物。即使剂量很小,这些物质有的侵害性很强,人们可能尚未意识到受其威胁而已深受其害。按说处理这些物质应格外受到重视。然而事实远非如此,比如在过去,人们对于地下水、地下废物及有害物质的迁移不甚明了,也缺乏垃圾处理的法规。

19世纪90年代,在美国纽约州的尼亚加拉瀑布附近开挖了一条宽20 m,深3 m,长1 000 m的渠道,作为引水工程用。1942年,一家化学公司购下了废弃的渠道及其邻近土地,作为堆放废物的场所。在随后十年中,将约21 000 t各种有毒化学废物倾倒于此,并不时有火灾发生,垃圾溅落在工人身上,空气中也不时迷漫着酸雾。渠道被工业废料堆满后,上面生长了草木,看起来与周围没什么不同。1953年,一个学校以1美元的象征性代价购买了包括老运河在内的64 752 m²土地。有趣的是,协议中声称,该化学公司对将来与化学废物有关的危害不负任何责任。

50年代,人们在这里建造了一所学校,有一些校舍和操场,学校附近也建了许多住房,多数房主并不知道他们住在原来有毒工业废料的垃圾场上。化学废物逐渐介入当地人的生活。由于掩埋垃圾的分解,地面出现了坑洼和裂隙。赤足在操场上玩耍的孩子受到感染经常疼痛不适。油状化合物还玷污地下的水系。70 年代,附近湖里发现被杀虫剂污染的鱼类,而后开始做环保的化学调查。调查结果表明,附近居民受到臭气的危害,其地下室也受到有毒化学残留物的影响。该地大气中存在 10 种有毒气体,其中 7 种对动物有致癌成分,1 种对人体有害。在当地的土壤和空气样品中,发现的有毒有机物超过 40 种,对当地居民的健康调查表明,该地区的孕妇自然流产和新生儿先天不足发生率高于平均水平。70 年代末地方政府建议,该地区的孕妇和两岁以下幼儿外迁。由于垃圾场造成的危害,政府决定立即进行彻底清除。100 多户居民要迁出。此时人们并不清楚被渗出液污染的土壤和地下水的范围,准备在当地掩覆一层黏土以防止气体逸出,控制地下污染液体的工作。至于该计划是否能保证当地的安全则不得而知。当时认为,控制了渗出液就可根除隐患。但是 1980 年 5 月,环保部门公布的一项调查结果显示,该地区的居民染色体受损率很高。1 周之内,卡特总统宣布该地区处于紧急状态。包括土壤和水质调查在内的越来越多的科学数据表明,该地区的污染仍在扩散,当地许多家庭很不安全。当年夏季,政府拔出 750 万美元专款及 350 万美元资金,用于改善这地区的环境。到 1981 年夏,已有 500 多户居民迁出。还有 1 万多待迁户等待政府购买他们的财产以便早日迁出。这个实例说明,一个化学工厂的废物,已堆放填埋了半个世纪,其危害仍在继续,这实例不过是已被调查了解了的事件。

据估计在美国境内,可能有 3 万个有害废物处理场,许多已被人遗忘。有害废物正以每年 3×10^8 t 的速率增加,远大于环保部门原来做出的估计数量。这实例表明,由于不懂得空气、土壤、地下水运动以及区域地质条件,而使废物处理不当留下隐患,即使再花大量资金也难以挽救。

二、液体废物处理

液体废物主要有两种:一是城市下水道废水,二是工业生产过程中产生的有毒液体——酸、碱、有机溶剂等,以及废油,炼油过程中提炼润滑油后的废弃物等等。液体废物的处理主要有两种方法:一是稀释和分散,二是浓缩控制。液体被充分稀释后将丧失其危害性,所以许多废液直接排入江海,希望在海洋或大河中稀释而达到无害。可是越来越多的事实使人们认识到,许多有毒的复杂的有机溶剂、农药等废液,在浓度低于 10^{-6} 时仍具毒性。有些微量的污染物能在生物体内积聚,通过食物链而达到很高的浓度,由此,稀释有毒废液也是有条件的,不能任意排入河海。

对废液的浓缩控制也需注意各种条件。有些工业废液直接倒在洼地沟谷加以填埋,或用金属桶密封后丢弃在垃圾场或填埋,这时要对这些场地做环境地质调查以确定是否安全可靠。由此,产生了废液的安全处置问题。

1. 安全性废液填埋

废液安全性填埋工程如图 15-1,废液先用油桶密封,下面铺垫一层塑料或压实黏土以防意外渗漏。周围设置竖井和管道以便定期检测有无化学废液渗漏迹象。过多的渗液及时泵吸出来以防渗漏。同时,设有监测竖井,便于对各种渗漏的检测。

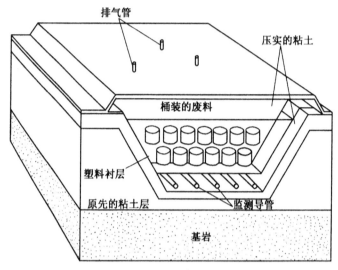

图 15-1 废液安全填埋的工程结构

但是即使是精心的设计,也不能保证真正的安全。精心压实的黏土层是确实有很强防渗性,但不能完全防渗,特别是经过长时间以后,垃圾和废液中的化学和生物反应将使塑料分解,垃圾及其盖层的重量造成的压力也能使黏土层产生裂隙。美国伊利诺伊州的 Evanston 市建成"Mount Trashmore"垃圾处理场时,因其艺术性的设计而受普遍赞誉。在一个精心建设的废液填埋设施中,竖井中发现了 2 种有机成分的渗液,包括苯、甲烷、氯乙烯和氯仿,它们都是高毒性污染物。储存了千百桶浓缩有毒废液的"安全处理场"的渗液,具有很高的潜在危害性。当发现有毒废液渗漏时,解决的办法是,尽量多地挖掉有害物质及受污染的土地,并将这些污染的土壤搬远到更安全的垃圾场掩埋。所以,安全掩埋也是必须事先要做好地质调查,非常谨慎从事的工程。

2. 深井处理法

这是将废液注入深井的方法。二战之后就开始采用此法。选作接受废液的岩系必须是孔隙度高、渗透性好的岩层,如砂岩或节理发育的石灰岩,并且上下都有低渗性岩层阻隔(如页岩)。地面地质情况应有充分材料证明,从井位向任何方向在一定距离内,该岩层都是密闭的。地质情况可以通过直接钻探获得岩芯,制作岩性垂直剖面图。用地球物理资料了解不同岩层的埋深、层厚及地下水分布情况。利用钻孔资料、地表露天和地球物理资料绘制成地质图,了解整个区域地质情况(图 15-2)。

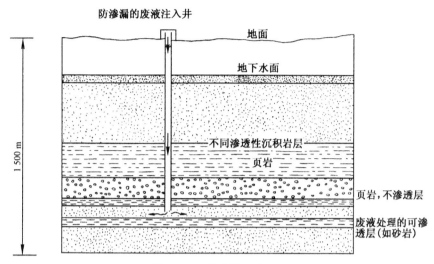

图 15-2　废液的深井处理

用于处理废液的竖井深达数百至数千米,远离地表,位于该区域地下水面以下很深的地方。如果注入废液的岩层含有的孔隙水的盐分较高,不宜作为地下水源。如果竖井穿过了可能供水的含水地层,必须将其密封以防废液渗入这些地层。通过监测当地井水水质以便及时检测出任何意外的渗漏。

深层地下水运动非常缓慢,人们估计,当有毒废液经过长时间运移后,进入其他水体或可利用含水层时,已被充分稀释而不再构成威胁。当废液密度高于或低于地下水的密度时,褶皱等地质构造有助于保留和阻止废液的扩散。这类似于储油构造。关于溶于孔隙水中的化学物质的运动,目前还了解很少。它们可能比地下水扩散还快。因此,即使深层地下水运移缓慢,但污染物的扩散不一定因此而减缓。

深井处理废液的费用比"安全垃圾填埋"场的费用略低。在美国,竖井处理废液的费用,每吨从 15 到 100 美元不等,而填埋场要花费 20 到 400 美元。深井处理废液受到该地区岩层的渗透性控制,而填埋场并没有相应的限制。对于深井法,区域地质条件必须保证有适宜注入废液的岩层,而填埋法的适建环境就很广泛。深井也会像填埋场一样发生渗漏。深井废液注入能抑制断裂岩层发生地震。各种地质条件的限制使深井法选址比填埋法严格得多。

3. 城市污水处理

腐化分解处理系统。现代的典型污水处理设施是一些不同种类的腐化分解系统。污水首先送至沉淀池,使固体沉淀并被微生物逐渐分解。剩余污水,溶有有机物质,将通过多孔管道渗入吸收区或渗透区的土壤中。在吸收区,土壤中的微生物的作用,以及当土地孔隙中氧气的反应将有机物彻底分解,消灭部分致病生物体。如果土壤质地很细,在渗透过程中,会像筛子一样滤过液体而留下细颗粒悬浮态固体和较大的病原体。从理论上讲,当这些渗滤过的液体到达地表或地下的水源时,其中的生物和化学污染物已清除干净。但部分溶解成分依然存在,氮是其中最显著的潜在污染物。

对于一个功能完备的腐化分解系统,需有一定的地质条件,土壤渗透性要好,使污水能渗过而不是滞留于沉淀池中,但渗透性又不能太好,否则污水未净化干净就进入地面水源或达到地表。一般来说,地下潜水面应低于腐化系统,这样可避免污水直接污染地下水;其次,因为水分饱和的土壤中没有足够的氧气提供给好氧生物来迅速分解有机物。土层应有足够的厚度,使污水在渗透到达基岩或地表时已充分净化。通常,对净化层的厚度要求至少是污水管以上 60 cm 厚,管下 150 cm 深。同样,吸收区与任何地表水体相距起码在分米以上(具体空间范围的要求取决于土壤性质)(表 15-3)。

表 15-3　土壤性质与吸收区范围的关系

土壤种类	所需吸收区面积/m^2
粗沙、砾石	6.5
细沙	8.3
沙质壤土	10.6
黏土质壤土	13.9
沙质黏土	16.2
含沙砾黏土	23.1
重黏性土	不宜作吸收区

注:引自 C. W. Montgomery,1992。

如果在同一地区有汲取饮用水的水井,应将井位迁至远离腐化系统的地方,以防半分解的污水渗达水井,或者将井口开在有低渗层隔离的含水层中。在许多家庭都依赖腐化系统处理的单一区域,家庭之间应相对分散一些,避免过分聚居造成土壤被污水所饱和,超过土壤的自然持水力和微生物的分解能力。家庭之间的间距部分取决于吸收区的调节能力。相应地每个吸收区的范围取决于土地的渗透能力和受服务人数的多少。考虑到这些因素,并估计出腐化系统释放的含氮物的可能影响,以制定沉淀池占地的大小,常规是每个居住区需半英亩至一英亩,但具体情况还要视当地的地质情况而定。

城市管道污水处理　在城市中,由于人口密度大,处理的污水量远大于腐化系统有效处理污水的能力。这就需要城市管道污水的工厂处理。图 15-3 表示基本处理步骤。

初级净化处理通常仅仅是物理过程,包括消除被污水搬运来的无机废物、细粒沉积物等固体物质,从废水面掠去漂浮的油垢。如果工业废物也夹杂其中,有必要对过多的酸碱进行中和等化学处理。

对剩余固体的二级处理主要是生物作用。细菌和酵母菌可分解溶解态或悬浮态的有机物。有时当生物作用完成后要用加氯消毒法杀菌。经过一二级净化处理,可使悬浮态固体和需氧量减少 90%,使硝酸盐降低一半,使磷化物减少 1/3。

许多城市污水净化系统,即使是二级处理系统,也都存在一个缺陷。当大量雨水在短时间内汇聚时,将超过净化工厂的承受力。在这种情况下,部分污水未经净化就排放出

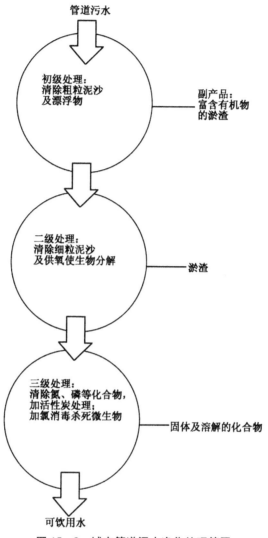

图 15-3　城市管道污水净化处理简图

去。还有,即使是二级净化,对溶解物质和潜在有毒化合物影响不大,它们仍存在于水中。近来,人们对加氯消毒法的安全性也产生了疑问,因为当某些社区的供水中含有不纯的碳氢化合物时,加氯消毒法可能会生成氯化烃,例如三氯甲烷等。这种物质有些是致癌的。这需要改进加氯消毒法,以尽量减少氯化烃的形成。如氯消毒法在消灭病原体方面的作用是很有效的,远大于它所引发的副作用带来的危害,经过二级处理的污水可进行三级或更高级的净化处理,然后作为饮用水和循环利用。三级处理的形式是细孔筛除、活性炭过滤、加氯再消毒,以及消除溶解物质的各种化学处理手段等。彻底进行三级净化的费用将达到一二级净化费用总和的五倍,因此三级净化并不常用。主要用在供水短缺需要循环用水的少数地区。作为解决饮用水供应日益困难的一种手段,三级净化在未来的应用会越来越广泛。

　　除了提供可饮用水,污水处理还能产生其他效益。将初级净化的污水注入沼泽和池塘,那里的微生物作用和生长的植物可使水质进一步净化,并增加其中的养分。最终的水质可达到鱼类孵卵场的要求。

污水净化的副产品之一是大量的废渣淤泥,这就产生了固体垃圾处理问题。美国芝加哥污水处理设施每天净化 5.3×10^9 L 污水,约产生 600 t 左右的淤渣(干重)。如何处理这些废泥呢? 一种可选的方法是,因为其中富含有机质和养分,可作为公园、运动场、草地的肥料。当然,这些废楂淤泥要做事先化学分析,是不含重金属元素与有毒物质的。也可用这类无害的废料施肥于以前的露天矿区,使其恢复植被。

三、放射性废料

1. 概述

放射性废料与化学废物在性质上有一定区别,因此放射性废料的处理方法,也不同于其他废物的处理方法,尽管有些放射性物质就是有毒化合物。

原子核中质子和中子的结合可能形成一些不稳定的同位素,它们迟早都要衰变,在衰变过程中释放出射线:α粒子,由两个质子和两个质子构成的原子核,原子量为 4,带两个单位正电荷,或 γ 射线,电磁波辐射,类似于 X 射线或微波,但波长较短,穿透力更强。一种物质的衰变可能释放出不止一种射线。

放射性的衰变是一个统计学上的现象,人们不可能预测出某种放射性元素的一个原子的具体衰变时间。然而经过一段时间,某种物质的放射性同位素将有固定比例的原子核产生衰变,就像抛硬币,每次抛硬币之前没有人能预知是正面向上还是背面向上,但多次重复抛掷后,大致是半数向上半数向下。

每种放射性同位素有各自的衰减速率,可用半衰期来说明。一种放射性同位素的半衰期是指,该种元素的一个衰减系统中,一半原子已发生衰变所需的时间,假设一种放射性同位素的半衰期是 10 a,起初有 2 000 个原子进行衰变。10 a 后,将剩下 1 000 个原子;再过 10 a,仅剩 500 个;又过 10 a,只有 250 个。以此类推。经过五个半衰期,原始的数量已所剩无几。十个半衰期之后,剩下的比例就更少了。

α·β 粒子和 γ 射线都是电离辐射,就是说,它们能从原子中击出电子,或使分子分裂。对于受核辐射的生物,由于辐射剂量和受辐射的分子或原子不同,受影响的程度也不同,可能引发遗传变异、癌症、组织损伤,也可能根本没有什么影响。

一个具体的辐射剂究竟能产生多大危害? 多小的剂量是无害的? 至今仍不很清楚。另外,受放射性辐射的影响是很缓慢的,人体受害后产生反映,例如产生癌症。人们很难查明是那些具体的辐射所引起的,是自然的辐射,是化学致癌、还是某次具体的人为辐射影响,表 15-4 列出人们遭受各种辐射的平均状况,所有这些,就使放射性处理的复杂性,存在许多不确定的因素。

表 15-4　美国居民遭受各种辐射的平均状况

辐射源	遭受辐射的比例/%
宇宙射线	24
陆地辐射(岩石、土壤)	32
医疗(主要是 X 射线)	40
全球核辐射尘	2
其他各种(核工厂、核废料等)	2

注:引自 C. W. Montgomery,1992。

不同的放射性元素其半衰期从几分之一秒到数十亿年不等,但每种特定元素的半衰期都是固定不变的。^{238}U 的半衰期是 45 亿年,^{14}C 是 573 a,^{210}Pb 是 21 a,^{222}Rn 氡仅有 3.82 d。每一种放射性同位素,不论以化合态还是物理态存在,不论是矿物还是溶于水中,也不论是在大气中还是在高温高压的地壳中,半衰期都一样。放射性衰变的过程也不能加速或减缓。这些特性的后果是,不论怎样处理,放射性废料会继续产生辐射,每种同位素仍按固有半衰期衰变。既不能使放射性废物的辐射速度加快以尽早消除辐射危害,也没有办法不让它们辐射。这是处理放射性废料与化学废物不同之处。对于后者,多数可以找到合适的方式进行分解或中和,可供选择的处理方法自然较多。

2. 放射性废料的特性

核裂变反应的废料中包含多种放射性同位素。从辐射危害的立场来看,这些同位素的半衰期大多是很短的或是很长的,如果一种同位素半衰期仅有 10 s,要不了几分钟就衰变完毕,如果一种同位素半衰期长达 10 亿年,则在人类的寿命时段内衰变得很少。某些半衰期在几年到几百年之间的元素,就产生了严重的问题:它们的辐射足以产生明显的危害,而且这些危害将在环境中持续一段时间。

有些废料中的放射性同位素同时也是有毒化合物,因此它们的危险性不单单取决于放射性,即使半衰期很长。例如^{239}Pu(钚)的半衰期是 24 000 a。其他一些同位素产生一些特殊危害,因为相关元素具有生物聚集性,在某一器官内特别富集,可能形成体内的一个较集中辐射源。这一类同位素包括^{134}I(碘)(半衰期 8 d),同其他碘元素一样富集于人的甲状腺;^{59}Fe(Fe)(半衰期 45 d),富集于血液中,多铁的血红蛋白还有^{90}Sr(锶)(半衰期 29 d),和其他锶元素一样伴随着钙富集——多在骨骼、牙齿和牛奶中。大气中进行核武器试验被禁止之前,落在牧场上的放射性粉尘,使牛奶中^{90}Sr 浓度有所增加。

放射性废料通常分为高级和低级两大类。低级废料是一些放射性相对较弱的废物,不需要特别谨慎的处理,它们的体积占放射性废料总量的 90% 以上。有些低级废料即使直接排放到环境中,也不会造成危害。例如,运转中的核裂变反应堆所释放的少量放射性气体。液体的低级废料——来自防辐射服的洗涤,清除放射性污染、清洗地板——一般也是将放射性浓度稀释到合适程度后排放掉。固体的低级废料,例如过滤放射性的材料、防辐射服,以及医学和研究室的实验材料,一般在填埋场处理,或暂时密封起来,等到辐射性充分降低后掩埋之。

用尽的核燃料棒及它的装配,回收工厂的副产品,这些属于高级废料,对于它们的处理,都要加以更认真对待。在化学性高级废料的处理上,一个基本问题是怎样使其与生物圈隔绝,并保证数千年甚至更长时间内没有影响。

3. 几种核废料处理设想

空间处理,是将高级核废料送入太空,甚至发射入太阳之中。当然,如果火箭发射成功,将彻底解决这个问题。但是许多发射是失败的,装载的核废料又回到地球,则就将无法控制。另外,对宇宙飞船的大量需求也使代价太高,即使发射的成功能够得到保证。

(1)冰原处理。有人建议将密封的核废料埋于巨厚的冰原之下,并推荐南极作为处理场地。高级核废料在辐射中放热,可熔化围冰而不断在冰盖中下沉,上部冰层重新冰结,最终被巨厚冰层所隔绝。

但是冰川是流动的,其顶底流动速度并不相同。怎样监测核废料随时间的运动情况?如果未来的气候变化使冰川融化怎么办?由于各种原因,国际条约已禁止在南极处理放射性废料。

(2)投入消亡的俯冲带中。板块的俯冲带也已被考虑作为高级放射性废料处理的可能场所。位于消减带之上的洋底海沟,通常是大陆侵蚀下来的沉积物迅速堆积的地带。从理论上讲,放射性废料会首先被沉积物覆盖,而后,还将被俯冲板块拖曳至地幔中,远离地表生物的生活。

这一方法本身存在一些相反的因素。俯冲消减是一个缓慢的过程,废料进入地幔消失之前在洋底还要滞留很久。即使沉积速率达到每年几十厘米,较大的废料密闭器也要几年后才能覆盖。海水,特别是被衰变的废料加热过的海水具有很强的腐蚀性。放射性废料会不会在未被完全覆盖或俯冲消减完毕之前已泄漏到大洋中呢?怎么能保证废料被俯冲板块携带着完全消减于地幔中呢?现在对于消减带沉积物的运动特性并不很清楚。地质证据表明,有些沉积物的确随着俯冲的大洋岩石圈消减掉了,但有些却恰恰相反,被上覆板块"刮削"掉,未曾消减。这些不确定性,使得这种处理方法很难实行。

(3)洋底处理。大洋底是一个相对隔离的地方,人类不太可能和这里发生意外的接触。洋底许多地方覆盖着富含黏土的沉积物,厚度可达数百米,研究表明这些黏土几百万年一直保持静止。人们对于在这些静止而深厚的黏土中,沉放核废料筒产生了兴趣(选择一些远离活动性板块边界或洋底矿产富集的地区,洋底矿产主要是锰结核)。黏土的低渗透性抑止了沉积物中的水分循环。废料中的许多元素即使从罐中泄漏,也会逐渐被极细的黏粒所吸附。任何逸出的溶解态元素都将进入深海中的高密度、低温度的盐水之中,与表层海水仅进行极为缓慢的交换。在它们到达有人类活动的水体时,已经充分稀释,而且多数半衰期较短的同位素已衰变殆尽。地质上的长期稳定的深海盆地,适应了那些位于缺少稳定地块的大陆上的国家,或人口密度很大而缺乏较远的处理场所的国家,进行放射性废料处理的需求。现在一个国际性海底工作集团已就此方法开展可行性研究,它们的结论是:技术上可行,但需要对更长期的安全性进行研究。

这里就作者参加的洋底核废料埋藏的研究工作,作为一实例介绍。

20 世纪 70 年代以来,随着核能的广泛应用,人们面临着对核燃料废物的处理问题。

一些发达的大陆国家采取了将核废物埋藏于结晶岩地盾区的深井中,或者埋藏于岩盐层的洞穴内的办法。而岛屿国家以及西欧某些国家,则直接把核废物抛掷于海洋中,这引起了世界各国的关注。大洋是连通的,与生态环境关系密切,因此提出了深度超过 4 000 m 的洋底,能否作为置放强放射性废物的场所,投放后对自然环境以及生物圈可能产生影响,投放的适宜地点与方式等一系列问题。为此,联合国海床委员会专门组织了美、英、法、荷、日、加拿大等有关国家对这个问题进行调查研究。

英国:持可将核废物投掷在海床上的观点。英国使用的是经过再加工的燃料,因此,核废物放射性以及毒害程度较失效的核燃料低,美国与加拿大的高强度放射性废物是来自失效的核燃料。同时,由于是短龄裂变物质,残留的放射性与毒害性衰减很快。因此,可将核废物暂时储放于贮存所内约 100 年,核废物冷却后再投放于海床上。所以英国人主张,对于加工后稀释 10% 的核废料,经过相当时期的储存,冷却后可以保持 1 000 年的容器内,可以投放于海床上。100 年后投放于海床上,1 000 年后,这些含核废物的玻璃最终与海水直接接触时,它所具有的毒性仅仅与自然界中铀的放射性相当。这样,目前有足够的时间进行各种处理办法的可行性调查,其中包括把高强度核废物投掷于海床上的调查。英国认为,到目前为止,还没有任何技术上的理由,反对把核废物置于海床上。

美国:认为应把核废物埋藏于海床内,因为海水水体可起稀释作用,但远不足以构成屏障,使放射性核废物避免与生物圈接触。由于对生物圈循环过程的了解很不够,人类已面临着放射性短周期循环所造成的威胁。为了避免放射性核废物与生物圈接触,必须将它储存于自然的屏障内。关于海底有效自然屏障的选择,美国的科学家认为,玄武岩裂隙过多,而具吸附性的远海黏土最为适宜。在储存罐周围大约 15 m 以内,海底氧化黏土层可以吸附所有的阳离子,而阴离子却能很快地穿过黏土层。美国在技术上已可能将阳离子分离出来,储存于非氧化环境的深海盆地或陡深的峡江海湾内。

加拿大:主张将核废物埋于陆上结晶地盾区的深井内,反对将核废物向深海投放,认为将其投入大洋后难于有效控制。核废物放射性会污染海床底土,再经过物理海洋过程、地球化学元素转移过程以及生物作用等各种途径,影响到人类及生活环境,后果是严重的。但是,加拿大仍进行了海床环境地质调查,以了解发生于海底沉积物与上部水层间的自然过程,以做出对核废物埋藏于海底利弊的正确判断。

国际舆论似乎认为,放在海床上的办法不好,会造成海底环境变化。即使经技术处理可减少毒害,堆放物也可形成海床上的障碍,会阻碍海底水流,造成对鱼群的吸引等等,以致不能求出核废物堆放与海床环境关系间的正确模式。大部分国家倾向于寻求自然环境的蔽障,认为将核废物埋藏于海底是经济有效的办法。因此,寻求作为自然屏障的地质体,推进了对深海平原的沉积物,以及海床环境的调查研究工作。

加拿大从 1980 年到 1983 年用"哈德森"号考察船在北大西洋的梭木深海平原和尼尔斯深海平原各进行了两年的调查。同时,参加了美国"维玛"号在太平洋的调查。梭木深海平原位于百慕大群岛东侧,尼尔斯深海平原位于安的列斯群岛的北部,工作目的是寻找一个适宜于埋藏核废物的理想投放区,了解该区的沉积物特性以及海底作用过程,以判断核废物投放后可能产生的影响与治理措施。其研究内容,步骤及结果如下。

①寻找并选定一个水深超过 5 000 m 的平坦海底,该海底由未胶结的松散沉积物组

成,沉积层厚度至少为 200 m,并具有未经扰动的细粒黏土层。

②在面积约 10 km² 的选定区,用 12 kHz 的回声测深仪及 40~50 in₃ 的空气枪式剖面仪进行海底地貌与沉积层特性的详细测量。

③应用箱式取样器采集未经扰动的沉积层样品,进行沉积结构、上浮水、氧化还原度以及硫、铁等离子活动分析。应用活塞取样管及重力取样管采集海底柱状样品,进行沉积层结构、X 射线摄影、沉积物粒径、矿物、微体古生物及石英砂表面结构分析。

④分层取样,在船上实验室进行土工实验,并于每平方英尺加 20~50 磅的冷氮气压力将沉积物中的孔隙水析出,进行溶解氧化硅、碱度、酸度、铬及其他痕量元素分析。

⑤对整个水层进行温度、盐度和密度测量,采取水样,特别是测量近底层水样中的悬浮质泥沙含量和化学特性,以便比较海水与底土之间的交互作用。

⑥测定海底表层 3~5 m 沉积层内的热流量,确定整个沉积孔岩芯各层的导热度与热量的水平分布状况。

⑦进行海底摄影,以发现一些由于海底水流,或远海生物活动所造成的微型地貌,这些地貌反映出海床底土与海水间的交换作用。

⑧测量距海底 150 m 及 50 m 处的水流流速与流向。

通过调查,沿西经 56°,北纬 33°30′附近,找到一块略微向南倾斜的平坦海底(斜坡率约 1.7×10^{-4})。海床由发育良好的水平沉积层组成,沉积层厚度超过 370 m,但在北纬 32°40′以北,有几处相对高度在 200~300 m 的小海山分布在海床上;北纬 32°40′以南无海山分布,但在海床下 12 m 深处却普遍发育着一层细沙层。

海床表层沉积物为充分氧化的红棕色黏土(Eh 值为 +470~+180 mV),含水量为 42%~65%,有机碳含量为 0.3%~0.6%,黏土颜色向下变浅,并过渡为具水平层理的粉沙层;黏土-粉沙组合重复出现三次,但粉沙层下面的黏土层呈橄榄灰色。沉积柱中层的黏土含水量为 34%~56%;有机碳含量为 0.22%~0.7%,钙质碳含量为 26.5%~2.6%;氧化还原度 Eh 值为 +120 mV。至 11 m 以下粉沙层出现增多,并含细沙;12 m 深处普遍出现沙层。

沙层中有保存完好的亚热带、亚极地种的浮游有孔虫。同时出现了在加拿大东部大陆架广泛分布的底栖有孔虫。这些种大部分是晚威斯康星冰期的底栖有孔虫,而绝非该深海平原的产物。由于上述有孔虫中出现了 4% 的 *Cassidulina Cf. teretis*,因此,该沉积层的时代大致是 50 000~60 000 年。

沙层中还夹有 0.05% 的煤屑,鉴定表明该煤屑来源于加拿大东部海底的石炭纪煤层。

沙粒表面有残留的红色,沙层的重矿物组合与加拿大东部的红色沙岩层相同。

种种迹象表明,沙层来源于北方的加拿大海岸与大陆架。用扫描电镜观察石英砂表面结构,确定该沙层系深海浑浊流堆积。在威斯康星冰期低海面时,强大的浊流将堆积于加拿大浅海区的冰碛物向南搬运 1 000 km 以上,而在梭木深海平原形成广泛的堆积。1982 年调查表明,尼尔斯深海平原亦分布着来自北方的浑浊流沙层。看来,即使是大海底部亦能分布着渗透性良好的沙层,而且海底并不是想象中的那种宁静稳定的沉积环境。沙层上部沉积物的剪切力,在表层为 0~30 g/cm²,至 5 m 深入为 20 g/cm²,到 10 m 处为 80 g/cm²;该海区沉积物的热传导速度约为每年 80~200 cm。

不仅在 12 m 深处有混浊流沙,并且地球化学与悬移质泥沙分析表明,在大海深处存在着一个"深海边界层",即在海床表层底土与水层间,水流、生物和热力活动使得泥沙、微量元素以及水、气、生物之间存在着对流交换以及相互渗透、相互影响的关系。

因此,将海床作为核废料最终埋藏点时,需慎重考虑并采取措施,以防止高级放射性核废料通过深海活动层,使放射性污染传播开来。

4. 基岩洞穴存放核废料

现在,许多高级放射性废料,液态的多于固态的,原因是将放射性元素充分稀释,使放射热不至于熔化密封的容器。这些液体废料存放于地下冷藏柜中,其渗漏量相当可观,如美国华盛顿的 Hanford 的放射性废料仓库,在过去 20 年中,已有 300 000 多加仑液态废料从巨型储藏柜中泄漏。

在无裂隙、低渗性岩石中形成的岩穴,如玄武岩、花岗岩等火成岩岩洞,被用作高级液态核废料的安全而永久性的处理场所。事先应对岩石的物理性质进行全面测试,确保洞穴能有效地驻留液体。导入岩洞中用于泵吸废液的竖井,必须严加密封以防毛细管渗漏。所选岩层要具有长期的地质稳定性,岩石的断层或节理形成的通道,会使具有高强辐射性的液体迅速溢散到地表,或其他含水层。要做细致的地质研究、确保这地区将稳定几千年,甚至数百万年。当然,这是非常复杂困难的工作。

由于固体的运动性很弱,人们已认真考虑,在处理前要将液体高级核废料固化。自然界有些矿物和玻璃的防渗性能保持几个世纪甚至上千年之久,这已得到证实,所以玻璃化——与玻璃质基质相结合——是对许多高级核废料处理所选择的途径。然后将某些固化核废料装入罐中,置于基岩洞穴、老矿井等地下空间。固化处理同样要对基岩稳定性做调查预测。

5. 固体核废料的基岩处理

固体高级核废料的基岩处理,如图 15-4 所示,上部是覆盖岩层,下部是埋藏核废料的岩层,贮存井为一竖管状,密封罐贮存废料,被上部岩层及混凝土所封闭。

花岗岩是大陆地壳中广泛分布的岩石。它质地坚硬。开掘后结构极其稳定,孔隙度很低。花岗石的主体矿物,石英、长石非常难溶。需要加以认真对待的是,花岗岩中的节理有自然形成的或开凿时形成的,节理可能使溶液渗漏或废料泄出。也许认为,当深度超过 1 000 m,岩石的压力可以使所有节理闭合。但野外勘测表明,并非如此。对深层花岗岩中节理的处理问题,各国均正在做试验研究。

厚层玄武岩,新鲜无节理的玄武岩非常坚硬。它由高温矿物和玻璃质组成,能够抵御高级废料辐射所积累的热量,其传热性较佳,能将热量很快地散发。但玄武岩多发育有气孔构造,也易于风化,形成软弱带。也有节理发育,这些节理会使地下水流经处理废料的岩系。

大规模火山活动喷发形成的块状凝灰岩,也是处理固体高级核废料的适用岩石。熔结凝灰岩在形成时温度仍然很高,甚至呈熔融状态。但它们的岩性是质脆,易于形成节理。其他凝灰岩经过复杂变化,含有大量的泡沸石。这种含水硅酸盐矿物的离子置换能

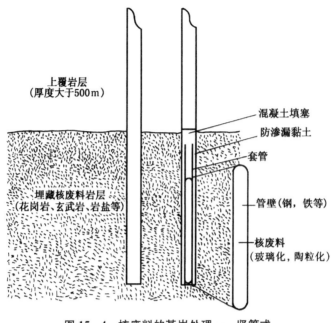

图 15 - 4 核废料的基岩处理——竖管式

力,可以把溢出储藏地的废料捕获并固定。但是与熔结凝灰岩相比,泡沸石凝灰岩比较软弱,孔隙较多,渗透性很高,而且在相对较低的温度下(100~200 ℃),泡沸石就开始分解、脱水,这就降低了其离子交换的潜力,释放的水也利于废料的迁移。

页岩和其他富含黏土的沉积岩也可选用。黏土可吸收迁移的元素,形成废料赋存的界限。页岩渗透性很低,在压力作用下具塑性。页岩一般较软弱,易于破裂,经常含有其他渗透性较好的夹层。当温度逐渐升高时,黏土也会和泡沸石一样分解、脱水。有些黏土稳定性强于泡沸石,能够忍受较高的温度,但是那些吸收废料比较活跃的黏土成分,在这样的高温下都失去了活性。因此,黏土并不比泡沸石在处理废料上有明显优势。黄土也是一种隔绝性能良好的地层。我国黄土区域地层厚度 200~400 m,也适合于存放初级、中级放射性的核废料,它的优点是隔绝性能好,地下水位低,渗透性差,使土层处于干燥状态,黄土层易于开挖施工,而且能持久不倒塌,另外黄土对放射性具有较强的吸附性。

在厚层岩盐或盐层中也特别适于处理高级废料。岩盐的熔点高于任何岩石,能够忍受放射性废料的辐射热而不致熔化,尽管在水湿状态下易于溶解。但岩盐的孔隙度和渗透性都很低。在干燥状态下,它可以对少量渗液提供非常"紧密"的防护能力。岩盐这种低孔隙度和低渗透的特点,由于它具有在重压作用下能够保持固体形态,而发生塑性流变的能力。这种能力可以进行自我密封。如果在地震活动或岩体中应力积聚的作用下发生断裂,岩盐的流变可填补裂隙。其他地壳中的岩石大多是刚性的,难以迅速地自我填封裂隙。另外,蒸发岩并不是特别稀有的资源,分布较广,易于找到适于处理核废料的岩盐层。

我国的核技术发展较快,核电站正在发展建设中,放射性废料的安全管理与处置已成为公众关注的重要环境问题。至今,我国尚未编制出符合国情的放射性废料管理的总体规划。废放射源的最终处理问题尚未解决,中、低级放射性废料处理场的建设正在计划与实施中,目前正在积极开展对我国放射性废料现状与趋势进行分析,弄清核废料的数量与特征,建设放射性废料处置设施和监督跟踪系统,主要是近几年内建设一批中、低级放射性废料处置场,对高级放射性废料处置开展基础性研究。首先是建一个可回收的中间贮存场,然后建正式处置场。并建立对中、低级放射性废料的跟踪、检测和质量保证系统,对我国核废料实现安全管理。

目前,有 24 个国家在制定计划来处理高级核废料,但直到今天,全球没有任何一个国家拥有一处永久性处置高级放射性废料的场所。所有的核废料——有固态有液态——都是暂时储藏起来,等待选择和建设永久性处理场所。地质学家常常提出,已经选定了一些地点,那里地质活动非常平静,其他地质条件也都很好,能够保证世代的可靠性,但是绝对的可信是不可能的。长时期的废料的分解和任何地点地质稳定性均不能绝对的可预测,以及当地群众的反对等等,都制约了为处理核废料所做的努力。全球范围内,日益累积的液体废料已达数百万加仑,固体废料也有数万吨。

即使核裂变动力不再推行,放射性废料的处理仍然是一个重要问题。越来越多的工业化国家还在不断地累积着高级核废料,它们来自以前的核动力运转、核武器生产,以及包括医疗应用在内的放射化学研究。所有这些核废料最终都将作永久处理。另一个办法是将这些核废料置于地表,严密监视,防止意外事件的发生,包括需要政治长期稳定。然而这个希望亦太渺茫了。因此,永久性处置核废料仍是当前急需解决的难题。

参考文献

1. 中国 21 世纪议程.北京:中国环境科学出版社,1994
2. 世界资源研究所.世界资源报告(1992—1993)、(1996—1997).北京:中国环境科学出版社,1993
3. 闵茂中.放射性废物处置原理.北京:原子能出版社,1994
4. 王颖.核废物安置与海床研究.海洋通报,1984,3(6):84～88
5. Montgomery C M. Environmental geology. Brown Publishers,1992
6. 世界资源研究所.世界资源报告(1996—1997).北京:中国环境科学出版社,1997

第 16 章

土地利用与环境地质学

在第 1 章提到,环境地质学是介于地质学、地理学与环境科学之间的科学。本书特别强调,环境地质学是应用地质学原理,结合自然环境(自然地理学内容)、人文环境(人文地理学内容),从地质演变过程方面分析地质环境,以期合理利用地质资源,防治地质灾害,使人类有一个适宜的可持续发展的生存环境。所以,环境地质学是一门有非常广阔应用领域的应用科学,与人类生产生活密切相关。在前面各章介绍了环境地质学的一般原理后,本章就重点介绍其在土地利用上的应用。

一、土地利用的概念与内容

土地是地球陆地表层一定范围内的地域单元,是兼具自然特性和社会特性的复杂综合体。它是由土壤、岩石、地貌、气候、水文、植被等自然要素相互作用形成,又长期受人类活动的影响,是有一定厚度的立体实体。它具有自然地带性分布规律,也有的非地带性分布。土地还包括人类建造的建筑物,例如房屋、道路、渠道、堤岸、林带等。因此,土地是自然综合体加上人工的构筑物,是人类生产、生活活动的空间场所。现在遥感技术的应用,提出土地覆盖(land cover)的术语。即指覆盖地面的自然物体和人工构筑物,包括了已利用和未利用的各种要素综合体。这概念是侧重土地的自然属性。其表达方式是遥感图像经计算机处理制成的土地覆盖图,图上反映上整个图幅所涉及的地面状况,是各种土地利用状况的具体反映。但它并不反映有些类型的属性。例如建筑物,并不能划分出该建筑物为工厂或办公楼。从地质学角度分析土地利用与环境地质关系,更倾向于自然属性的土地覆盖的概念。

我国的土地利用研究始于 20 世纪 30 年代,主要是小区域农业利用调查,50 年代以来。国家组织多次大型土地利用调查研究。如云南热带作物宜林地综合考察,汇集了包括地质学在内的地学各学科专家。太湖流域水土资源综合利用,珠江三角洲桑基鱼塘调查研究,西部地区农牧交错地带土地利用,黄土高原综合调查,这些仍以农业为主结合有关资源开发。80 年代海岸带资源综合调查,对海岸环境资源做了总体的调查研究,对海岸带土地利用,已进入农业、工业、城镇、旅游等综合性总体的规划。90 年代以来,国家十分重视土地合理利用与保护,颁布了一系列法规,对土地利用有关理论与方法做出总结性研究。在编制全国 1：100 万土地利用图时,提出了三级分类。其中,第一级主要根据国民经济部门构成,分为 10 个类型,即耕地、园地、林地、牧草地、水地和湿地、城镇用地、工矿用地、交通用地、特殊用地、其他用地。第二级根据土地利用条件和经营方式分为 42 个类型,如耕地中分为水田、水浇地、旱地、菜地,草地分天然草地和人工草地。第三类根据地形条件和利用特点,分为 35 个类型,如水田中分平地水田和山区梯田,天然草地分为草甸草原、干草原、荒漠草原、高寒荒漠草原、高山草地等。这套系统比较详细、层次清楚、适于应用。

美国的土地利用,20 世纪 60 年代后,美国农业现代化,播种面积逐年缩小,城市大发展,郊区扩大,旅游业兴起,土地利用状况发生多方面的变化。美国政府为合理利用,保护土地资源。采用遥感和制图自动化技术,1971 年起美国由内政部地质调查所进行全美土地利用调查制图。编制 1:10 万及 1:25 万土地利用图。其土地利用覆盖的分类(表16-1)。

表 16-1　美国遥感制作的土地覆盖分类体系

第一层	第二层	第一层	第二层
1. 城市与建筑用地/红色	11. 居住用地 12. 商业与服务业用地 13. 工业用地 14. 运输与公用事业用地 15. 工业与商业混合用地 16. 城市与建筑混合用地 17. 其他城市与建筑用地	5. 水面/蓝色	51. 河流与运河 52. 湖泊 53. 水库 54. 海湾与河口
		6. 湿地/浅蓝色	61. 生长森林的湿地 62. 无林湿地
2. 农业用地/浅棕色	21. 耕地与草场 22. 果园、菜园 23. 圈定牧场 24. 其他农业用地	7. 荒地/灰色	71. 干盐滩 72. 海滩 73. 其他沙地 74. 石骨裸露地 75. 露天矿坑 76. 改变利用中的地区 77. 混合荒地
3. 草地/浅橙色	31. 草丛草地 32. 灌丛 33. 混合草地	8. 苔原/绿灰色	81. 灌木与灌丛苔原 82. 草丛苔原 83. 裸地苔原 84. 湿苔原 85. 混合苔原
4. 林地/绿色	41. 落叶林地 42. 常绿林地 43. 混合林地	9. 永久积雪/白色	91. 常年雪田 92. 冰川

注:引自吴传钧,1994,第 9 页。

土地利用研究的内容主要有:①对现有土地利用状况的调查,这需要进行土地分类,结合土地的自然属性与社会属性,拟定土地分类体系。按此分类体系进行调查制图,做出土地利用结构的分析。②进行土地利用评价,评价按不同的目的,为区域总体规划或为土地管理、土地征税、土地改良等不同目的的评价方式指标有所不同。③城市与农村土地分等定级。目前我国农村土地分等定级工作尚在试验阶段,是依据农业适宜性多种因素的综合考虑来分等定级。城市土地利用主要是利用土地的社会经济条件,提供的空间场所的土地承载功能。目前我国大批城市的土地评价工作正在进行。其评价体系(表 16 - 2)。

表 16 - 2　城市土地综合评价因素体系

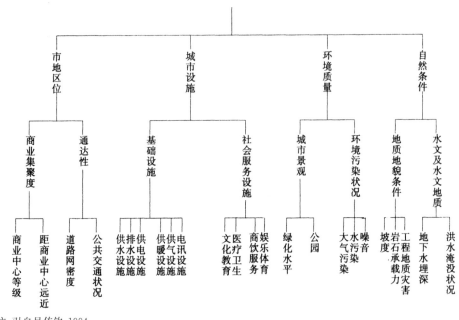

注:引自吴传钧,1994。

二、土地利用规划

　　土地利用规划的目的是,为了对一个区域或一块土地,制定出最好、最合理、切实可靠的利用规划。一个区域的土地利用规划,涉及许多需要考虑的因素,有地质因素,当然更有许多非地质因素。从一个区域来看,要对这区域的环境资源及社会经济做出调查研究,了解其现状与发展,它可能有潜在的经济价值,而与目前利用的现状有矛盾,规划中要协调处理。

　　土地利用规划中地质学的工作是安全性。一些土地对于某些建设、使用是不安全的、不稳定的。则从地质上就要考虑限制其利用建筑的可能性。当前世界人口迅速增长,各种矛盾充斥于一片土地中,当人口还少时,这片区域的开发方式问题还不大,当人口大量增加后,比如将原有的城郊划为开发区,则其利用要考虑到各种因素。原有的农场利用不当,土地退化为贫废之地,或因河流水量减少,受到污染则将影响这块土地及其他一大片区域。常有这类情况,一片土地破坏了,搬迁到新的区域,而后又破坏。在几个世纪以前,有足够的土地可自由选择利用。而现在土地已十分珍贵稀缺。在我国,1949 年全国有农业用地 6.16 hm²,占全国土地总面积 64.15%。其中耕地 0.98 hm²,人均耕地 0.18 hm²。以后,农业用地不断减少,也不断开荒增加耕地,至 1991 年耕地面积大体未变,仍保持 9.6×10^7 hm²,而人均耕地仅为 0.08 hm²。目前,平均每年耕地将减少 756 万亩。为取得动态平衡,需开垦新的土地以补充。在美国每年有 8.09×10^5 hm² 农田转为其他用途,主要是改为城镇、高速公路、机场、水库泄洪区、郊野公园等。这对美国亦是一个严重的问题,因此在土地规划,特别各州,地方的规划中均在研究解决办法。

土地利用规划中的地质学因素,要同其他因素结合来考虑,像美国国家黄石公园有丰富的地热资源,是美国著名的风景区、重要的郊野休闲区,它的旅游价值超过地热资源。由此,这地热资源是不能利用的。美国犹他州 Binghom 峡谷的铜矿是世界最大露天矿之一,它在西部不发达的地区占地 30.35 km²,但这铜矿的产出每英亩的年产值达九百万美元,铜矿改变了该区域的土地利用。这启发人们,在不发达区域发掘潜在的资源,以提高土地的利用价值。

土地利用规划有二种基本的选择。一是复合利用(multiple use),即同一块土地在同一时间里有两个或更多目的的土地利用。例如风力发电场,同时也是牧场和农场,一个地下采矿区而地面上是城镇居民区。另一种是连续利用(sequential use),即同一块土地有两个或两个以上目的的土地利用,这些各不相同的土地利用方式,一个接一个地开发。例如,开矿的地下矿井、地下空间,在开矿结束后,如果干燥有足够的通风,则可用作仓库、工厂甚至办公室、娱乐场所。我国许多城市的人防工程,现多开发为仓库、旅馆、地下商店等。在美国堪萨斯城,有一巨大的石灰岩岩洞,其容量为 1×10^6 m³,用于存放冷冻食品,约占全美 1/10 的存放量。当然并非所有地下岩洞、矿坑均可用,而要研究地质构造、水文地质条件等等。

在制订一个区域的土地利用规划时,有复合利用、顺序使用的概念是值得注意的。

1. 复合利用

复合利用就是出于两种或更多的目的在同一时间使用同一块土地。比如第一眼会认为某个地方看起来是一个球场,但是我们发现它是建在一个盆地中。下雨的时候,这块场地无法作为球场使用,就可将这块地作为一个补给盆地,收集新鲜的雨水,让它慢慢渗入地下严重枯竭的含水层。因此,同一块土地有两个用途:一是休闲体育;二是保护或增加地下水资源。又如在农田、牧场或浅海滩涂区域利用风车阵列发电,在城市发展的同时利用地下空间(城市防空洞的使用)等。

2. 顺序使用

顺序使用是将土地一个接一个的用于两个或两个以上不同的目的。由于不同的土地用途不需要相容,因此有可能有更多种类的组合。废弃的地下矿区,如果干燥、通风良好,可以用作仓库、工厂甚至办公场所。例如,在美国堪萨斯城地区,废弃的地下石灰石采石场被改造成近 100 万立方米的冷冻食品储藏空间,而且岩石的隔热性能使这种做法非常节能。我国唐山地区有许多利用矿坑、废矿井的案例。但并非所有废弃的地下矿井都适合随后的再利用。岩石结构必须足够坚固以保证安全,并且不容易因时间的缓慢风化而变质。即使在地下水位以上,这个空间也必须由上覆的不透水岩石层保护,以免地下水从上面渗入。平坦的岩层有利于转换成人工占用的空间。此外,一定不能存在大量危险气体,从这方面看,老的石灰石矿是安全的,而可能存在甲烷的老煤矿可能就不安全了。

废弃的矿井还可以用来处理废物。如将采矿完成后的露天矿场作为可能的堆填区,也就是废物处理紧随资源开采之后,再将土地覆盖、重新划分等级并用于其他用途。

三、土地利用与环境地质研究的国内外实例

环境地质在土地利用中的实例很多,可以遍及很多地区很多工程。国内的实例这里仅列举作者工作的两项。

1. 海南岛鹿回头人工海滩设计研究

这是小区域工作,对提高那里沿海岸土地利用价值十分有利的一个实例。

鹿回头是位于海南岛最南端的一片连岛沙坝,是海南岛热带风光最优美的海滨旅游地。其岸外为连续分布的珊瑚礁,沿岸为宽阔的珊瑚礁平台,平台向海为色彩艳丽的活珊瑚带。在该区域规划中,被开发为国际旅游度假区。计划修建热带海滨酒店、高尔夫球场及各种游乐设施。沙坝东岸(小东海海岸)计划建设几家五星级酒店,但小东海沿岸有宽200~300 m 的礁平台,落潮时为一片崎岖荒芜的礁石滩,无天然沙质海滩(sand beach)供游泳休闲用地,严重影响沿岸土地价值。改造礁平台,建设人工海滩成为吸引外资,建设五星级海滨酒店的必要条件。该项研究首先对小东海的海洋环境、沿岸地质做详细的勘察研究。包括有关海滩、礁平台及水下地形的数据,绘制精确的面积为几平方千米的陆地及水下的地形图,掌握有关小东海的潮位、潮流的各种数据,有关沿岸波浪的各种数据,制作潮流流速流向图件,各个风向风力条件下,小东海海区的波浪的尺度分布图件,对礁平台的珊瑚礁体,沿岸地质及高潮浅处很窄的沙带的物质组成(粒度、矿物等)。在此勘测资料基本满足条件下,进行人工海滩的设计。主要内容如下:

小东海人工海滩:面向海洋,直接受海洋动力作用的海滩,其稳定性必须考虑到各季节的动力作用。

小东海沿岸是遭受台风影响较为频繁的区域。每年 7~11 月台风季节,要保证改造后的人工海滩有良好的维护条件,应采用丁坝和潜堤保滩。建保滩工程可减少每年的人工海滩填沙量,从而可减少今后的海滩维护费用。

小东海沿岸是国家珊瑚礁自然保护区,因此确定小东海海滩改造方案时,必须考虑保护沿岸珊瑚生长带的稳定性。为此,专门设计在小东海沿岸分岸段做窗式挖礁处理,各挖礁岸段之间,隔以一定的珊瑚礁岩层框架结构,必要时还可用摩擦桩或板桩对外侧珊瑚礁岩层进行加固。这样可保证礁平台外侧活珊瑚生长带的稳定性。

清除珊瑚礁岩层是小东海海滩改造的主要工程,在各挖礁填沙岸段之间均留出 50 m 宽的珊瑚礁岩带,这可大大减少清除珊瑚礁岩层的土方量,从而减少海滩改造的投资费用。此外,人工海滩外侧的潜堤建设,可充分利用礁坪带外侧的珊瑚块石自然堆积带,以减少抛石护堤费用。

各挖礁填沙岸段之间留出的 50 m 宽的珊瑚礁岩带,其表层较薄的天然砾石混杂堆积物清除后,可作天然的丁坝坝基。为使改造后的人工海滩尽可能自然美观,尽可能减少露出海面的丁坝部分和出露时间,同时沿岸各丁坝的建设要统一规格。设计中各丁坝具有

多种功能,已不是单纯的防浪坝,在丁坝近岸部分可布置有关游乐休闲设施。

该人工海滩建造的原则:①必须保证改造后的人工海滩有良好的维护条件;②必须保护沿岸珊瑚的生态条件免遭破坏,主要应保证挖礁后外侧活珊瑚生长带的稳定性;③尽可能使人工海滩自然美观;④尽可能减少海滩改造工程的投资费用。

人工海滩的建设方案:主要综合考虑这段海岸的旅游开发利用。将湾顶留作大型水族馆、游艇码头建设用地,沿湾顶深水道留作潜泳、潜水观察水下珊瑚景观用。其余岸段拟建海滨酒店、建设人工海滩。海滩在礁平台上开挖浅槽,使海滩基部没入水中用来游泳,海滩上部露出水面,用以海滩休闲,两侧以丁坝防护,向海侧设潜坝,根据当地海岸动力及其季节变化,设计了丁坝与潜堤的尺寸。例如,一号海滩设计长 480 m,宽自岸向海 100~125 m,海滩面积 53 760 m²。四号海滩长 270 m,自岸向海宽 150~170 m,海滩面积 43 470 m²。海滩的剖面设计,主要根据潮位统计资料,得出多年平均最高潮位、最低潮位、平均高潮位、平均低潮位、平均潮差、最大潮差等数据,拟定各块人工海滩的剖面(图 16-1)。小东海原有高潮浅海滩物质主要是珊瑚沙,珊瑚成分占 98%,粒度 0.5~1 mm。现人工海滩所用沉积物应适当比原有物质稍粗、比重稍大一些,以利其稳定。自然界的海滩物质大小与海岸波浪条件及海滩坡度之间,存在互相影响的动态平衡关系。浪大坡陡时,海滩物质组成较粗;浪小坡缓时,海滩物质组成较细。根据小东海沿岸的波浪条件及海滩坡度条件,设计中人工海滩物质选择 1~2 mm 的粗沙。经调查在距鹿回头约 30 千米古河床的沙体是分选好,磨圆度好的纯净石英质粗沙,适于做此人工海滩的填沙。人工海滩的最低低潮位以下的海滩部分,其标高较低均在水下,大多数时间有相当的深度,不为人体所接触。为增加其稳定性,减少人工海滩物质受波浪作用向外海流失,选用较粗大的海滨砾石或河床相砾石作底部垫层,经临近区域查勘,采用粒径为 5~20 mm 磨圆度较好的砾石。经测算,这人工海滩所填沙砾,在风浪海流作用下可保持稳定,其每年的海滩沙的损失量在 20% 以下。为运营后经济上许可的范围。

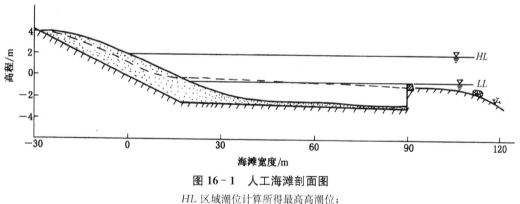

图 16-1 人工海滩剖面图

HL 区域潮位计算所得最高高潮位;
LL 区域潮位计算所得最低低潮位;
虚线为原始地形剖面线,细点为人工填沙

该项海滩的改造方案,人工海滩的建设,使沿岸具备建设海滨五星级酒店的条件,大大提高了地价,改善了土地利用的结构。

2. 江苏省海岸带土地利用研究

本研究是根据大量海洋调查,查明江苏省海岸带的海洋环境、地质条件。依照江苏海岸带环境,结合沿海社会经济的关键问题,制定江苏海岸带土地利用方案,此方案可列出四个海岸区:(1) 海州湾砂质海岸区;(2) 连云港基岩港湾海岸区;(3) 废黄河三角洲侵蚀海岸区;(4) 粉砂淤泥质海岸区。

(1) 海州湾砂质海岸区:江苏省宝贵的仅有 30 km 长的砂质海岸带,岸处即海州湾渔场,土地利用以海洋捕捞、海水养殖及海滨旅游为主。

(2) 连云港基岩港湾海岸区:基岩港湾,岸处基岩岛屿,景色优美,是中国海岸中部、江苏省最主要的海港区域之一。可进一步发展深水航道、深水码头及海滨旅游业。

(3) 废黄河三角洲侵蚀海岸区:1128—1855 年,黄河在江苏注入黄海,形成废黄河三角洲(岸线长约 150 km,面积 32 500 km²)。1855 年黄河北归,重新注入渤海,这段海岸受到强烈侵蚀,故该段海岸以工程措施护岸为主,土地利用上以防护海岸侵地后退,以保护堤后的农田、盐田为目标。

(4) 粉砂淤泥质海岸区:江苏省主要的海岸,粉砂淤泥质岸线长 672 km,长度占全省海岸线长度的 91%。其潮间带宽度最大,是进行围垦,发展农业的最佳地区。粉砂淤泥质海岸有宽阔的潮间带浅滩(海涂、滩涂),可为地少人多的江苏省开发为农业用地、沿海城镇用地。在历史时期,江苏人民一直在开发利用沿海滩涂,江苏省有 1/6 的土地是由围海造地、开发滩涂而形成的。1128 年(南宋建炎二年)黄河夺淮注入黄海,黄河的巨量泥沙使江苏海岸线迅速向海淤进。1494 年(明弘治七年)黄河全流夺淮入黄海,河口三角洲迅速淤涨。至 1855 年(清咸丰五年),黄河又北归,注入渤海。700 余年间,废黄河三角洲向海推进 90 km,平均每年 130 多米。从连云港—灌云—灌南—阜宁—盐城—东台一线是老海岸线,即黄河注入黄海以前的海岸线,该线的总面积 15 700 km²,是黄河南徙注入黄海后,岸线向东推进,重新淤涨出的面积,约为江苏省现有面积的 1/6。1855 年,黄河北归重新注入渤海后,江苏沿海失去巨量泥沙供应,废黄河三角洲遭受侵蚀,共侵蚀失去土地 1 400 km²,至今这段海岸仍在侵蚀后退,已经成为全国海岸侵蚀后退最强烈的地段之一。

粉砂淤泥质海岸有宽阔的潮间带浅滩,其宽度有 3～4 km,最宽处的大半个断面,潮滩宽度(低潮线至高潮线的水平距离)达 13 km,江滩粉砂淤泥质潮滩在平面上可分为四个地貌—沉积带(图 16-2)。

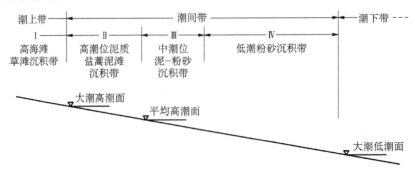

图 16-2　江苏潮滩的沉积带

潮上带草滩—湿地沉积带：位于大潮高潮位以上，一年中仅风暴潮时淹没一两次，主要为陆上环境，沉积速率很小，高潮时带来悬浮泥沙，主要是细颗粒、黏土、细粉砂，具水平纹层。

高潮位泥质沉积带（盐蒿泥滩）：位于大潮高潮位至平均高潮位，高潮时上水，有细颗粒悬浮泥沙沉积，主要为黏土质细粉砂，具水平纹层，多虫穴，龟裂纹。

中潮位泥—沙混合沉积带（泥—沙混合滩）：黏土、细粉砂与细砂互层，高潮时滩上有一水层，泥沙运动带来较粗沉积，落潮时有细粒悬浮体沉积，交替成互层，多生物扰动结构。该沉积带在潮滩中层最为显著，悬移质沉积主要在这带沉积。

低潮位砂质沉积带：位于中潮位至大潮低潮位，粉砂，细砂层，缺乏泥质沉积，滩面多波痕，沉积层中多斜层理，交错层，为砂质推移质沉积，该带宽度最大，要占整个潮间带一半以上。

粉砂淤泥质海岸潮间带的沉积层是双层结构，下部是细砂粉砂层，是低潮位水动力活跃的推移质沉积，厚度约 20 m，即当时低潮位至水下斜坡的下界，波浪作用的下界。该层是潮滩沉积层的基础，砂层在波浪作用下向岸堆积，使潮滩向海增大其宽度，可称其为潮滩的"横向沉积"。上部的泥质沉积，是潮流带来的悬移质沉积，泥质沉积使滩面增高，潮滩滩面高程达到大潮高潮位，很少再被海水淹没，不再淤积加高，故泥质沉积的最大厚度相当于中潮位—大潮高潮位，即 2～3 m，该层可称为"垂向沉积"，这横向沉积与垂向沉积之间是泥—沙交替沉积层。以下是潮滩沉积的基本模式——双层结构沉积层（图 16 - 3）。

垂向沉积，悬移质沉积，厚度 2～3 m；
横向沉积，推移质砂质沉积，厚度 15～20 m

图 16 - 3　潮滩沉积模式

江苏沿海的土地利用，当前主要是发展农业生产，滩涂围垦后作为农田发展农业。当前除利用滩涂开发农业用地外，已开始注意开发沿海海港用地、城镇发展用地。因此，围海造地需要划分出①农业用地的围垦；②工业城镇用地的填海。这两者土地利用目标不同，其规划工程方案也不同，不能混淆。

农业用地的围垦必须是自然淤长成陆，围堤开发，其地面高程是自然淤长在平均高潮位以上，不能依靠取土回填。1980—1985 年，江苏海岸带综合调查时，我们提出平均高潮位作为江苏海涂围垦的起围高程线，这一概念逐渐被各界接受，成为江苏围垦的共识，几十年来一直按此作为起围高程线，几十年的实践证明这是一个合理的起围高程。若是冒进，在更低的高程上围垦筑堤，则若干年后堤外淤积，滩面高程高于堤内地面，则堤内所围土地呈低洼湿地，盐碱地，排水不畅，这类低洼地极难改造，常成废弃荒地；若在平均高潮位围垦，则堤外滩面当淤积到平均高潮位，则可再继续筑堤围垦，成为一种可持续发展的科学筑堤围垦方式。

工业城镇用地的填海，不需要淤积至平均高潮位，可在更低的高程低滩围海造地，只需按工程用地需要进行。如连云港市规划在深水码头后方围地 100 km²,目前滩面高程在理论深度±0 m,围地开发为码头港口用地、临港工业用地,其标高约需至 6 m(黄海零点约 3 m),则需在所围滩地围填泥沙至所需标高即可。

工业城镇用地所围面积相对农业用地围垦面积较小,而产出较高,故可用人工回填工程。同时,工业用地主要指标是土地面积土地承载力,并非需要成土土壤肥力等农业所需指标。由此,在围海造地围垦规划中首先要做出用地目标规划。第二,围海造地要特别注意围填海材料,泥沙来源及数量,农业用地围垦必须依靠自然的淤积,由沿岸输沙或海域向岸输沙,规划前要做好该区域泥沙来源及数量的科学研究,这是一项复杂的工作,目前我国主要的海岸海洋单位,已能掌握这一技术,能做出工程所需数据。农业用地围垦面积、区域位置,要测量目前滩面高程、分布、面积,亦要研究确定泥沙来源(沿岸的或海域来沙)、数量,由此确定围海造地的长远需求规划。工业城镇用地的围填海,则根据工程需要,以确定围填海的面积、高程、填海泥沙数量、取沙方案、大型吸泥船吹填、陆域砂石料来源、开挖地贮量、运输距离、交通状况、取沙成本等,均需在规划时做出必要研究。围海造地的填料将是巨大的投资,按江苏滩涂开发 1 km² 的工业城镇用地,需填料 600 万立方米,需 6～10 亿元,而当围地规模巨大,取土地方增远,则海上吹填距离、陆上砂石料运输距离增大,则填料成本将成倍增加。

下面简要概述了几个国外案例,部分说明了工程地质学中遇到的一系列问题以及解决这些问题的一些方法。

(1) 比萨斜塔

比萨斜塔建于 1173 年和 1370 年的几个不同阶段。它甚至在完工之前就开始倾斜了。这种倾斜是自我强化的,也就是说,当结构开始倾斜时,越来越多的压力集中在较低的一侧,导致更多不稳定黏土层的流动和倾斜。这座 55 m 高的塔现在倾斜超过 6 m。在20 世纪上半叶,倾斜增加了约 0.15%,相当于每世纪 165 mm 的平均速度。更令人不安的是,20 世纪 70 年代初的测量结果显示,倾斜率已上升至近两倍。附近的一座大教堂也在松软的黏土中沉降,遭受了严重的结构破坏,不得不拆除重建。由于斜塔本身仍然完好无损,如果能找到阻止或减少斜塔倾斜的方法,就有希望挽救它。建议包括物理方法,如钻孔和选择性地从地基的北(高)侧移走一些材料以减少倾斜。以及化学方法,如处理黏土使其变硬并防止沉降的南侧进一步下沉。

(2) 巴拿马运河

早在 1529 年,科尔特斯手下的一个人就提出了在巴拿马地下开凿运河的想法。直到1882 年,一家法国公司才开始挖掘,由于事先地质调查不足,运河穿过年轻的火山岩层、熔岩流层和火山碎屑沉积层,中间夹着一些页岩和砂岩。由于很多地方的岩石都向运河倾斜,开挖过程中去掉了其中一些岩层的支撑,这些岩层随后倾向于滑动。当地非常高的降雨量又促进了滑坡的发生。在开挖运河时,侧部岩石的重量会导致开挖底部岩石的流动和弯曲,可能会上升 10 m 以上,需要重新挖掘疏通运河,并从侧部移除材料以释放部分压力。7 年后,这家法国公司停工了。美国于 1902 年接管运河工程,最终于 1914 年建成运河。直到 1910 年,一位地质学家才被邀请去检查挖掘和相关的滑坡情况,那时许多大型滑坡已经无法控制,而事实上,在运河名义完工后很长一段时间内,滑动和挖掘仍在继续,并大大增加了成本。所以对运河地质条件的充分考虑可能并不能完全消除滑移问题,但一些不稳定问题本来是可以预料或减少的,成本费用肯定可以更准确地预测出来。

(3)尼德兰(荷兰)鹿特丹的地铁

1964 年,荷兰鹿特丹为快速运输线路建造了一个隧道系统。与荷兰的大部分填海造地一样,鹿特丹实际上位于海平面以下,城市被几米深的海相黏土沉积物和填充物下面的泥炭所覆盖,而这些又被 15~25 m 厚的粗砂和砾石所覆盖。沙砾层是比较稳定的,大多数建筑物都是由打桩支撑的,打桩一直打到地表以下 17 m。正如人们所预料的那样,地下水位非常高,不超过地面以下 2 m。

这种浅层地下水的存在是地铁建设中主要的复杂因素。这使得松散的黏土和填充物太不稳定,隧道无法通过。另一方面,如果抽水足够多,挖出一条干燥的沟渠,修建隧道,然后再把它盖上,就会导致大量地下水流失,并改变其他地方的地下水位。

有一个巧妙的解决办法。在挖掘过程中,隧道的沟槽被允许保持浸水状态。混凝土桩被打入完成的沟槽下方的沙砾层,以支持最终隧道的重量。隧道本身建在陆地上,由10~15 米宽、6~10 米深、45~90 米长的混凝土管道组成。管子的各个部分在末端密封,用水压实,并沿着被淹没的沟槽移动到位。它们被沉到支撑桩上,组装起来,密封在一起。挖掘出的泥沙被置换到周围和上面,当隧道建成后,用泵把它抽干。稍微考虑一下地质因素,就可以在饱和沉积物中施工,而对地下水的扰动则很小。

(4)墨西哥城拉丁美洲塔

现代工程中,为了获得最大的稳定性,通常需要将大型建筑物的地基建立在基岩上。然而,在许多地方,基岩太深,经济上无法触及。有时,甚至很难到达一层坚硬的沉积岩。在这种情况下设计建筑物地基时必须特别小心。

伊科市的地下是由火山灰沉积物形成的可膨胀黏土,黏土中夹杂着沙子。这些沉积层的薄弱是 1985 年地震造成严重破坏的一个因素。原始的现代地下水位非常高,沉积物富含水分。然而,近年来大量抽取地下水,降低了地下水位,加剧了结构破坏,造成地面沉降。

在墨西哥城的拉丁美洲塔建成之前,测试孔钻了 70 米深,以便对底层材料进行彻底检查。在地表以下 33.5 米处发现了一层相当坚固的砂层,因此建造该结构的混凝土板由打入砂层的桩支撑。通过这样做,工程师们避免了建筑的重量落在最上层的两层火山黏土上,这两层黏土对其他建筑造成了很大的差异沉降和地基破坏。

到目前为止,这座塔还没有发生沉降,它的稳定性与附近美术学院的情况形成了鲜明的对比。由于地下水的抽取和膨胀火山黏土的差异沉降,导致美术学院的建筑部分下沉超过 3 米(近 10 英尺),结构受到了相当大的破坏。

3. 大坝的沉降倒塌

当建筑物因沉降或下沉而出现裂缝或倒塌时,维修费用可能很高,但损失很少,包括生命。即使桥梁或隧道倒塌,也只有当时在上面或里面的少数人受到影响。另一方面,灾难性的大坝破坏可以在几分钟内摧毁整个城镇,夺去成千上万人的生命。一个大坝可以蓄积大量的水。因此,对水坝进行明智而谨慎地设计和选址的动机特别强烈。不幸的是,过去的实践往往达不到理想效果。在本节中,我们将简要介绍两个有充分记录的大坝灾害。如果事先经过仔细的地质调查,这两种情况都不会发生。

(1) 美国加州圣弗朗西斯大坝

圣弗朗西斯大坝建于加州,距洛杉矶北部约 70 公里。水库储藏的水主要用于供水。大坝高 60 米,宽 150 多米,于 1926 年建成。大坝一侧的谷墙由粗砂岩和其他沉积岩构成。另一边则是片岩(富含云母的变质岩),它们倾向于沿着倾斜到大坝和水库的平行平面断裂。建造大坝的两种岩石类型之间的接触是断层。在大坝建成之前,人们就已经知道甚至已经找到了断层的存在。1928 年 3 月 12 日,大坝突然倒塌。数百人被淹死,还造成了大约 1 000 万美元的损失。从随后的实验室测试中,故障的原因变得很清楚,断裂带实际上并不是一个重要因素。山谷墙壁上的岩石在干燥时似乎足够坚固。而实验中一个拳头大小的沉积岩样本被放入水中,它在不到一个小时的时间里就冒泡吸水了,最后竟分解成一堆沙子和黏土。很显然这些脆弱的岩石首先坍塌,把大坝的一侧给毁了,这减少了对系统其余部分的支持。当水开始流出时,它进一步侵蚀了片岩的底部,然后它们滑倒了,直接造成大坝的另一边坍塌。而令人惊讶的是,大坝的中部仍然屹立着。

(2) 意大利 Vaiont 水库灾难

Vaiont 河流经意大利阿尔卑斯山的一个古老的冰川山谷。山谷下面是一层厚厚的沉积岩,主要是石灰岩,有一些富含黏土的岩层,这些岩层在阿尔卑斯山脉的建造过程中发生了褶皱和断裂。阿尔卑斯山脉是一个相对年轻的山脉,岩石似乎仍然处于某种构造应力之下。Vaiont 山谷的沉积单元呈向斜或槽状褶皱,因此山谷两侧的岩层都向山谷方向倾斜。岩石本身相对较弱,特别容易沿着富含黏土的岩层滑动。在这个山谷里可以看到古老的岩石滑坡的证据,而且在 20 世纪 60 年代早期大坝建成后不久所拍摄的岩心中也有记录。地下水对碳酸盐岩的广泛溶解进一步削弱了岩石,产生了天坑和地下洞室和通道。

Vaiont 大坝是为发电而建,是世界上最高的"薄拱坝"。它由混凝土构成,顶部宽 3.4 米(11 英尺),峡谷底部宽 22.7 米(74 英尺),最高点高 265 米(875 英尺)。他们用工程学的方法来稳定岩石。大坝后面的水库最初的容量是 1.5 亿立方米。

该地区明显的滑坡历史最初导致一些人反对修建大坝。后来,大坝的建造和随后水库的蓄水加剧了本已岌岌可危的局势。随着水库水位的升高,水库壁面岩石中地下水孔隙压力也随之增大。这往往会抬高岩石,使富含黏土层的黏土膨胀,进一步降低了它们的强度,使滑动变得更容易。1960 年,一块 70 万立方米的岩石从南壁的蒙特托克斜坡滑入水库。在更大的区域有爬行现象。在蒙特托克的斜坡上建立了一套监测站,以跟踪任何进一步的移动。可衡量的蠕变。1960—1961 年,蠕变率偶尔达到每周 25～30 厘米(10～12 英寸),受蠕变影响的岩石总量估计约为 2 亿立方米。在随后的一两年中,蠕变率下降到平均每周 1 厘米,这几乎没有引起太大的关注。

1963 年夏末秋初是 Vaiont 河谷的强降雨季节。饱和的岩石代表着更多的物质在薄弱区域向下推动。地下水流量的增加润滑了这些区域,地下水位和水库水位上升了 20 多米。到 1963 年 9 月中旬,测量到的蠕变率又增加了,大约每天 1 厘米。人们还没有意识到的是,这些岩石并不是在大量的小石块中滑动,而是作为一个单一的、连贯的整体在滑动。

动物比人类更早感觉到危险。10 月 1 日,在蒙特托克山坡上吃草的动物离开了山坡。卡索镇位于水库对岸约 250 米的地方,该镇镇长警告居民,一旦发生滑坡,水库可能会出现 20 米高的巨浪(这一估计是基于几年前附近一座大坝发生的另一次滑坡的影响)。

降雨持续,蠕变率不断增长,每天 20～30 厘米。到 10 月 8 日,工程师们意识到所有的蠕变监测站都在一起移动。他们还发现,山坡上移动的区域比他们想象的要大得多。他们试图通过打开两条出口隧道的闸门来降低水库的水位。水位仍在继续上升,悄无声息的蠕动体已开始显著降低水库的库容,但移动的速度还是加快了。在 10 月 9 日,测量到的速率高达每天 80 厘米(32 英寸)。大约在晚上 10 点 40 分,在另一场倾盆大雨中,灾难来了。

后来,当地一位居民报告说,起初有滚动的岩石的声音,越来越大。然后一阵风打在房子上,打碎了窗户,掀翻了屋顶,大雨倾盆而下,风突然停了,屋顶倒塌了。一块体积超过 2.4 亿立方米的山坡滑入水库。罗马、布鲁塞尔和欧洲其他地方的地震仪都探测到了滑坡的震动。在不到一分钟的时间里,巨大的移动引发了相应的冲击波,震动了卡索,随后将 240 米高的水从水库中拉了出来。排开的水在坝顶上方 100 米(超过 325 英尺)的堤坝上坠落,冲到了下面的山谷。在 Vaiont 山谷下游约 1.5 千米处,海浪仍有 70 多米高,并在那里流入 Piave 河。急流的能量如此之大,以至于有些水在 Piave 上游流了 2 千多米。大约五分钟内,近 3 000 人被淹死,整个城镇被夷为平地。

据统计,在 1864—1876 年间,由于水库的水破坏了大坝的地基,美国大约有 100 座大坝倒塌。1900 年,德克萨斯州奥斯汀市的大坝由于水从基岩的裂缝中渗出,润湿了黏土和页岩而倒塌,150 米长的大坝断裂,向下游滑动了 20 米。1959 年,西班牙的一座大坝因支撑物沉降不均而倒塌。同年,法国的一座大坝因桥下片麻状岩断裂导致地基滑动而倒塌。这样的例子不胜枚举。

大坝,比大多数其他结构更引人注目,因此在施工前和施工中仔细应用工程地质学原理更为必要。美国鲍德温山水库建于 1947—1951 年间,位于加州洛杉矶附近。对地质背景进行了充分的研究发现储层位于一个活动断裂带的下方。设计中虽然包含了其他地震易发地区的工程师所使用的地震安全系数加倍的方法,为了防止地基饱和而排水,施工后做好了监测准备。然而,1963 年 12 月 14 日,沿断层还是发生了 10 多厘米的差动滑动,水开始冲刷出来,两小时后大坝突然决口。显然,设计师们对地质的了解还是有局限性的。

在过去的一百多年里,美国建造了大约 5 万座水坝,其中大部分都避免建在断层上,但它们的设计可能存在不足。所有水坝的设计都是为了承受可以想象到的洪水负荷,通常是通过提供泄洪道解决,当水库水位过高时,泄洪道可以让水流畅通地漫过或绕过水坝,修建溢洪道要考虑的最严重情况通常是经受一场持续千年的洪水。然而要预测洪水所代表的水量可能是困难的,而且不断变化的土地利用模式也可能改变洪水频率曲线。由于溢洪道的侧面或表面被洪水冲走,大坝也会发生溃坝事故。1981 年,美国陆军工程兵团对全国的水坝进行了调查。他们确定这些大坝中有 8639 座大坝的破坏将导致严重的财产损失或生命伤害。这个数字的三分之一被认为是不安全的,在这些案例中,超过 80％的问题是泄洪道设计不当。

工程地质学是在各种地质灾害和重大问题并存的情况下,使建筑物尽可能安全稳定的学科。和工程地质学一样,使用规划也要考虑到其他的地质学和非地质学因素。土地利用规划的目的是充分利用有限的土地,同时考虑到所有这些因素。将同一块土地同时或顺序地用于若干目的是节约土地资源的一种方法。地质工程和土地利用规划工作的成功在很大程度上取决于执行这些任务的个人所能获得的数据的准确性和完整性。

参考文献

1. 吴传钧,郭焕成.中国土地利用[M].北京:科学出版社,1994.

2. 黄巧华.中国城市发展与城市地貌研究:[D].南京:南京大学,1998.

3. Montgomery C W. Environmental geology[M]. Brown publisher,1992.

4. Zhu Dakui. Morphology and landaus of coastal zone of the Jiangsu province[J]. China. Journal of Coastal Research,1998,14(2):591~599.

5. 朱大奎,王颖.工程海岸学[M].北京:科学出版社,2014,623-659.